풍산자

개념완성

체계적인 개념 설명과
필수 핵심 문제로
개념을 확실하게 다져주는
개념기본서!

중학수학 3-2

풍산자수학연구소 지음

개념북 + 워크북

하이라이트
지학사

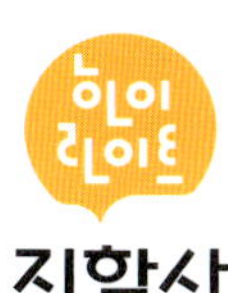

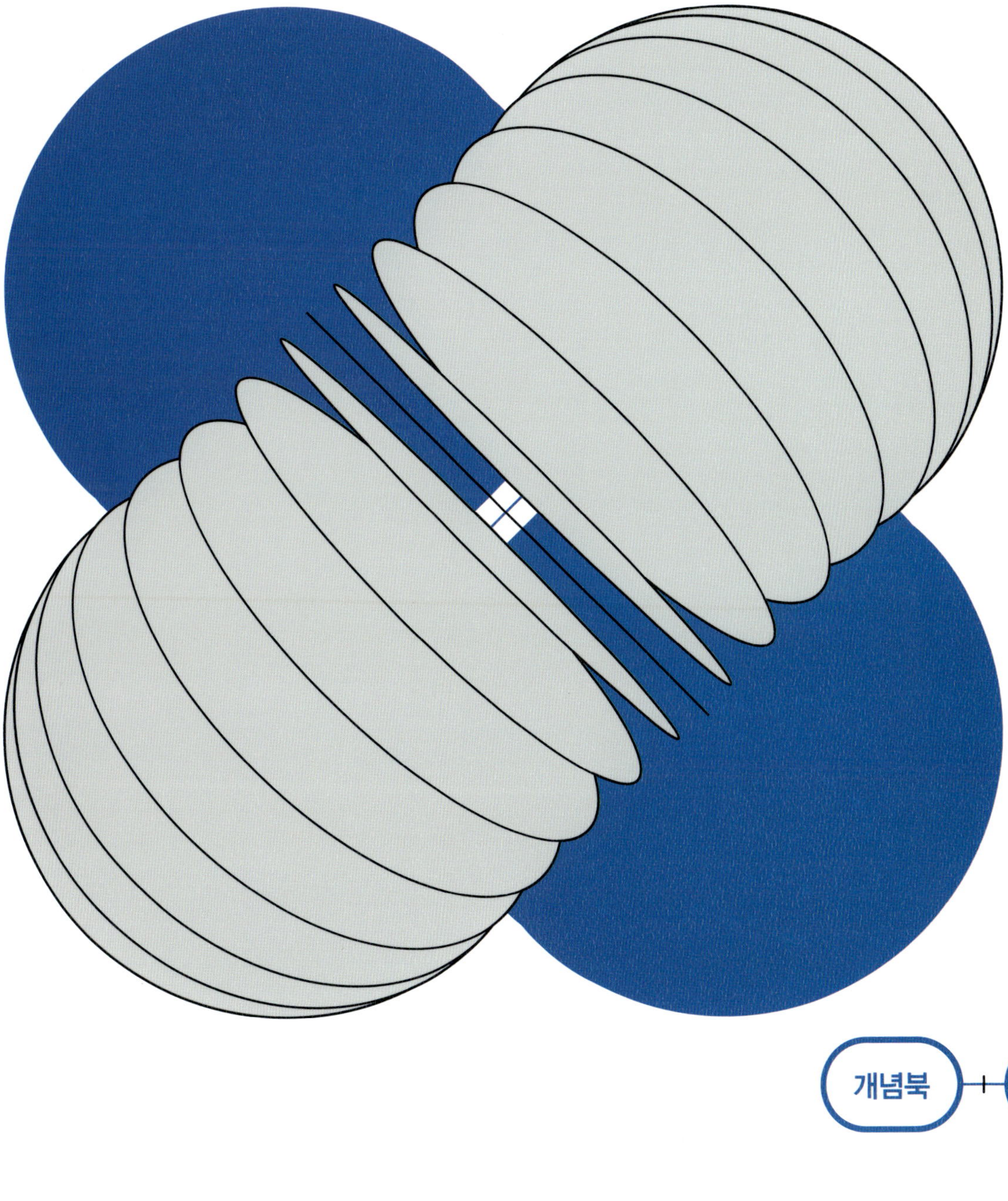

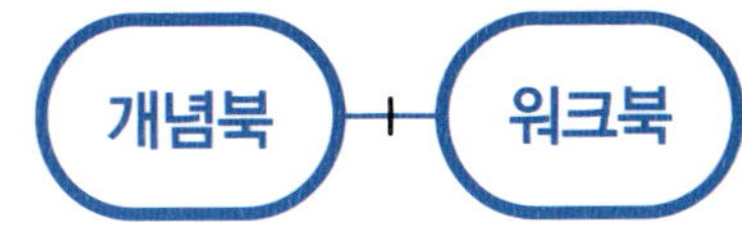

풍산자 개념완성

중학수학 3-2

구성과 특징

체계적인 개념과 꼭 필요한 핵심 문제로 확실하게 개념을 다지세요.

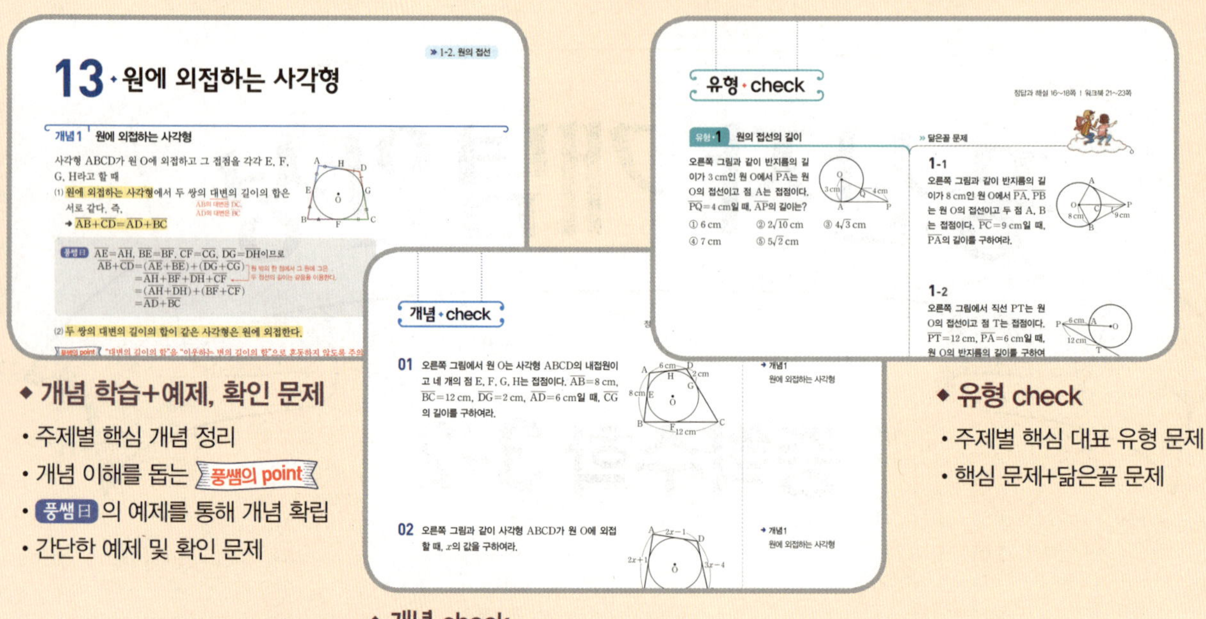

◆ 개념 학습+예제, 확인 문제

• 주제별 핵심 개념 정리
• 개념 이해를 돕는 풍쌤의 point
• 풍쌤ⓔ 의 예제를 통해 개념 확립
• 간단한 예제 및 확인 문제

◆ 개념 check

• 개념 확인 및 적용 문제

◆ 유형 check

• 주제별 핵심 대표 유형 문제
• 핵심 문제+닮은꼴 문제

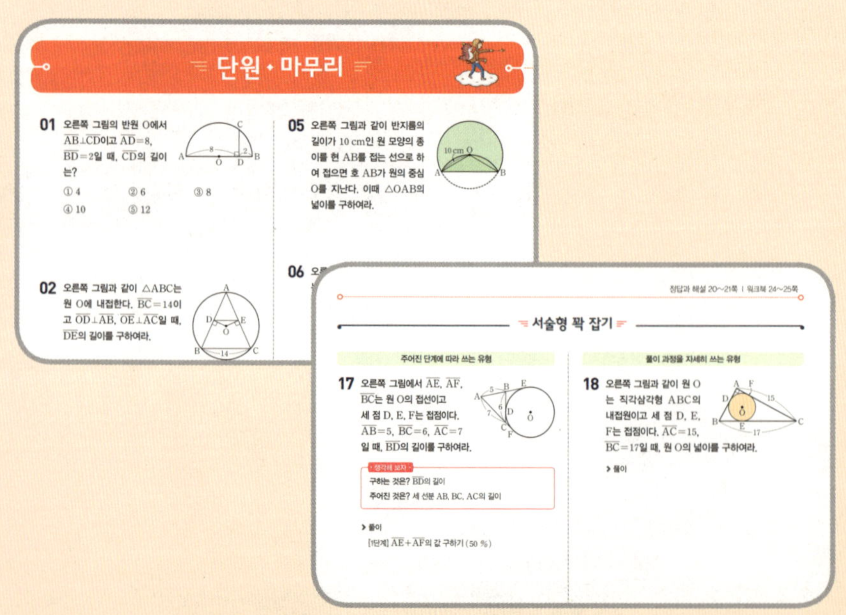

◆ 단원 마무리

• 중단원별 문제 점검
• 서술형 꽉 잡기

풍산자 개념완성에서는

개념북으로 꼼꼼하고 자세한 개념 학습 후

워크북을 통해 개념북과 1 : 1 맞춤 학습을 할 수 있습니다.

워크북

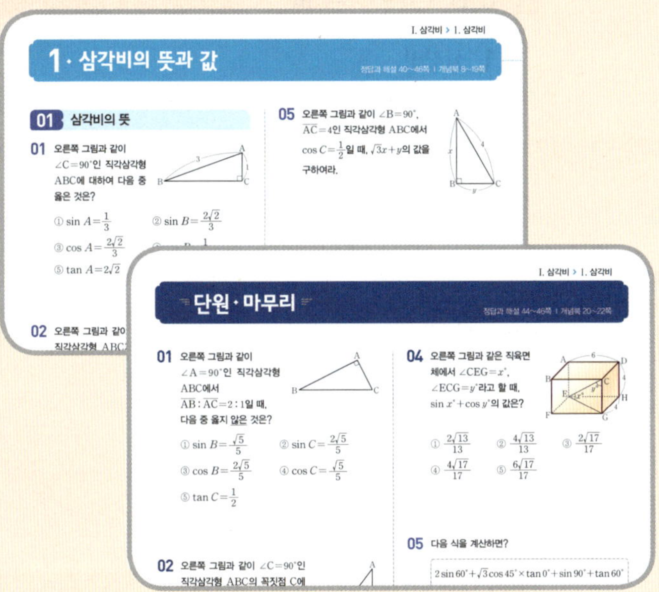
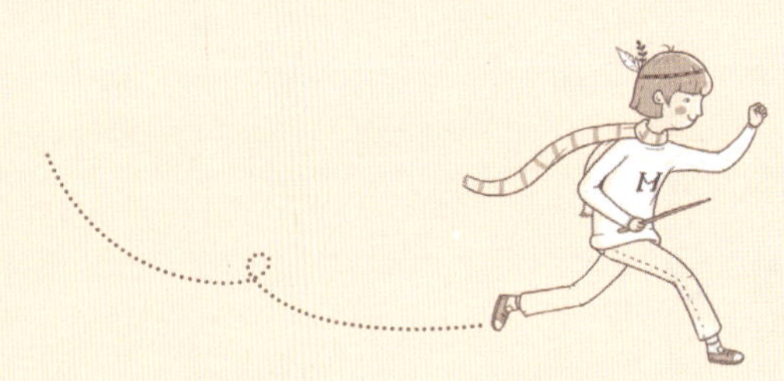

- 개념북과 소단원별 핵심 유형 1:1 맞춤 문제 링크
- 중단원별 마무리 문제 및 서술형 평가 문제

정답과 해설

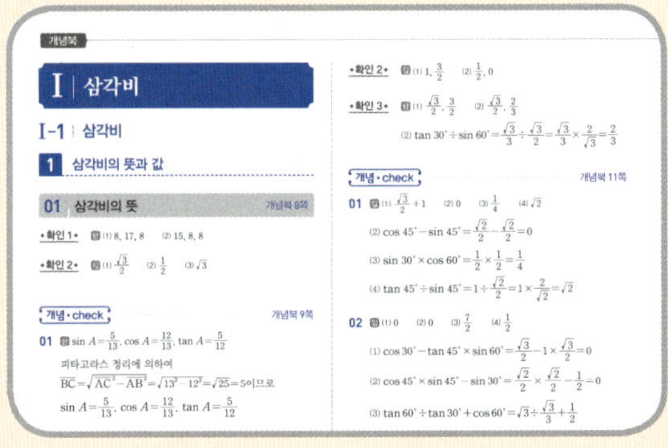

- 문제 해결을 위한 최적의 풀이 방법을 자세히 제공
- 자기주도학습이 가능한 명확하고 이해하기 쉬운 풀이

이 책의 차례

I : 삼각비

세상은 고통으로 가득하지만,
그것을 극복하는 사람들로도 가득하다.

- 헬렌 켈러 -

1. 삼각비

01 · 삼각비의 뜻

개념 1 삼각비

$\angle B = 90°$인 직각삼각형 ABC에서
① $\angle A$의 사인

$\rightarrow \sin A = \dfrac{(높이)}{(빗변의 \ 길이)} = \dfrac{a}{b}$

② $\angle A$의 코사인

$\rightarrow \cos A = \dfrac{(밑변의 \ 길이)}{(빗변의 \ 길이)} = \dfrac{c}{b}$

③ $\angle A$의 탄젠트

$\rightarrow \tan A = \dfrac{(높이)}{(밑변의 \ 길이)} = \dfrac{a}{c}$

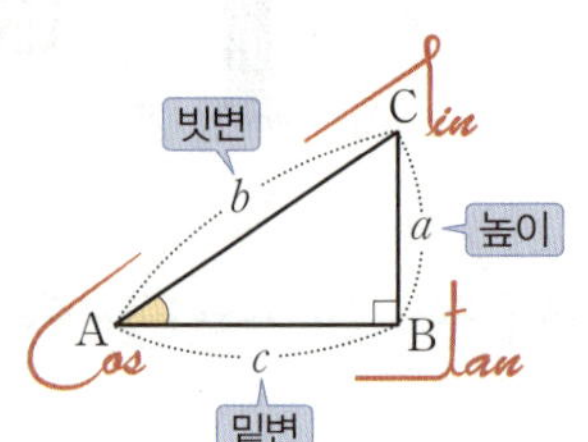

• sin, cos, tan는 각각 sine, cosine, tangent를 줄여서 쓴 것이다.
• $\sin A$, $\cos A$, $\tan A$에서 A는 $\angle A$의 크기를 나타낸 것이다.

참고 $\sin A$, $\cos A$, $\tan A$를 통틀어 $\angle A$의 삼각비라고 한다.

주의 한 직각삼각형에서도 삼각비를 구하고자 하는 기준각에 따라 높이와 밑변이 달라진다. 이때 기준각의 대변이 높이가 된다.

◆ 예제 1 ◆

오른쪽 그림과 같은 직각삼각형 ABC에서 $\angle A$, $\angle C$의 삼각비의 값을 각각 구하면 다음과 같다. □ 안에 알맞은 수를 써넣어라.

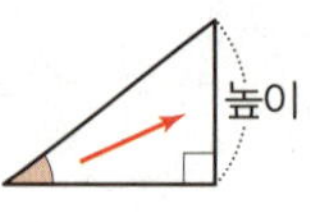

(1) $\sin A = \dfrac{\square}{4}$, $\cos A = \dfrac{\square}{4}$, $\tan A = \dfrac{\square}{3}$

(2) $\sin C = \dfrac{3}{\square}$, $\cos C = \dfrac{\sqrt{7}}{\square}$, $\tan C = \dfrac{3}{\square} = \dfrac{3\sqrt{7}}{\square}$

▶ 답 (1) $\sqrt{7}$, 3, $\sqrt{7}$ (2) 4, 4, $\sqrt{7}$, 7

◆ 확인 1 ◆

오른쪽 그림과 같은 직각삼각형 ABC에서 $\angle A$, $\angle C$의 삼각비의 값을 각각 구하면 다음과 같다. □ 안에 알맞은 수를 써넣어라.

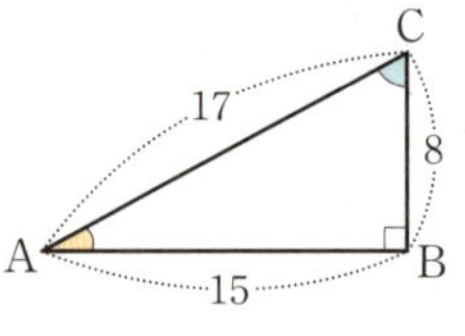

(1) $\sin A = \dfrac{\square}{17}$, $\cos A = \dfrac{15}{\square}$, $\tan A = \dfrac{\square}{15}$

(2) $\sin C = \dfrac{\square}{17}$, $\cos C = \dfrac{\square}{17}$, $\tan C = \dfrac{15}{\square}$

◆ 예제 2 ◆

오른쪽 그림과 같은 직각삼각형 ABC에서 다음 삼각비의 값을 구하여라.

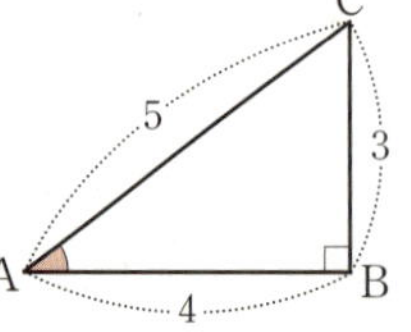

(1) $\sin A$

(2) $\cos A$

(3) $\tan A$

▶ 답 (1) $\dfrac{3}{5}$ (2) $\dfrac{4}{5}$ (3) $\dfrac{3}{4}$

◆ 확인 2 ◆

오른쪽 그림과 같은 직각삼각형 ABC에서 다음 삼각비의 값을 구하여라.

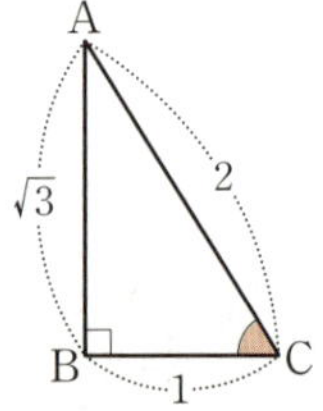

(1) $\sin C$

(2) $\cos C$

(3) $\tan C$

01 오른쪽 그림과 같은 직각삼각형 ABC에서 $\angle A$의 삼각비의 값을 구하여라.

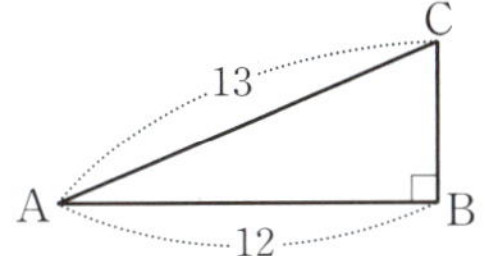

→ 개념1
삼각비

02 오른쪽 그림과 같은 직각삼각형 ABC에 대하여 다음 중 옳지 <u>않은</u> 것은?

① $\sin B = \dfrac{3}{5}$ ② $\cos A = \dfrac{3}{5}$

③ $\cos B = \dfrac{4}{5}$ ④ $\tan A = \dfrac{3}{4}$

⑤ $\sin A = \dfrac{4}{5}$

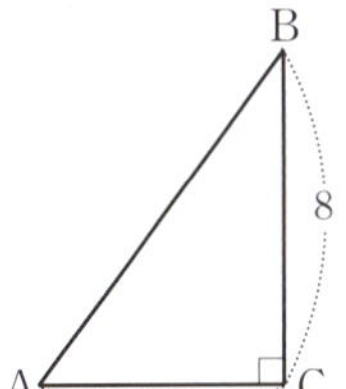

→ 개념1
삼각비

03 오른쪽 그림과 같은 직각삼각형 ABC에서 $\sin A + \tan C$의 값을 구하여라.

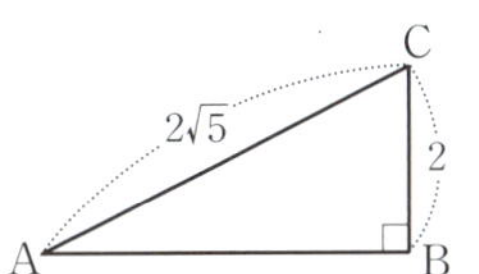

→ 개념1
삼각비

04 오른쪽 그림과 같은 직각삼각형 ABC에서 $\overline{AB}=9\ \text{cm}$, $\sin B = \dfrac{2}{3}$일 때, $\overline{BC}$의 길이를 구하여라.

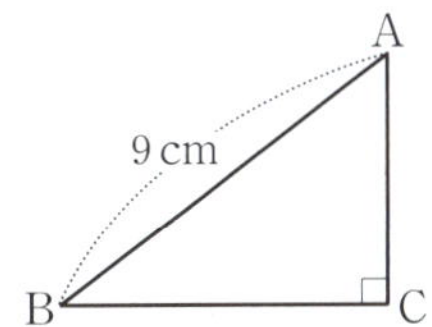

→ 개념1
삼각비

02 · 특수한 각의 삼각비의 값

개념1 ┃ 30°, 45°, 60°의 삼각비의 값

삼각비＼A	30°	45°	60°
$\sin A$	$\dfrac{1}{2}$	$\dfrac{\sqrt{2}}{2}$	$\dfrac{\sqrt{3}}{2}$ → sin 값은 증가
$\cos A$	$\dfrac{\sqrt{3}}{2}$	$\dfrac{\sqrt{2}}{2}$	$\dfrac{1}{2}$ → cos 값은 감소
$\tan A$	$\dfrac{\sqrt{3}}{3}$	1	$\sqrt{3}$ → tan 값은 증가

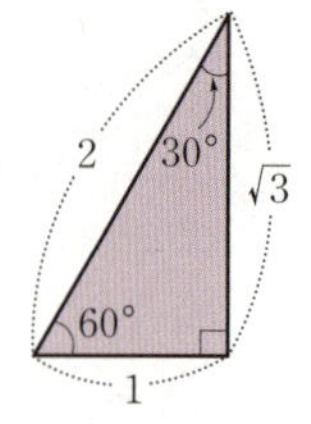

- $\sin 30°=\cos 60°$
  $\sin 45°=\cos 45°$
  $\sin 60°=\cos 30°$

- $\sin^2 A$, $\cos^2 A$, $\tan^2 A$는 $(\sin A)^2$, $(\cos A)^2$, $(\tan A)^2$을 나타낸다.

풍쌤의 point 직각삼각형의 한 예각의 크기가 30° 또는 45° 또는 60°일 때, 한 변의 길이가 주어지면 위의 삼각비의 값을 이용하여 나머지 두 변의 길이를 구할 수 있어.

◆ 예제 1 ◆

다음 표를 완성하여라.

삼각비＼A	30°	45°	60°
(1) $\sin A$	$\dfrac{1}{2}$		$\dfrac{\sqrt{3}}{2}$
(2) $\cos A$		$\dfrac{\sqrt{2}}{2}$	
(3) $\tan A$	$\dfrac{\sqrt{3}}{3}$		

▶ 답   (1) $\dfrac{\sqrt{2}}{2}$ (2) $\dfrac{\sqrt{3}}{2}$, $\dfrac{1}{2}$ (3) 1, $\sqrt{3}$

◆ 확인 1 ◆

다음 □ 안에 알맞은 수를 써넣어라.

(1) $\sin 30°=\boxed{}$, $\cos 30°=\boxed{}$, $\tan 30°=\boxed{}$

(2) $\sin 45°=\boxed{}$, $\cos 45°=\boxed{}$, $\tan 45°=\boxed{}$

(3) $\sin 60°=\boxed{}$, $\cos 60°=\boxed{}$, $\tan 60°=\boxed{}$

◆ 예제 2 ◆

다음 □ 안에 알맞은 수를 써넣어라.

(1) $\cos 60°+\sin 30°=\dfrac{1}{2}+\boxed{}=\boxed{}$

(2) $\sin 60°-\tan 60°=\dfrac{\sqrt{3}}{2}-\boxed{}=\boxed{}$

▶ 답   (1) $\dfrac{1}{2}$, 1 (2) $\sqrt{3}$, $-\dfrac{\sqrt{3}}{2}$

◆ 확인 2 ◆

다음 □ 안에 알맞은 수를 써넣어라.

(1) $\tan 45°+\sin 30°=\boxed{}+\dfrac{1}{2}=\boxed{}$

(2) $\sin 30°-\cos 60°=\dfrac{1}{2}-\boxed{}=\boxed{}$

◆ 예제 3 ◆

다음 □ 안에 알맞은 수를 써넣어라.

(1) $\sin 45°\times\cos 30°=\boxed{}\times\dfrac{\sqrt{3}}{2}=\boxed{}$

(2) $\cos 45°\div\tan 45°=\boxed{}\div 1=\boxed{}$

▶ 답   (1) $\dfrac{\sqrt{2}}{2}$, $\dfrac{\sqrt{6}}{4}$ (2) $\dfrac{\sqrt{2}}{2}$, $\dfrac{\sqrt{2}}{2}$

◆ 확인 3 ◆

다음 □ 안에 알맞은 수를 써넣어라.

(1) $\sin 60°\times\tan 60°=\boxed{}\times\sqrt{3}=\boxed{}$

(2) $\tan 30°\div\sin 60°=\dfrac{\sqrt{3}}{3}\div\boxed{}=\boxed{}$

01 다음을 계산하여라.

(1) $\cos 30° + \tan 45°$

(2) $\cos 45° - \sin 45°$

(3) $\sin 30° \times \cos 60°$

(4) $\tan 45° \div \sin 45°$

→ 개념1
30°, 45°, 60°의 삼각비의 값

02 다음을 계산하여라.

(1) $\cos 30° - \tan 45° \times \sin 60°$

(2) $\cos 45° \times \sin 45° - \sin 30°$

(3) $\tan 60° \div \tan 30° + \cos 60°$

(4) $(\cos 30° + \sin 30°)(\sin 60° - \cos 60°)$

→ 개념1
30°, 45°, 60°의 삼각비의 값

03 오른쪽 그림과 같은 직각삼각형 ABC에서 x, y의 값을 각각 구하여라.

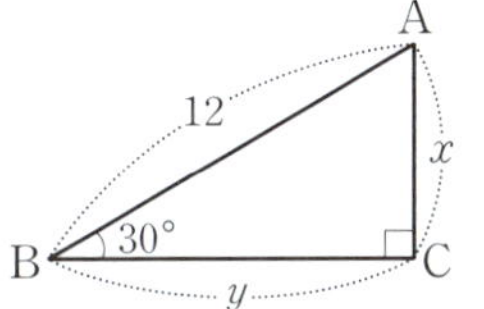

→ 개념1
30°, 45°, 60°의 삼각비의 값

04 오른쪽 그림과 같은 삼각형 ABC에서 $\overline{AH} \perp \overline{BC}$이고 $\overline{AB} = 4$, $\angle B = 60°$, $\angle C = 45°$일 때, $\overline{AC}$의 길이를 구하여라.

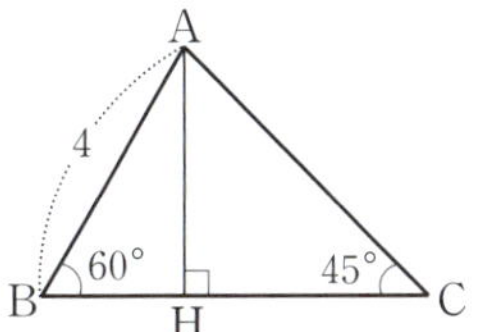

→ 개념1
30°, 45°, 60°의 삼각비의 값

03 · 예각의 삼각비의 값

개념1 예각의 삼각비의 값

반지름의 길이가 1인 사분원에서 임의의 예각 x에 대하여

(1) $\sin x° = \dfrac{\overline{AB}}{\overline{OA}} = \dfrac{\overline{AB}}{1} = \overline{AB}$

(2) $\cos x° = \dfrac{\overline{OB}}{\overline{OA}} = \dfrac{\overline{OB}}{1} = \overline{OB}$

(3) $\tan x° = \dfrac{\overline{CD}}{\overline{OD}} = \dfrac{\overline{CD}}{1} = \overline{CD}$

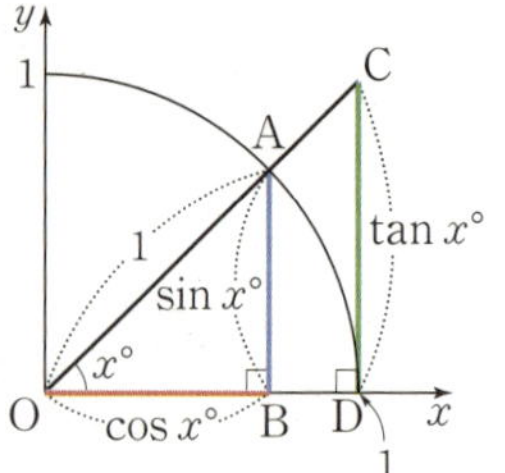

◆ $\sin x°$, $\cos x°$는 직각삼각형 AOB에서 생각하고, $\tan x°$는 직각삼각형 COD에서 생각한다.

◆ 예제 1 ◆

오른쪽 그림과 같이 반지름의 길이가 1인 사분원에서 다음 □ 안에 알맞은 수를 써넣어라.

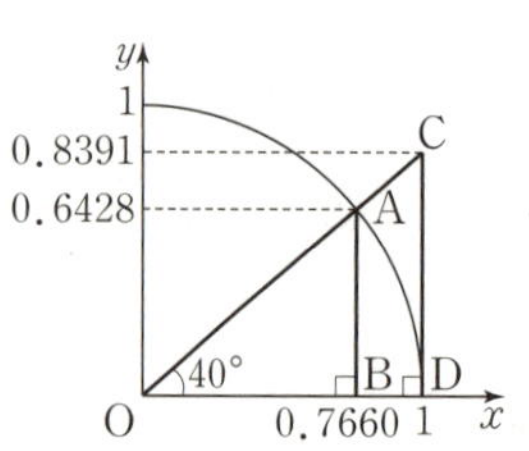

(1) $\sin 40° = \dfrac{\overline{AB}}{\overline{OA}} = \dfrac{\overline{AB}}{\boxed{}} = \boxed{}$

(2) $\cos 40° = \dfrac{\overline{OB}}{\overline{OA}} = \dfrac{\overline{OB}}{\boxed{}} = \boxed{}$

(3) $\tan 40° = \dfrac{\overline{CD}}{\overline{OD}} = \dfrac{\overline{CD}}{\boxed{}} = \boxed{}$

▸ 답 (1) 1, 0.6428   (2) 1, 0.7660   (3) 1, 0.8391

◆ 확인 1 ◆

오른쪽 그림과 같이 반지름의 길이가 1인 사분원에서 다음 □ 안에 알맞은 수를 써넣어라.

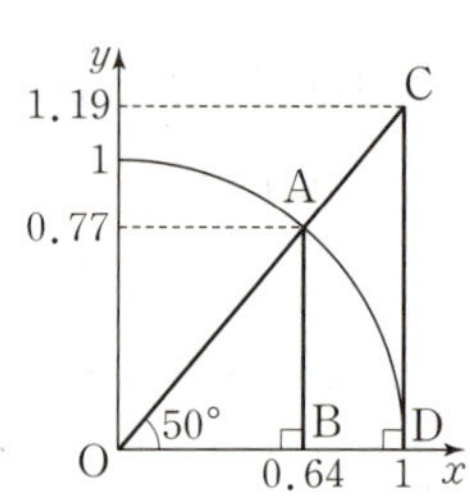

(1) $\sin 50° = \dfrac{\overline{AB}}{\overline{OA}} = \dfrac{\overline{AB}}{\boxed{}} = \boxed{}$

(2) $\cos 50° = \dfrac{\overline{OB}}{\overline{OA}} = \dfrac{\overline{OB}}{\boxed{}} = \boxed{}$

(3) $\tan 50° = \dfrac{\overline{CD}}{\overline{OD}} = \dfrac{\overline{CD}}{\boxed{}} = \boxed{}$

개념2 0°, 90°의 삼각비의 값

0°, 90°의 삼각비의 값은 다음과 같이 정한다.

(1) $\sin 0° = 0$, $\cos 0° = 1$, $\tan 0° = 0$

(2) $\sin 90° = 1$, $\cos 90° = 0$

(3) $\tan 90°$의 값은 정할 수 없다.

◆ $x°$의 크기가 0°에서 90°로 증가할 때,
① $\sin x°$의 값은 0에서 1로 증가한다.
② $\cos x°$의 값은 1에서 0으로 감소한다.
③ $\tan x°$의 값은 0에서 무한히 증가한다.

◆ 예제 2 ◆

다음 표를 완성하여라.

삼각비 \ A	0°	90°
(1) $\sin A$		
(2) $\cos A$		
(3) $\tan A$		

▸ 답 (1) 0, 1   (2) 1, 0   (3) 0

◆ 확인 2 ◆

다음 □ 안에 알맞은 수를 써넣어라.

(1) $\sin 0° = \boxed{}$, $\cos 0° = \boxed{}$, $\tan 0° = \boxed{}$

(2) $\sin 90° = \boxed{}$, $\cos 90° = \boxed{}$, $\tan 90°$의 값은 정할 수 없다.

개념 ✦ check

01 오른쪽 그림과 같이 반지름의 길이가 1인 사분원에서 다음 중 옳은 것은?

① $\cos x° = \overline{OC}$ ② $\sin x° = \overline{OB}$

③ $\tan y° = \overline{CD}$ ④ $\cos y° = \overline{AB}$

⑤ $\tan x° = \overline{AB}$

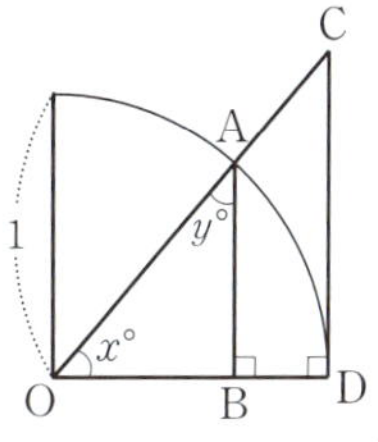

→ 개념1
예각의 삼각비의 값

02 오른쪽 그림과 같이 반지름의 길이가 1인 사분원에서 다음 삼각비의 값을 구하여라.

(1) $\sin 37°$

(2) $\cos 37°$

(3) $\tan 37°$

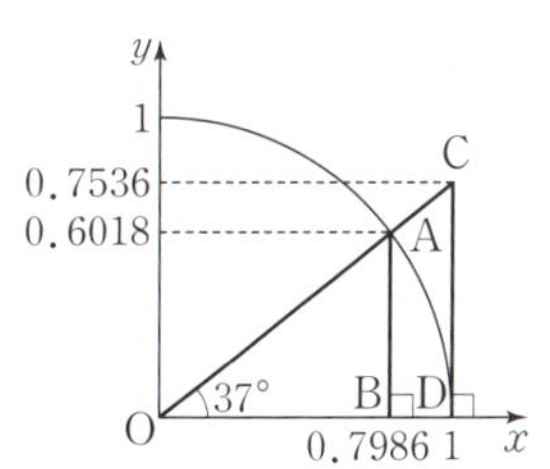

→ 개념1
예각의 삼각비의 값

03 다음 중 옳지 <u>않은</u> 것은?

① $\dfrac{\sin 30° + \cos 90°}{\cos 60° + \sin 0°} = 1$

② $\tan 45° - \sin 90° = 1$

③ $\sin 0° \times \cos 90° + \sin 90° \times \cos 0° = 1$

④ $\sin 90° \times \tan 0° = 0$

⑤ $\cos 90° + \cos 0° = 1$

→ 개념2
$0°$, $90°$의 삼각비의 값

04 다음 중 $\sin 0° + \cos 0° + \tan 0°$와 그 값이 같은 것은?

① $\sin 45°$ ② $\cos 30°$ ③ $\cos 60°$

④ $\tan 45°$ ⑤ $\tan 90°$

→ 개념2
$0°$, $90°$의 삼각비의 값

04 ◆ 삼각비의 표

개념 1 삼각비의 표

(1) 삼각비의 표

0°에서 90°까지의 각을 1° 간격으로 나누어서 각각의 삼각비의 값을 반올림하여 소수점 아래 넷째 자리까지 나타낸 표

(2) 삼각비의 표 읽는 방법

삼각비의 값은 삼각비의 표에서 가로줄과 세로줄이 만나는 곳에 있는 수이다.

> ◆ 삼각비의 표에 있는 삼각비의 값은 대부분 어림한 값이지만 이 값을 나타낼 때에는 '='를 사용한다.

예

각도	사인 (sin)	코사인 (cos)	탄젠트 (tan)
42°	0.6691	0.7431	0.9004
43°	0.6820	0.7314	0.9325
44°	0.6947	0.7193	0.9657

➜ 위의 삼각비의 표에서 $\sin 42° = 0.6691$, $\cos 43° = 0.7314$, $\tan 44° = 0.9657$

◆ 예제 1 ◆

아래 삼각비의 표를 이용하여 다음 삼각비의 값을 구하여라.

각도	사인 (sin)	코사인 (cos)	탄젠트 (tan)
37°	0.6018	0.7986	0.7536
38°	0.6157	0.7880	0.7813
39°	0.6293	0.7771	0.8098
40°	0.6428	0.7660	0.8391

(1) $\sin 38°$ (2) $\cos 39°$ (3) $\tan 40°$

＞ 답 (1) 0.6157 (2) 0.7771 (3) 0.8391

◆ 확인 1 ◆

아래 삼각비의 표를 이용하여 다음 삼각비의 값을 구하여라.

각도	사인 (sin)	코사인 (cos)	탄젠트 (tan)
56°	0.8290	0.5592	1.4826
57°	0.8387	0.5446	1.5399
58°	0.8480	0.5299	1.6003
59°	0.8572	0.5150	1.6643

(1) $\sin 58°$ (2) $\cos 56°$ (3) $\tan 59°$

◆ 예제 2 ◆

아래 삼각비의 표를 이용하여 다음 삼각비를 만족시키는 x의 값을 구하여라.

각도	사인 (sin)	코사인 (cos)	탄젠트 (tan)
23°	0.3907	0.9205	0.4245
24°	0.4067	0.9135	0.4452
25°	0.4226	0.9063	0.4663

(1) $\sin x° = 0.4226$

(2) $\cos x° = 0.9205$

(3) $\tan x° = 0.4452$

＞ 풀이 (1) $\sin 25° = 0.4226$이므로 $x = 25$

(2) $\cos 23° = 0.9205$이므로 $x = 23$

(3) $\tan 24° = 0.4452$이므로 $x = 24$

＞ 답 (1) 25 (2) 23 (3) 24

◆ 확인 2 ◆

아래 삼각비의 표를 이용하여 다음 삼각비를 만족시키는 x의 값을 구하여라.

각도	사인 (sin)	코사인 (cos)	탄젠트 (tan)
15°	0.2588	0.9659	0.2679
16°	0.2756	0.9613	0.2867
17°	0.2924	0.9563	0.3057

(1) $\sin x° = 0.2924$

(2) $\cos x° = 0.9613$

(3) $\tan x° = 0.2679$

01 다음 삼각비의 표를 이용하여 $\sin 39°$, $\cos 42°$, $\tan 40°$의 값을 각각 구하여라.

각도	사인 (sin)	코사인 (cos)	탄젠트 (tan)
39°	0.6293	0.7771	0.8098
40°	0.6428	0.7660	0.8391
41°	0.6561	0.7547	0.8693
42°	0.6691	0.7431	0.9004
43°	0.6820	0.7314	0.9325

→ 개념1
　삼각비의 표

02 아래 삼각비의 표를 이용하여 다음을 계산하여라.

각도	사인 (sin)	코사인 (cos)	탄젠트 (tan)
62°	0.8829	0.4695	1.8807
63°	0.8910	0.4540	1.9626
64°	0.8988	0.4384	2.0503
65°	0.9063	0.4226	2.1445
66°	0.9135	0.4067	2.2460

(1) $\sin 65° + \cos 63°$

(2) $\tan 64° - \cos 62°$

(3) $\sin 62° - \cos 65°$

(4) $\tan 63° + \sin 64°$

→ 개념1
　삼각비의 표

03 다음 삼각비의 표를 이용하여 $\tan x° = 3.2709$를 만족시키는 $x°$에 대하여 $\sin x° - \cos x°$의 값을 구하여라.

각도	사인 (sin)	코사인 (cos)	탄젠트 (tan)
71°	0.9455	0.3256	2.9042
72°	0.9511	0.3090	3.0777
73°	0.9563	0.2924	3.2709
74°	0.9613	0.2756	3.4874
75°	0.9659	0.2588	3.7321

→ 개념1
　삼각비의 표

유형·check

유형·1 삼각비를 이용하여 삼각형의 변의 길이 구하기

오른쪽 그림과 같은 직각삼각형 ABC에서 $\overline{AB}=8$, $\tan A=\dfrac{5}{8}$일 때, $\overline{AC}$의 길이를 구하여라.

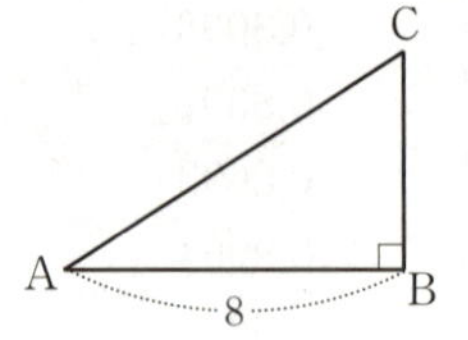

» 닮은꼴 문제

1-1

오른쪽 그림과 같은 직각삼각형 ABC에서 $\overline{AC}=12$, $\cos A=\dfrac{3}{4}$ 일 때, $x+y$의 값을 구하여라.

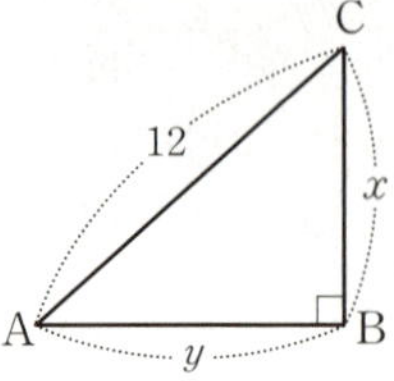

1-2

오른쪽 그림과 같은 직각삼각형 ABC에서 $\overline{AC}=6$, $\sin C=\dfrac{\sqrt{5}}{5}$일 때, $\overline{AB}-\overline{BC}$ 의 값을 구하여라.

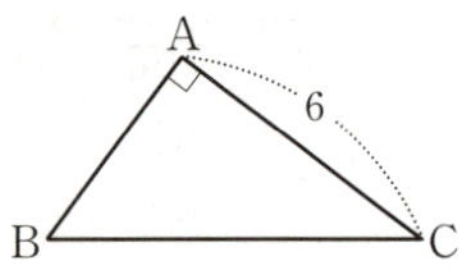

유형·2 한 삼각비의 값을 알 때, 다른 삼각비의 값 구하기

$\angle B=90°$인 직각삼각형 ABC에서 $\tan A=\dfrac{1}{2}$일 때, $\cos A$의 값을 구하여라.

» 닮은꼴 문제

2-1

직각삼각형 ABC에서 $\cos B=\dfrac{2}{3}$일 때, $\sin B \times \tan B$의 값을 구하여라.

2-2

오른쪽 그림과 같이 $\overline{AB}=2$, $\overline{AC}=3$인 삼각형 ABC에서 $\cos B=\dfrac{1}{2}$일 때, $\sin C$의 값을 구하여라.

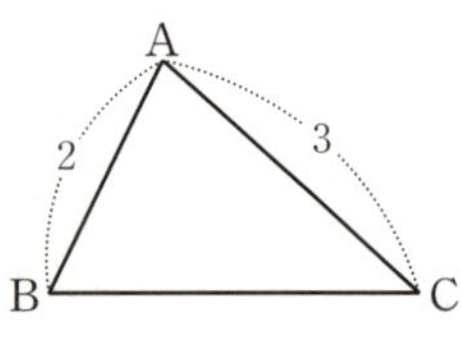

오른쪽 그림과 같이
$\angle B = 90°$인 직각삼각형
ABC에서 $\overline{AC} \perp \overline{DE}$이고
$\angle EDC = x°$라고 할 때,
$\sin x°$의 값을 구하여라.

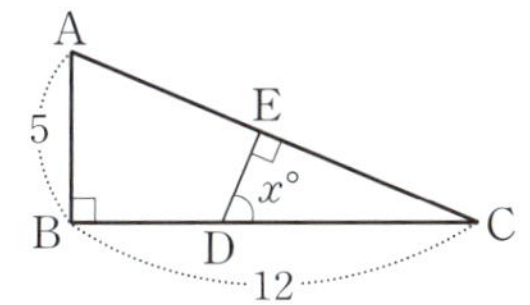

3-1

오른쪽 그림과 같이
$\angle A = 90°$인 직각삼각형
ABC에서 $\overline{BC} \perp \overline{DE}$이고
$\angle CDE = x°$라고 할 때,
$\sin x°$의 값을 구하여라.

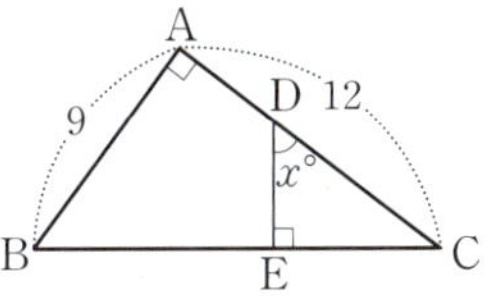

3-2

오른쪽 그림과 같이 $\angle A = 90°$
인 직각삼각형 ABC에서
$\overline{AH} \perp \overline{BC}$이고 $\angle BAH = x°$라
고 할 때, $\sin x° + \tan x°$의 값
을 구하여라.

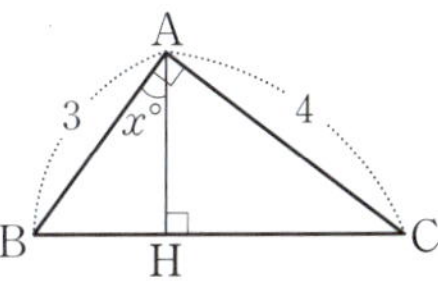

$\sin 60° \times \tan 30° - \cos 30° \times \tan 60°$의 값은?

① $-\sqrt{2}$　　　② -1　　　③ 0

④ $\dfrac{\sqrt{3}}{2}$　　　⑤ $\sqrt{3}$

4-1

다음 중 옳은 것을 모두 고르면? (정답 2개)

① $\cos 30° - \sin 45° = \dfrac{\sqrt{3} - \sqrt{2}}{2}$

② $\sin 30° + \sin 60° = 1$

③ $\cos 60° \times \cos 45° = \dfrac{\sqrt{2}}{4}$

④ $\sin 30° \div \cos 60° = \dfrac{1}{2}$

⑤ $\tan 60° - \dfrac{\tan 45°}{\tan 30°} = 1$

4-2

이차방정식 $ax^2 - 3x + 1 = 0$의 한 근이
$(\sin 30° - \cos 30°)(\sin 60° + \cos 60°)$일 때, 상수 a의
값을 구하여라.

$\cos x° = \dfrac{\sqrt{3}}{2}$일 때, $\sin x°$의 값은? (단, $0° < x° < 90°$)

① 0 ② $\dfrac{1}{2}$ ③ $\dfrac{\sqrt{2}}{2}$

④ $\dfrac{\sqrt{3}}{2}$ ⑤ 1

5-1

$\cos x° = \dfrac{1}{2}$, $\tan y° = \dfrac{\sqrt{3}}{3}$일 때, $\sin(x° - y°)$의 값은?

(단, $0° < x° < 90°$, $0° < y° < 90°$)

① $\dfrac{1}{2}$ ② $\dfrac{\sqrt{2}}{2}$ ③ $\dfrac{\sqrt{3}}{2}$

④ 1 ⑤ $\sqrt{3}$

5-2

$\sin 60° = \cos(80° - x°)$를 만족시키는 x의 값은?

(단, $0° < x° < 80°$)

① 20 ② 30 ③ 40

④ 50 ⑤ 60

오른쪽 그림의 $\triangle ABC$에서 $\overline{AH} \perp \overline{BC}$이고 $\overline{AB} = 6$, $\angle B = 30°$, $\angle C = 45°$일 때, $\overline{BC}$의 길이를 구하여라.

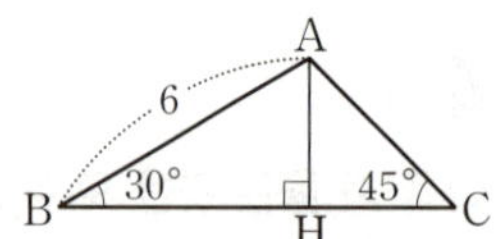

6-1

오른쪽 그림에서 $\angle BAC = \angle ADC = 90°$, $\angle ABC = 60°$, $\angle ACD = 30°$, $\overline{AB} = 8$일 때, $\overline{CD}$의 길이를 구하여라.

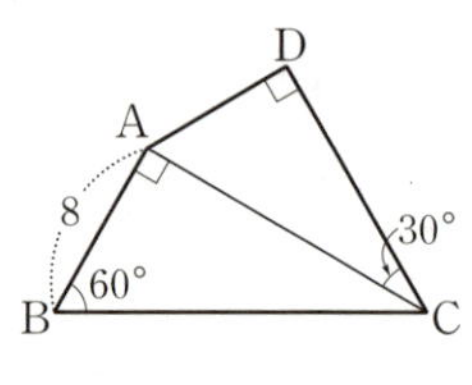

6-2

오른쪽 그림에서 $\overline{CD} = 1$, $\angle ABC = \angle DCB = 90°$, $\angle ACB = 45°$, $\angle DBC = 30°$일 때, xy의 값은?

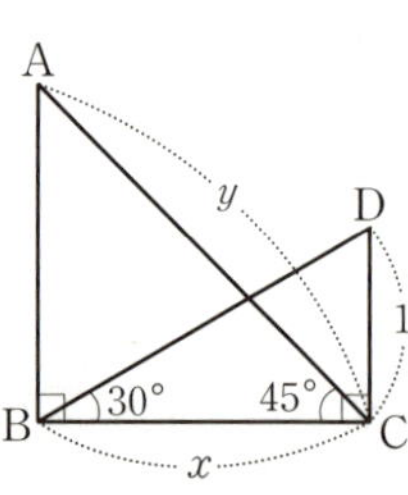

① 3 ② $2\sqrt{3}$

③ $3\sqrt{2}$ ④ $2\sqrt{6}$

⑤ 6

다음 〈보기〉의 삼각비의 값을 작은 것부터 차례대로 나열하여라.

보기

ㄱ. $\cos 40°$　　ㄴ. $\tan 45°$

ㄷ. $\sin 40°$　　ㄹ. $\tan 50°$

7-1

$45° < x° < 90°$일 때, $\sin x°$, $\cos x°$, $\tan x°$의 값의 대소 관계를 나타내어라.

7-2

$\sqrt{(\cos x° + 1)^2} + \sqrt{(\cos x° - 1)^2}$ 을 간단히 하면?

(단, $0° < x° < 90°$)

① 0　　　　② 1　　　　③ 2

④ $2\cos x$　　⑤ 4

다음 삼각비의 표를 이용하여 $\tan x° = 0.2126$, $\cos y° = 0.9703$을 만족시키는 x, y에 대하여 $x + y$의 값을 구하여라.

각도	사인 (sin)	코사인 (cos)	탄젠트 (tan)
11°	0.1908	0.9816	0.1944
12°	0.2079	0.9781	0.2126
13°	0.2250	0.9744	0.2309
14°	0.2419	0.9703	0.2493

8-1

다음 삼각비의 표를 이용하여 오른쪽 그림의 직각삼각형 ABC에서 $x + y$의 값을 구하여라.

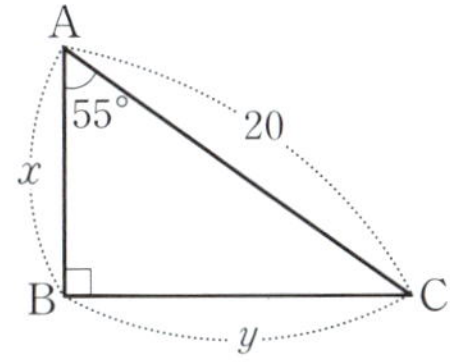

각도	사인 (sin)	코사인 (cos)	탄젠트 (tan)
54°	0.8090	0.5878	1.3764
55°	0.8192	0.5736	1.4281
56°	0.8290	0.5592	1.4826

8-2

다음 삼각비의 표를 이용하여 오른쪽 그림과 같이 반지름의 길이가 1인 사분원에서 $\overline{AB} + \overline{CD}$의 값을 구하여라.

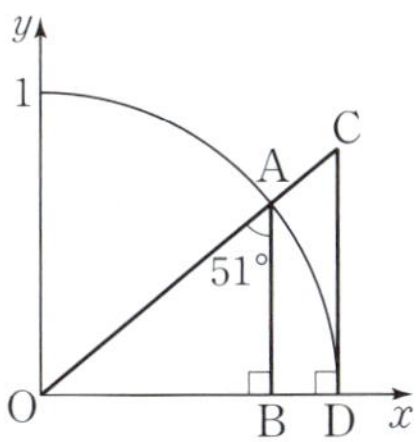

각도	사인 (sin)	코사인 (cos)	탄젠트 (tan)
39°	0.6293	0.7771	0.8098
43°	0.6820	0.7314	0.9325
65°	0.9063	0.4226	2.1445

01 오른쪽 그림과 같은 직각삼각형 ABC에 대하여 다음 중 옳은 것은?

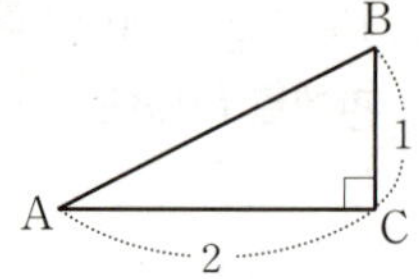

① $\sin A = \dfrac{2\sqrt{5}}{5}$

② $\cos A = \dfrac{\sqrt{5}}{5}$ ③ $\tan A = \dfrac{\sqrt{5}}{5}$

④ $\sin B = \dfrac{1}{2}$ ⑤ $\cos B = \dfrac{\sqrt{5}}{5}$

02 오른쪽 그림과 같이 $\overline{AB}=3\ \text{cm}$, $\overline{BC}=4\ \text{cm}$ 인 직사각형 ABCD에서 $\angle DBC = x°$라고 할 때, $\sin x° + \cos x°$의 값을 구하여라.

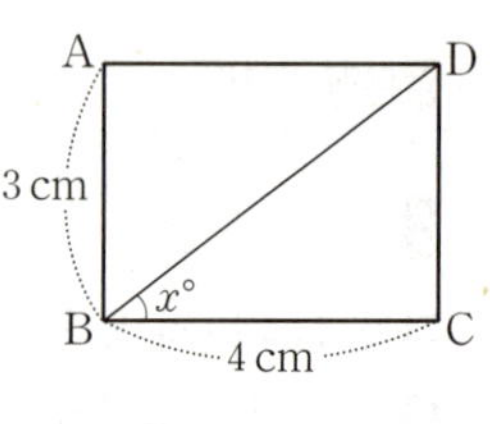

03 오른쪽 그림과 같이 $\angle B=90°$인 직각삼각형 ABC에서 $\overline{AC}=17$, $\overline{BD}=6$, $\overline{CD}=10$일 때, $\tan x°$의 값은?

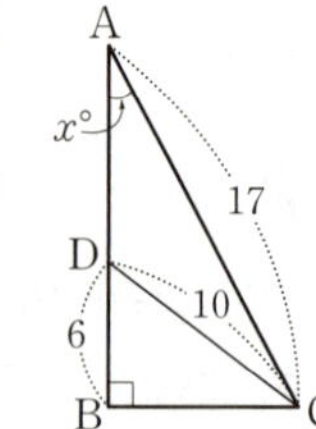

① $\dfrac{8}{17}$ ② $\dfrac{8}{15}$

③ $\dfrac{3}{5}$ ④ $\dfrac{15}{8}$

⑤ $\dfrac{17}{8}$

04 오른쪽 그림의 직각삼각형 ABC에서 $\overline{AB}=8\ \text{cm}$이고 $\cos B = \dfrac{3}{4}$일 때, $\triangle ABC$의 넓이는?

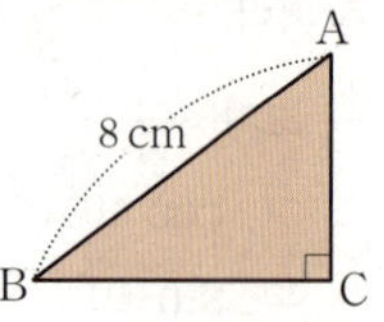

① $6\ \text{cm}^2$ ② $6\sqrt{3}\ \text{cm}^2$ ③ $6\sqrt{5}\ \text{cm}^2$

④ $6\sqrt{7}\ \text{cm}^2$ ⑤ $18\ \text{cm}^2$

05 $\angle B=90°$인 직각삼각형 ABC에서 $\tan A = \dfrac{12}{5}$ 일 때, $\sqrt{(\sin A - \cos A)^2} + \sqrt{(\cos A - \sin A)^2}$ 의 값은? (단, $0° < \angle A < 90°$)

① $\dfrac{12}{13}$ ② 1 ③ $\dfrac{14}{13}$

④ $\dfrac{15}{13}$ ⑤ $\dfrac{16}{13}$

06 오른쪽 그림과 같은 직사각형 ABCD에서 $\overline{CH} \perp \overline{BD}$이고 $\angle BCH = x°$라고 할 때, $\cos x°$의 값은?

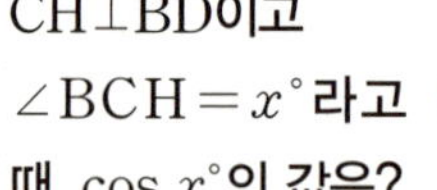
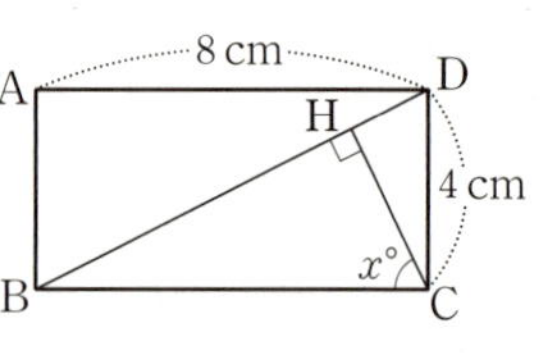

① $\dfrac{1}{5}$ ② $\dfrac{\sqrt{2}}{5}$ ③ $\dfrac{\sqrt{3}}{5}$

④ $\dfrac{2}{5}$ ⑤ $\dfrac{\sqrt{5}}{5}$

07 오른쪽 그림과 같이 한 모서리의 길이가 a인 정육면체에서 $\angle \mathrm{AGE} = x^\circ$라고 할 때, $\cos x^\circ$의 값은?

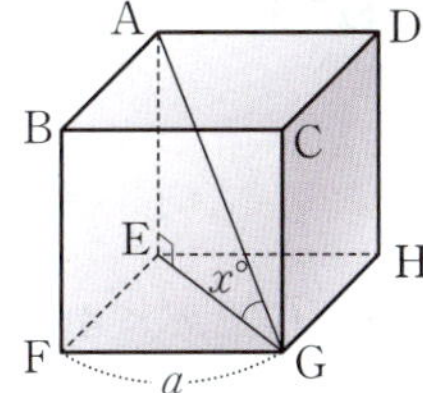

① $\dfrac{1}{3}$ ② $\dfrac{1}{2}$

③ $\dfrac{\sqrt{2}}{2}$ ④ $\dfrac{\sqrt{6}}{3}$ ⑤ $\dfrac{2\sqrt{2}}{3}$

08 오른쪽 그림과 같이 일차함수 $y=2x+4$의 그래프와 x축의 양의 방향이 이루는 예각의 크기를 α°라고 할 때, $\sin \alpha^\circ$의 값을 구하여라.

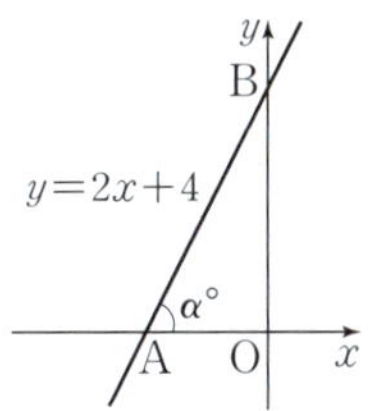

09 다음 〈보기〉 중 옳은 것을 모두 고른 것은?

보기

ㄱ. $\sin 45^\circ \times \cos 45^\circ = \dfrac{1}{2}$

ㄴ. $\sin 30^\circ = \cos 30^\circ \times \tan 30^\circ$

ㄷ. $\sin 30^\circ + \cos 60^\circ = \tan 45^\circ$

ㄹ. $\tan 30^\circ = \dfrac{1}{\tan 60^\circ}$

① ㄱ, ㄴ   ② ㄱ, ㄷ   ③ ㄴ, ㄹ

④ ㄱ, ㄷ, ㄹ   ⑤ ㄱ, ㄴ, ㄷ, ㄹ

10 $\sin(3x^\circ + 15^\circ) = \dfrac{\sqrt{3}}{2}$일 때, $\cos 2x^\circ$의 값은?

(단, $0^\circ < x^\circ < 25^\circ$)

① 0 ② $\dfrac{1}{2}$ ③ $\dfrac{\sqrt{2}}{2}$

④ $\dfrac{\sqrt{3}}{2}$ ⑤ 1

11 오른쪽 그림에서 $\angle \mathrm{ABC} = \angle \mathrm{DCB} = 90^\circ$, $\angle \mathrm{BAC} = 60^\circ$, $\angle \mathrm{BDC} = 45^\circ$, $\overline{\mathrm{CD}} = 2\sqrt{3}$일 때, $\overline{\mathrm{AB}}$의 길이는?

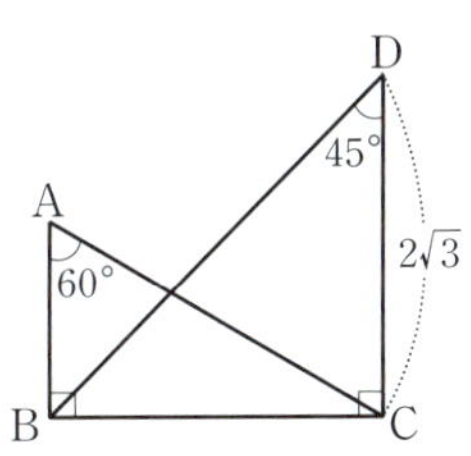

① 1 ② $\sqrt{3}$ ③ 2

④ $2\sqrt{2}$ ⑤ $2\sqrt{3}$

12 오른쪽 그림과 같이 반지름의 길이가 1인 사분원에서 사각형 ABDC의 넓이가 S일 때, $1000S$의 값을 구하여라. (단, $\sin 37^\circ = 0.6$, $\cos 37^\circ = 0.8$, $\tan 37^\circ = 0.75$로 계산한다.)

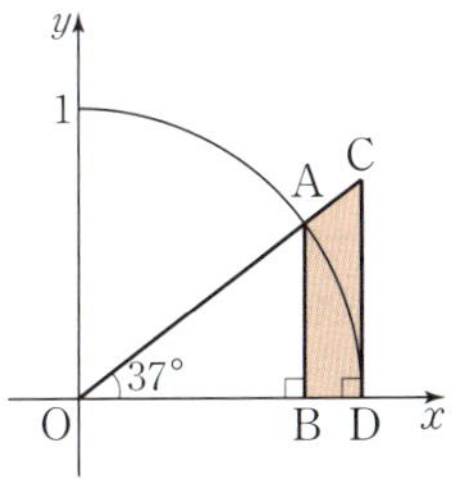

═ 서술형 꽉 잡기 ═

주어진 단계에 따라 쓰는 유형	풀이 과정을 자세히 쓰는 유형

13 오른쪽 그림과 같이 $\angle B=60°$, $\angle C=45°$, $\overline{AC}=6$ cm인 $\triangle ABC$에서 $\overline{AD}\perp\overline{BC}$일 때, $\triangle ABC$의 넓이를 구하여라.

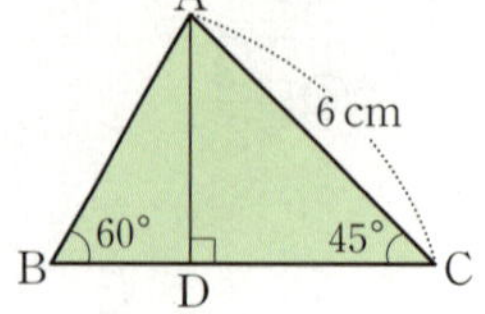

> · 생각해 보자 ·
> 구하는 것은? $\triangle ABC$의 넓이
> 주어진 것은? ① $\angle B$, $\angle C$의 크기, $\overline{AC}$의 길이
> ② $\overline{AD}\perp\overline{BC}$

❯ 풀이

[1단계] $\overline{CD}$의 길이 구하기 (30 %)

[2단계] $\overline{AD}$, $\overline{BD}$의 길이 각각 구하기 (50 %)

[3단계] $\triangle ABC$의 넓이 구하기 (20 %)

❯ 답

14 $0°<x°<45°$일 때, 다음 식을 간단히 하여라.

$$\sqrt{(\cos x°-\sin x°)^2}-\sqrt{(\sin x°-\cos x°)^2}$$

❯ 풀이

❯ 답

15 오른쪽 그림과 같이 $\angle B=90°$인 직각삼각형 ABC에서 $\overline{BC}=18$ cm, $\angle CAD=\angle C=x°$, $\angle ADB=y°$이다.

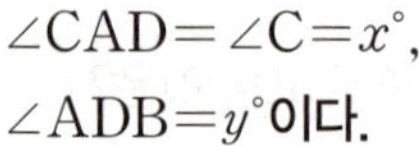
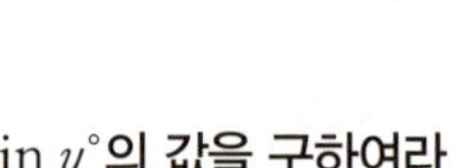

$\cos x°=\dfrac{3\sqrt{13}}{13}$일 때, $\sin y°$의 값을 구하여라.

❯ 풀이

❯ 답

2. 삼각비의 활용

05 · 직각삼각형의 변의 길이

개념 1 ┃ 직각삼각형의 변의 길이

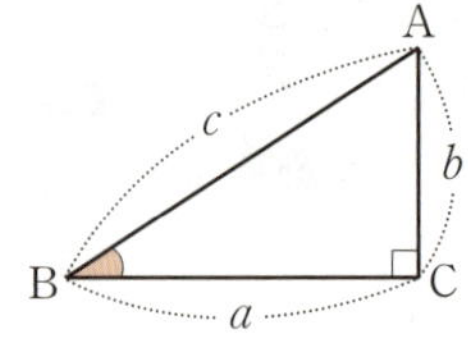

$\angle C = 90°$인 직각삼각형 ABC에서

(1) $\angle B$의 크기와 빗변의 길이 c를 알 때

→ $a = c\cos B$, $b = c\sin B$
  └$\cos B = \dfrac{a}{c}$에서 └$\sin B = \dfrac{b}{c}$에서

(2) $\angle B$의 크기와 밑변의 길이 a를 알 때

→ $b = a\tan B$, $c = \dfrac{a}{\cos B}$
  └$\tan B = \dfrac{b}{a}$에서 └$\cos B = \dfrac{a}{c}$에서

(3) $\angle B$의 크기와 높이 b를 알 때

→ $a = \dfrac{b}{\tan B}$, $c = \dfrac{b}{\sin B}$
  └$\tan B = \dfrac{b}{a}$에서 └$\sin B = \dfrac{b}{c}$에서

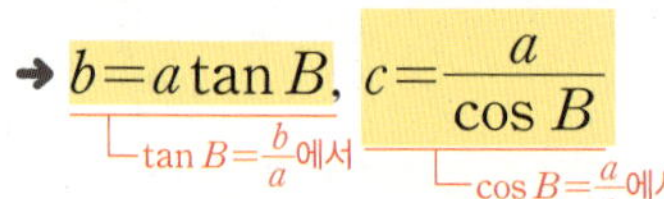

◆ 직각삼각형에서 기준각에 대하여 주어진 변과 구하는 변이
① 빗변, 높이이면 → sin 이용
② 빗변, 밑변이면 → cos 이용
③ 밑변, 높이이면 → tan 이용

풍쌤의 point 직각삼각형에서 한 변의 길이와 한 예각의 크기를 알면 삼각비를 이용하여 나머지 두 변의 길이를 구할 수 있어.

◆ 예제 1 ◆

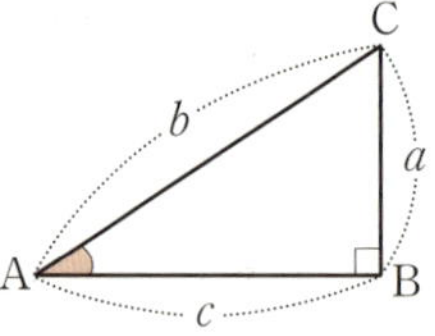

오른쪽 그림과 같이 $\angle B = 90°$인 직각삼각형 ABC에 대하여 다음 □ 안에 알맞은 것을 써넣어라.

(1) $\sin A = \dfrac{a}{b}$ → $a = \boxed{}$

(2) $\cos A = \boxed{}$ → $c = \boxed{}$

(3) $\tan A = \boxed{}$ → $a = \boxed{}$

▷ 답 (1) $b\sin A$ (2) $\dfrac{c}{b}$, $b\cos A$ (3) $\dfrac{a}{c}$, $c\tan A$

◆ 확인 1 ◆

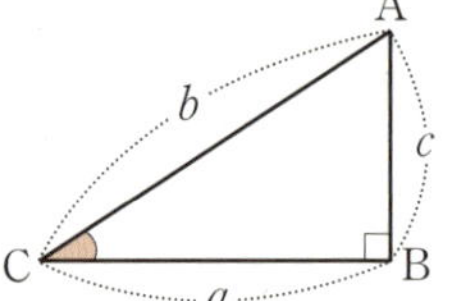

오른쪽 그림과 같이 $\angle B = 90°$인 직각삼각형 ABC에 대하여 다음 □ 안에 알맞은 것을 써넣어라.

(1) $\sin C = \dfrac{c}{b}$ → $c = \boxed{}$

(2) $\cos C = \boxed{}$ → $a = \boxed{}$

(3) $\tan C = \boxed{}$ → $c = \boxed{}$

◆ 예제 2 ◆

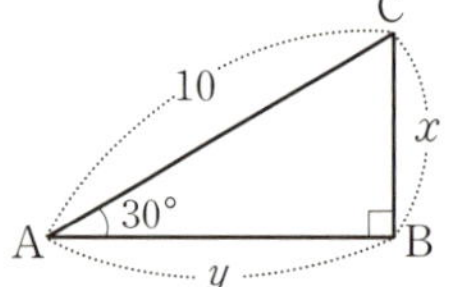

오른쪽 그림과 같은 직각삼각형 ABC에 대하여 다음 □ 안에 알맞은 것을 써넣어라.

(1) $\sin 30° = \dfrac{x}{10}$이므로

$x = 10\sin\boxed{}° = \boxed{}$

(2) $\cos 30° = \dfrac{y}{10}$이므로

$y = 10\cos\boxed{}° = \boxed{}$

▷ 답 (1) 30, 5 (2) 30, $5\sqrt{3}$

◆ 확인 2 ◆

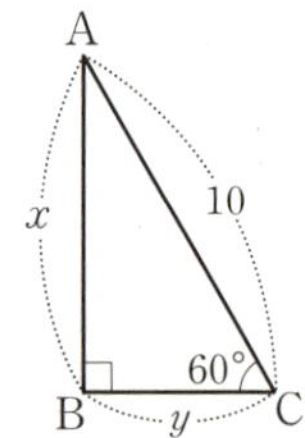

오른쪽 그림과 같은 직각삼각형 ABC에 대하여 다음 □ 안에 알맞은 것을 써넣어라.

(1) $\sin 60° = \dfrac{x}{10}$이므로

$x = \boxed{} \times \sin 60° = \boxed{}$

(2) $\cos 60° = \dfrac{y}{10}$이므로

$y = \boxed{} \times \cos 60° = \boxed{}$

개념 ◆ check

01 오른쪽 그림과 같이 $\angle C=90°$인 직각삼각형 ABC에서 $\overline{AC}=6$, $\angle B=37°$일 때, $\overline{BC}$의 길이를 구하는 식으로 옳은 것은?

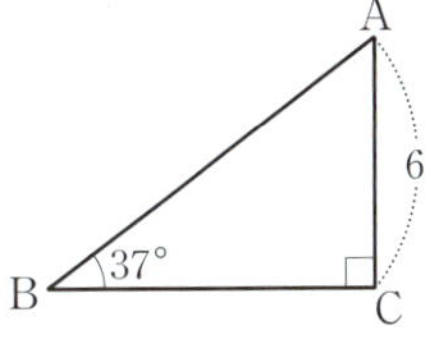

① $6\cos 37°$

② $6\sin 37°$

③ $\dfrac{6}{\sin 37°}$

④ $6\tan 37°$

⑤ $\dfrac{6}{\tan 37°}$

→ 개념1
직각삼각형의 변의 길이

02 오른쪽 그림과 같이 $\angle C=90°$인 직각삼각형 ABC에서 다음을 구하여라.

(단, $\sin 28°=0.47$, $\cos 28°=0.88$로 계산한다.)

(1) $\overline{BC}$의 길이

(2) $\overline{AC}$의 길이

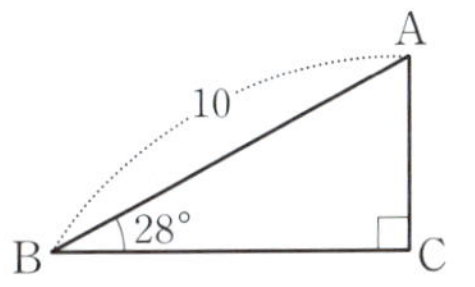

→ 개념1
직각삼각형의 변의 길이

03 오른쪽 그림과 같이 $\angle B=90°$인 직각삼각형 ABC에서 $\overline{AC}=5$, $\angle A=50°$일 때, $x+y$의 값을 구하여라.

(단, $\sin 50°=0.77$, $\cos 50°=0.64$로 계산한다.)

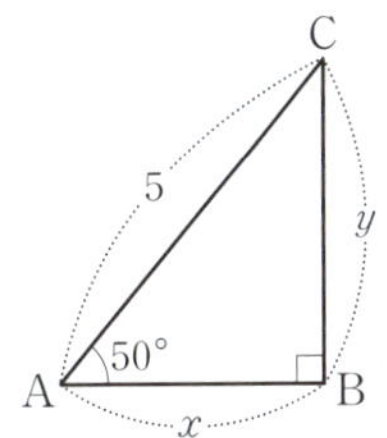

→ 개념1
직각삼각형의 변의 길이

04 오른쪽 그림과 같이 민수가 건물로부터 $50\ \text{m}$ 떨어진 지점에서 건물 옥상을 올려다본 각의 크기가 $35°$이다. 지면에서 민수의 눈까지의 높이가 $1.7\ \text{m}$일 때, 건물의 높이를 구하는 식으로 옳은 것은?

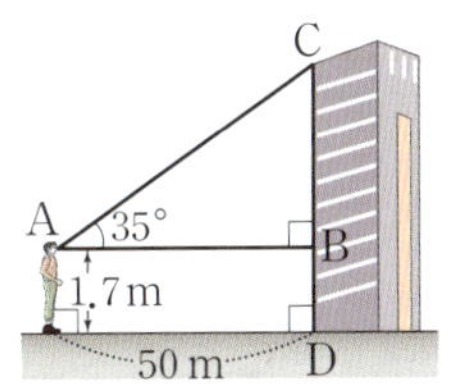

① $50\sin 35°\ \text{m}$

② $(50\sin 35°+1.7)\ \text{m}$

③ $50\cos 35°\ \text{m}$

④ $50\tan 35°\ \text{m}$

⑤ $(50\tan 35°+1.7)\ \text{m}$

→ 개념1
직각삼각형의 변의 길이

06 · 일반 삼각형의 변의 길이

개념1 | 일반 삼각형의 변의 길이

(1) 삼각형 ABC에서 두 변의 길이 a, c와 그 끼인각 $\angle B$의 크기를 알 때, 삼각비와 피타고라스 정리를 이용하여 나머지 한 변 AC의 길이를 구할 수 있다.

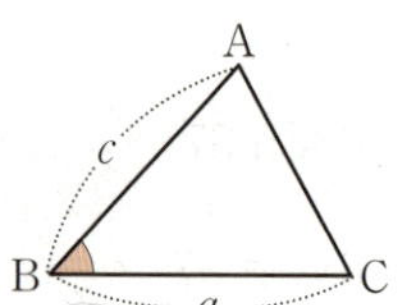

> **풍쌤티** 꼭짓점 A에서 $\overline{BC}$에 내린 수선의 발을 H라 하면
> $$\overline{AH}=c \sin B, \quad \overline{BH}=c \cos B$$
> $$\therefore \overline{AC}=\sqrt{\overline{AH}^2+\overline{CH}^2}$$
> $$=\sqrt{(c \sin B)^2+(a-c \cos B)^2}$$
> $$\underset{\overline{CH}=\overline{BC}-\overline{BH}}{}$$

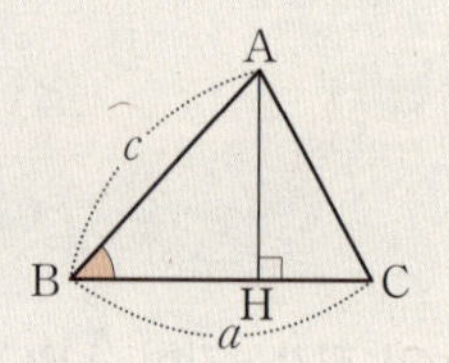

(2) 삼각형 ABC에서 한 변의 길이 a와 그 양 끝 각 $\angle B$, $\angle C$의 크기를 알 때, 삼각비를 이용하여 나머지 두 변 AB, AC의 길이를 구할 수 있다.

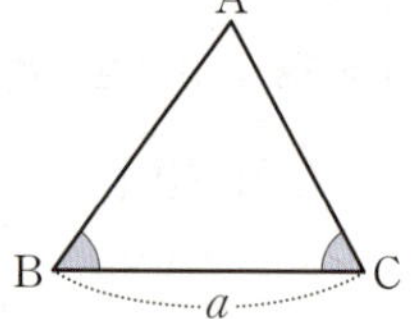

> **풍쌤티** 두 꼭짓점 B, C에서 대변에 내린 수선의 발을 각각 H, H′이라 하면
> $$\overline{BH}=\overline{AB} \sin A=a \sin C,$$
> $$\overline{CH'}=\overline{AC} \sin A=a \sin B$$
> $$\therefore \overline{AB}=\frac{a \sin C}{\sin A}, \quad \overline{AC}=\frac{a \sin B}{\sin A}$$

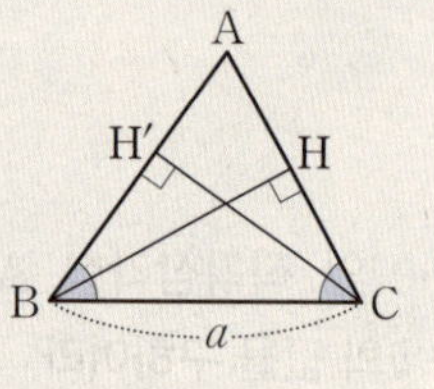

> **풍쌤의 point** 일반 삼각형의 변의 길이를 구할 때는 특수한 각의 삼각비를 이용할 수 있도록 한 꼭짓점에서 그 대변에 수선을 그어 직각삼각형을 만들어야 해.

◆ 예제 1 ◆

다음은 오른쪽 그림의 삼각형 ABC에서 변 AC의 길이를 구하는 과정이다. □ 안에 알맞은 수를 써넣어라.

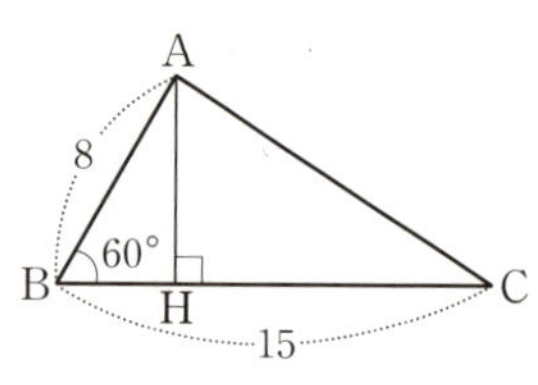

> $\triangle ABH$에서
> $\overline{AH}=8 \sin \boxed{}^\circ=\boxed{}$,
> $\overline{BH}=8 \cos \boxed{}^\circ=\boxed{}$
> $\therefore \overline{CH}=\overline{BC}-\overline{BH}=\boxed{}$
> 따라서 $\triangle AHC$에서
> $\overline{AC}=\sqrt{\boxed{}^2+(4\sqrt{3})^2}=\boxed{}$

> **답** $60, 4\sqrt{3}, 60, 4, 11, 11, 13$

◆ 확인 1 ◆

다음은 오른쪽 그림의 삼각형 ABC에서 변 AC의 길이를 구하는 과정이다. □ 안에 알맞은 수를 써넣어라.

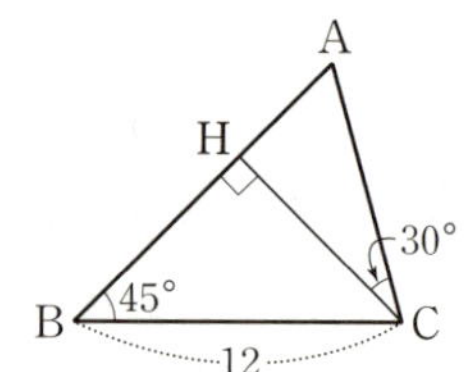

> $\triangle BCH$에서
> $\overline{CH}=12 \sin \boxed{}^\circ=\boxed{}$
> 따라서 $\triangle AHC$에서 $\angle CAH=90^\circ-30^\circ=60^\circ$
> 이므로
> $\overline{AC}=\dfrac{\overline{CH}}{\sin \boxed{}^\circ}=\boxed{}$

개념·check

01 오른쪽 그림과 같은 삼각형 ABC에서 $\overline{AC}$의 길이를 구하여라.

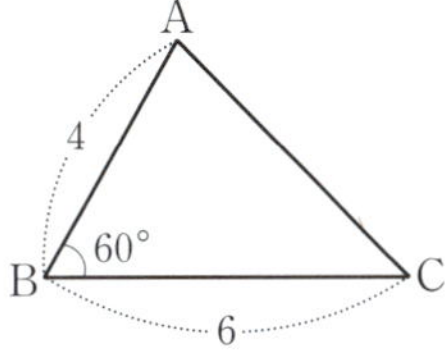

→ 개념1
일반 삼각형의 변의 길이

02 오른쪽 그림과 같은 삼각형 ABC에서 $\overline{AB}=8\ \text{cm}$, $\angle A=75°$, $\angle B=60°$일 때, $\overline{AC}$의 길이를 구하여라.

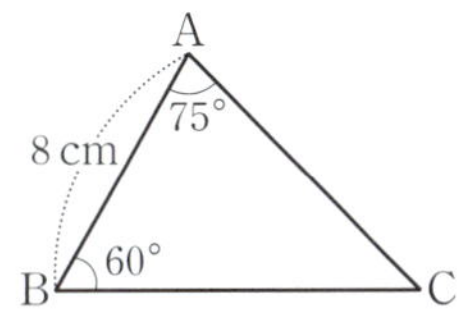

→ 개념1
일반 삼각형의 변의 길이

03 오른쪽 그림과 같은 삼각형 ABC에서 $\overline{AC}=\overline{BC}=10$이고 $\cos C=\dfrac{3}{5}$일 때, $\overline{AB}$의 길이를 구하여라.

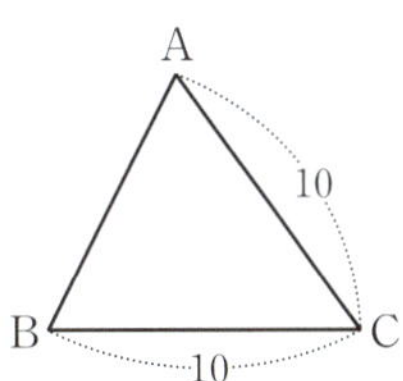

→ 개념1
일반 삼각형의 변의 길이

04 오른쪽 그림은 연못의 양 끝 쪽에 있는 두 지점 B, C 사이의 거리를 구하기 위해 측량한 것이다. 두 지점 B, C 사이의 거리는?

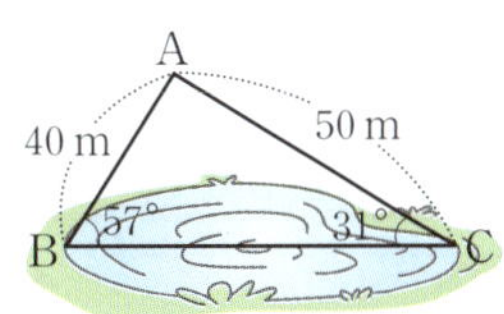

① $(40\sin 57°+50\cos 31°)\ \text{m}$

② $(40\cos 57°+50\sin 31°)\ \text{m}$

③ $(40\cos 57°+50\cos 31°)\ \text{m}$

④ $(50\sin 57°+40\sin 31°)\ \text{m}$

⑤ $(50\cos 57°+40\cos 31°)\ \text{m}$

→ 개념1
일반 삼각형의 변의 길이

07 · 삼각형의 높이

개념 1　삼각형의 높이

△ABC에서 한 변의 길이 a와 그 양 끝 각 ∠B, ∠C의 크기를 알면 삼각비를 이용하여 높이 h를 구할 수 있다.

(1) 양 끝 각이 모두 예각인 경우

　(ⅰ) △ABH에서 $\overline{BH}=h\tan x°$

　　　△ACH에서 $\overline{CH}=h\tan y°$

　(ⅱ) $a=\overline{BH}+\overline{CH}=h(\tan x°+\tan y°)$

　　➡ $h=\dfrac{a}{\tan x°+\tan y°}$

(2) 양 끝 각 중 한 각이 둔각인 경우

　(ⅰ) △ABH에서 $\overline{BH}=h\tan x°$

　　　△ACH에서 $\overline{CH}=h\tan y°$

　(ⅱ) $a=\overline{BH}-\overline{CH}=h(\tan x°-\tan y°)$

　　➡ $h=\dfrac{a}{\tan x°-\tan y°}$

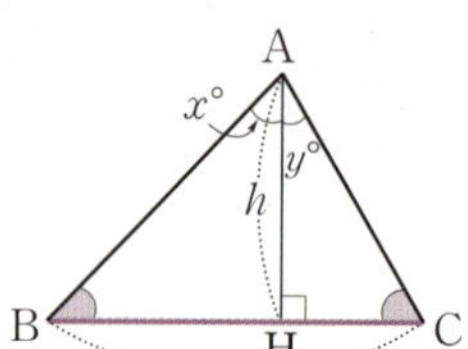

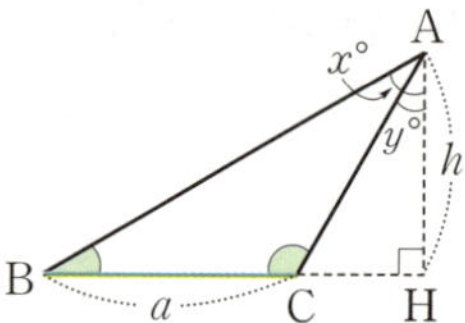

◆ 일반 삼각형의 높이를 구할 때에는 두 개의 직각삼각형에서 tan의 값을 이용한다.

◆ 예제 1 ◆

다음은 오른쪽 그림과 같은 삼각형 ABC에서 높이 h를 구하는 과정이다. □ 안에 알맞은 것을 써넣어라.

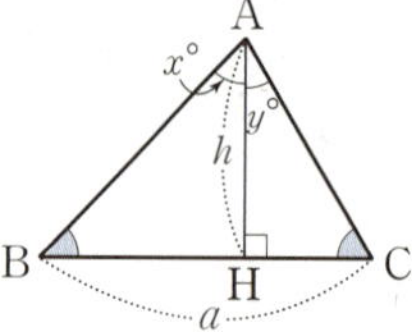

$a=\overline{BH}+\overline{CH}=h\tan x°+h\tan y°$
이므로

　$h=\dfrac{a}{\boxed{}}$

▶ 답　$\tan x°+\tan y°$

◆ 확인 1 ◆

다음은 오른쪽 그림과 같은 삼각형 ABC에서 높이 h를 구하는 과정이다. □ 안에 알맞은 것을 써넣어라.

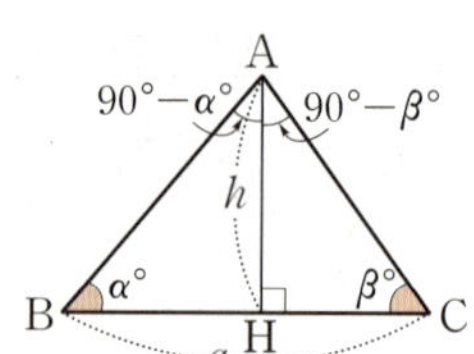

$a=\overline{BH}+\overline{CH}$
　$=h\tan(\boxed{})+h\tan(\boxed{})$

　∴ $h=\dfrac{a}{\tan(\boxed{})+\tan(\boxed{})}$

◆ 예제 2 ◆

다음은 오른쪽 그림과 같은 삼각형 ABC에서 높이 h를 구하는 과정이다. □ 안에 알맞은 것을 써넣어라.

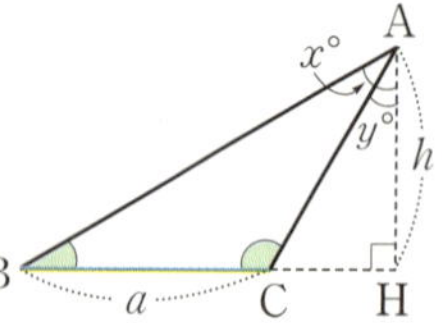

$a=\overline{BH}-\overline{CH}=h\tan x°-h\tan y°$
이므로

　$h=\dfrac{a}{\boxed{}}$

▶ 답　$\tan x°-\tan y°$

◆ 확인 2 ◆

다음은 오른쪽 그림과 같은 삼각형 ABC에서 높이 h를 구하는 과정이다. □ 안에 알맞은 것을 써넣어라.

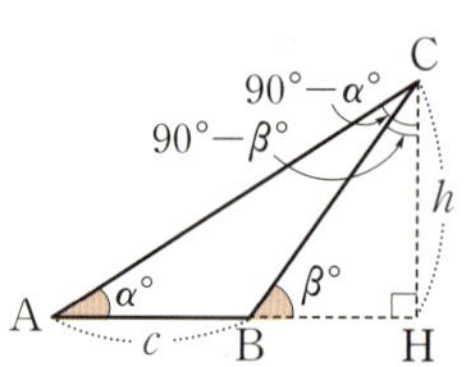

$c=\overline{AH}-\overline{BH}$
　$=h\tan(\boxed{})-h\tan(\boxed{})$

　∴ $h=\dfrac{c}{\tan(\boxed{})-\tan(\boxed{})}$

01 다음은 오른쪽 그림과 같이 $\angle B=45°$, $\angle C=60°$, $\overline{BC}=12$인 삼각형 ABC의 높이 h를 구하는 과정이다. □ 안에 알맞은 것을 써넣어라.

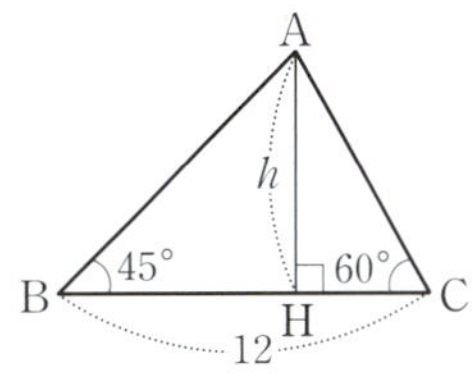

> $\triangle ABH$에서 $\angle BAH=90°-45°=45°$이므로
> $\overline{BH}=h\times\boxed{}=\boxed{}\times h$
> $\triangle ACH$에서 $\angle CAH=90°-60°=30°$이므로
> $\overline{CH}=h\times\boxed{}=\boxed{}\times h$
> 이때 $\overline{BC}=\overline{BH}+\overline{CH}=12$이므로
> $\left(\boxed{}+\boxed{}\right)h=12$ $\therefore\ h=\boxed{}$

→ 개념1
삼각형의 높이

02 다음은 오른쪽 그림과 같이 $\angle B=45°$, $\angle C=120°$, $\overline{BC}=2$인 삼각형 ABC의 높이 h를 구하는 과정이다. □ 안에 알맞은 것을 써넣어라.

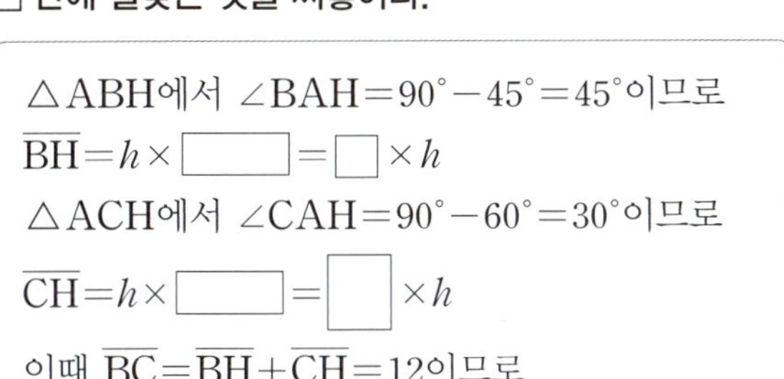

> $\triangle ABH$에서 $\angle BAH=90°-45°=45°$이므로
> $\overline{BH}=h\times\boxed{}=\boxed{}\times h$
> $\triangle ACH$에서 $\angle ACH=180°-120°=60°$,
> $\angle CAH=90°-60°=30°$이므로
> $\overline{CH}=h\times\boxed{}=\boxed{}\times h$
> 이때 $\overline{BC}=\overline{BH}-\overline{CH}=2$이므로
> $\left(\boxed{}-\boxed{}\right)h=2$ $\therefore\ h=\boxed{}$

→ 개념1
삼각형의 높이

03 오른쪽 그림과 같은 삼각형 ABC에서 $\overline{AH}$의 길이를 구하여라.

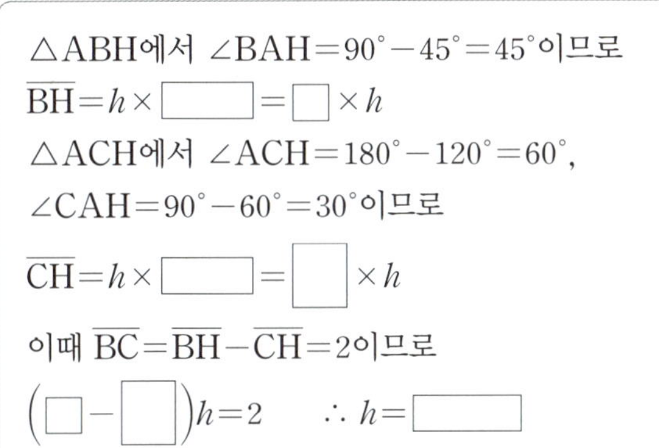

→ 개념1
삼각형의 높이

04 오른쪽 그림과 같은 삼각형 ABC에서 $\angle B=30°$, $\angle ACH=45°$, $\overline{BC}=4$일 때, $\overline{AH}$의 길이를 구하여라.

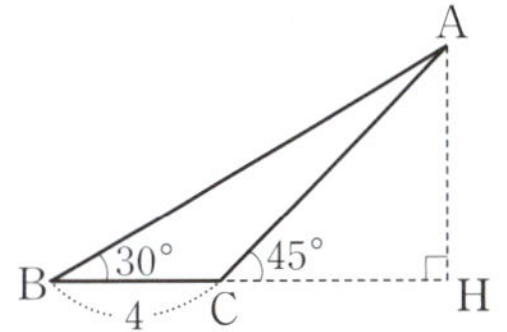

→ 개념1
삼각형의 높이

유형·check

유형·1 직각삼각형의 변의 길이

오른쪽 그림과 같은 직각삼각형 ABC
에서 $\overline{AB}=10$, $\angle B=55°$일 때, $x-y$
의 값은? (단, $\sin 55°=0.82$,
$\cos 55°=0.57$로 계산한다.)

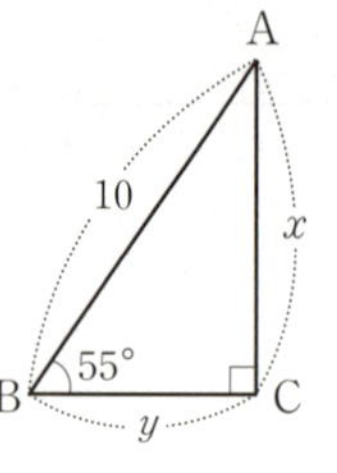

① 2.5 ② 3
③ 3.5 ④ 4.5
⑤ 5

≫ 닮은꼴 문제

1-1

오른쪽 그림과 같은 직각삼각형
ABC에서 $\angle B=43°$, $\overline{BC}=10$
일 때, $\overline{AB}$의 길이와 $\overline{AC}$의 길
이의 차를 구하여라.
(단, $\sin 43°=0.68$, $\cos 43°=0.73$, $\tan 43°=0.93$으로
계산한다.)

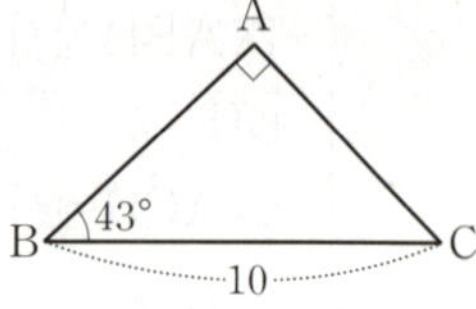

1-2

오른쪽 그림에서 $\angle BAC=30°$,
$\angle ADB=45°$, $\overline{AD}=6$일 때,
$\overline{CD}$의 길이를 구하여라.

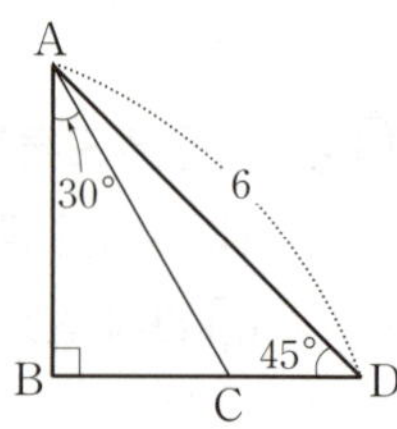

유형·2 직각삼각형의 변의 길이의 활용

지면에 수직으로 서 있던 전봇대
가 부러져 오른쪽 그림과 같이 지
면과 30°의 각을 이루게 되었다.
이때 부러지기 전의 전봇대의 높
이를 구하여라. (단, 전봇대의 굵기는 생각하지 않는다.)

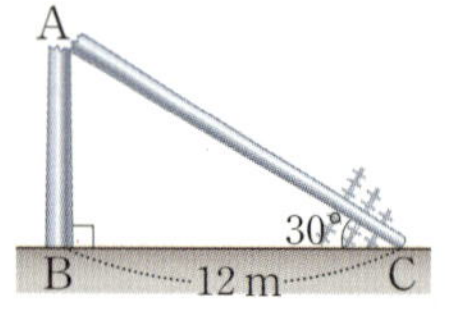

≫ 닮은꼴 문제

2-1

오른쪽 그림과 같이 준하가 비탈
진 등산로를 따라 A 지점에서 B
지점까지 50 m를 걸어 내려갔을
때, 처음 위치의 높이에서 몇 m
낮아졌는지 구하여라. (단, $\sin 26°=0.44$로 계산한다.)

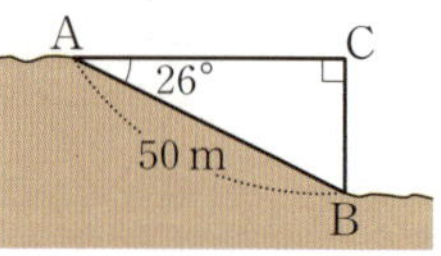

2-2

오른쪽 그림의 직육면체에서
$\overline{AC}=8$ cm, $\overline{BF}=6$ cm,
$\angle ACB=30°$일 때, 이 직육
면체의 부피는?

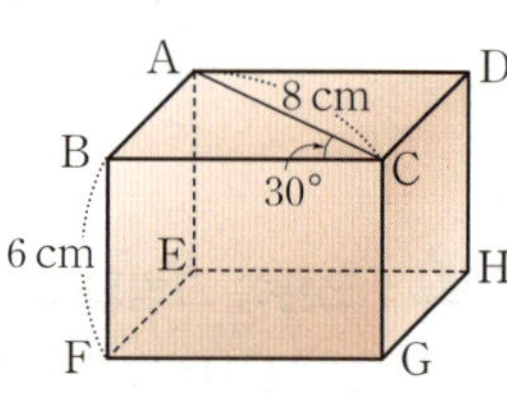

① $72\sqrt{3}$ cm^3
② $64\sqrt{3}$ cm^3 ③ $96\sqrt{3}$ cm^3
④ $102\sqrt{3}$ cm^3 ⑤ $114\sqrt{3}$ cm^3

오른쪽 그림과 같은 삼각형 ABC
에서 $\overline{BC}$의 길이는?

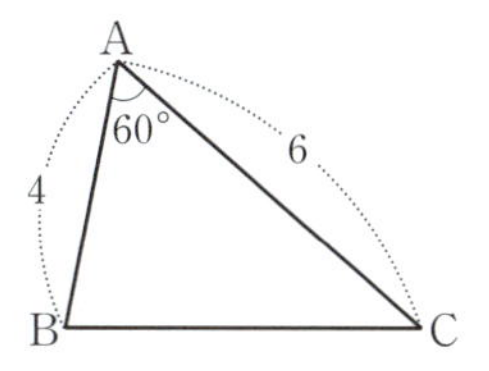

① $2\sqrt{3}$　　　② 4

③ $2\sqrt{5}$　　　④ $2\sqrt{7}$

⑤ 6

» 닮은꼴 문제

3-1

오른쪽 그림과 같은 삼각형 ABC
에서 $\overline{AB}$의 길이를 구하여라.

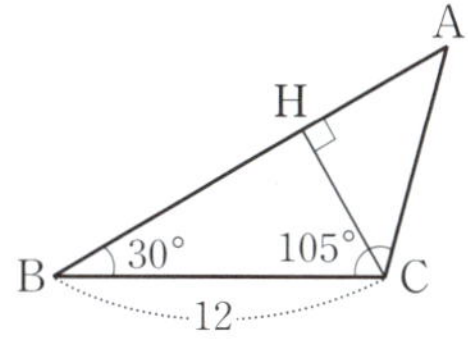

3-2

오른쪽 그림과 같이
$\angle B=120°$, $\overline{AB}=4$ cm,
$\overline{BC}=5$ cm인 삼각형 ABC
에서 $\overline{AC}$의 길이를 구하여라.

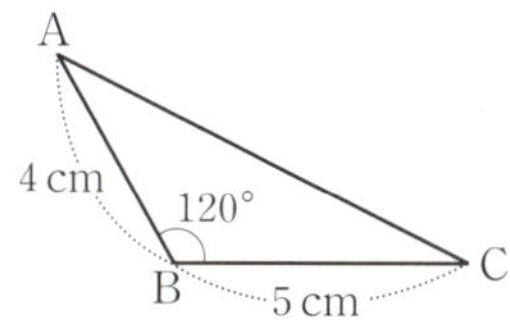

오른쪽 그림과 같이 8 m 떨어
진 두 지점 B, C에서 탑의 꼭
대기를 올려다본 각의 크기가
각각 60°, 30°일 때, 탑의 높이
는?

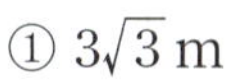
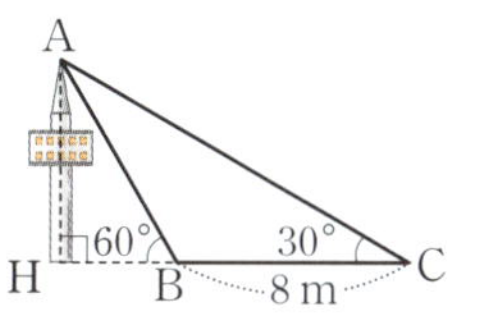

① $3\sqrt{3}$ m　　　② $4\sqrt{3}$ m　　　③ $5\sqrt{3}$ m

④ $6\sqrt{3}$ m　　　⑤ $7\sqrt{3}$ m

» 닮은꼴 문제

4-1

오른쪽 그림과 같이 100 m
떨어진 두 지점 A, B에서 산
꼭대기를 올려다본 각의 크기
가 각각 45°, 60°일 때, 산의
높이를 구하여라.

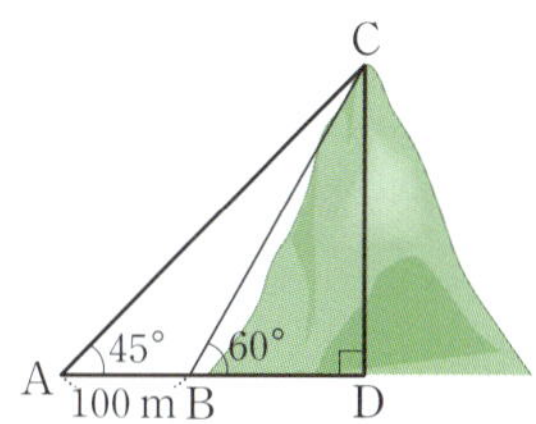

4-2

오른쪽 그림과 같이 50 m
떨어진 두 지점 A, B에서
나무의 끝부분 C를 올려다본
각의 크기가 각각 40°, 35°
일 때, 나무의 높이 h의 값을 구하여라.

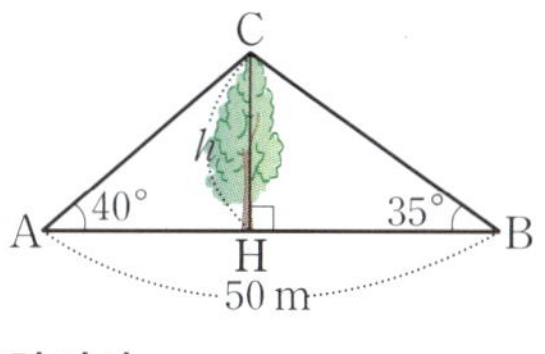

(단, $\tan 50°=1.2$, $\tan 55°=1.4$로 계산한다.)

08 · 삼각형의 넓이

개념 1 | 삼각형의 넓이

삼각형 ABC에서 두 변의 길이 a, c와 그 끼인각 ∠B의 크기를 알면 삼각형의 넓이를 구할 수 있다.

(1) ∠B가 예각인 경우

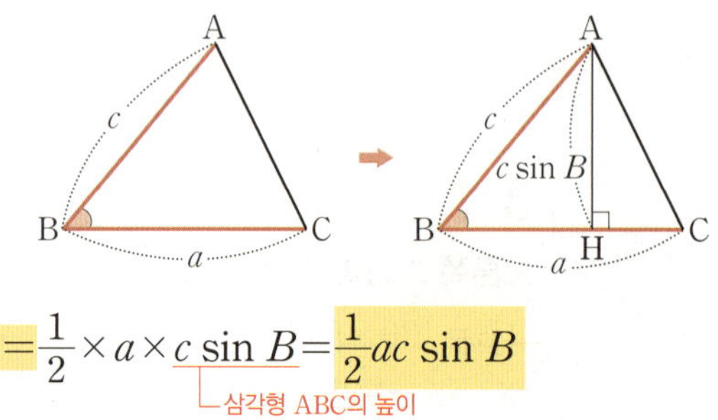

$$\triangle ABC = \frac{1}{2} \times a \times \underline{c \sin B} = \frac{1}{2} ac \sin B$$

└ 삼각형 ABC의 높이

(2) ∠B가 둔각인 경우

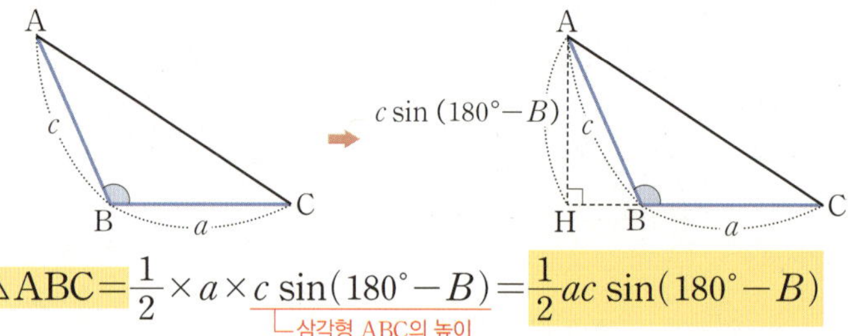

$$\triangle ABC = \frac{1}{2} \times a \times \underline{c \sin (180° - B)} = \frac{1}{2} ac \sin (180° - B)$$

└ 삼각형 ABC의 높이

참고　∠B = 90°이면 $\sin B = \sin 90° = 1$이므로

$$\triangle ABC = \frac{1}{2} ac \sin 90° = \frac{1}{2} ac$$

◆ 예제 1 ◆

다음은 오른쪽 그림과 같은 삼각형 ABC의 넓이를 구하는 과정이다. □ 안에 알맞은 것을 써넣어라.

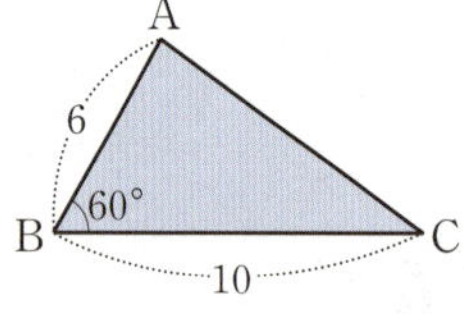

$$\triangle ABC = \frac{1}{2} \times 6 \times \boxed{} \times \sin \boxed{}°$$
$$= \frac{1}{2} \times 6 \times \boxed{} \times \boxed{}$$
$$= \boxed{}$$

▶ 답　$10, 60, 10, \dfrac{\sqrt{3}}{2}, 15\sqrt{3}$

◆ 확인 1 ◆

다음은 오른쪽 그림과 같은 삼각형 ABC의 넓이를 구하는 과정이다. □ 안에 알맞은 것을 써넣어라.

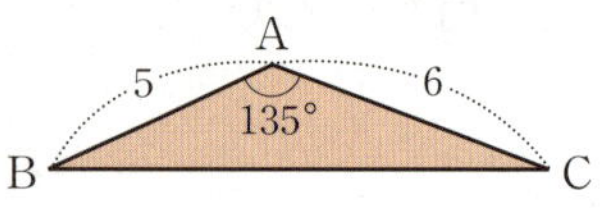

$$\triangle ABC = \frac{1}{2} \times 5 \times \boxed{} \times \sin (180 - \boxed{})°$$
$$= \frac{1}{2} \times 5 \times \boxed{} \times \sin \boxed{}°$$
$$= \frac{1}{2} \times 5 \times \boxed{} \times \boxed{}$$
$$= \boxed{}$$

01 다음 그림과 같은 삼각형 ABC의 넓이를 구하여라.

(1) 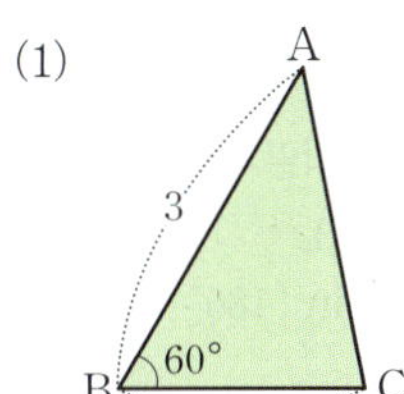　　(2) 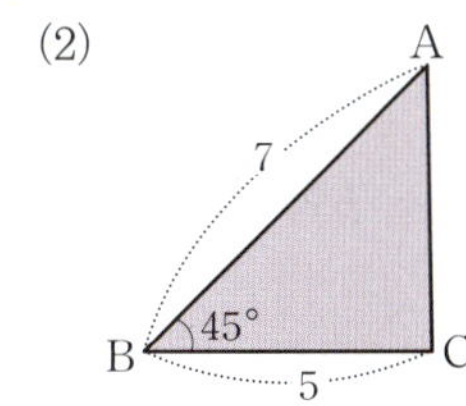

→ 개념1
삼각형의 넓이

02 다음 그림과 같은 삼각형 ABC의 넓이를 구하여라.

(1) 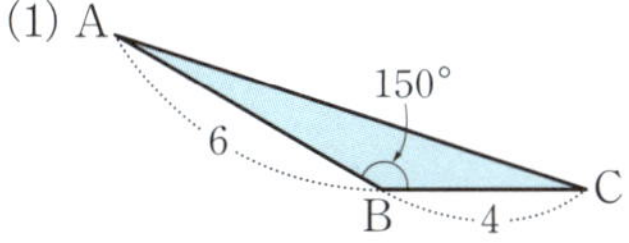　　(2) 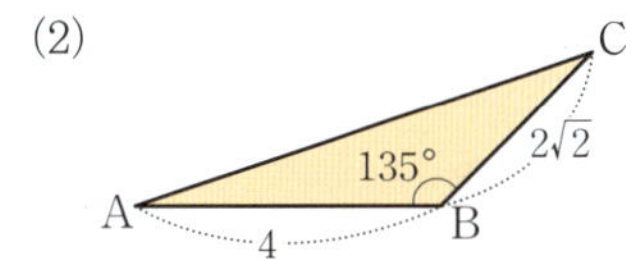

→ 개념1
삼각형의 넓이

03 오른쪽 그림과 같이 $\angle B=35°$, $\angle C=25°$,
$\overline{AB}=6$ cm, $\overline{AC}=8$ cm인 삼각형 ABC의 넓이를
구하여라.

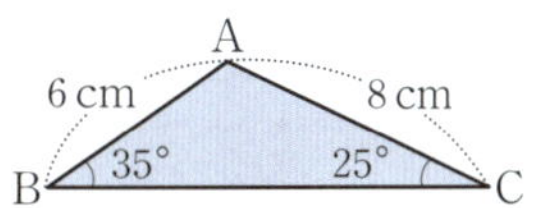

→ 개념1
삼각형의 넓이

04 오른쪽 그림과 같은 삼각형 ABC의 넓이가
$18\sqrt{3}$ cm^{2}일 때, $\overline{AC}$의 길이를 구하여라.

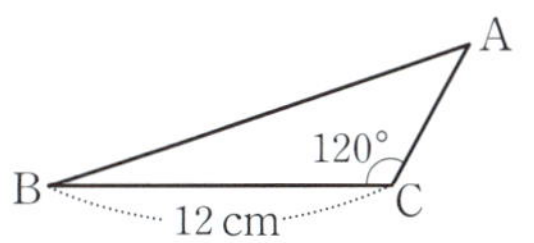

→ 개념1
삼각형의 넓이

09 ・ 사각형의 넓이

개념 1 사각형의 넓이

(1) 평행사변형의 넓이

평행사변형 ABCD에서 이웃하는 두 변의 길이 a, b와 그 끼인각 $x°$의 크기를 알면 평행사변형의 넓이를 구할 수 있다.

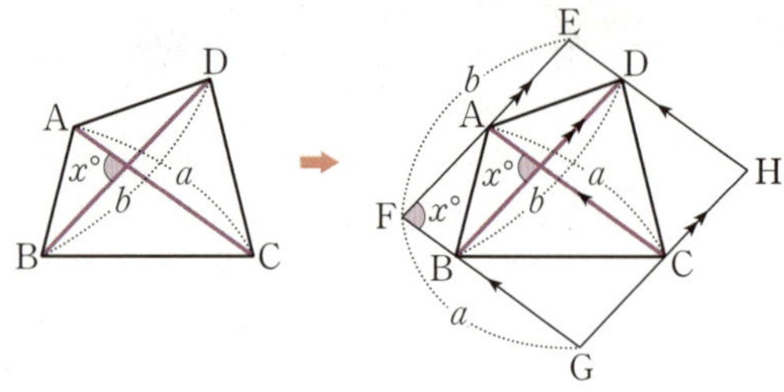

> ◆ $x°$가 둔각일 때,
> $\square$ABCD
> $=ab\sin(180°-x°)$

평행사변형 ABCD에서 $x°$가 예각일 때,

$$\square ABCD = 2\triangle ABC = 2 \times \frac{1}{2}ab\sin x° = ab\sin x°$$

(2) 사각형의 넓이

사각형 ABCD에서 두 대각선의 길이 a, b와 두 대각선이 이루는 각 $x°$의 크기를 알면 사각형의 넓이를 구할 수 있다.

> ◆ $x°$가 둔각일 때,
> $\square$ABCD
> $=\frac{1}{2}ab\sin(180°-x°)$

사각형 ABCD에서 $x°$가 예각일 때,

$$\square ABCD = \frac{1}{2}\square EFGH = \frac{1}{2} \times ab\sin x° = \frac{1}{2}ab\sin x°$$

◆ 예제 1 ◆

다음은 이웃하는 두 변의 길이가 a, b이고 그 끼인각의 크기가 $x°$인 평행사변형의 넓이를 구하는 과정이다. ㈎, ㈏에 알맞은 것을 구하여라. (단, $0° < x° < 90°$)

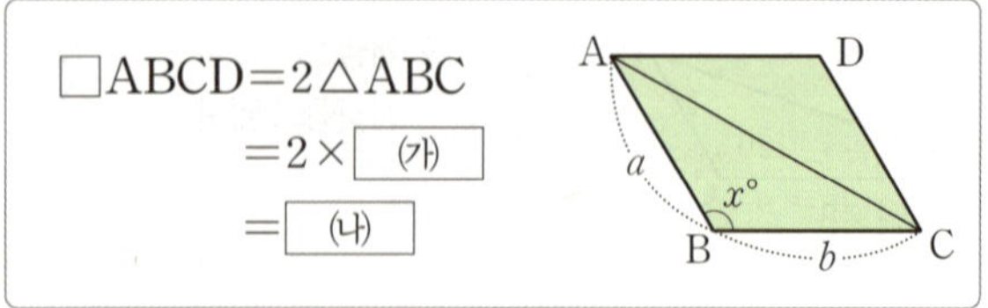

> $\square ABCD = 2\triangle ABC$
> $= 2 \times \boxed{㈎}$
> $= \boxed{㈏}$

▶ 답 ㈎ $\dfrac{1}{2}ab\sin(180°-x°)$

　　㈏ $ab\sin(180°-x°)$

◆ 확인 1 ◆

다음은 사각형 ABCD의 두 대각선의 길이가 a, b이고 두 대각선이 이루는 각의 크기가 $x°$인 사각형의 넓이를 구하는 과정이다. ㈎, ㈏에 알맞은 것을 구하여라.

(단, $0° < x° < 90°$)

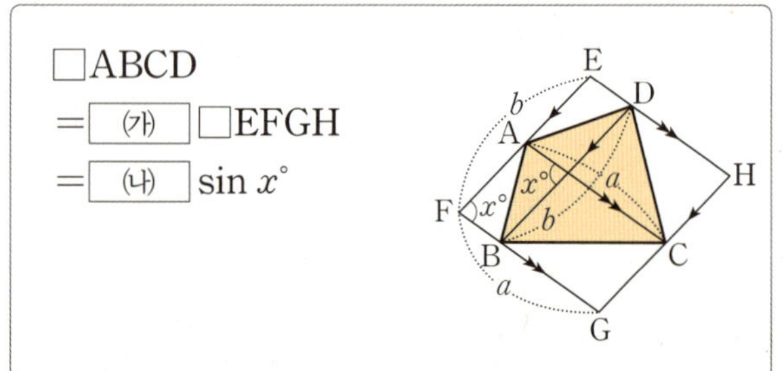

> $\square ABCD$
> $= \boxed{㈎} \ \square EFGH$
> $= \boxed{㈏} \ \sin x°$

개념 ✦ check

01 다음 평행사변형의 넓이를 구하여라.

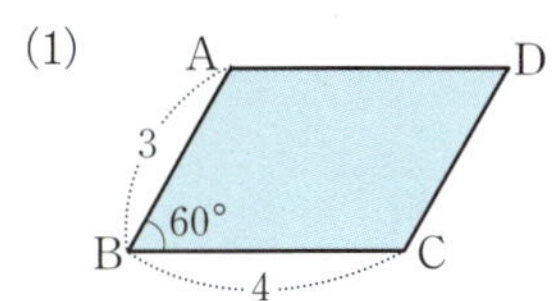

(1)

(2)

→ 개념1
사각형의 넓이

02 다음 사각형의 넓이를 구하여라.

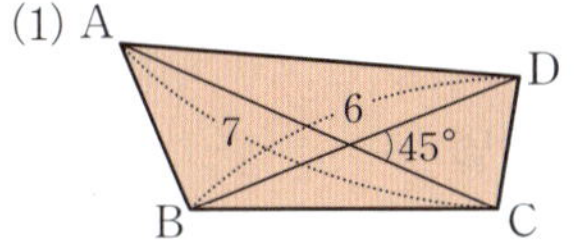

(1)

(2)

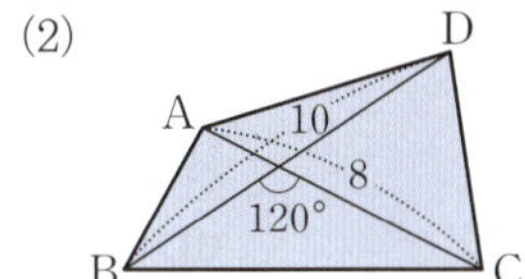

→ 개념1
사각형의 넓이

03 오른쪽 그림과 같이 $\overline{BC}=10$ cm, $\overline{CD}=6$ cm인 평행사변형 ABCD의 넓이가 $30\sqrt{2}$ cm^{2}일 때, x의 값을 구하여라. (단, $0°<x°<90°$)

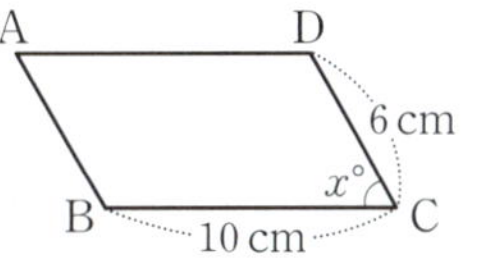

→ 개념1
사각형의 넓이

04 오른쪽 그림과 같이 두 대각선이 이루는 각의 크기가 $120°$이고 $\overline{AC}=8$인 등변사다리꼴 ABCD의 넓이를 구하여라.

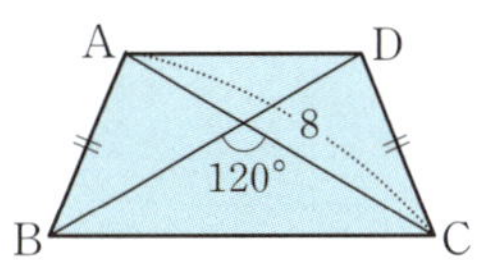

→ 개념1
사각형의 넓이

유형 · check

유형 · 1 삼각형의 넓이

오른쪽 그림과 같이
$\overline{AB}=2\sqrt{6}$ cm, $\overline{BC}=6$ cm
인 삼각형 ABC의 넓이가
$9\sqrt{2}$ cm^{2}일 때, $\angle B$의 크기
를 구하여라. (단, $90°<\angle B<180°$)

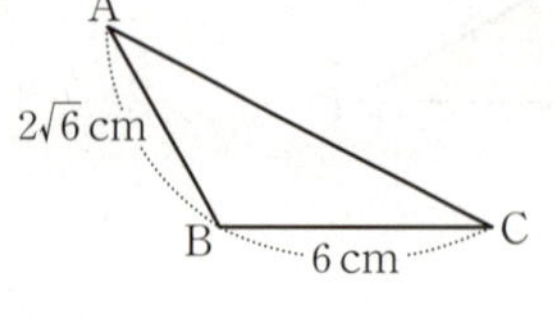

» 닮은꼴 문제

1-1

오른쪽 그림과 같이 $\angle B=60°$,
$\overline{BC}=6$ cm인 삼각형 ABC의 넓이가
30 cm^{2}일 때, $\overline{AB}$의 길이를 구하여라.

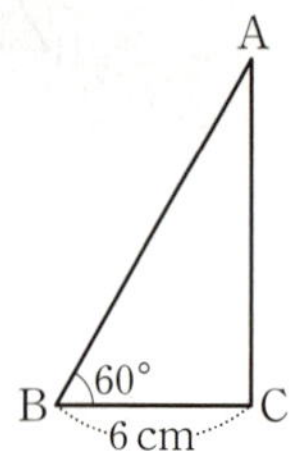

1-2

오른쪽 그림과 같이 $\overline{AC}=10$,
$\overline{BC}=6$인 삼각형 ABC의 넓
이가 $15\sqrt{2}$일 때, $\angle C$의 크기
를 구하여라. (단, $\angle C>90°$)

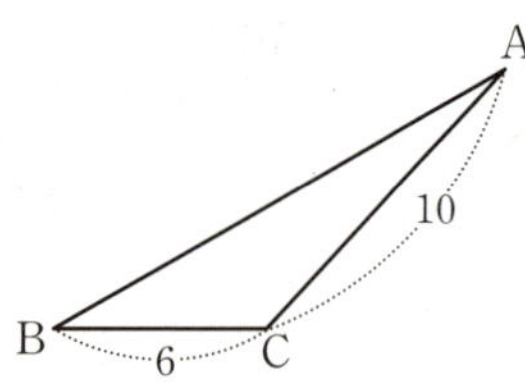

유형 · 2 다각형의 넓이

오른쪽 그림과 같은 $\square ABCD$
의 넓이를 구하여라.

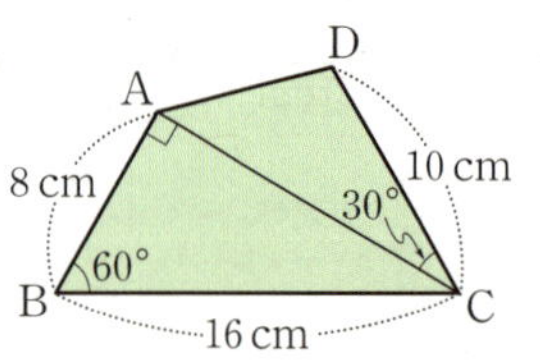

» 닮은꼴 문제

2-1

오른쪽 그림과 같은 $\square ABCD$
의 넓이를 구하여라.

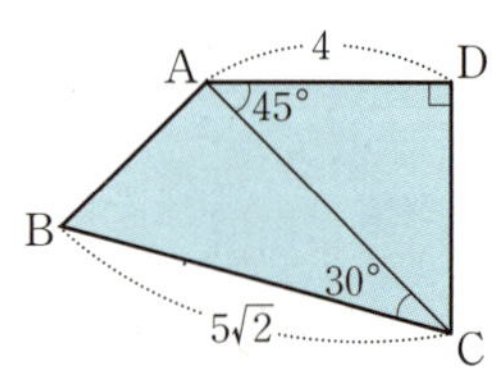

2-2

오른쪽 그림과 같은 $\square ABCD$
의 넓이를 구하여라.

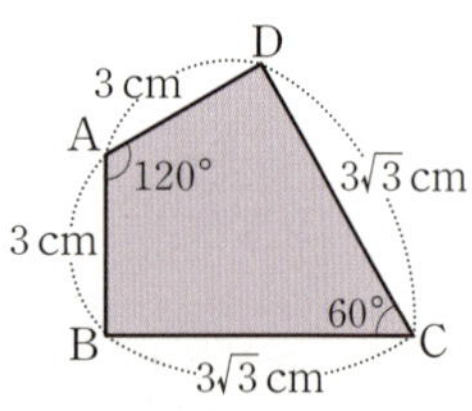

오른쪽 그림과 같이 $\overline{AD}=10$, $\overline{CD}=6$, $\angle B=60°$인 평행사변형 ABCD에서 두 대각선의 교점을 P라고 할 때, 삼각형 ABD의 넓이는?

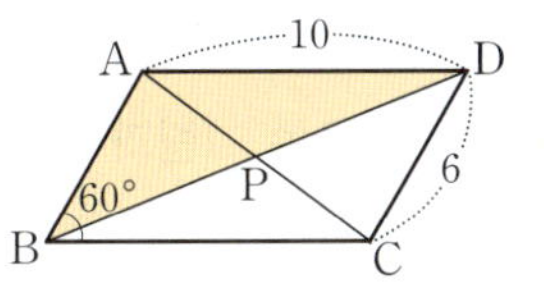

① $\dfrac{13\sqrt{3}}{2}$ ② $\dfrac{15\sqrt{3}}{2}$ ③ $\dfrac{17\sqrt{3}}{2}$

④ $13\sqrt{3}$ ⑤ $15\sqrt{3}$

3-1

오른쪽 그림과 같이 $\overline{AB}=5$ cm, $\overline{BC}=8$ cm, $\angle D=120°$인 평행사변형 ABCD에서 점 O가 두 대각선의 교점일 때, 삼각형 ABO의 넓이를 구하여라.

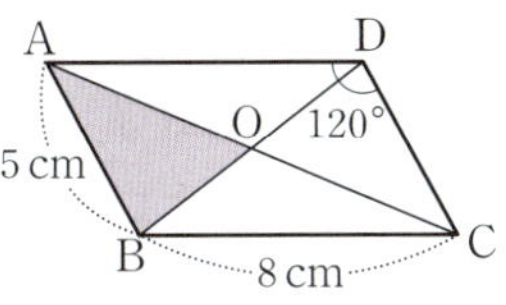

3-2

오른쪽 그림과 같은 마름모 ABCD의 넓이가 $50\sqrt{2}$ cm^{2}일 때, 마름모 ABCD의 둘레의 길이를 구하여라.

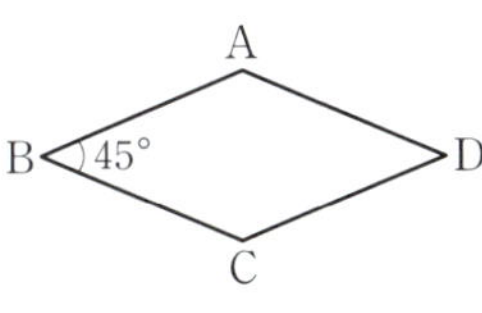

오른쪽 그림과 같은 사각형 ABCD의 넓이가 $39\sqrt{3}$ cm^{2}일 때, x의 값은? (단, $0°<x°<90°$)

① 15 ② 30

③ 45 ④ 50 ⑤ 60

4-1

오른쪽 그림과 같이 $\overline{AD}\,/\!/\,\overline{BC}$이고 두 대각선이 이루는 각의 크기가 $120°$인 등변사다리꼴 ABCD의 넓이가 $15\sqrt{3}$ cm^{2}일 때, $\overline{BD}$의 길이는?

① $2\sqrt{3}$ cm ② 4 cm ③ $4\sqrt{2}$ cm

④ $3\sqrt{5}$ cm ⑤ $2\sqrt{15}$ cm

4-2

오른쪽 그림과 같이 $\overline{AC}=\overline{BD}=10$이고 $\angle DBC=52°$, $\angle ACB=68°$인 사각형 ABCD의 넓이를 구하여라.

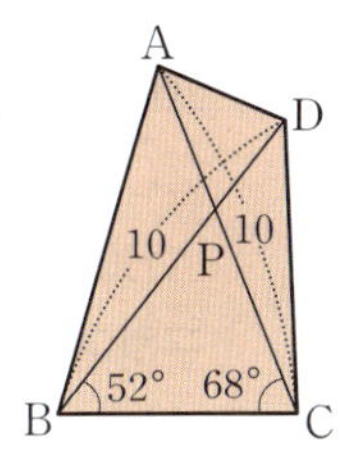

01 오른쪽 그림과 같은 삼각형 ABC에서 x, y의 값을 각각 구하는 식을 다음 〈보기〉에서 순서대로 고른 것은?

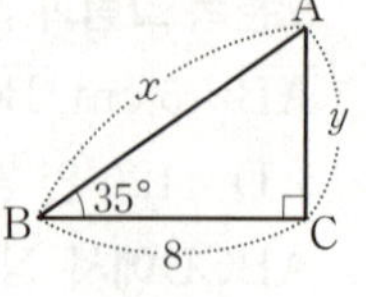

> **보기**
>
> ㄱ. $8\cos 35°$　ㄴ. $8\sin 35°$　ㄷ. $8\tan 35°$
>
> ㄹ. $\dfrac{8}{\cos 35°}$　ㅁ. $\dfrac{8}{\sin 35°}$　ㅂ. $\dfrac{8}{\tan 35°}$

① ㄱ, ㅂ　　② ㄴ, ㄹ　　③ ㄷ, ㄹ

④ ㄹ, ㄷ　　⑤ ㅂ, ㄴ

02 오른쪽 그림과 같은 삼각형 ABC에서 $\overline{AB}=8$이고 $\angle B=\angle DAE=60°$일 때, $\overline{AE}$의 길이는?

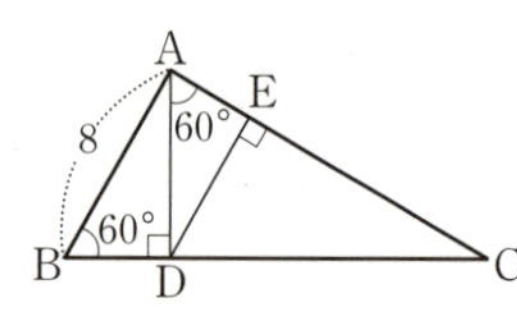

① 2　　　② $2\sqrt{2}$　　　③ 3

④ $2\sqrt{3}$　　⑤ $3\sqrt{2}$

03 오른쪽 그림에서 $\angle BAC=60°$, $\overline{AB}=2$, $\overline{AC}=\overline{CD}$ 일 때, $\tan 15°$의 값을 구하여라.

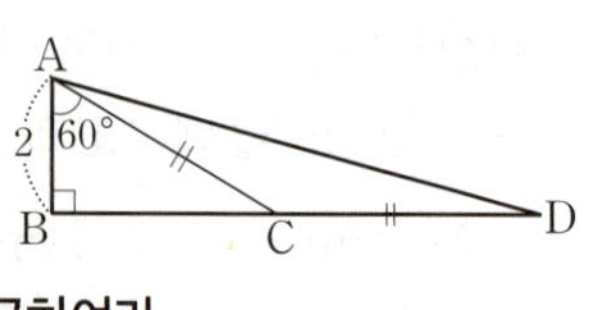

04 오른쪽 그림과 같이 $\overline{AC}=6\,\text{cm}$, $\overline{BC}=8\,\text{cm}$, $\angle C=120°$인 삼각형 ABC에서 $\overline{AB}$의 길이를 구하여라.

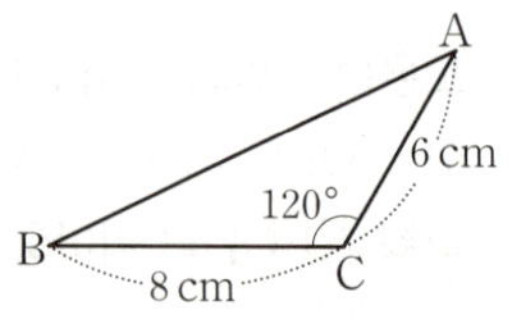

05 오른쪽 그림과 같이 모선의 길이가 $8\,\text{cm}$인 원뿔이 있다. 모선과 밑면이 이루는 각의 크기가 $60°$일 때, 이 원뿔의 부피는?

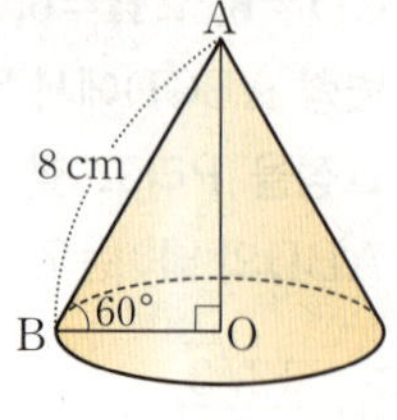

① $20\pi\,\text{cm}^3$　　　② $\dfrac{62\sqrt{2}}{3}\pi\,\text{cm}^3$

③ $17\sqrt{3}\pi\,\text{cm}^3$　　④ $\dfrac{64\sqrt{2}}{3}\pi\,\text{cm}^3$

⑤ $\dfrac{64\sqrt{3}}{3}\pi\,\text{cm}^3$

06 오른쪽 그림과 같이 산의 높이를 측정하기 위하여 수평면 위에 두 지점의 거리가 $100\,\text{m}$가 되도록 A, B를 잡았더니 $\angle ABC=30°$, $\angle CBD=45°$가 되었다. 이때 산의 높이는?

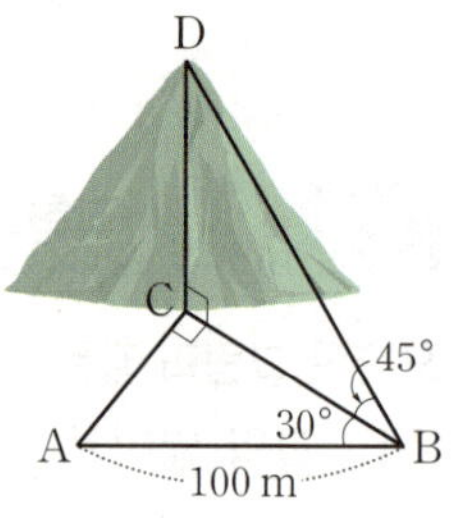

① $45\,\text{m}$　　② $45\sqrt{2}\,\text{m}$　　③ $45\sqrt{3}\,\text{m}$

④ $50\sqrt{2}\,\text{m}$　　⑤ $50\sqrt{3}\,\text{m}$

07 오른쪽 그림과 같이 $\angle B=45°$, $\angle C=60°$, $\overline{AC}=4$인 삼각형 ABC에서 xy의 값을 구하여라.

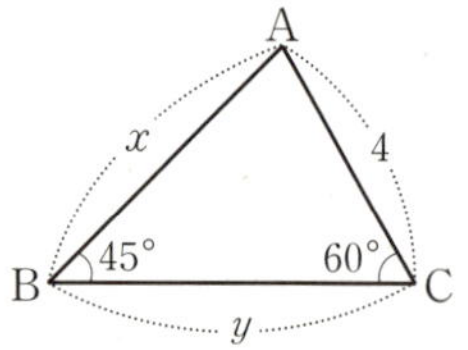

08 오른쪽 그림에서 $\angle D=45°$, $\angle ACB=60°$, $\overline{CD}=2$일 때, 삼각형 ACD의 넓이는?

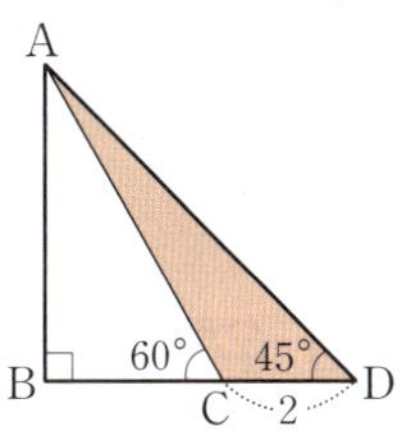

① $3+\sqrt{3}$ ② $4+\sqrt{3}$

③ $5+\sqrt{3}$ ④ $6+\sqrt{3}$

⑤ $7+\sqrt{3}$

09 오른쪽 그림과 같이 $\overline{AB}=5$ cm, $\overline{AC}=4\sqrt{2}$ cm, $\angle C=45°$ 인 삼각형 ABC에서 $\overline{AH}\perp\overline{BC}$일 때, 삼각형 ABC의 넓이는?

① $9\sqrt{2}$ cm^2 ② 14 cm^2 ③ $14\sqrt{2}$ cm^2

④ 20 cm^2 ⑤ $20\sqrt{2}$ cm^2

10 오른쪽 그림과 같이 반지름의 길이가 6인 반원 O에서 $\angle BAC=30°$일 때, 색칠한 부분의 넓이를 구하여라.

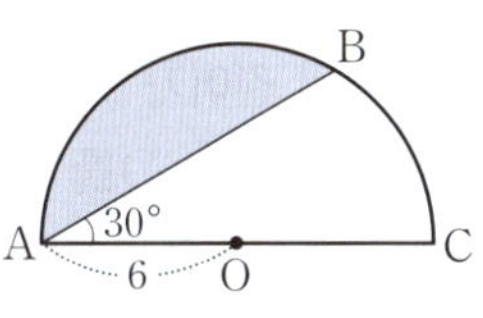

11 오른쪽 그림과 같이 $\angle B=75°$, $\overline{AB}=\overline{AC}=8$ cm인 이등변삼각형 ABC의 넓이를 구하여라.

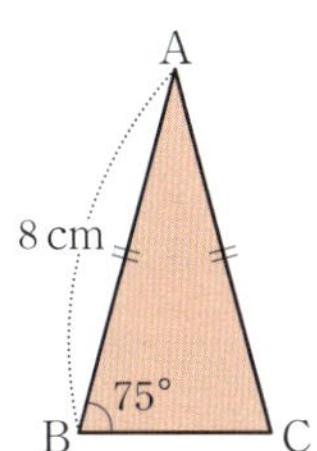

12 오른쪽 그림과 같이 폭이 3 cm로 일정한 직사각형 모양의 종이테이프를 $\overline{AC}$ 를 접는 선으로 하여 접었 다. $\angle ABC=30°$일 때, 삼각형 ABC의 넓이는?

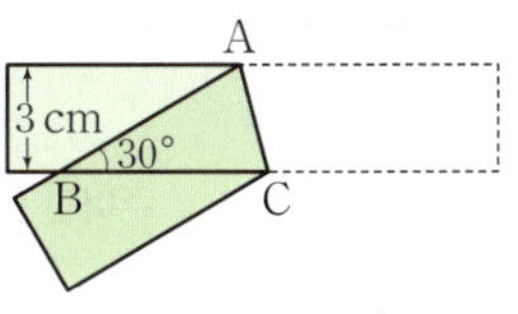

① 8 cm^2 ② 9 cm^2 ③ $7\sqrt{3}$ cm^2

④ $8\sqrt{3}$ cm^2 ⑤ $9\sqrt{3}$ cm^2

13 오른쪽 그림과 같은 평 행사변형 ABCD의 넓 이가 $30\sqrt{2}$ cm^{2}이고 $\overline{AB}:\overline{BC}=3:5$일 때, 평행사변형 ABCD의 둘레의 길이는?

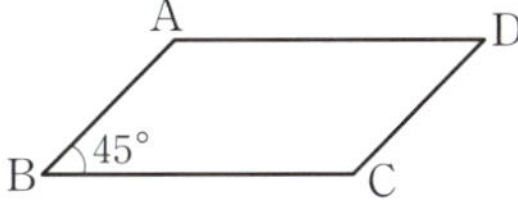

① 28 cm ② 30 cm ③ 32 cm

④ 34 cm ⑤ 36 cm

14 오른쪽 그림과 같이 반지름의 길이가 4 cm인 원에 내접하는 정팔각형의 넓이는?

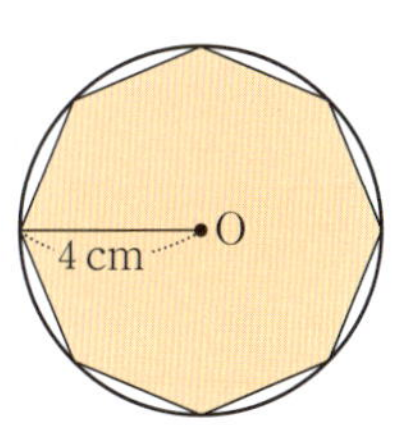

① 32 cm^2

② $32\sqrt{2}$ cm^2

③ $32\sqrt{3}$ cm^2

④ $32\sqrt{5}$ cm^2

⑤ $32\sqrt{7}$ cm^2

≡ 서술형 꽉 잡기 ≡

주어진 단계에 따라 쓰는 유형

15 오른쪽 그림과 같이 줄의 길이가 20 cm인 진자가 $\overline{\text{OA}}$를 기준으로 65°의 각을 이루며 좌우로 움직였다고 한다. 진자의 크기를 생각하지 않을 때 진자가 제일 낮은 지점 A에 있을 때와 B에 있을 때의 높이의 차를 구하여라.

(단, $\sin 65° = 0.9$, $\cos 65° = 0.4$로 계산한다.)

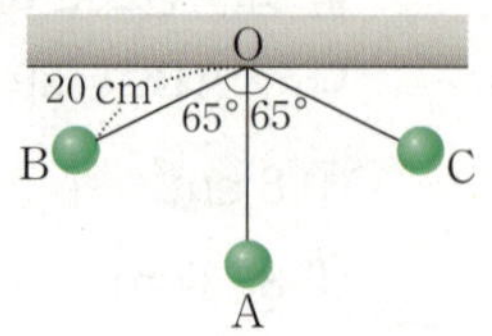

> · 생각해 보자 ·
>
> 구하는 것은? 두 지점 A, B의 높이의 차
>
> 주어진 것은? ① 줄의 길이
> ② 움직이는 각도

> **풀이**

[1단계] $\overline{\text{OB}}$를 빗변으로 하는 직각삼각형에서 높이 구하기
(50 %)

[2단계] $\overline{\text{OA}}$의 길이 구하기 (30 %)

[3단계] 두 지점 A, B의 높이의 차 구하기 (20 %)

> **답**

풀이 과정을 자세히 쓰는 유형

16 오른쪽 그림과 같이 매초 200 m의 속도로 지면과 평행하게 날고 있는 비행기가 있다. C 지점에서 이 비행기를 올려다본 각의 크기는 60°이고, 10초 후에 올려다본 각의 크기는 30°일 때, 이 비행기는 지면으로부터 몇 m의 높이에서 날고 있는지 구하여라.

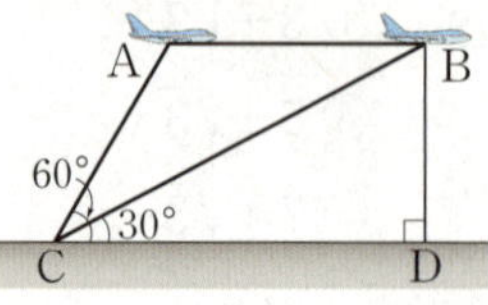

> **풀이**

> **답**

17 오른쪽 그림과 같이 한 변의 길이가 9 cm인 정사각형 ABCD를 꼭짓점 A를 중심으로 30°만큼 회전시켜 정사각형 AB′C′D′을 만들었다. 두 정사각형이 겹쳐지는 부분의 넓이를 구하여라.

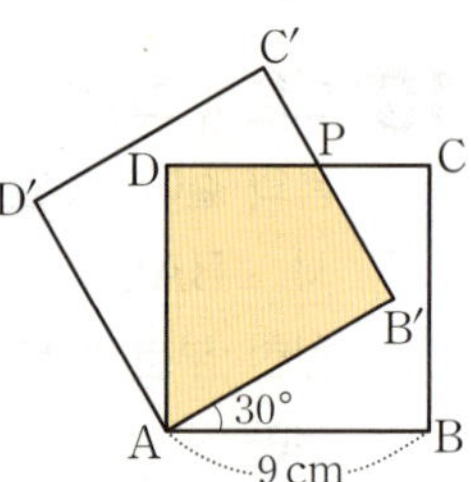

> **풀이**

> **답**

1. 원과 직선

10 ◆ 현의 수직이등분선과 현의 길이

개념1 | 현의 수직이등분선과 현의 길이

(1) 원의 중심과 현의 수직이등분선

① 원의 중심에서 현에 내린 수선은 그 현을 이등분한다.

➡ $\overline{AB}\perp\overline{OM}$이면 $\overline{AM}=\overline{BM}$

② 원에서 현의 수직이등분선은 그 원의 중심을 지난다.

(2) 원의 중심과 현의 길이

한 원에서

① 원의 중심으로부터 같은 거리에 있는 두 현의 길이는 서로 같다.

➡ $\overline{OM}=\overline{ON}$이면 $\overline{AB}=\overline{CD}$

② 길이가 같은 두 현은 원의 중심으로부터 같은 거리에 있다.

➡ $\overline{AB}=\overline{CD}$이면 $\overline{OM}=\overline{ON}$

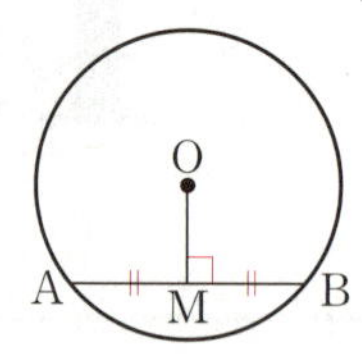

> ◆ 원 위의 두 점을 이은 선분을 현이라 한다.

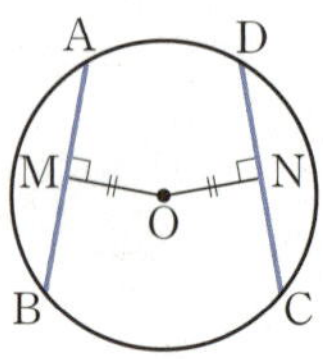

◆ 예제 1 ◆

다음 □ 안에 알맞은 것을 써넣어라.

(1) 원의 중심에서 현에 내린 수선은 그 현을 □ 한다.

➡ $\overline{AB}\perp\overline{OM}$이면 □ = □

(2) 현의 수직이등분선은 그 원의 □ 을 지난다.

> 답 (1) 이등분, $\overline{AM}$, $\overline{BM}$ (2) 중심

◆ 확인 1 ◆

다음은 오른쪽 그림과 같은 원 O에서 $\overline{AB}\perp\overline{OM}$이고 $\overline{AB}=14$일 때, x의 값을 구하는 과정이다. □ 안에 알맞은 것을 써넣어라.

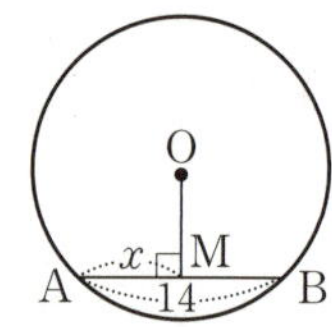

> 원의 중심에서 현에 내린 수선은 그 현을 이등분한다.
>
> $\overline{AB}\perp\overline{OM}$이므로
>
> $\overline{AM}=\overline{BM}=\dfrac{1}{2}\times\square=\dfrac{1}{2}\times\square=\square$
>
> ∴ $x=\square$

◆ 예제 2 ◆

다음 □ 안에 알맞은 것을 써넣어라.

(1) 한 원에서 원의 중심으로부터 같은 거리에 있는 두 □의 길이는 같다.

➡ $\overline{OM}=\overline{ON}$이면 □ = □

(2) 길이가 같은 두 현은 원의 중심으로부터 □ 거리에 있다.

➡ $\overline{AB}=\overline{CD}$이면 □ = □

> 답 (1) 현, $\overline{AB}$, $\overline{CD}$ (2) $\overline{OM}$, $\overline{ON}$

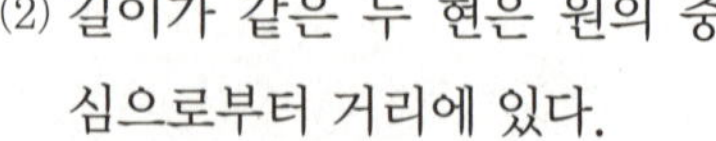

◆ 확인 2 ◆

다음은 오른쪽 그림과 같은 원 O에서 $\overline{AB}\perp\overline{OM}$, $\overline{CD}\perp\overline{ON}$이고 $\overline{AB}=\overline{CD}=10$일 때, x의 값을 구하는 과정이다. □ 안에 알맞은 것을 써넣어라.

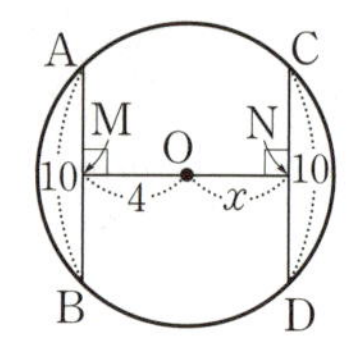

> 길이가 같은 두 현은 원의 중심으로부터 같은 거리에 있다.
>
> $\overline{AB}=\overline{CD}$이므로 $\overline{OM}=\square$
>
> ∴ $x=\square$

01 다음 그림에서 x의 값을 구하여라.

(1)
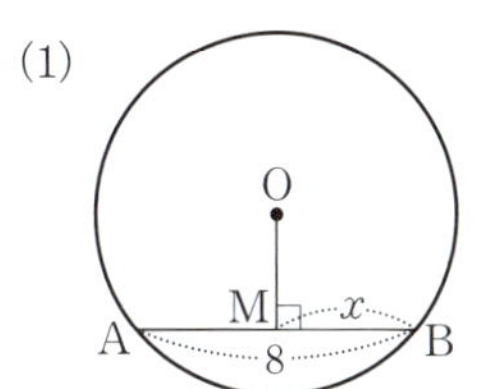

(2)
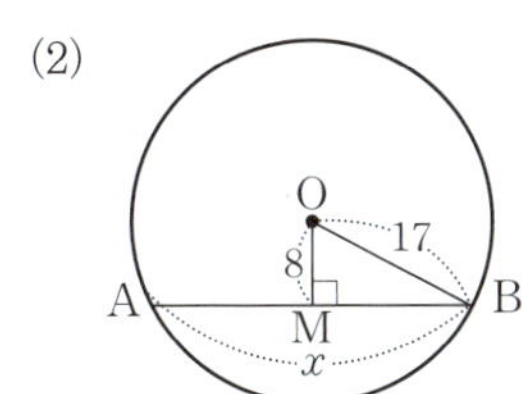

→ 개념1
현의 수직이등분선과 현의 길이

02 다음 그림에서 x의 값을 구하여라.

(1)
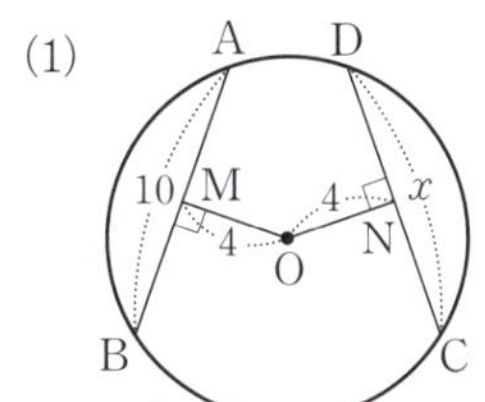

(2)
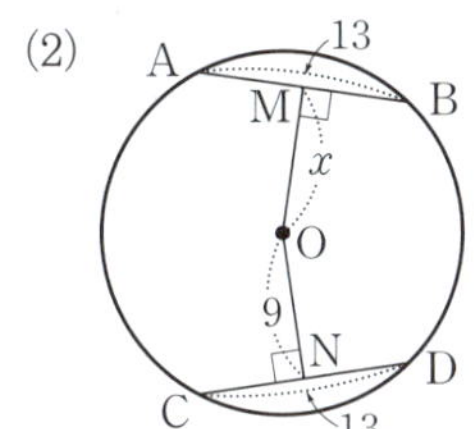

→ 개념1
현의 수직이등분선과 현의 길이

03 오른쪽 그림에서 $\overarc{AB}$는 원의 일부분이다. $\overline{AB}\perp\overline{CM}$, $\overline{AM}=\overline{BM}=8$, $\overline{CM}=4$일 때, 이 원의 반지름의 길이를 구하여라.

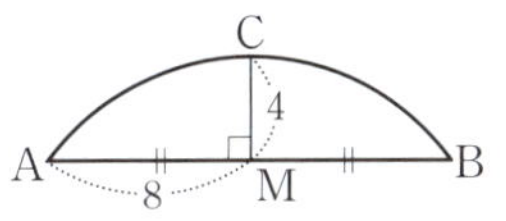

→ 개념1
현의 수직이등분선과 현의 길이

04 오른쪽 그림과 같이 원의 중심 O에서 $\overline{AB}$, $\overline{CD}$에 내린 수선의 발을 각각 M, N이라 하자. $\overline{OA}=13\ \text{cm}$, $\overline{OM}=\overline{ON}=5\ \text{cm}$일 때, $\overline{CD}$의 길이는?

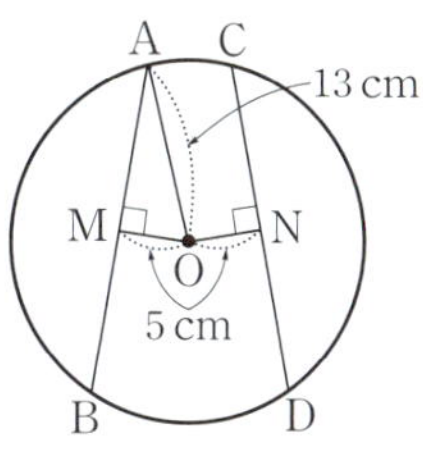

① 12 cm   ② $13\sqrt{2}$ cm

③ 20 cm   ④ 24 cm

⑤ $24\sqrt{2}$ cm

→ 개념1
현의 수직이등분선과 현의 길이

유형·check

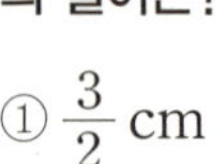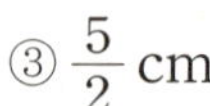

유형·1 원의 중심과 현의 수직이등분선

오른쪽 그림과 같은 원 O에서
$\overline{AB}\perp\overline{OC}$이고 $\overline{AB}=4$ cm,
$\overline{CM}=1$ cm일 때, 원 O의 반지름
의 길이는?

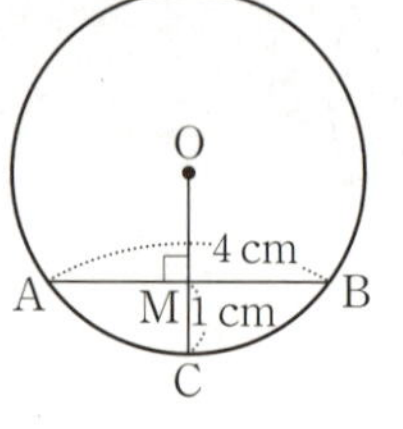

① $\dfrac{3}{2}$ cm   ② 2 cm

③ $\dfrac{5}{2}$ cm   ④ 3 cm   ⑤ $\dfrac{7}{2}$ cm

» 닮은꼴 문제

1-1

오른쪽 그림과 같은 원 O에서
$\overline{AB}\perp\overline{OC}$이고 $\overline{AB}=24$, $\overline{CH}=8$
일 때, $\overline{OH}$의 길이를 구하여라.

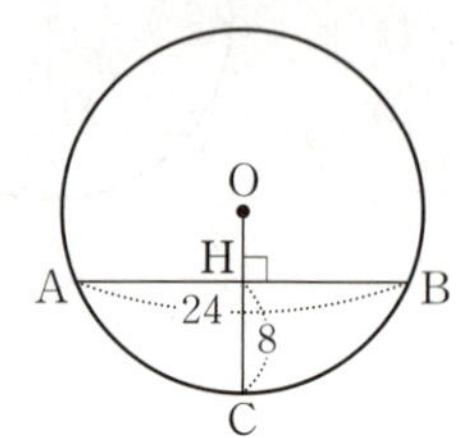

1-2

오른쪽 그림과 같은 원 O에서
$\overline{AB}\perp\overline{OH}$이고 $\overline{AB}=6\sqrt{3}$,
$\overline{OH}=3$일 때, 원 O의 넓이를 구하
여라.

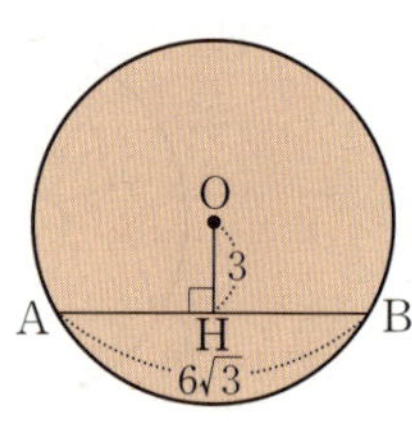

유형·2 현의 수직이등분선의 성질

오른쪽 그림과 같이 원 O의 원주
위의 한 점이 원의 중심 O에 겹쳐
지도록 $\overline{AB}$를 접는 선으로 하여 접
었다. $\overline{OB}=8$일 때, $\overline{AB}$의 길이를
구하여라.

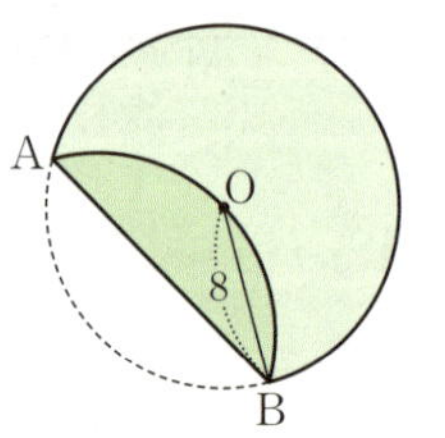

» 닮은꼴 문제

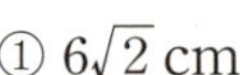

2-1

오른쪽 그림과 같이 원주 위의 점 P
가 원의 중심 O에 겹쳐지도록 접었
더니 $\overline{AB}=18$ cm가 되었다. 이때
원 O의 반지름의 길이는?

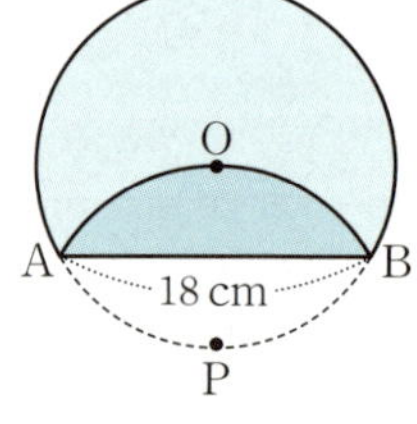

① $6\sqrt{2}$ cm   ② $7\sqrt{2}$ cm

③ $6\sqrt{3}$ cm   ④ 12 cm   ⑤ $7\sqrt{3}$ cm

2-2

오른쪽 그림에서 호 AB는
원의 일부분이고 $\overline{AB}\perp\overline{CD}$,
$\overline{AD}=\overline{BD}=4$, $\overline{CD}=2$일 때,
이 원의 넓이를 구하여라.

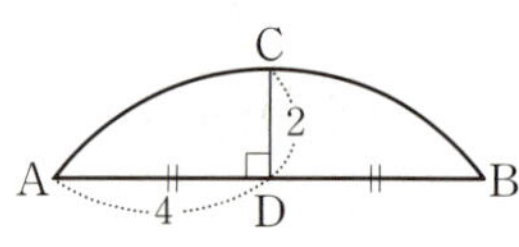

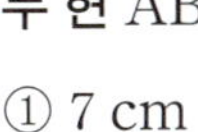

오른쪽 그림과 같이 반지름의 길이가
5 cm인 원 O에서 두 현 AB, CD가
평행하고 $\overline{AB}=\overline{CD}=6$ cm일 때,
두 현 AB, CD 사이의 거리는?

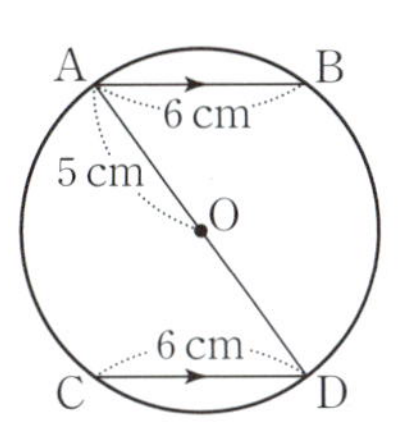

① 7 cm ② 8 cm

③ 9 cm ④ 10 cm

⑤ 11 cm

» 닮은꼴 문제

3-1

오른쪽 그림과 같은 원 O에
서 $\overline{AB}\perp\overline{OM}$, $\overline{CD}\perp\overline{ON}$이
고 $\overline{AB}=18$ cm, $\overline{ND}=9$ cm,
$\overline{ON}=3\sqrt{2}$ cm일 때, 삼각형
OAB의 넓이를 구하여라.

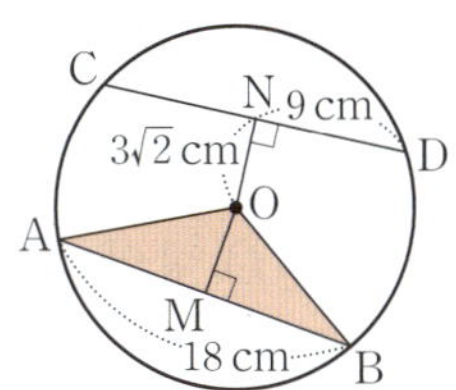

3-2

오른쪽 그림의 원 O에서
$\overline{AB}\perp\overline{OM}$이고 $\overline{AB}=\overline{CD}$이다.
$\overline{OD}=13$ cm, $\overline{OM}=12$ cm일 때,
삼각형 OCD의 넓이를 구하여라.

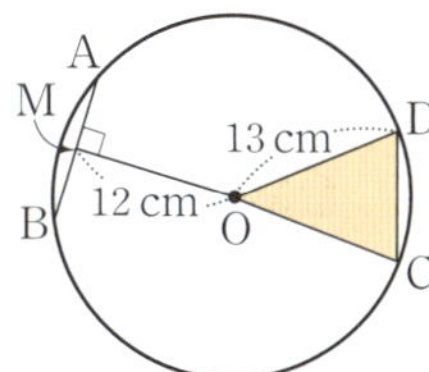

오른쪽 그림과 같이 원의 중심 O
에서 $\overline{AB}$, $\overline{AC}$에 내린 수선의 발
을 각각 M, N이라고 하자.
$\overline{OM}=\overline{ON}$이고 $\angle B=50°$일 때,
$\angle x$의 크기는?

① 60° ② 70° ③ 80°

④ 90° ⑤ 100°

» 닮은꼴 문제

4-1

오른쪽 그림의 삼각형 ABC에서
$\angle MON=110°$이고 $\overline{OM}=\overline{ON}$
일 때, $\angle B$의 크기를 구하여라.

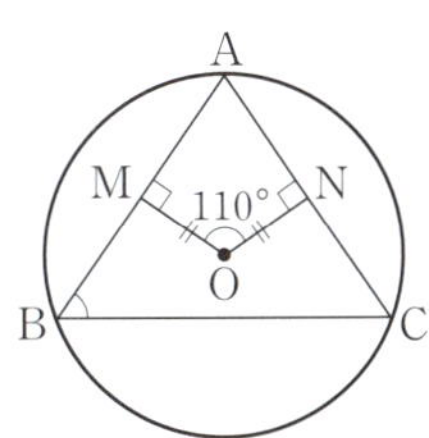

4-2

오른쪽 그림과 같이 원의 중심 O에서
$\overline{AB}$, $\overline{BC}$, $\overline{CA}$에 내린 수선의 발을
각각 D, E, F라고 하자. $\overline{OD}=\overline{OF}$,
$\angle EOF=105°$일 때, $\angle A$의 크기
는?

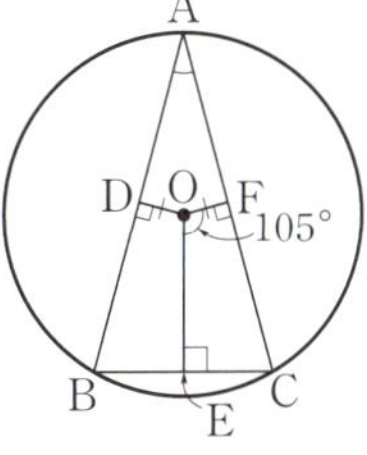

① 20° ② 25°

③ 30° ④ 35° ⑤ 40°

11 · 원의 접선의 길이

개념 1 ｜ 원의 접선의 길이

(1) 접선의 길이

원 O 밖의 한 점 P에서 원 O에 그을 수 있는 접선은
2개이다. 원과 접선의 두 접점을 각각 A, B라고 할
때, $\overline{PA}$, $\overline{PB}$의 길이를 점 P에서 원 O에 그은 접선
의 길이라고 한다.

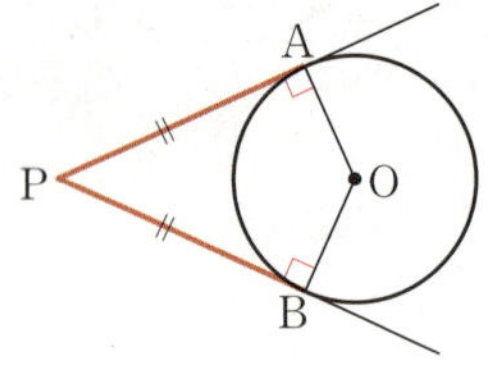

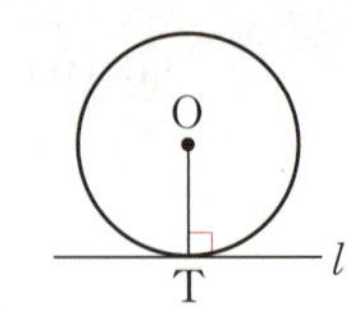

(2) 접선의 길이의 성질

원의 외부에 있는 한 점에서 그 원에 그은 두 접선의 길이는 서로 같다.

→ $\overline{PA}=\overline{PB}$

풍쌤듀 (1) △PAO와 △PBO에서
　　　∠PAO＝∠PBO＝90°
　　　$\overline{AO}=\overline{BO}$ (반지름의 길이)
　　　$\overline{PO}$는 공통
　　　∴ △PAO≡△PBO (RHS 합동)
　　　∴ $\overline{PA}=\overline{PB}$
　　(2) (△ABC의 둘레의 길이)
　　　$=\overline{AB}+\overline{BC}+\overline{AC}$
　　　$=\overline{AB}+(\overline{BD}+\overline{CD})+\overline{AC}$
　　　　($\because \overline{BD}=\overline{BE},\ \overline{CD}=\overline{CF}$)
　　　$=(\overline{AB}+\overline{BE})+(\overline{CF}+\overline{AC})$
　　　$=\overline{AE}+\overline{AF}$
　　　$=2\overline{AE}=2\overline{AF}$

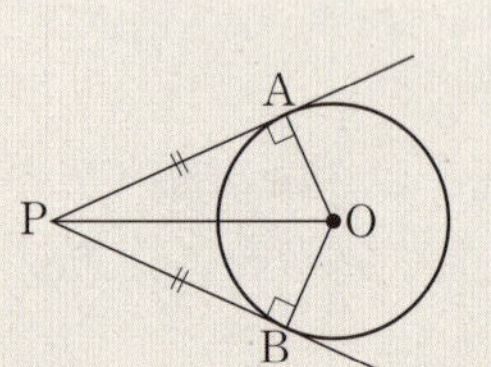

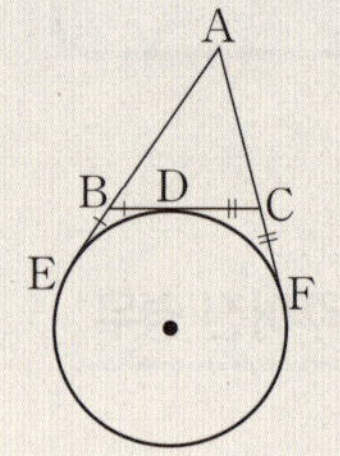

✦ 예제 1 ✦

다음은 오른쪽 그림과 같이 원
O의 외부의 한 점 P에서 이 원
에 그은 두 접선의 길이가 서로
같음을 설명하는 과정이다.
(가)~(라)에 알맞은 것을 구하여라.

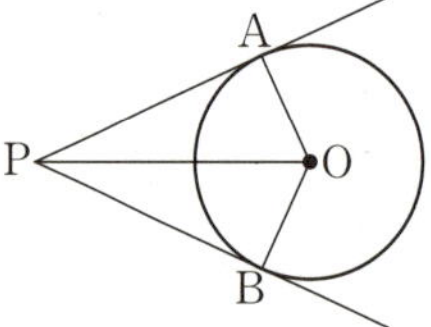

△PAO와 △PBO에서
　　∠PAO＝ [(가)] ＝90°,
　　$\overline{OA}$＝ [(나)] ,
　　$\overline{OP}$는 공통
이므로
　　△PAO≡△PBO ([(다)] 합동)
∴ $\overline{PA}$＝ [(라)]

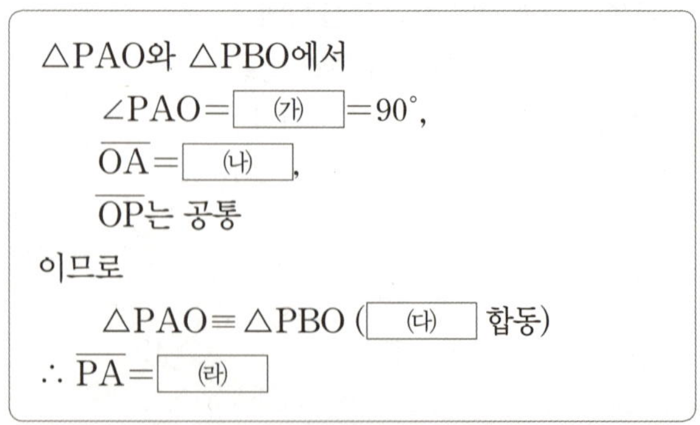

▶ 답　(가) ∠PBO　(나) $\overline{OB}$　(다) RHS　(라) $\overline{PB}$

✦ 확인 1 ✦

다음은 오른쪽 그림에서 $\overline{PA}$,
$\overline{PB}$가 원 O의 접선이고 두
점 A, B가 접점일 때, $\overline{PB}$의
길이를 구하는 과정이다.
(가)~(바)에 알맞은 것을 구하여
라.

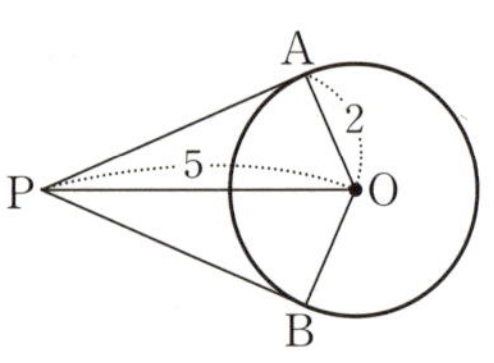

∠PAO＝ [(가)] °이므로
△PAO에서 피타고라스 정리에 의하여
$\overline{PA}=\sqrt{\overline{PO}^2-[\ (나)\ ]^2}$
　　$=\sqrt{5^2-[\ (다)\ ]^2}$
　　$=[\ (라)\ ]$
∴ $\overline{PB}$＝ [(마)] ＝ [(바)]

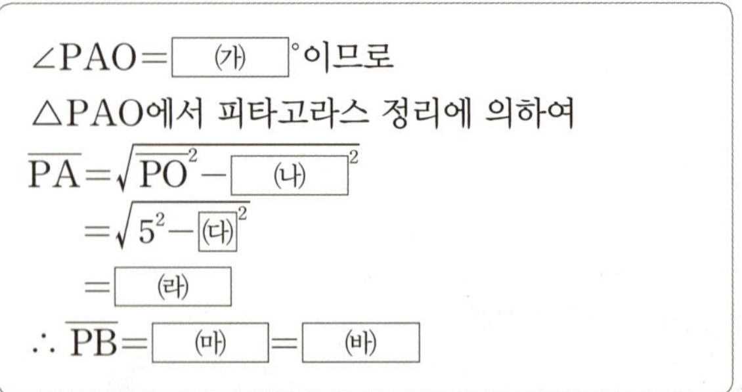

01 오른쪽 그림에서 $\overline{PA}$가 원 O의 접선이고 점 A는 접점일 때, $\overline{PA}$의 길이를 구하여라.

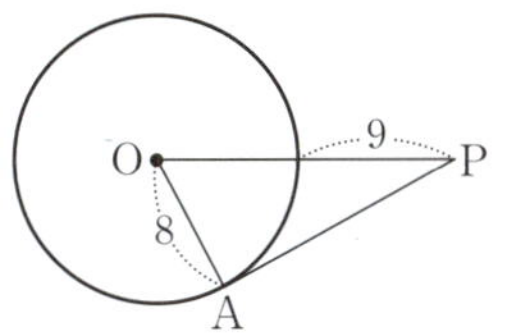

→ 개념1
　원의 접선의 길이

02 오른쪽 그림에서 $\overline{PA}$는 원 O의 접선이고 점 A는 접점이다. $\overline{PA}=12\ \text{cm}$, $\overline{OT}=9\ \text{cm}$일 때, $\overline{PT}$의 길이를 구하여라.

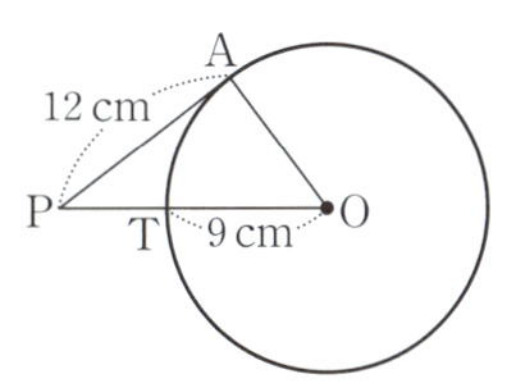

→ 개념1
　원의 접선의 길이

03 오른쪽 그림에서 $\overline{PA}$, $\overline{PB}$는 원 O의 접선이고 두 점 A, B는 접점이다. $\overline{OA}=4\ \text{cm}$, $\overline{PT}=1\ \text{cm}$일 때, $\overline{PB}$의 길이를 구하여라.

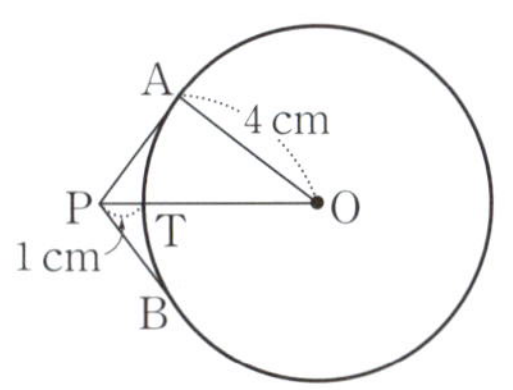

→ 개념1
　원의 접선의 길이

04 오른쪽 그림에서 $\overline{PA}$, $\overline{PB}$는 원 O의 접선이고 두 점 A, B는 접점이다. $\angle APB=42°$일 때, $\angle PBA$의 크기를 구하여라.

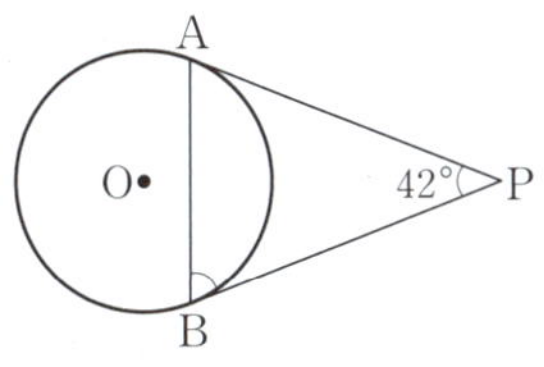

→ 개념1
　원의 접선의 길이

12. 삼각형의 내접원

개념 1 | 삼각형의 내접원

반지름의 길이가 r인 원 O가 삼각형 ABC에 내접하고
세 점 D, E, F가 삼각형 ABC의 세 변과의 접점일 때,

(1) $\overline{AD}=\overline{AF}$, $\overline{BD}=\overline{BE}$, $\overline{CE}=\overline{CF}$

(2) 삼각형 ABC의 둘레의 길이

    ➡ $a+b+c=2(x+y+z)$

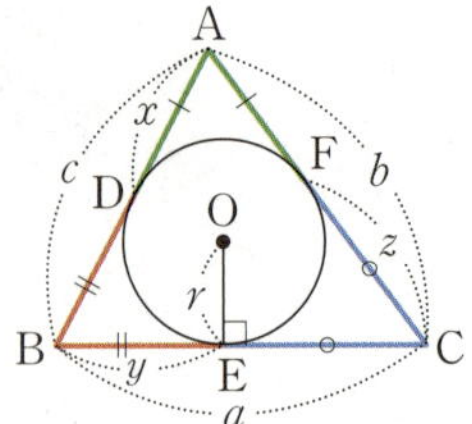

> **풍쌤日** $\overline{AF}=\overline{AD}=x$, $\overline{BD}=\overline{BE}=y$, $\overline{CE}=\overline{CF}=z$이면
> $$a+b+c=(y+z)+(x+z)+(x+y)$$
> $$=2(x+y+z)$$
>
> 원 밖의 한 점에서 그 원에 그은
> 두 접선의 길이가 같음을 이용한다.

(3) 삼각형 ABC의 넓이

    ➡ $\triangle ABC = \triangle BCO + \triangle CAO + \triangle ABO$
$$= \frac{1}{2}ar + \frac{1}{2}br + \frac{1}{2}cr = \frac{1}{2}r(a+b+c)$$

> **풍쌤日** 오른쪽 그림과 같이 원 O가 직각삼각형 ABC
> 에 내접하고 내접원의 반지름의 길이가 r일 때,
> □OECF는 한 변의 길이가 r인 정사각형이다.
> 또, $\triangle ABC = \frac{1}{2}r(a+b+c) = \frac{1}{2}ab$

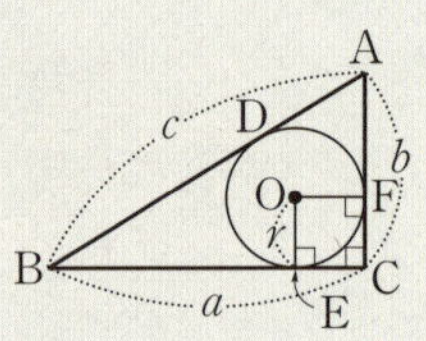

◆ 예제 1 ◆

다음은 오른쪽 그림에서 원
O가 삼각형 ABC의 내접원
이고 세 점 P, Q, R가 접점
일 때 x의 값을 구하는 과정
이다. ⑺~⑷에 알맞은 것을
구하여라.

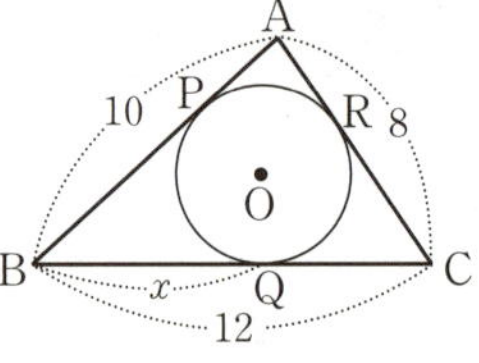

$\overline{BP}=\overline{BQ}=x$이므로
$\overline{AR}=\boxed{\text{⑺}}=10-x$
$\overline{CR}=\overline{CQ}=\boxed{\text{⑷}}$
$\overline{AC}=\overline{AR}+\overline{CR}$
$\quad=(10-x)+(\boxed{\text{⑸}})=8$
$\therefore x=\boxed{\text{⑷}}$

▶ 답 ⑺ $\overline{AP}$ ⑷ $12-x$ ⑸ $12-x$ ⑷ 7

◆ 확인 1 ◆

다음은 오른쪽 그림에서 원 O
가 삼각형 ABC의 내접원이
고 세 점 D, E, F가 접점일
때, $\overline{BC}$의 길이를 구하는 과
정이다. ⑺~⑺에 알맞은 것을
구하여라.

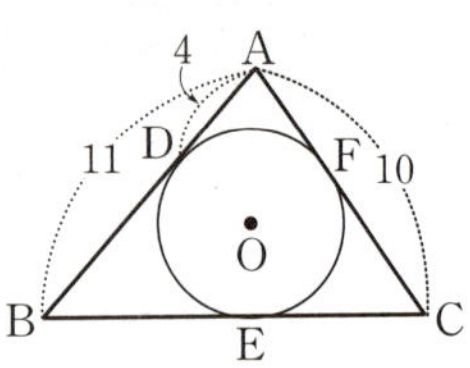

$\overline{BD}=\overline{AB}-\boxed{\text{⑺}}$
$\quad=11-\boxed{\text{⑷}}=\boxed{\text{⑸}}$
$\therefore \overline{BE}=\overline{BD}=\boxed{\text{⑸}}$
또, $\overline{AF}=\overline{AD}=4$이므로
$\overline{CF}=\overline{AC}-\boxed{\text{⑷}}$
$\quad=10-\boxed{\text{⑽}}=\boxed{\text{⑾}}$
$\therefore \overline{CE}=\overline{CF}=\boxed{\text{⑾}}$
$\therefore \overline{BC}=\overline{BE}+\overline{CE}$
$\quad=\boxed{\text{⑸}}+\boxed{\text{⑾}}=\boxed{\text{⒀}}$

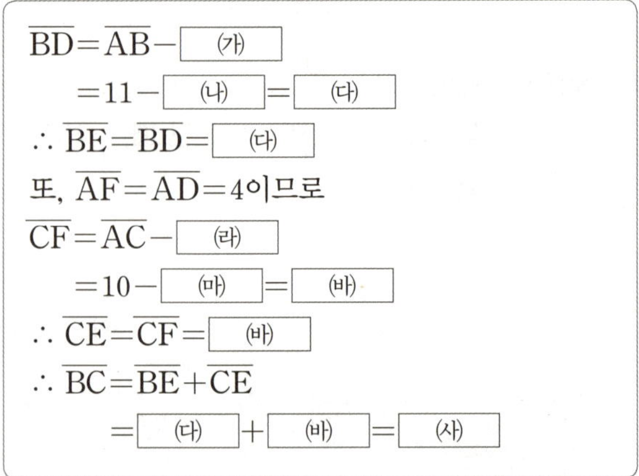

개념 ◆ check

01 오른쪽 그림에서 원 O가 삼각형 ABC의 내접원이고 세 점 D, E, F는 접점이다. 이때 x, y, z의 값을 각각 구하여라.

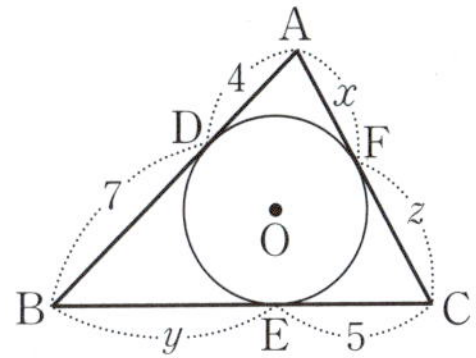

→ 개념1
   삼각형의 내접원

02 오른쪽 그림에서 원 O는 삼각형 ABC의 내접원이고 세 점 D, E, F는 접점이다. $\overline{AB}=9$, $\overline{BC}=13$, $\overline{AC}=14$일 때, $\overline{AD}$의 길이를 구하여라.

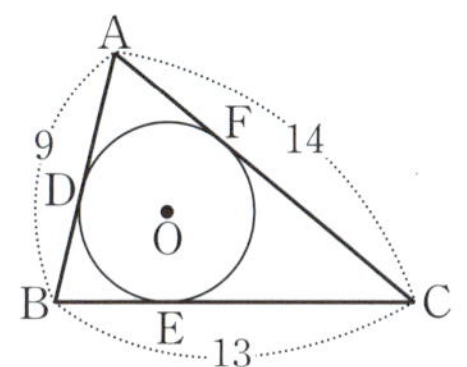

→ 개념1
   삼각형의 내접원

03 오른쪽 그림에서 원 O는 $\angle A=90°$인 직각삼각형 ABC의 내접원이고 세 점 D, E, F는 접점이다. $\overline{AB}=6$, $\overline{AC}=8$일 때, 원 O의 반지름의 길이를 구하여라.

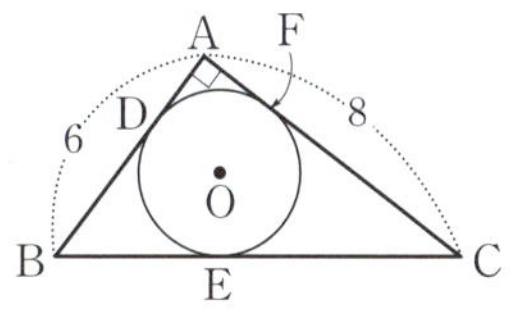

→ 개념1
   삼각형의 내접원

04 오른쪽 그림에서 원 O는 $\angle C=90°$인 직각삼각형 ABC의 내접원이고 세 점 D, E, F는 접점이다. $\overline{BC}=15$이고 내접원의 반지름의 길이가 3일 때, 삼각형 ABC의 넓이를 구하여라.

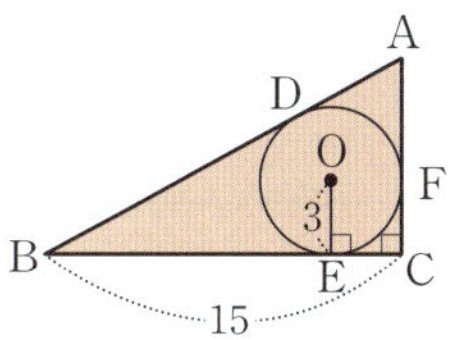

→ 개념1
   삼각형의 내접원

13. 원에 외접하는 사각형

개념1 원에 외접하는 사각형

사각형 ABCD가 원 O에 외접하고 그 접점을 각각 E, F, G, H라고 할 때

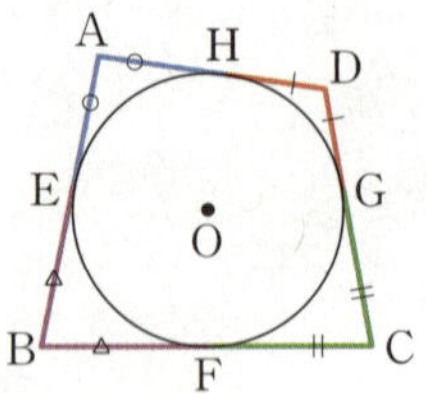

(1) 원에 외접하는 사각형에서 두 쌍의 대변의 길이의 합은 서로 같다. 즉,

$\overline{AB}$의 대변은 $\overline{DC}$,
$\overline{AD}$의 대변은 $\overline{BC}$

→ $\overline{AB}+\overline{CD}=\overline{AD}+\overline{BC}$

> **풍쌤티** $\overline{AE}=\overline{AH}$, $\overline{BE}=\overline{BF}$, $\overline{CF}=\overline{CG}$, $\overline{DG}=\overline{DH}$이므로
> $$\begin{aligned} \overline{AB}+\overline{CD} &= (\overline{AE}+\overline{BE})+(\overline{DG}+\overline{CG}) \\ &= \overline{AH}+\overline{BF}+\overline{DH}+\overline{CF} \\ &= (\overline{AH}+\overline{DH})+(\overline{BF}+\overline{CF}) \\ &= \overline{AD}+\overline{BC} \end{aligned}$$
> 원 밖의 한 점에서 그 원에 그은 두 접선의 길이는 같음을 이용한다.

(2) 두 쌍의 대변의 길이의 합이 같은 사각형은 원에 외접한다.

> **풍쌤의 point** "대변의 길이의 합"을 "이웃하는 변의 길이의 합"으로 혼동하지 않도록 주의해!

✦ 예제 1 ✦

다음은 오른쪽 그림과 같이 원 O에 외접하고 $\overline{AB}=8$, $\overline{CD}=7$인 사각형 ABCD에서 $\overline{AD}+\overline{BC}$의 값을 구하는 과정이다. □ 안에 알맞은 것을 써넣어라.

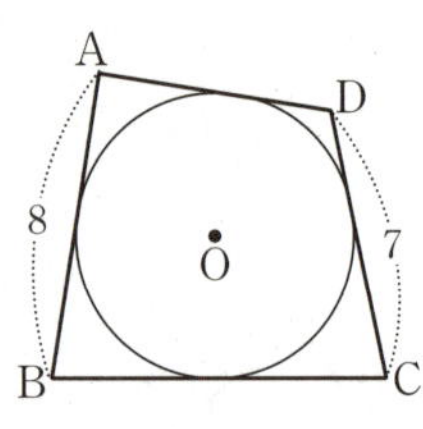

> $\overline{AB}+\boxed{}=\overline{AD}+\overline{BC}$이고
> $\overline{AB}=8$, $\overline{CD}=\boxed{}$이므로
> $8+\boxed{}=\overline{AD}+\overline{BC}$
> $\therefore \overline{AD}+\overline{BC}=\boxed{}$

> 답 $\overline{CD}$, 7, 7, 15

✦ 확인 1 ✦

다음은 오른쪽 그림에서 사각형 ABCD가 원 O에 외접하고 네 점 E, F, G, H는 접점일 때, $\overline{CD}$의 길이를 구하는 과정이다. □ 안에 알맞은 것을 써넣어라.

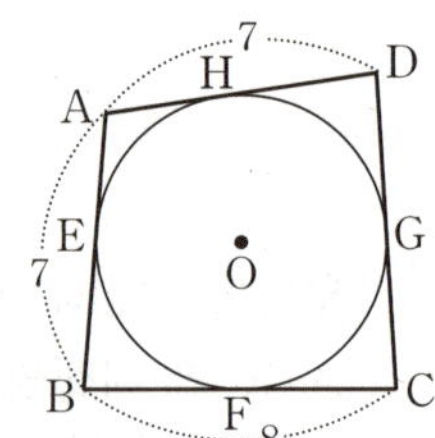

> $\overline{AB}+\overline{CD}=\boxed{}+\overline{BC}$이고
> $\overline{AB}=7$, $\overline{AD}=7$, $\overline{BC}=8$이므로
> $7+\overline{CD}=7+8$
> $\therefore \overline{CD}=\boxed{}$

✦ 예제 2 ✦

오른쪽 그림과 같이 사각형 ABCD가 원 O에 외접할 때, x의 값을 구하여라.

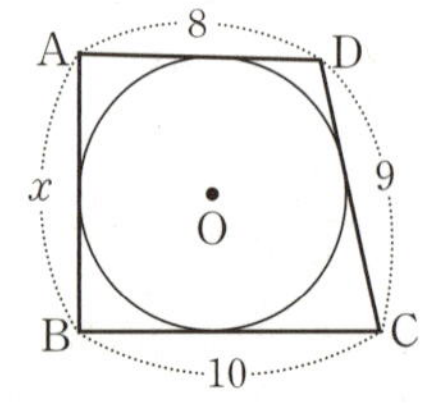

> 풀이 $\overline{AB}+\overline{CD}=\overline{AD}+\overline{BC}$
> 이므로 $x+9=8+10$
> $\therefore x=9$

> 답 9

✦ 확인 2 ✦

오른쪽 그림과 같이 사각형 ABCD가 원 O에 외접할 때, x의 값을 구하여라.

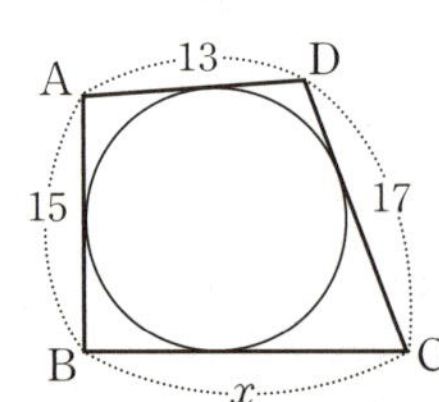

01 오른쪽 그림에서 원 O는 사각형 ABCD의 내접원이고 네 개의 점 E, F, G, H는 접점이다. $\overline{AB}=8$ cm, $\overline{BC}=12$ cm, $\overline{DG}=2$ cm, $\overline{AD}=6$ cm일 때, $\overline{CG}$의 길이를 구하여라.

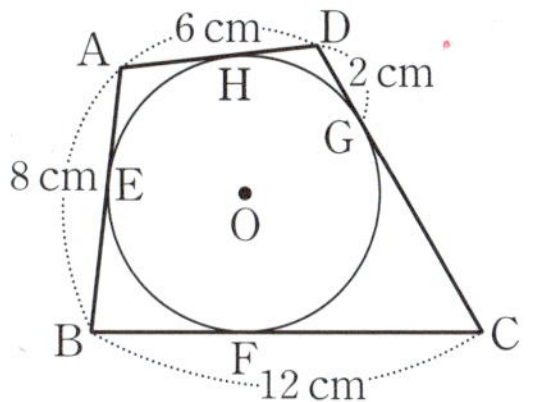

→ 개념1
원에 외접하는 사각형

02 오른쪽 그림과 같이 사각형 ABCD가 원 O에 외접할 때, x의 값을 구하여라.

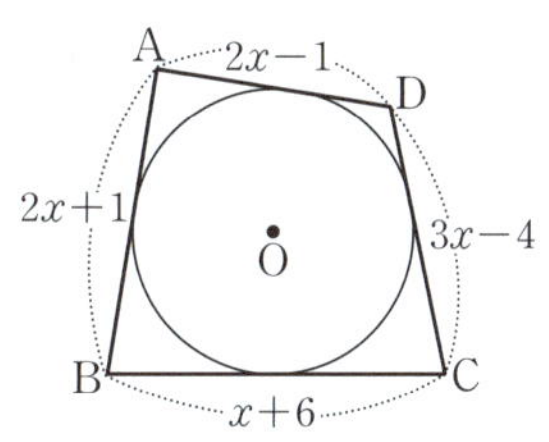

→ 개념1
원에 외접하는 사각형

03 오른쪽 그림에서 사각형 ABCD는 원 O에 외접하고 네 점 E, F, G, H는 접점일 때, $\overline{AE}+\overline{CG}$의 값을 구하여라.

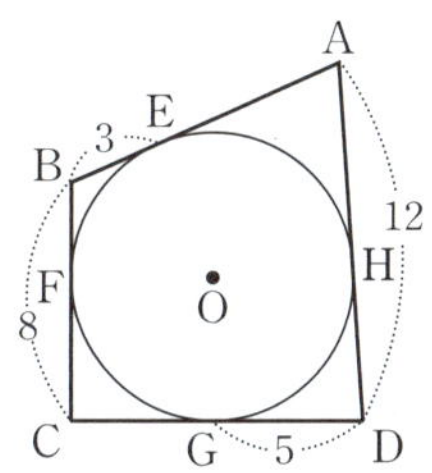

→ 개념1
원에 외접하는 사각형

04 오른쪽 그림과 같이 반지름의 길이가 3 cm인 원 O에 외접하는 사다리꼴 ABCD의 넓이를 구하여라.

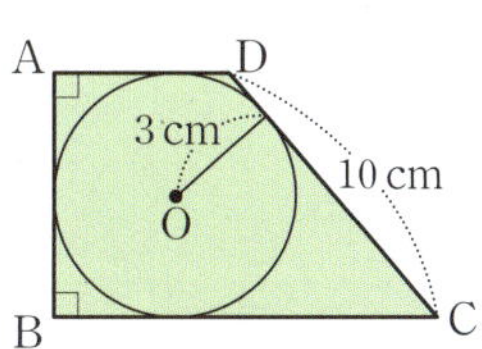

→ 개념1
원에 외접하는 사각형

유형·1 원의 접선의 길이

오른쪽 그림과 같이 반지름의 길이가 3 cm인 원 O에서 $\overline{PA}$는 원 O의 접선이고 점 A는 접점이다. $\overline{PQ}=4$ cm일 때, $\overline{AP}$의 길이는?

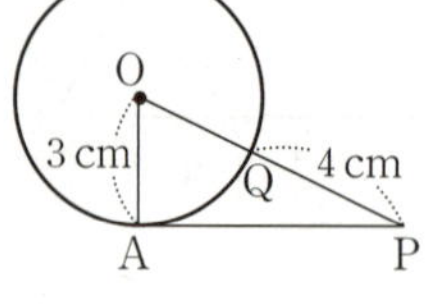

① 6 cm ② $2\sqrt{10}$ cm ③ $4\sqrt{3}$ cm
④ 7 cm ⑤ $5\sqrt{2}$ cm

≫ 닮은꼴 문제

1-1

오른쪽 그림과 같이 반지름의 길이가 8 cm인 원 O에서 $\overline{PA}$, $\overline{PB}$는 원 O의 접선이고 두 점 A, B는 접점이다. $\overline{PC}=9$ cm일 때, $\overline{PA}$의 길이를 구하여라.

1-2

오른쪽 그림에서 직선 PT는 원 O의 접선이고 점 T는 접점이다. $\overline{PT}=12$ cm, $\overline{PA}=6$ cm일 때, 원 O의 반지름의 길이를 구하여라.

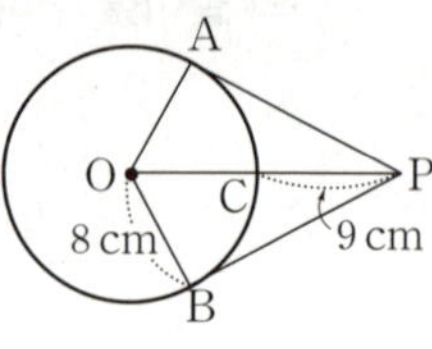

유형·2 원의 접선의 성질

오른쪽 그림에서 두 점 A, B는 원 밖의 점 P에서 원 O에 그은 두 접선의 접점이다. $\angle APB=52°$일 때, $\angle PAB$의 크기를 구하여라.

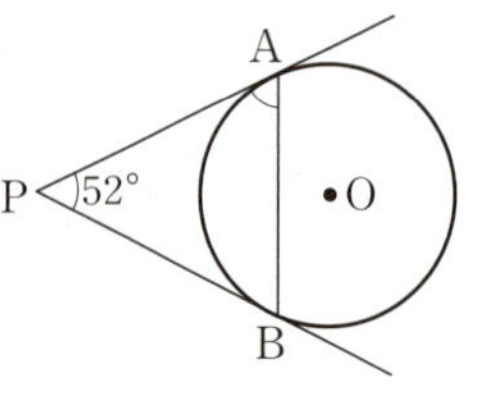

≫ 닮은꼴 문제

2-1

오른쪽 그림에서 $\overline{PA}$, $\overline{PB}$는 원 O는 접선이고 두 점 A, B는 접점이다. $\angle AOB=120°$, $\overline{OA}=10$ cm일 때, $\angle APB$의 크기를 구하여라.

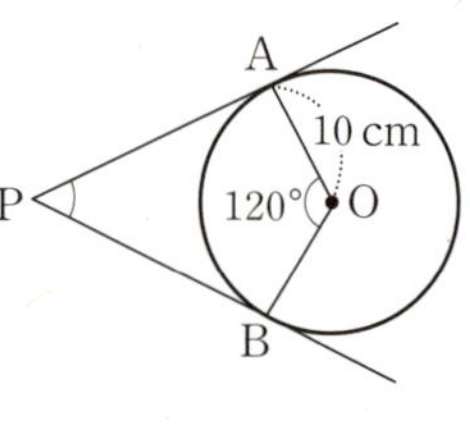

2-2

오른쪽 그림에서 두 직선 PA, PB는 원 O의 접선이고 두 점 A, B는 접점이다. $\overline{PA}=4$ cm, $\angle APB=60°$일 때, 삼각형 APB의 넓이를 구하여라.

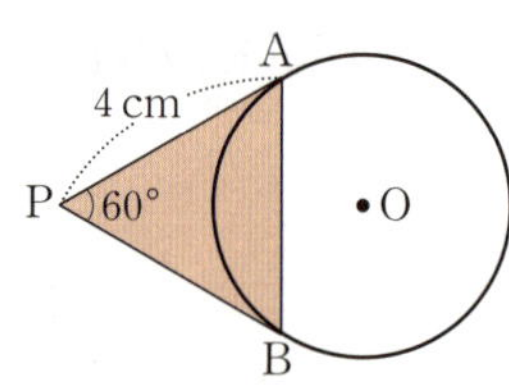

오른쪽 그림에서 $\overline{AE}$, $\overline{AF}$, $\overline{BC}$
는 원 O의 접선이고 세 점 D,
E, F는 접점이다. $\overline{AF}=6$ cm
일 때, 삼각형 ABC의 둘레의
길이를 구하여라.

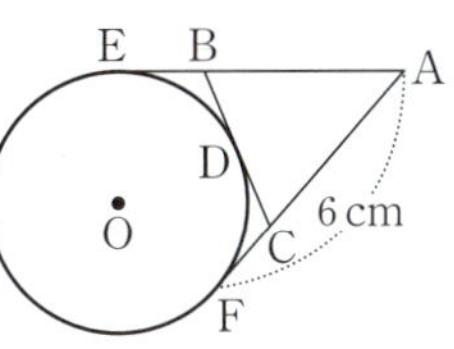

3-1

오른쪽 그림에서 $\overline{AE}$, $\overline{AF}$, $\overline{BC}$
는 원 O의 접선이고 세 점 D,
E, F는 접점이다. 삼각형 ABC
의 둘레의 길이가 18 cm일 때,
$\overline{AE}$의 길이를 구하여라.

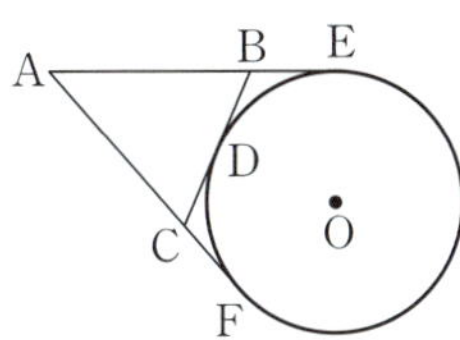

3-2

오른쪽 그림과 같이 $\overline{AE}$,
$\overline{AF}$, $\overline{BC}$는 원 O의 접선이고
세 점 D, E, F는 접점일 때,
삼각형 ABC의 둘레의 길이
는?

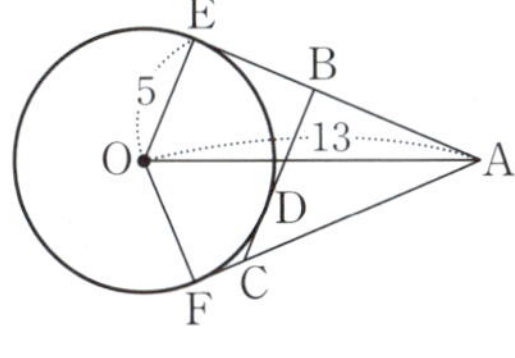

① 20　　　② 22　　　③ 24

④ 26　　　⑤ 28

오른쪽 그림과 같이 $\overline{AB}$는
반원 O의 지름이고 $\overline{AD}$,
$\overline{BC}$, $\overline{CD}$는 각각 세 점 A,
B, E를 접점으로 하는 반원
O의 접선이다. $\overline{AD}=2$ cm,
$\overline{BC}=5$ cm일 때, $\overline{AB}$의 길이를 구하여라.

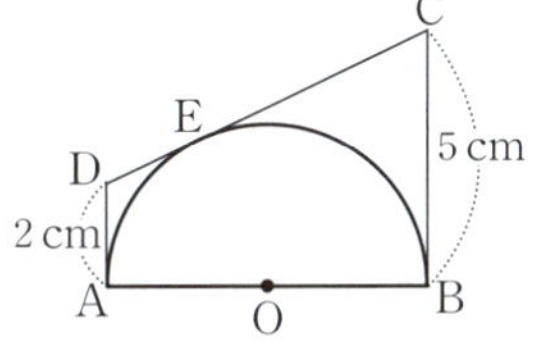

4-1

오른쪽 그림에서 $\overline{AB}$는 반원
O의 지름이고 $\overline{AD}$, $\overline{BC}$, $\overline{CD}$
는 각각 세 점 A, B, E에서 반
원 O에 접한다. $\overline{AD}=3$ cm,
$\overline{BC}=9$ cm일 때, $\overline{AB}$의 길이
를 구하여라.

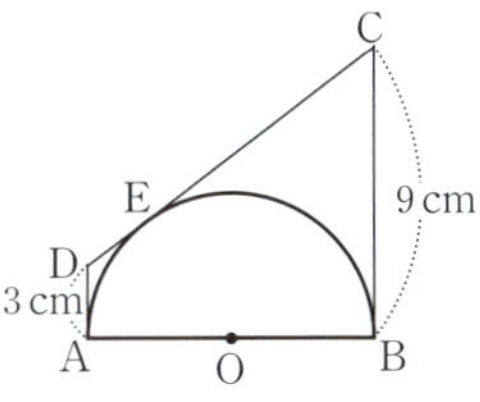

4-2

오른쪽 그림과 같이 $\overline{AB}$는 반원 O의 지
름이고 $\overline{AD}$, $\overline{BC}$, $\overline{CD}$는 각각 세 점 A,
B, E를 접점으로 하는 반원 O에 접한
다. $\overline{AD}=4$ cm, $\overline{BC}=6$ cm일 때, $\overline{CD}$
의 길이를 구하여라.

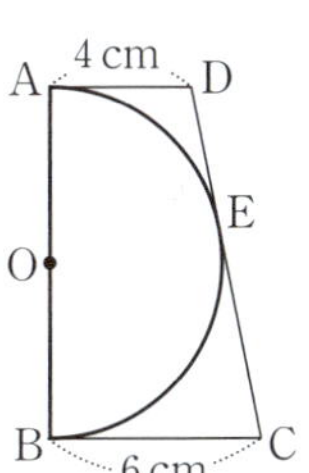

오른쪽 그림에서 원 O는 삼각형 ABC의 내접원이고 세 점 D, E, F는 접점이다. 내접원의 반지름의 길이가 9 cm일 때, $\overline{AG}$의 길이는?

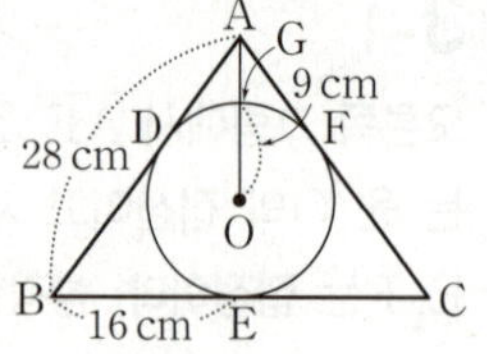

① 2 cm ② 4 cm ③ 6 cm
④ 8 cm ⑤ 10 cm

5-1

오른쪽 그림에서 원 O는 삼각형 ABC의 내접원이고 세 점 D, E, F는 접점이다. $\overline{AD}=3$ cm, $\overline{AC}=7$ cm, $\overline{AB}+\overline{BC}+\overline{CA}=26$ cm일 때, $\overline{BE}$의 길이는?

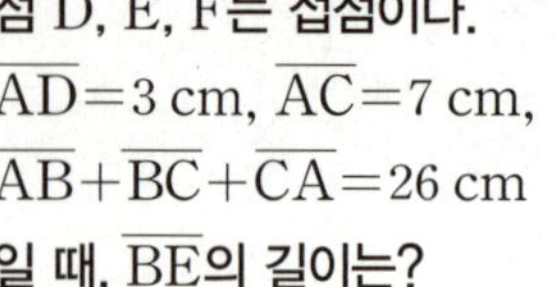

① 4 cm ② 5 cm ③ 6 cm
④ 7 cm ⑤ 8 cm

5-2

오른쪽 그림과 같이 원 O는 한 변의 길이가 8인 정삼각형 ABC의 내접원이고 $\overline{PQ}$는 원 O의 접선이다. 네 점 D, E, F, R는 접점일 때, 삼각형 APQ의 둘레의 길이를 구하여라.

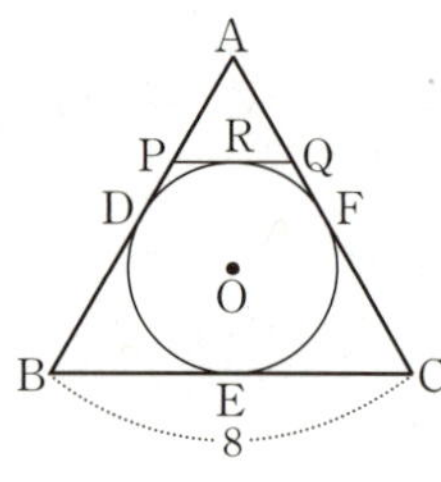

오른쪽 그림에서 원 O는 직각삼각형 ABC의 내접원이고 세 점 D, E, F는 접점이다. $\overline{AB}=3$, $\overline{BC}=4$, $\overline{AC}=5$일 때, 원 O의 반지름의 길이를 구하여라.

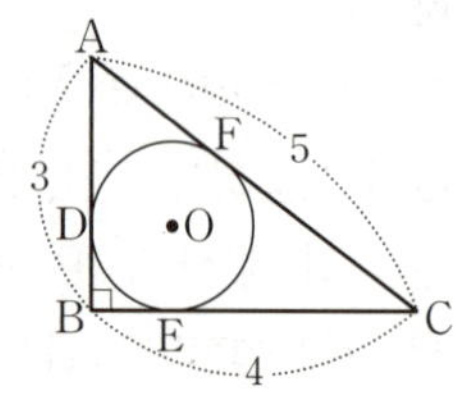

6-1

오른쪽 그림과 같이 원 O는 직각삼각형 ABC에 내접하고 세 점 D, E, F는 접점이다. $\overline{AD}=2$, $\overline{CF}=3$일 때, $\overline{BE}$의 길이는?

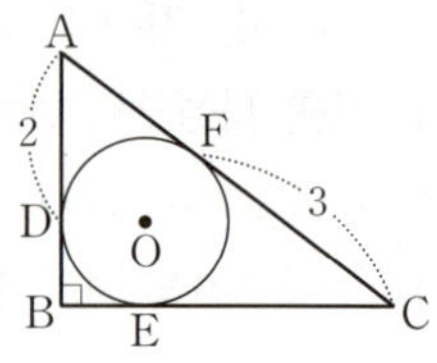

① 1   ② 1.5
③ 2   ④ 2.5   ⑤ 3

6-2

오른쪽 그림과 같이 직각삼각형 ABC의 내접원 O의 반지름의 길이가 2이고 세 점 D, E, F는 접점이다. 삼각형 ABC의 빗변의 길이가 13일 때, 삼각형 ABC의 둘레의 길이를 구하여라. (단, $\overline{AB}<\overline{BC}$)

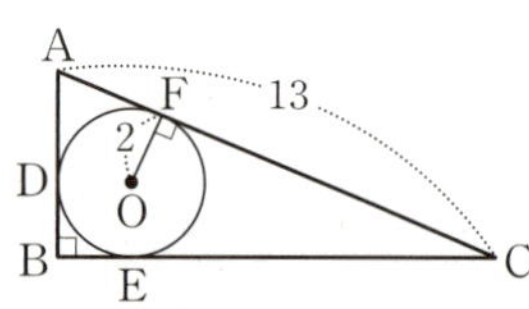

유형·**7** 원에 외접하는 사각형

오른쪽 그림에서 원 O는 사각형 ABCD의 내접원이고 원 O의 반지름의 길이는 5이다.
$\angle A = \angle B = 90°$이고 $\overline{BC}=16$, $\overline{CD}=14$일 때, 사각형 ABCD의 넓이는?

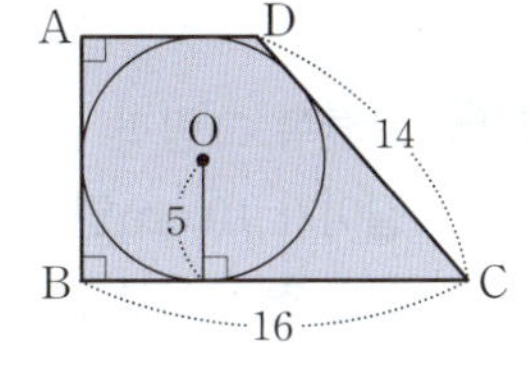

① 100　　② 105　　③ 110

④ 115　　⑤ 120

7-1

오른쪽 그림에서 원 O는 사각형 ABCD의 내접원이고 반지름의 길이는 7 cm이다.
$\angle A = \angle B = 90°$이고 $\overline{CD}=18$ cm일 때, 사각형 ABCD의 넓이를 구하여라.

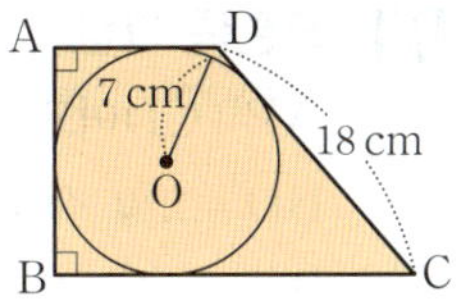

7-2

오른쪽 그림과 같이 사각형 ABCD는 원 O의 외접사각형이고 네 점 E, F, G, H는 접점일 때, 사각형 ABCD의 둘레의 길이는?

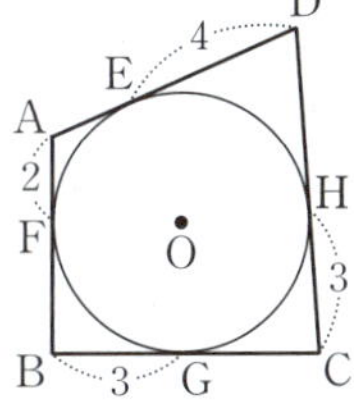

① 21　　② 22

③ 23　　④ 24　　⑤ 25

유형·**8** 외접사각형의 성질의 응용

오른쪽 그림과 같이 직사각형 ABCD의 세 변 AB, BC, AD에 접하는 원 O가 있다. $\overline{ED}=6$, $\overline{EC}=10$일 때, $\overline{BC}$의 길이를 구하여라.

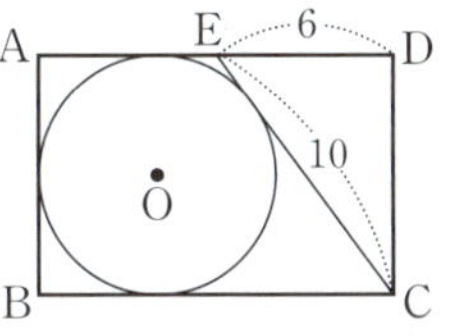

8-1

오른쪽 그림과 같이 원 O는 직사각형 ABCD와 세 변에서 접하고 $\overline{AE}$는 원 O의 접선이다. $\overline{AB}=4$, $\overline{AD}=6$일 때, $\overline{AE}$의 길이를 구하여라.

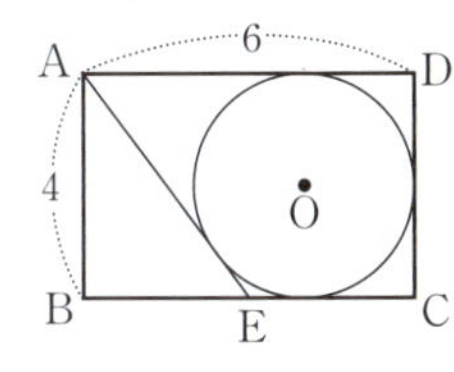

8-2

오른쪽 그림과 같이 직사각형 ABCD의 세 변 AD, BC, CD에 접하는 원 O가 있다. 네 점 E, F, G, H가 접점일 때, x의 값을 구하여라.

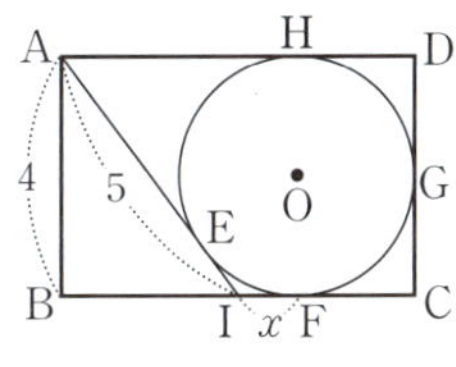

01 오른쪽 그림의 반원 O에서 $\overline{AB}\perp\overline{CD}$이고 $\overline{AD}=8$, $\overline{BD}=2$일 때, $\overline{CD}$의 길이는?

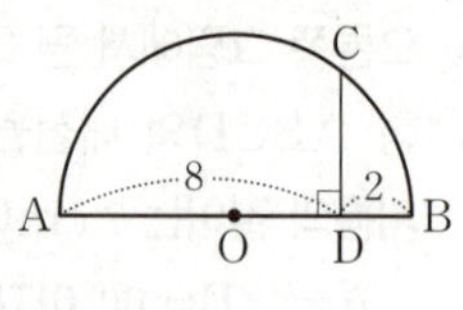

① 4　　② 6　　③ 8

④ 10　　⑤ 12

02 오른쪽 그림과 같이 △ABC는 원 O에 내접한다. $\overline{BC}=14$이고 $\overline{OD}\perp\overline{AB}$, $\overline{OE}\perp\overline{AC}$일 때, $\overline{DE}$의 길이를 구하여라.

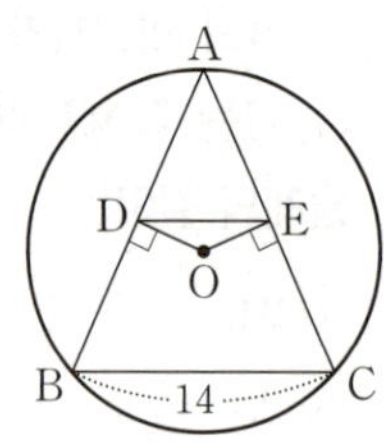

03 오른쪽 그림에서 △ABC는 $\overline{AB}=\overline{AC}$, $\overline{BC}=24$인 이등변삼각형이고 원 O는 △ABC의 외접원이다. $\overline{OB}=13$일 때, $\overline{AB}$의 길이는?

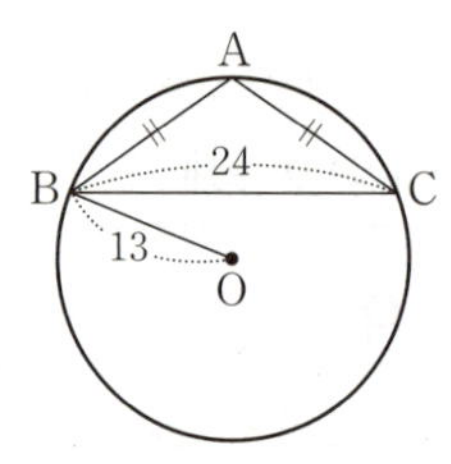

① $3\sqrt{13}$　　② $4\sqrt{13}$　　③ $5\sqrt{13}$

④ $6\sqrt{13}$　　⑤ $7\sqrt{13}$

04 오른쪽 그림과 같이 중심이 같은 두 원에서 큰 원의 현 AB는 작은 원의 접선이다. $\overline{AB}$와 작은 원과의 접점을 H라고 할 때, 작은 원의 넓이를 구하여라.

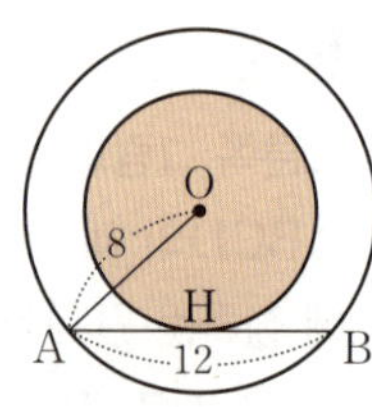

05 오른쪽 그림과 같이 반지름의 길이가 $10\ cm$인 원 모양의 종이를 현 AB를 접는 선으로 하여 접으면 호 AB가 원의 중심 O를 지난다. 이때 △OAB의 넓이를 구하여라.

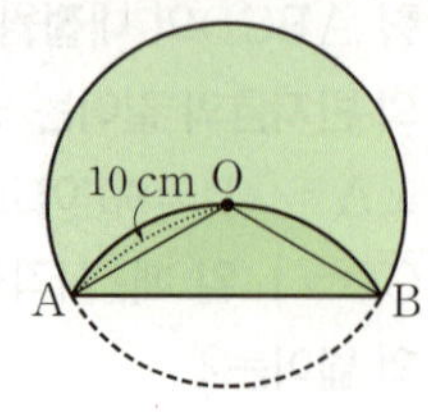

06 오른쪽 그림과 같이 △ABC는 원 O에 내접한다. $\overline{OD}=\overline{OE}=\overline{OF}$이고 $\overline{AB}=12\sqrt{3}$일 때, 원 O의 반지름의 길이를 구하여라.

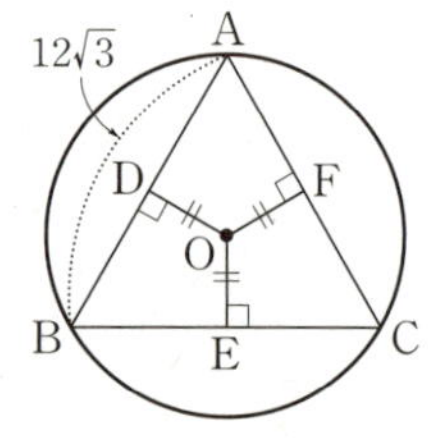

07 오른쪽 그림과 같이 원 O는 반지름의 길이가 5이고, $\overline{AB}\perp\overline{OM}$, $\overline{OM}=3$이다. $\overline{AB}=\overline{CD}$일 때, △OCD의 넓이를 구하여라.

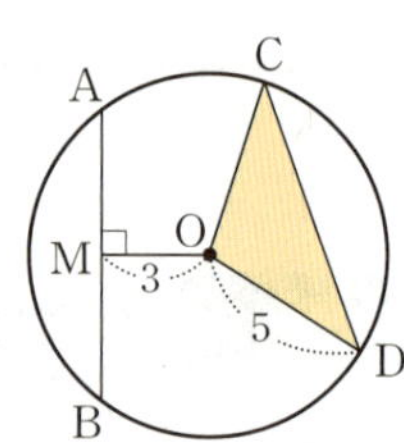

08 다음 설명 중 옳지 <u>않은</u> 것은?

① 원 밖의 한 점에서 원에 그은 두 접선의 길이는 서로 같다.

② 원의 반지름에 수직인 직선은 원의 접선이다.

③ 한 원의 중심에서 같은 거리에 있는 두 현의 길이는 서로 같다.

④ 두 쌍의 대변의 길이의 합이 서로 같은 사각형은 원에 외접한다.

⑤ 원의 중심에서 현에 내린 수선은 그 현을 이등분한다.

09 오른쪽 그림에서 $\overline{PA}$, $\overline{PB}$는 원 O의 접선이고 두 점 A, B는 접점이다. $\overline{AO}=5$, $\overline{CP}=8$일 때, □AOBP의 둘레의 길이는?

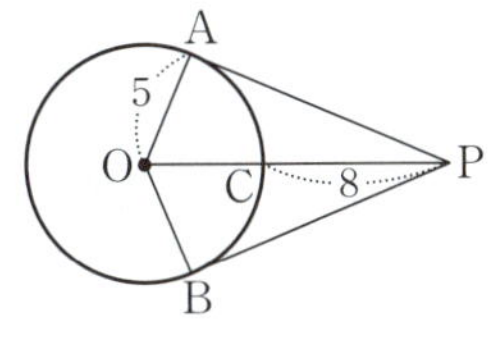

① 33   ② 34   ③ 35

④ 36   ⑤ 37

10 오른쪽 그림에서 $\overline{BD}$, $\overline{BF}$, $\overline{AC}$는 원 O의 접선이고 세 점 D, E, F는 접점이다. $\overline{AB}=11$, $\overline{BC}=9$, $\overline{AC}=6$일 때, $\overline{CF}$의 길이를 구하여라.

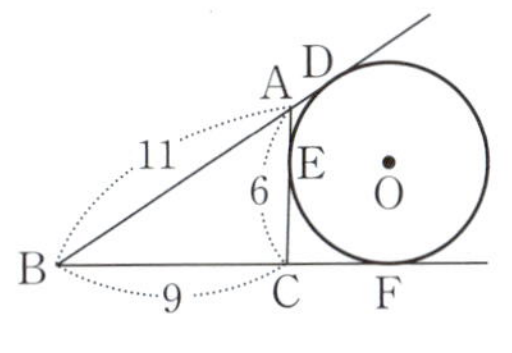

11 오른쪽 그림에서 $\overline{AB}$는 반원 O의 지름이고 $\overline{AD}$, $\overline{BC}$, $\overline{CD}$는 각각 세 점 A, B, E를 접점으로 하는 반원 O의 접선이다. 이때 □ABCD의 넓이를 구하여라.

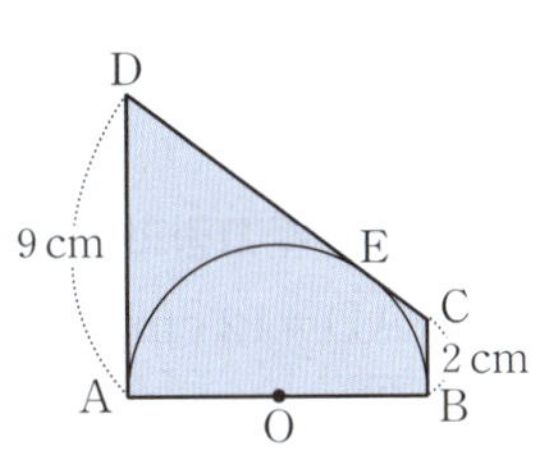

12 오른쪽 그림과 같이 원 O는 △ABC의 내접원이고 세 점 D, E, F는 접점이다. △ABC의 둘레의 길이가 20이고 $\overline{BC}=7$일 때, $\overline{AF}$의 길이는?

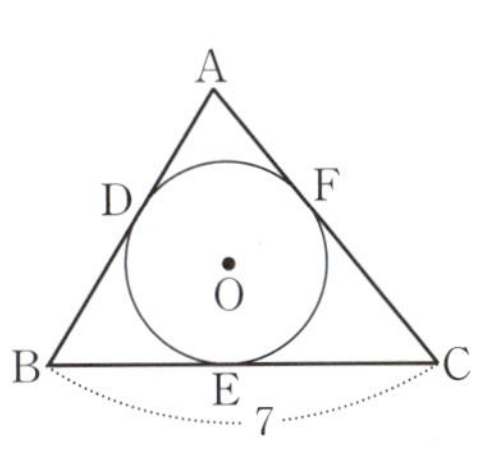

① 2   ② 3   ③ 4

④ 5   ⑤ 6

13 오른쪽 그림에서 원 O는 직각삼각형 ABC의 내접원이고 세 점 D, E, F는 접점이다. $\overline{AD}=6$, $\overline{CE}=4$일 때, 원 O의 둘레의 길이를 구하여라.

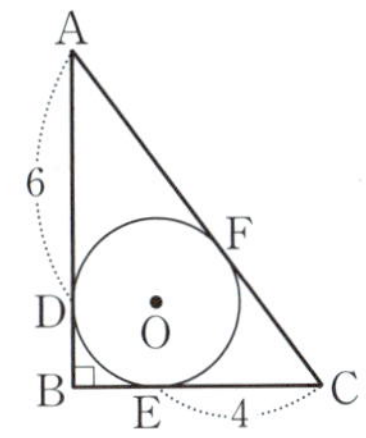

14 오른쪽 그림에서 □ABCD는 원 O에 외접하고 네 점 E, F, G, H는 접점이다. ∠C=90°이고 $\overline{AB}=9$, $\overline{BC}=7$, $\overline{AD}=11$, $\overline{OF}=4$일 때, $\overline{DG}$의 길이를 구하여라.

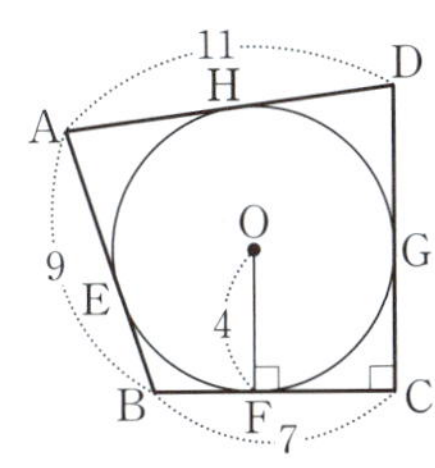

15 오른쪽 그림에서 □ABCD는 $\overline{AB}=\overline{DC}$인 등변사다리꼴이고 원 O에 외접한다. $\overline{AD}=8$, $\overline{DC}=12$일 때, 원 O의 넓이는?

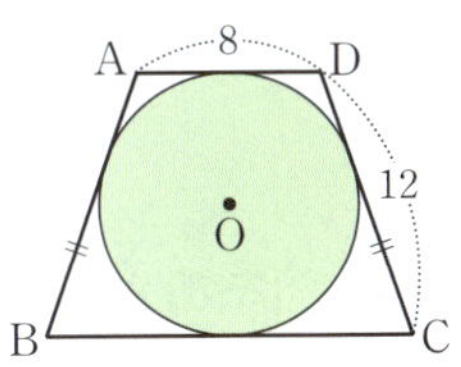

① 32π ② 33π ③ 34π

④ 35π ⑤ 36π

16 오른쪽 그림과 같이 직사각형 ABCD에서 점 B를 중심으로 하고 반지름의 길이가 8인 사분원을 그렸다. 점 C에서 이 사분원에 접선을 그어 $\overline{AD}$와의 교점을 E, 사분원과의 접점을 F라고 할 때, △CDE의 둘레의 길이를 구하여라.

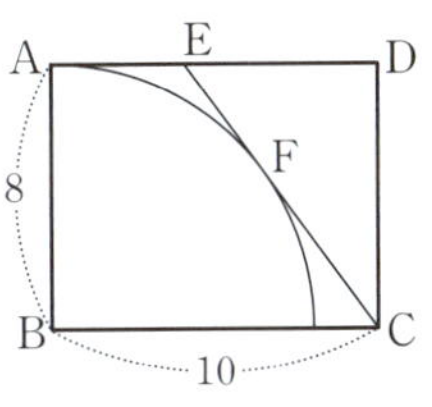

═ 서술형 꽉 잡기 ═

주어진 단계에 따라 쓰는 유형

17 오른쪽 그림에서 $\overline{AE}$, $\overline{AF}$, $\overline{BC}$는 원 O의 접선이고 세 점 D, E, F는 접점이다. $\overline{AB}=5$, $\overline{BC}=6$, $\overline{AC}=7$ 일 때, $\overline{BD}$의 길이를 구하여라.

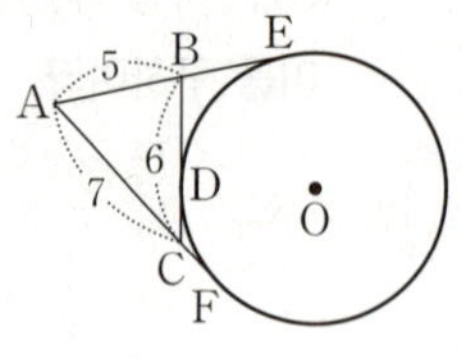

· 생각해 보자 ·

구하는 것은? $\overline{BD}$의 길이

주어진 것은? 세 선분 AB, BC, AC의 길이

❯ 풀이

[1단계] $\overline{AE}+\overline{AF}$의 값 구하기 (50 %)

[2단계] $\overline{AE}$의 길이 구하기 (30 %)

[3단계] $\overline{BD}$의 길이 구하기 (20 %)

❯ 답

풀이 과정을 자세히 쓰는 유형

18 오른쪽 그림과 같이 원 O 는 직각삼각형 ABC의 내접원이고 세 점 D, E, F는 접점이다. $\overline{AC}=15$, $\overline{BC}=17$일 때, 원 O의 넓이를 구하여라.

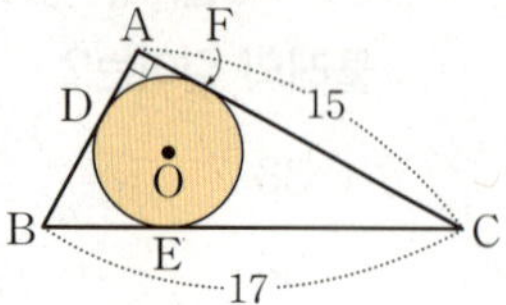

❯ 풀이

❯ 답

19 오른쪽 그림과 같이 $\overline{AD}=12\,\mathrm{cm}$, $\overline{CD}=8\,\mathrm{cm}$인 직사각형 ABCD의 세 변에 접하는 원 O가 있다. $\overline{CI}$가 원 O의 접선이고 네 점 E, F, G, H가 접점일 때, $\overline{HI}$의 길이를 구하여라.

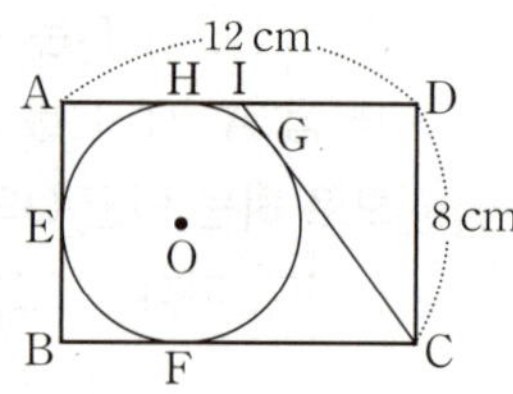

❯ 풀이

❯ 답

2. 원주각

14 · 원주각과 중심각

개념 1 원주각

(1) 원주각: 원 O에서 호 AB 위에 있지 않은 원 위의 점 P에 대하여 ∠APB를 호 AB에 대한 원주각이라고 한다.

(2) 원주각과 중심각의 크기
한 원에서 한 호에 대한 원주각의 크기는 그 호에 대한 중심각의 크기의 $\dfrac{1}{2}$이다.

→ $\angle APB = \dfrac{1}{2}\angle AOB$ → (원주각의 크기) $=\dfrac{1}{2}\times$ (중심각의 크기),
(중심각의 크기) $=2\times$ (원주각의 크기)

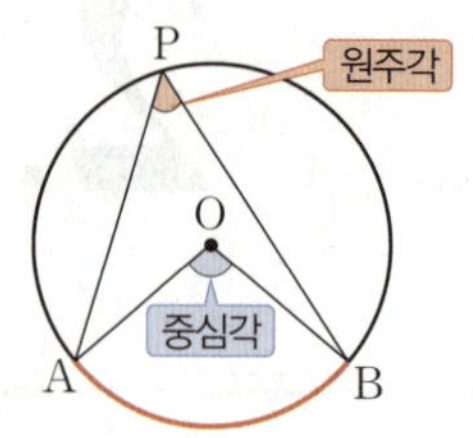

◆ 원주각 ∠APB가 다음 그림과 같은 모든 경우에 대하여
$\angle APB = \dfrac{1}{2}\angle AOB$
가 성립한다.

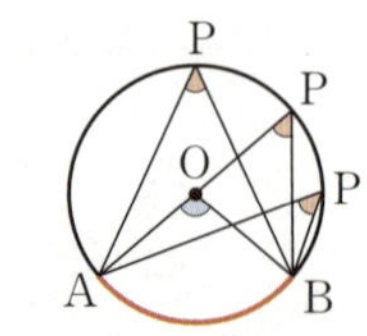

◆ 예제 1 ◆

다음 그림에서 ∠x의 크기를 구하여라.

(1) 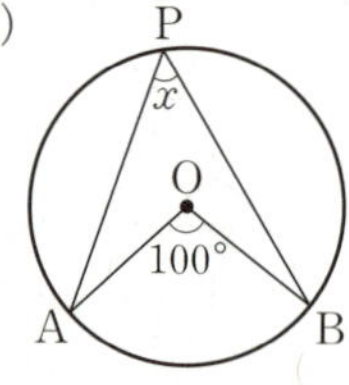

(2) 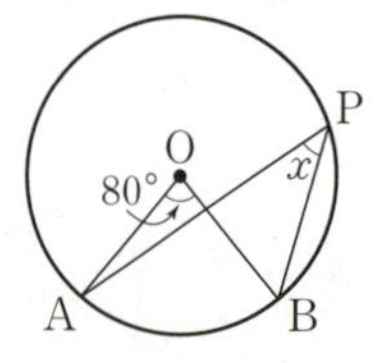

▶ 풀이 (1) $\angle x = \dfrac{1}{2}\times 100° = 50°$ (2) $\angle x = \dfrac{1}{2}\times 80° = 40°$

▶ 답 (1) 50° (2) 40°

◆ 확인 1 ◆

다음 그림에서 ∠x의 크기를 구하여라.

(1) 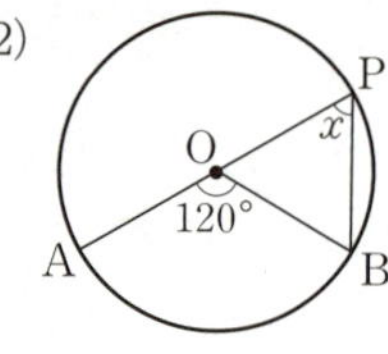

(2)

개념 2 원주각의 성질

(1) 한 원에서 한 호에 대한 원주각의 크기는 모두 같다.
→ $\angle AP_1B = \angle AP_2B = \angle AP_3B$

(2) 반원에 대한 원주각의 크기는 90°이다.
→ $\overline{AB}$가 원 O의 지름이면 ∠APB $=90°$

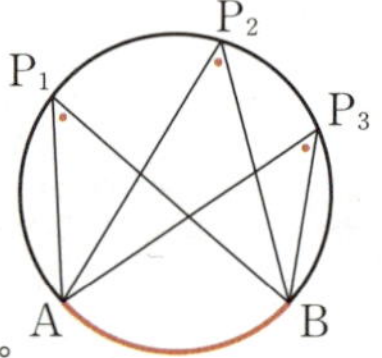

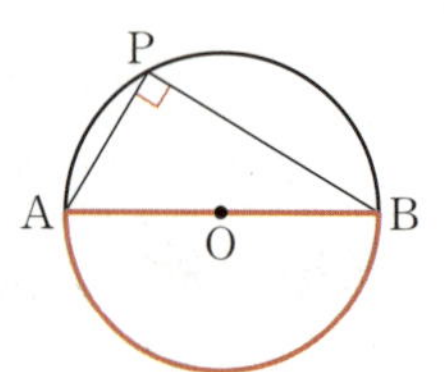

◆ 한 원에서 한 호에 대한 중심각은 하나로 정해지지만 원주각은 무수히 많다. 이때 한 호에 대한 무수히 많은 원주각의 크기는 모두 같다.

🔖 풍쌤의 point 반원에 대한 중심각의 크기는 180°이므로 원주각의 크기는 180°의 $\dfrac{1}{2}$인 90°야.

즉, 지름을 빗변으로 하고 원에 내접하는 삼각형은 직각삼각형이야.

◆ 예제 2 ◆

다음 그림에서 ∠x의 크기를 구하여라.

(1) 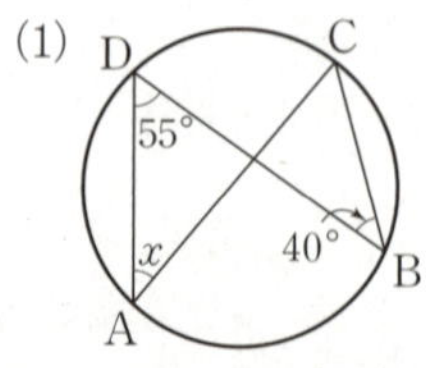

(2) 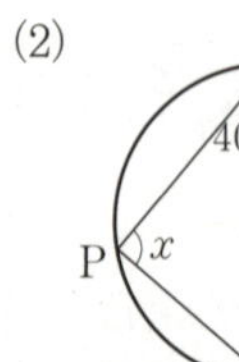

▶ 답 (1) 40° (2) 90°

◆ 확인 2 ◆

다음 그림에서 ∠x의 크기를 구하여라.

(1) 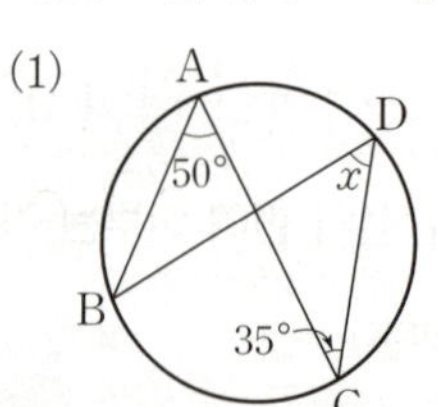

(2) 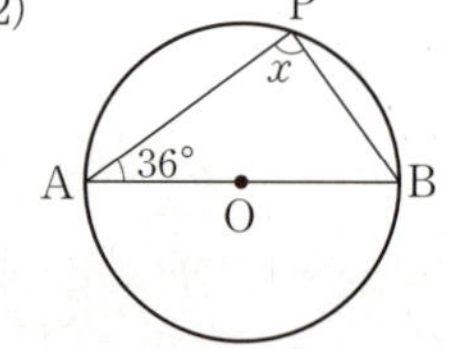

개념 • check

정답과 해설 21쪽 | 워크북 26~27쪽

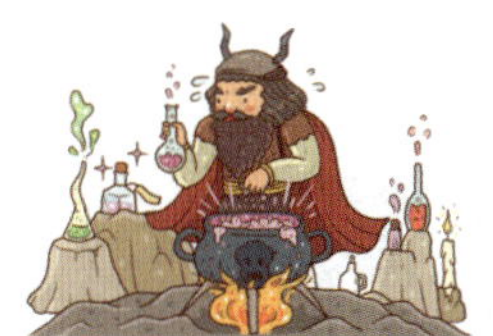

01 다음 그림에서 $\angle x$의 크기를 구하여라.

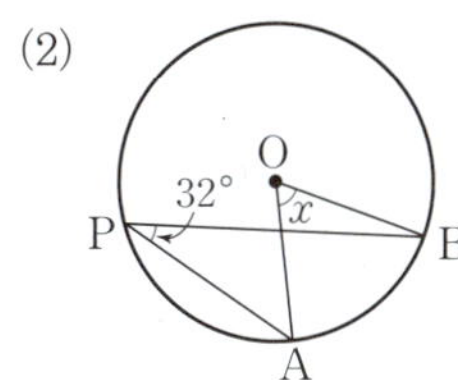

(1)

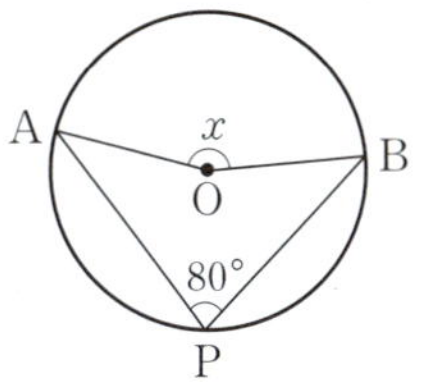

(2)

(3)

→ 개념1
원주각

02 다음 그림에서 $\angle x$의 크기를 구하여라.

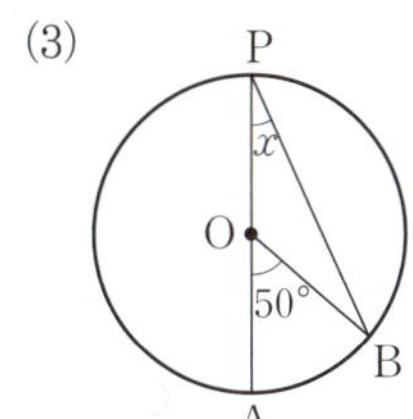

(1)

(2)

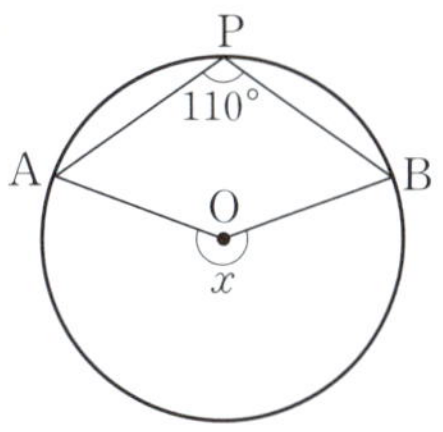

→ 개념1
원주각

03 다음 그림에서 $\angle x$, $\angle y$의 크기를 각각 구하여라.

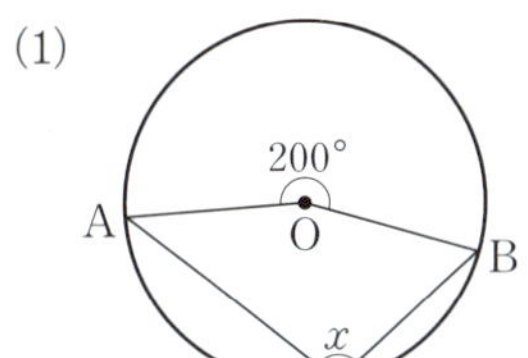

(1)

(2)

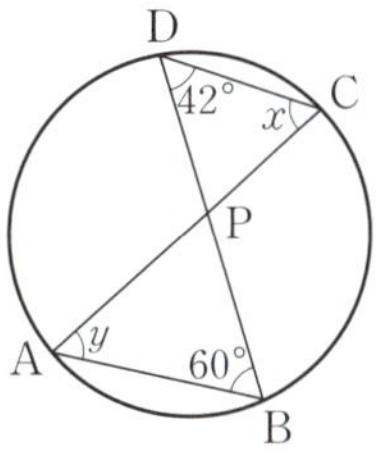

→ 개념2
원주각의 성질

04 다음 그림에서 $\angle x$의 크기를 구하여라.

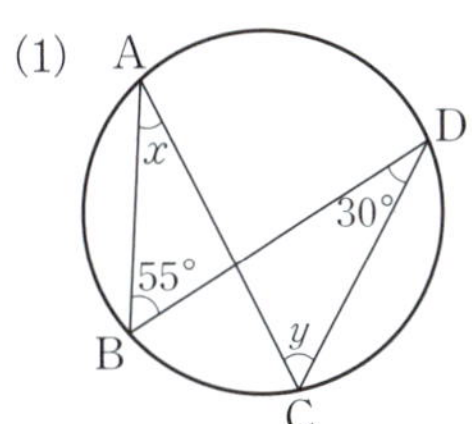

(1)

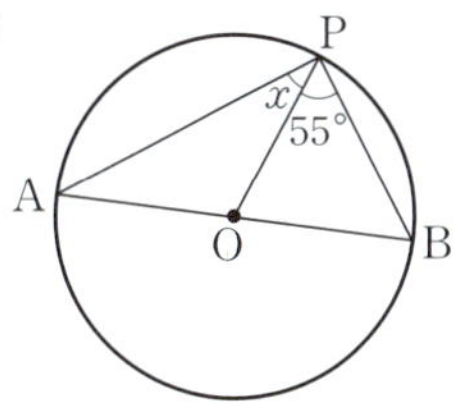

(2)

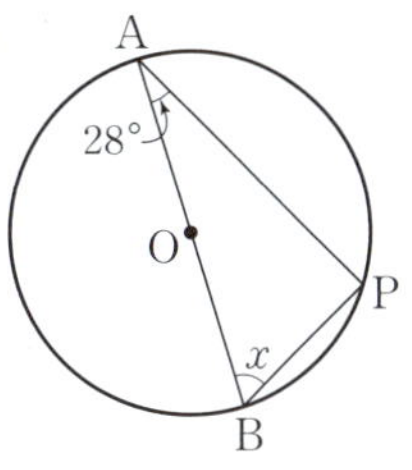

→ 개념2
원주각의 성질

15 · 원주각의 크기와 호의 길이

개념 1 ┃ 원주각의 크기와 호의 길이

한 원 또는 합동인 두 원에서
(1) 길이가 같은 호에 대한 원주각의 크기는 서로 같다.
   → $\overset{\frown}{AB}=\overset{\frown}{CD}$이면 $\angle APB=\angle CQD$
(2) 크기가 같은 원주각에 대한 호의 길이는 서로 같다.
   → $\angle APB=\angle CQD$이면 $\overset{\frown}{AB}=\overset{\frown}{CD}$
(3) 호의 길이는 그 호에 대한 원주각의 크기에 정비례한다.
   └ 호의 길이는 그 호에 대한 중심각의 크기에 정비례한다.

참고 현의 길이는 원주각의 크기에 정비례하지 않는다.

풍쌤의 point 한 원에서 모든 호에 대한 원주각의 크기의 합은 180°야.

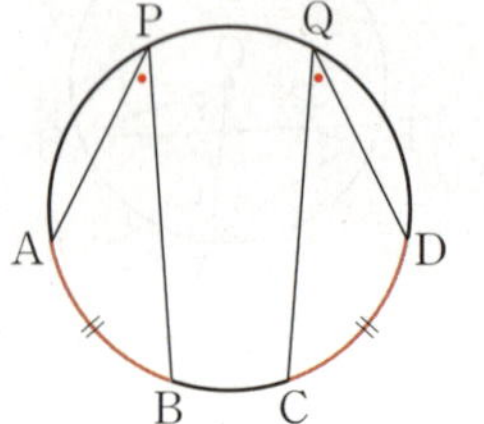

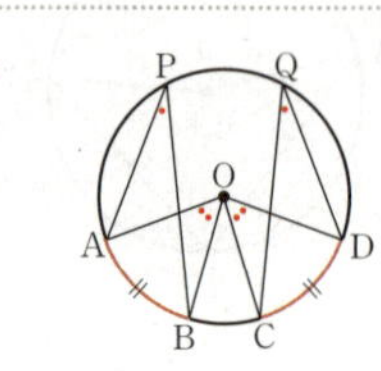

$\angle APB=\dfrac{1}{2}\angle AOB$,

$\angle CQD=\dfrac{1}{2}\angle COD$이고

$\angle AOB=\angle COD$이므로

$\angle APB=\angle CQD$

◆ 예제 1 ◆

다음 그림에서 x의 값을 구하여라.

(1) 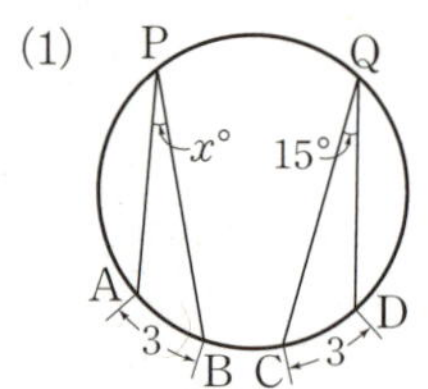
(2) 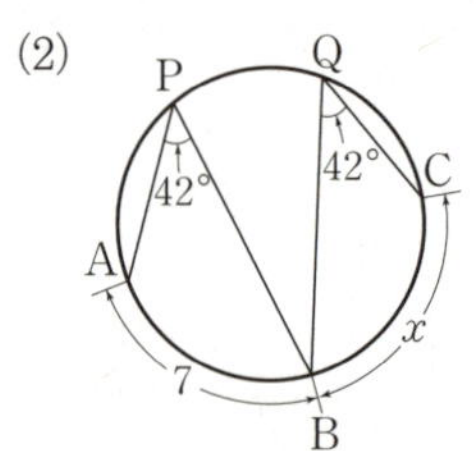

▶ 풀이 (1) $\overset{\frown}{AB}=\overset{\frown}{CD}$이므로 $\angle APB=15°$ ∴ $x=15$
     (2) $\angle APB=\angle BQC$이므로 $x=7$

▶ 답 (1) 15   (2) 7

◆ 확인 1 ◆

다음 그림에서 x의 값을 구하여라.

(1) 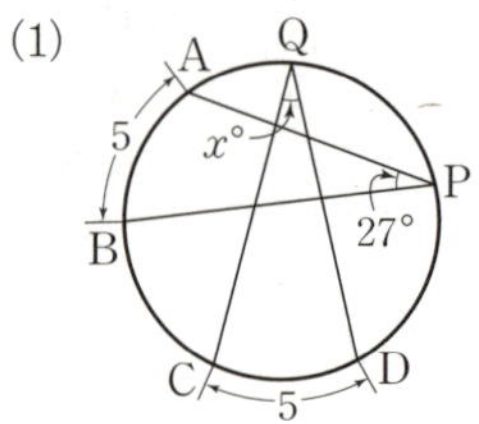
(2) 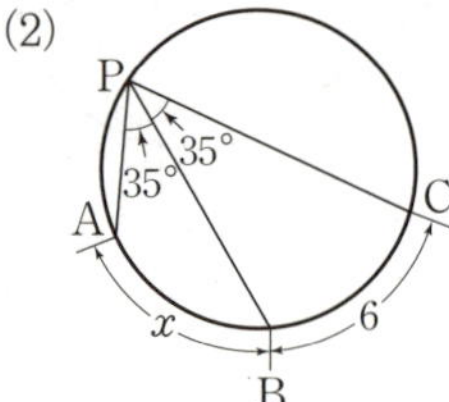

개념 2 ┃ 네 점이 한 원 위에 있을 조건 – 원주각

두 점 C, D가 직선 AB에 대하여 같은 쪽에 있을 때,
   $\angle ACB=\angle ADB$
이면 네 점 A, B, C, D는 한 원 위에 있다.

참고 네 점 A, B, C, D가 한 원 위에 있다.
   → $\angle ACB=\angle ADB$ → $\square ABDC$는 원에 내접한다.

네 점 A, B, C, D가 한 원 위에 있는지 알아볼 때, 한 직선에 대하여 같은 쪽에 있는 두 각의 크기가 같은지 확인한다.

◆ 예제 2 ◆

다음 그림에서 네 점 A, B, C, D가 한 원 위에 있는 것에는 ○표, 한 원 위에 있지 <u>않은</u> 것에는 ×표를 하여라.

(1) 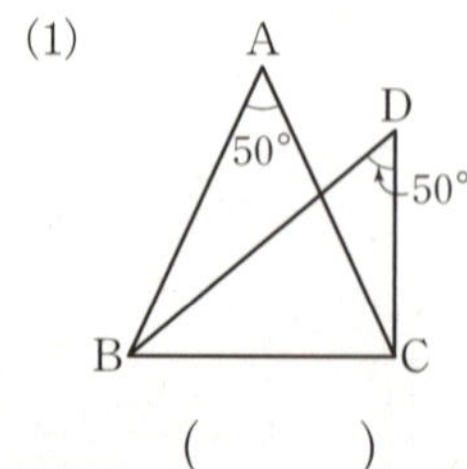
    (   )
(2) 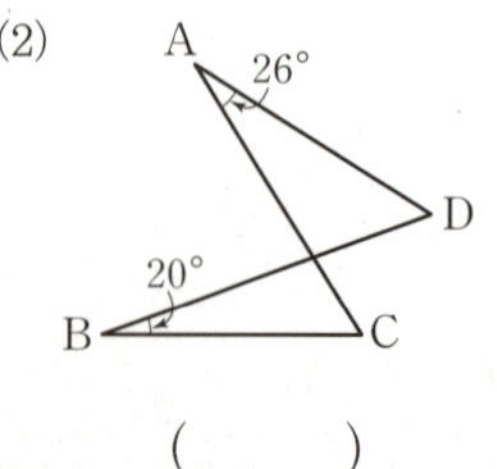
    (   )

▶ 답 (1) ○   (2) ×

◆ 확인 2 ◆

다음 그림에서 네 점 A, B, C, D가 한 원 위에 있는 것에는 ○표, 한 원 위에 있지 <u>않은</u> 것에는 ×표를 하여라.

(1) 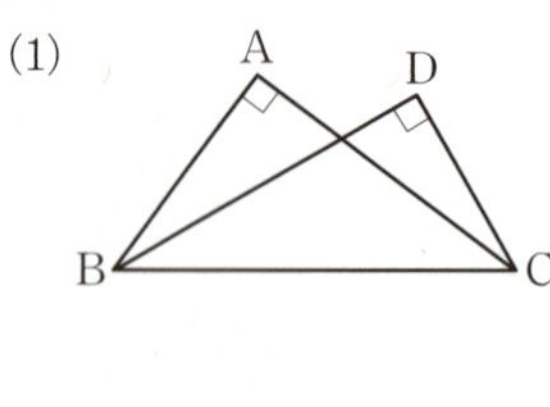
    (   )
(2) 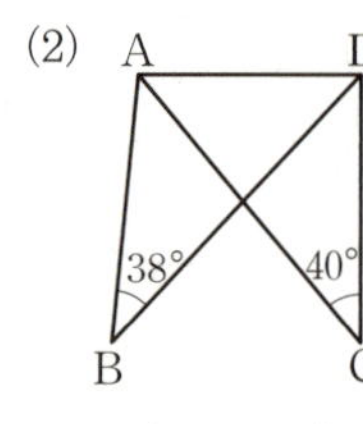
    (   )

개념 ◆ check

01 다음 그림에서 $\angle x$, $\angle y$의 크기를 각각 구하여라.

(1) 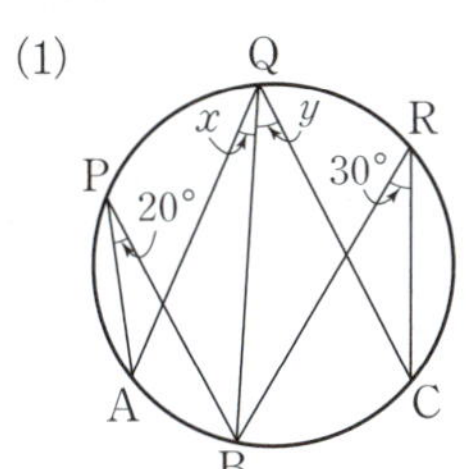

(2) 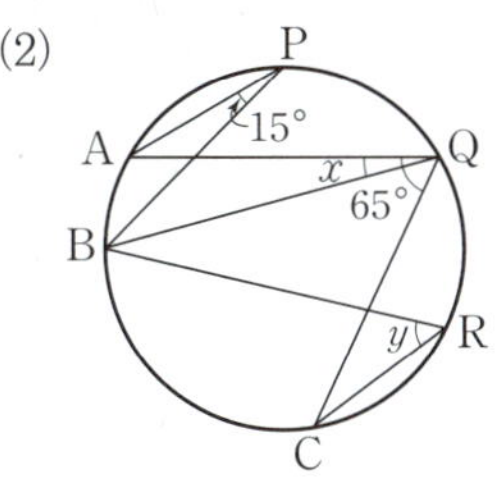

→ 개념1
원주각의 크기와 호의 길이

02 다음 그림에서 x의 값을 구하여라.

(1) 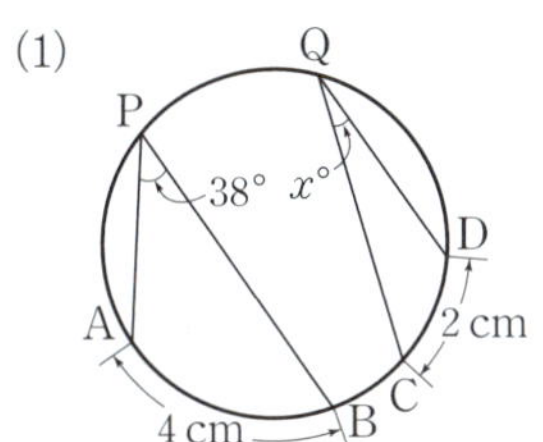

(2) 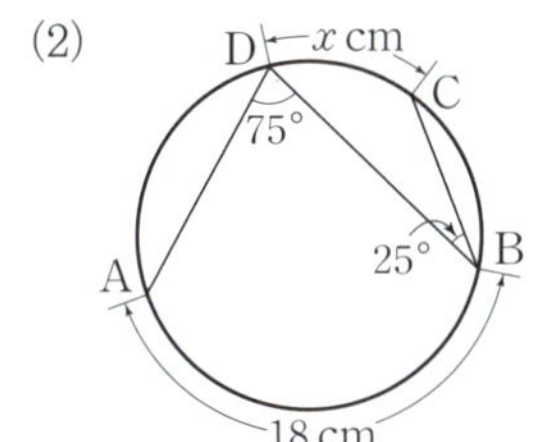

→ 개념1
원주각의 크기와 호의 길이

03 다음 그림에서 네 점 A, B, C, D가 한 원 위에 있는 것을 모두 골라라.

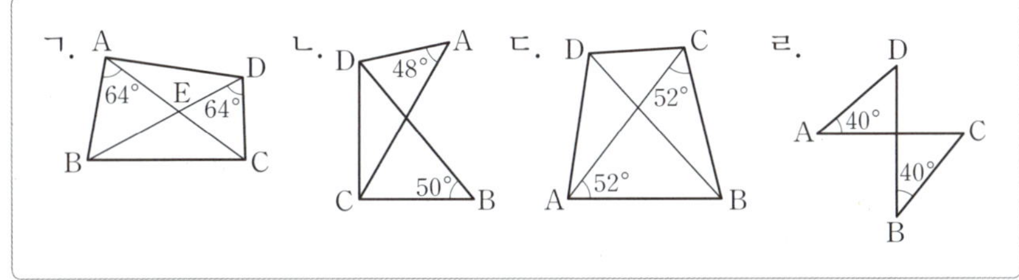

→ 개념2
네 점이 한 원 위에 있을 조건
— 원주각

04 다음 그림에서 네 점 A, B, C, D가 한 원 위에 있을 때, $\angle x$의 크기를 구하여라.

(1) 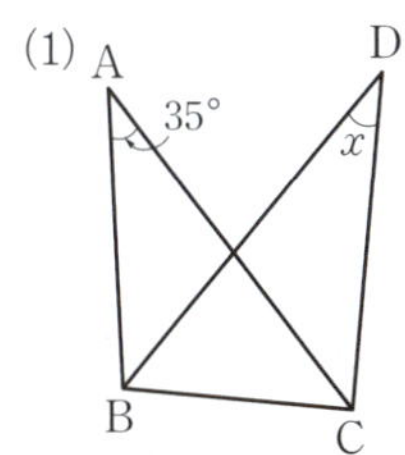

(2) 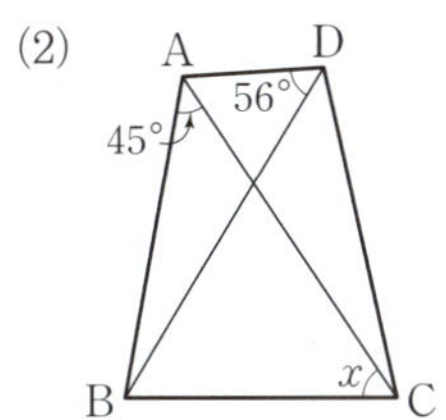

→ 개념2
네 점이 한 원 위에 있을 조건
— 원주각

유형 · 1 　원주각과 중심각의 크기 (1)

오른쪽 그림에서 $\angle APB=50°$일 때, $\angle x$의 크기는?

① $28°$　　② $32°$

③ $36°$　　④ $40°$

⑤ $44°$

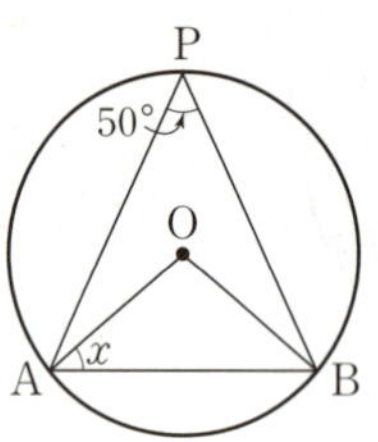

» 닮은꼴 문제

1-1

오른쪽 그림에서 $\angle APB=35°$, $\angle AOC=120°$일 때, $\angle BQC$의 크기를 구하여라.

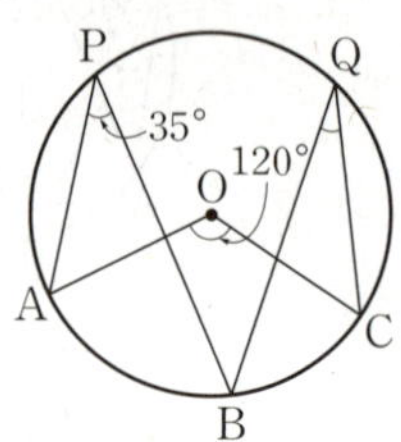

1-2

오른쪽 그림에서 $\overline{PA}$, $\overline{PB}$는 원 O의 접선이고 두 점 A, B는 접점일 때, $\angle ACB$의 크기를 구하여라.

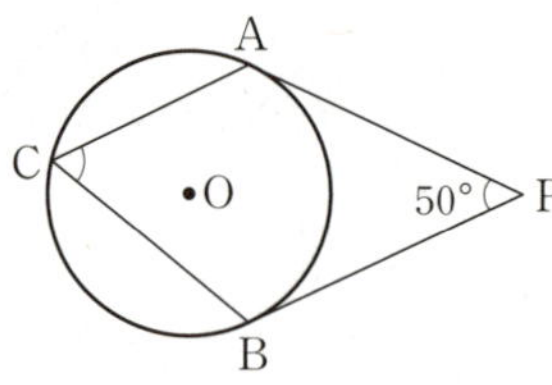

유형 · 2 　원주각과 중심각의 크기 (2)

오른쪽 그림에서 $\angle APB=125°$일 때, $\angle x$의 크기는?

① $95°$　　② $100°$

③ $105°$　　④ $110°$

⑤ $115°$

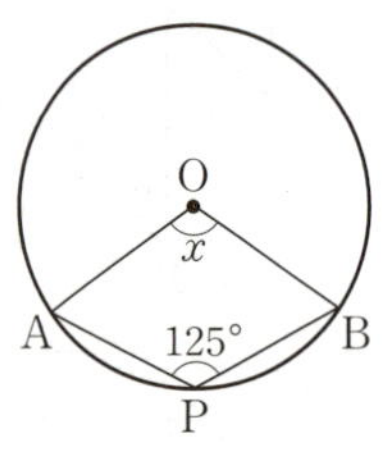

» 닮은꼴 문제

2-1

오른쪽 그림에서 $\angle y - \angle x$의 값을 구하여라.

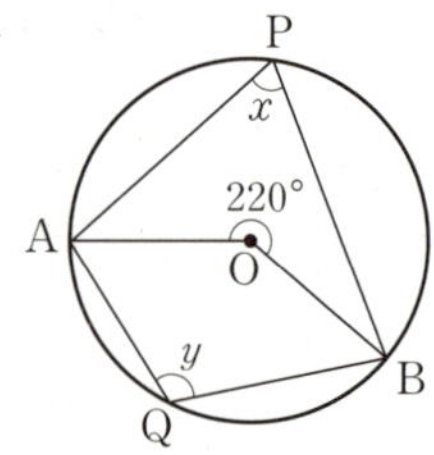

2-2

오른쪽 그림에서 $\angle AOB=130°$, $\angle OAP=55°$일 때, $\angle x$의 크기를 구하여라.

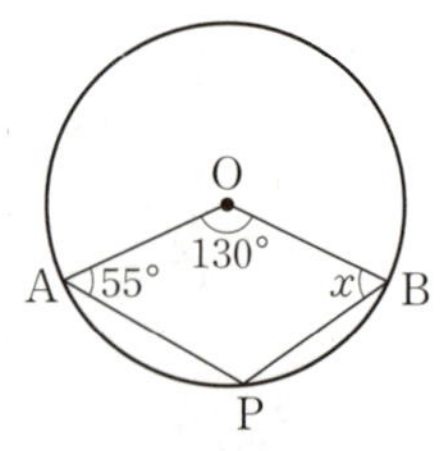

오른쪽 그림에서 ∠APB=20°,
∠AQC=80°일 때, ∠x의 크기
를 구하여라.

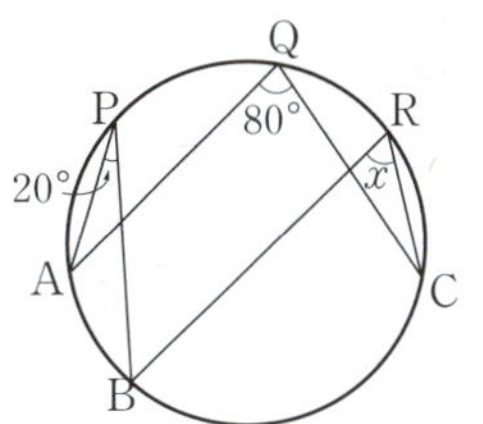

» 닮은꼴 문제

3-1

오른쪽 그림에서 ∠ACB=75°,
∠PAQ=25°일 때, ∠x의 크기를
구하여라.

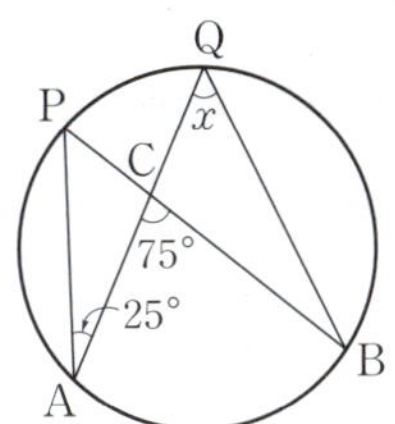

3-2

오른쪽 그림에서 두 현 AB,
CD의 연장선의 교점을 P라
고 하자. ∠BAD=36°,
∠BPD=38°일 때, ∠ABC
의 크기를 구하여라.

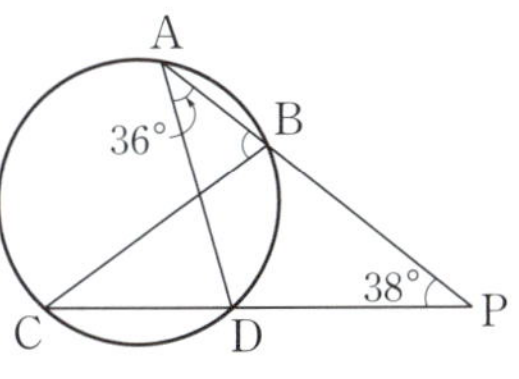

오른쪽 그림에서 $\overline{AB}$는 원 O의
지름이고 ∠BAD=25°일 때,
∠x의 크기를 구하여라.

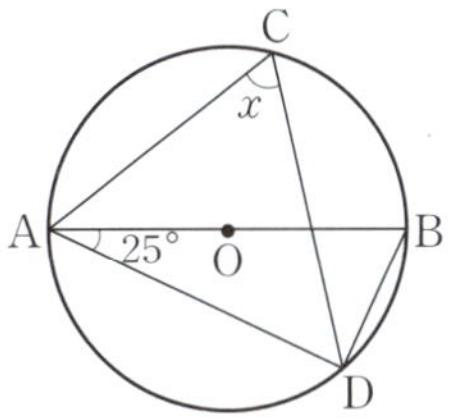

» 닮은꼴 문제

4-1

오른쪽 그림에서 $\overline{AB}$는 원 O의
지름이고 ∠APR=35°일 때,
∠x의 크기를 구하여라.

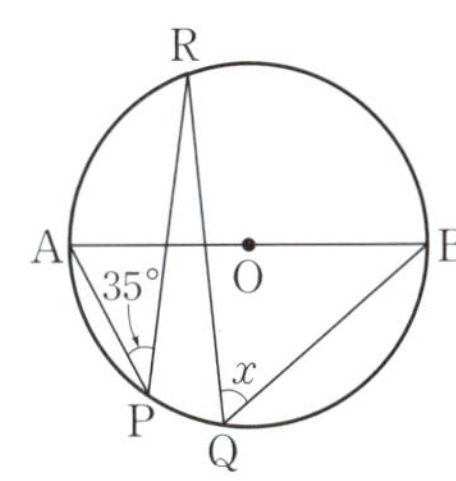

4-2

오른쪽 그림에서 $\overline{AB}$는 반원 O
의 지름이고 ∠P=60°일 때,
∠COD의 크기는?

① 55°　　② 60°

③ 65°　　④ 70°

⑤ 75°

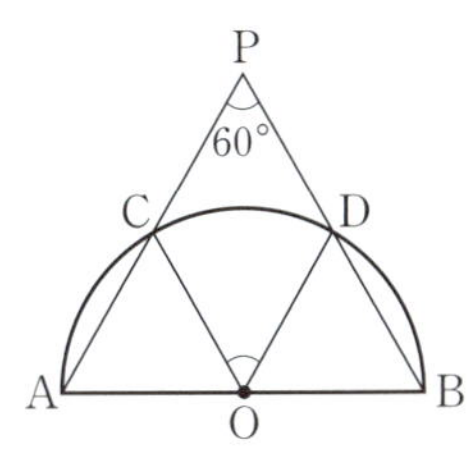

오른쪽 그림에서 $\overarc{AD}=\overarc{BC}$이고 $\angle ACD=37°$이다. 점 P가 $\overline{AB}$, $\overline{CD}$의 교점일 때, $\angle CPB$의 크기를 구하여라.

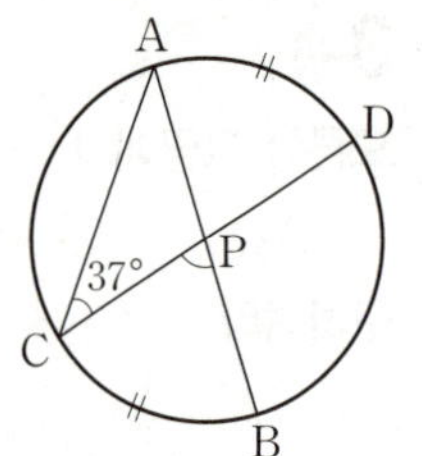

5-1

오른쪽 그림에서 $\overarc{AB}=\overarc{BC}$이고 $\angle DAC=30°$, $\angle ADB=25°$일 때, $\angle x$의 크기를 구하여라.

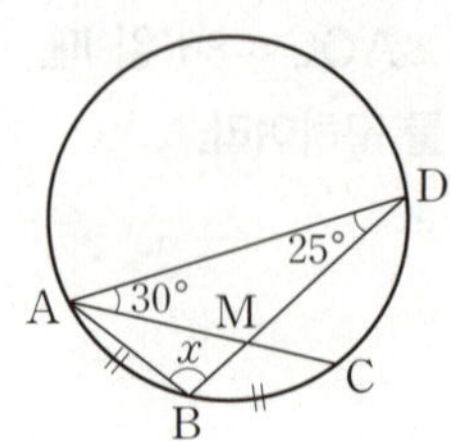

5-2

오른쪽 그림에서 $\overline{AB}$는 원 O의 지름이고 $\overarc{AC}=\overarc{CD}=\overarc{DB}$일 때, $\angle CED$의 크기는?

① $26°$ ② $28°$

③ $30°$ ④ $32°$

⑤ $34°$

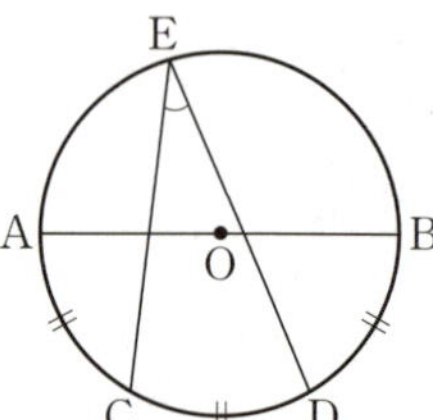

오른쪽 그림에서 $\angle AQB=30°$, $\angle CPD=45°$이고 $\overarc{CD}=12$ cm일 때, x의 값은?

① 5   ② 6

③ 7   ④ 8

⑤ 9

6-1

오른쪽 그림에서 $\angle APB=20°$, $\angle AQC=45°$, $\overarc{AB}=4\pi$ cm일 때, $\overarc{BC}$의 길이를 구하여라.

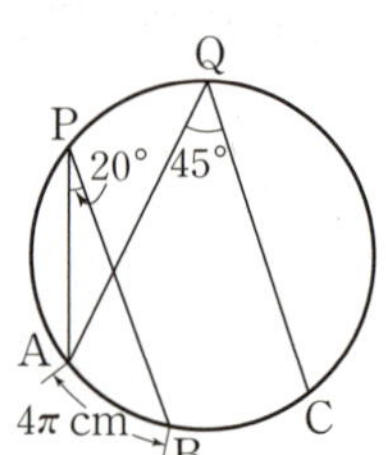

6-2

오른쪽 그림에서 점 P는 $\overline{AD}$, $\overline{BC}$의 교점이다. $\angle CAD=40°$, $\angle CPD=60°$이고 $\overarc{CD}=20$ cm일 때, $\overarc{AB}$의 길이를 구하여라.

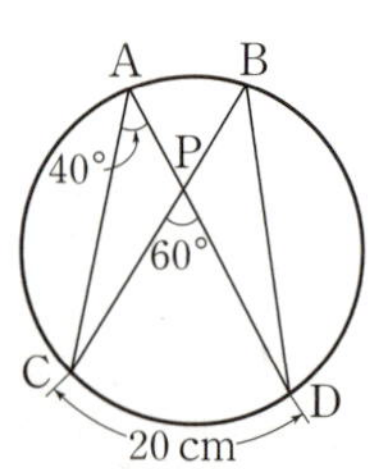

유형·7 원주각의 크기와 호의 길이 (3)

오른쪽 그림에서 원 O는 △ABC의 외접원이다.
$\widehat{AB} : \widehat{BC} : \widehat{CA} = 5 : 3 : 4$일 때, △ABC의 가장 작은 내각의 크기를 구하여라.

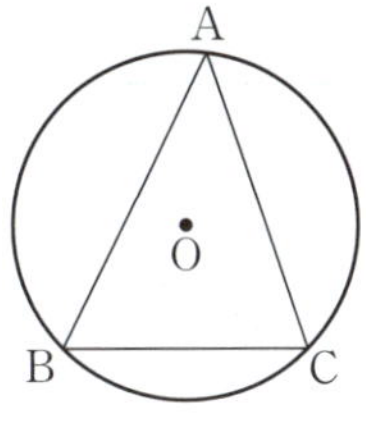

7-1

오른쪽 그림에서 원 O는 △ABC의 외접원이고 $\widehat{AB} : \widehat{BC} : \widehat{CA} = 2 : 4 : 3$일 때, $\angle A - \angle B + \angle C$의 값을 구하여라.

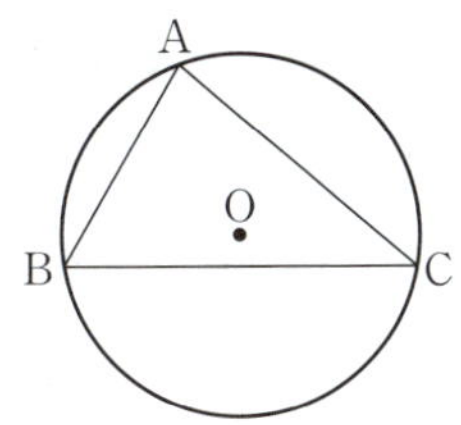

7-2

오른쪽 그림과 같이 두 현 AB, CD가 점 P에서 만나고 $\widehat{AC}$, $\widehat{BD}$의 길이가 각각 원 O의 둘레의 길이의 $\dfrac{1}{10}$, $\dfrac{1}{4}$일 때, $\angle APC$의 크기를 구하여라.

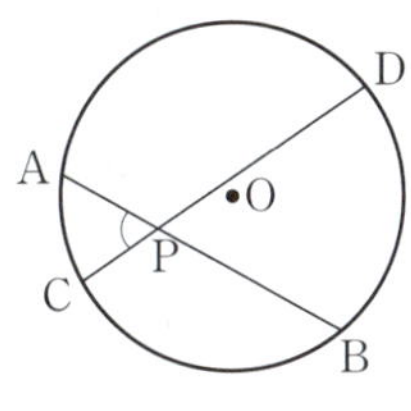

유형·8 네 점이 한 원 위에 있을 조건

다음 중 네 점 A, B, C, D가 한 원 위에 있지 <u>않은</u> 것은?

① 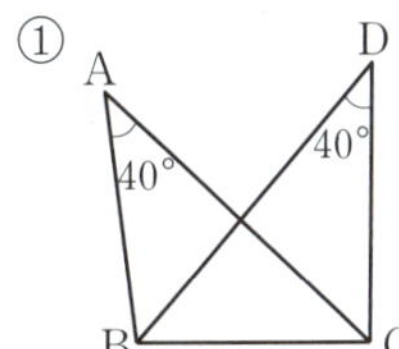
② 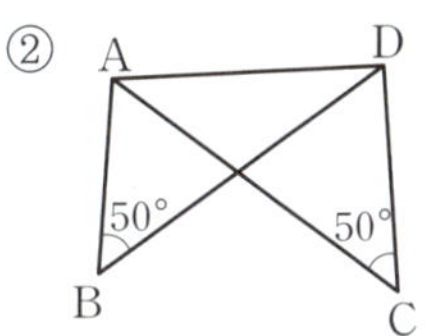
③ 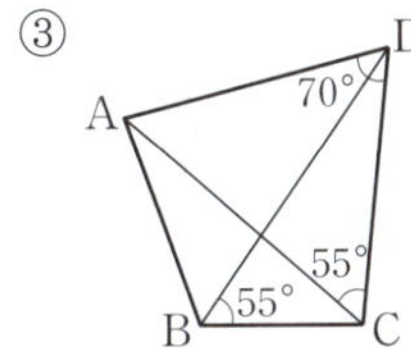
④ 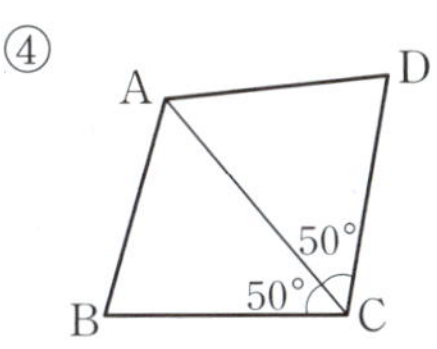
⑤ 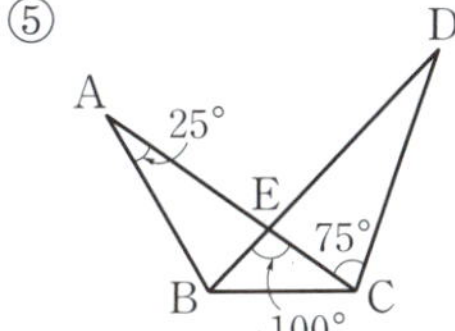

8-1

오른쪽 그림에서 네 점 A, B, C, D가 한 원 위에 있고 $\angle ABD = 55°$, $\angle BDC = 50°$일 때, $\angle BEC$의 크기를 구하여라.

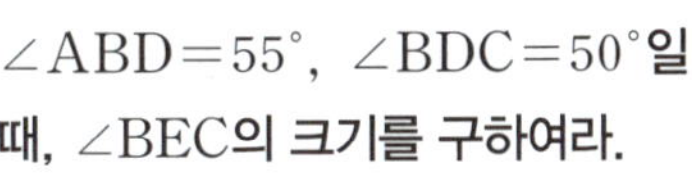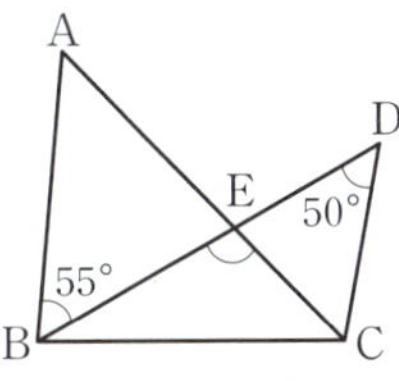

8-2

오른쪽 그림에서 네 점 A, B, C, D가 한 원 위에 있고 $\angle DBP = 30°$, $\angle APC = 35°$일 때, $\angle ACP$의 크기를 구하여라.

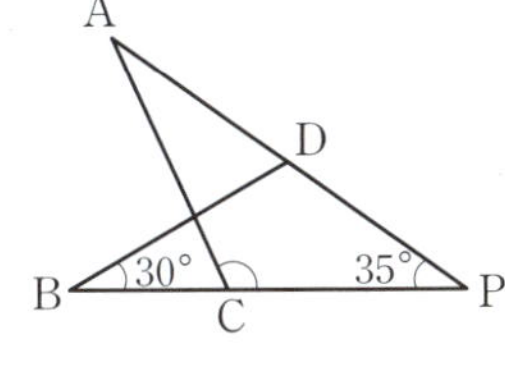

16 · 원과 사각형

개념1 　원에 내접하는 사각형의 성질

원에 내접하는 사각형에서

(1) **한 쌍의 대각의 크기의 합은 180°이**
다.
　— 서로 마주 보는 두 내각

$$\rightarrow \begin{cases} \angle A + \angle C = 180° \\ \angle B + \angle D = 180° \end{cases}$$

(2) **한 외각의 크기는 그 외각에 이웃한 내각에 대한 대각의 크기와 같다.**
→ $\angle DCE = \angle A$

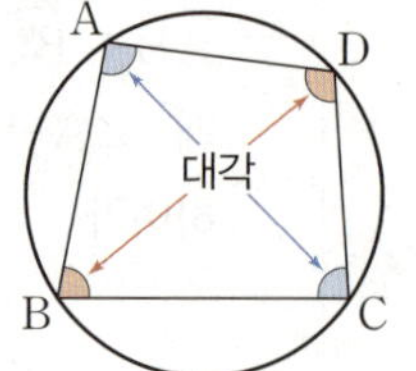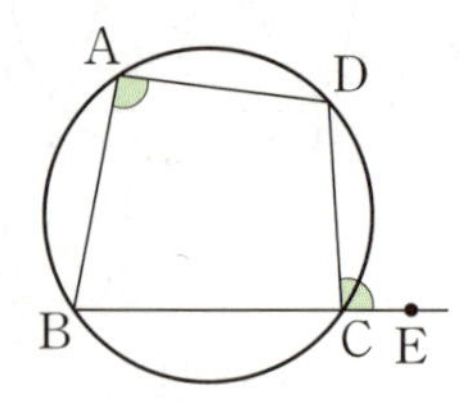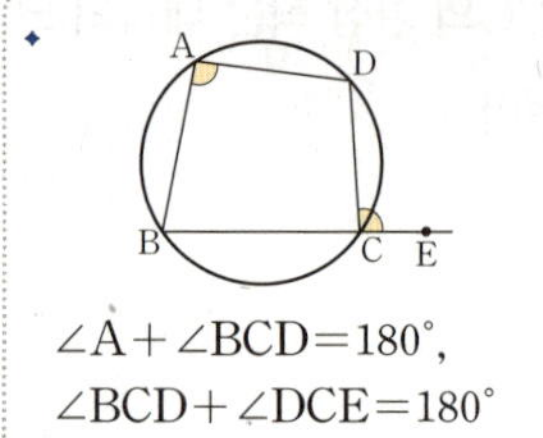

◆ 예제 1 ◆

다음 그림에서 $\angle x$, $\angle y$의 크기를 각각 구하여라.

(1) 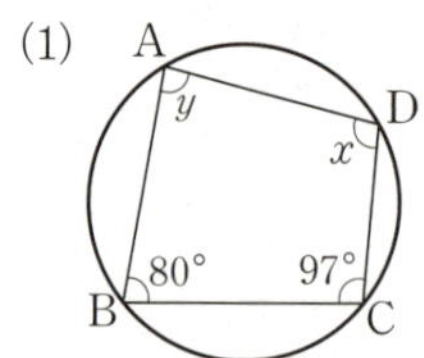　(2) 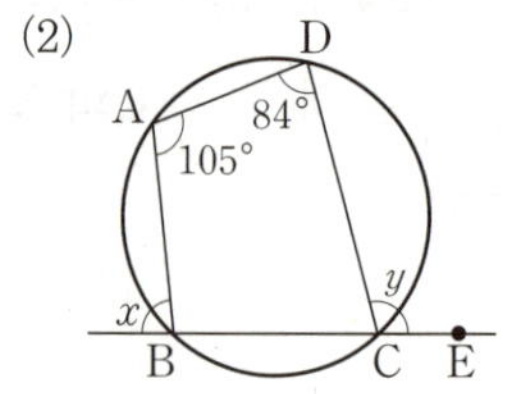

> 답　(1) $\angle x = 100°$, $\angle y = 83°$
　　(2) $\angle x = 84°$, $\angle y = 105°$

◆ 확인 1 ◆

다음 그림에서 $\angle x$, $\angle y$의 크기를 각각 구하여라.

(1) 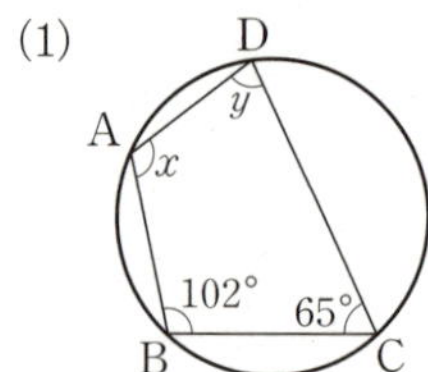　(2) 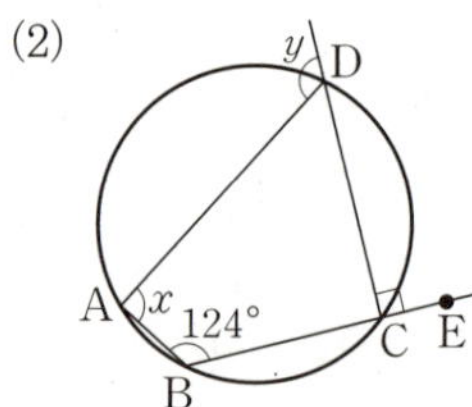

개념2 　사각형이 원에 내접하기 위한 조건

(1) 한 쌍의 대각의 크기의 합이
180°인 사각형은 원에 내접한다.
→ $\angle A + \angle C = 180°$ 또는
$\angle B + \angle D = 180°$이면
□ABCD는 원에 내접한다.

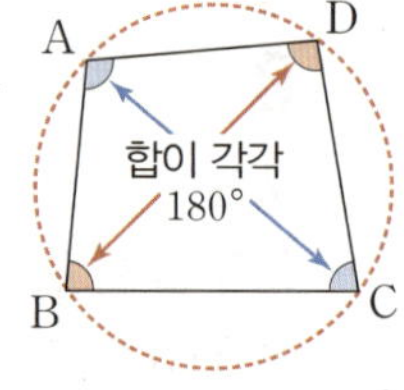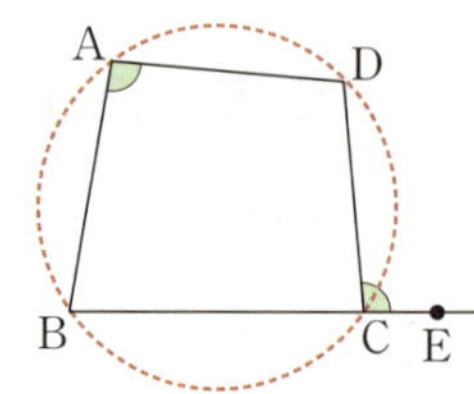

(2) 한 외각의 크기와 그 외각에 이웃한 내각에 대한 대각의 크기가 같은 사각형
은 원에 내접한다.
→ $\angle A = \angle DCE$일 때, □ABCD는 원에 내접한다.

◆ 정사각형, 직사각형, 등변사다
리꼴은 항상 원에 내접하는 사
각형이다.

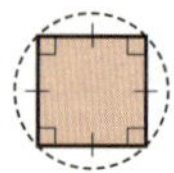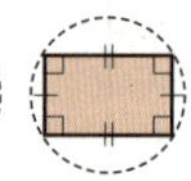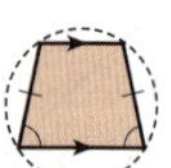

◆ 예제 2 ◆

다음 그림에서 □ABCD가 원에 내접하는 것에는 ○
표, 원에 내접하지 <u>않은</u> 것에는 × 표를 하여라.

(1) 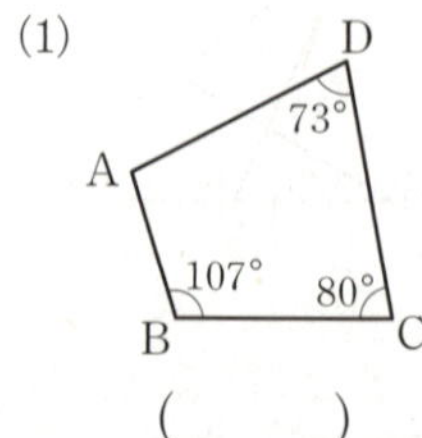　(2) 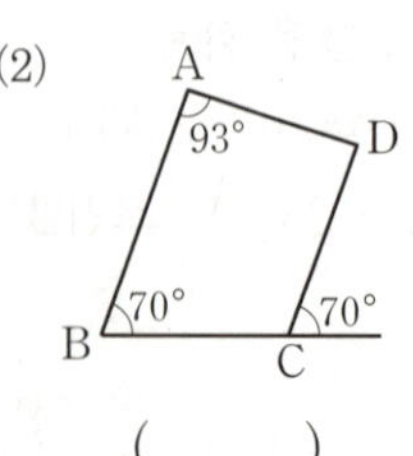

(　　　)　　(　　　)

> 답　(1) ○　(2) ×

◆ 확인 2 ◆

다음 그림에서 □ABCD가 원에 내접하는 것에는 ○
표, 원에 내접하지 <u>않은</u> 것에는 × 표를 하여라.

(1) 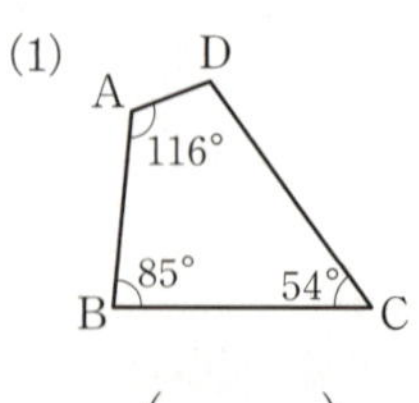　(2) 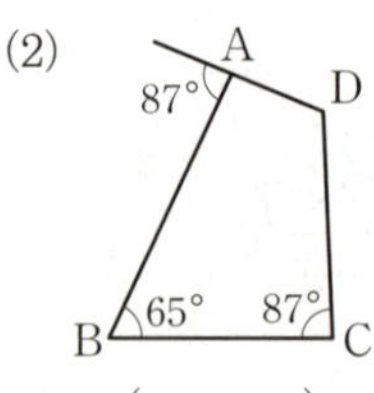

(　　　)　　(　　　)

개념 ◆ check

01 다음 그림에서 $\angle x$, $\angle y$의 크기를 각각 구하여라.

(1) 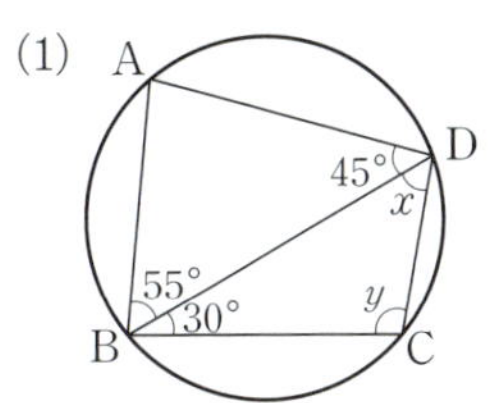

(2) 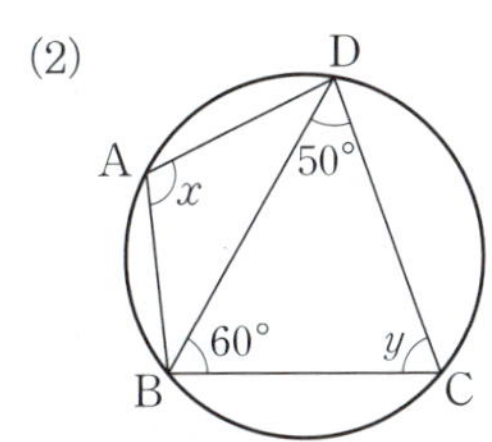

→ 개념1
원에 내접하는 사각형의 성질

02 다음 그림에서 $\angle x$, $\angle y$의 크기를 각각 구하여라.

(1) 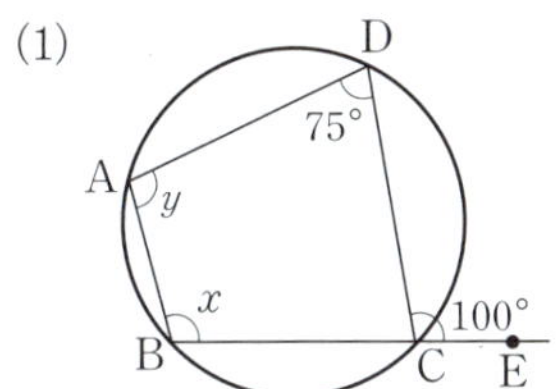

(2) 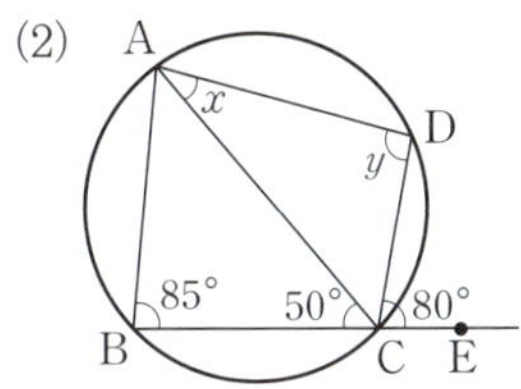

→ 개념1
원에 내접하는 사각형의 성질

03 다음 그림에서 □ABCD가 원에 내접하는 것을 모두 골라라.

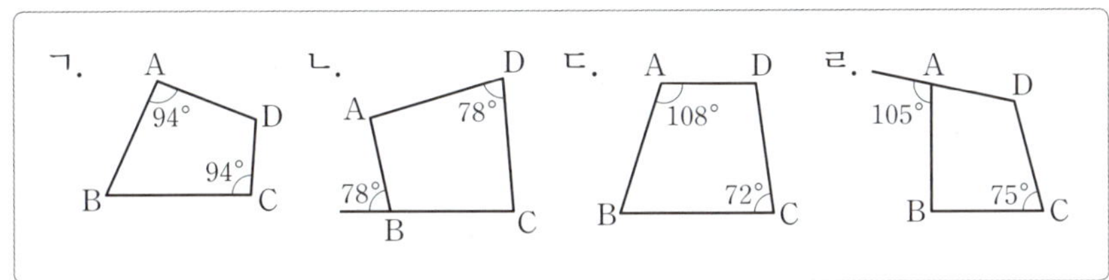

→ 개념2
사각형이 원에 내접하기 위한 조건

04 오른쪽 그림에서 □ABCD가 원에 내접하도록 하는 $\angle x$, $\angle y$의 크기를 각각 구하여라.

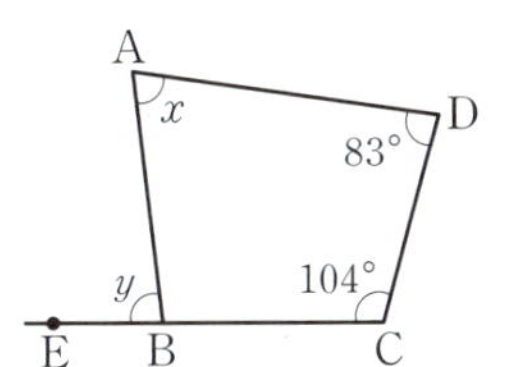

→ 개념2
사각형이 원에 내접하기 위한 조건

유형·check

유형·1 원에 내접하는 사각형의 성질 (1)

오른쪽 그림에서 □ABCD는 원 O
에 내접하고 ∠ABD=40°,
∠BCD=105°일 때, ∠x의 크기는?

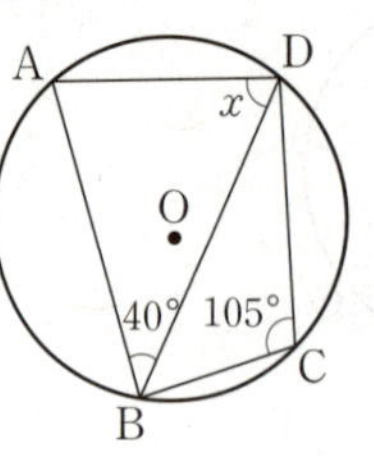

① 50° ② 55°

③ 60° ④ 65°

⑤ 70°

» 닮은꼴 문제

1-1

오른쪽 그림에서 □ABCD는 원에
내접하고 $\overline{AC}=\overline{AD}$, ∠CAD=40°
일 때, ∠x의 크기는?

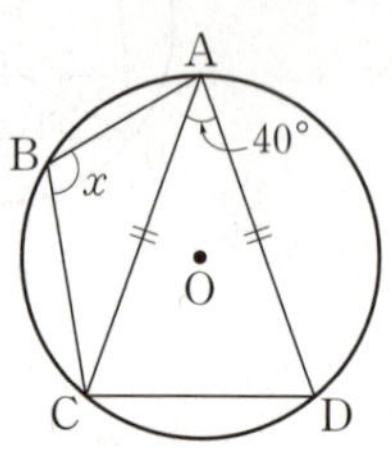

① 100° ② 110°

③ 120° ④ 130°

⑤ 140°

1-2

오른쪽 그림과 같이 □ABCD와
□ABCE가 모두 원 O에 내접할
때, ∠x+∠y의 값을 구하여라.

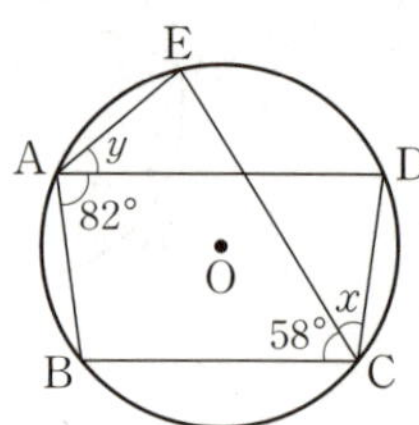

유형·2 원에 내접하는 사각형의 성질 (2)

오른쪽 그림과 같이 원 O에 내접
하는 □ABCD가 있다.
∠ABE=95°일 때, ∠x의 크기
를 구하여라.

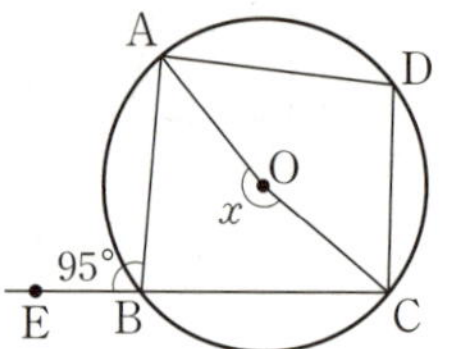

» 닮은꼴 문제

2-1

오른쪽 그림과 같이
□ABCD가 원에 내접할
때, ∠x의 크기를 구하여
라.

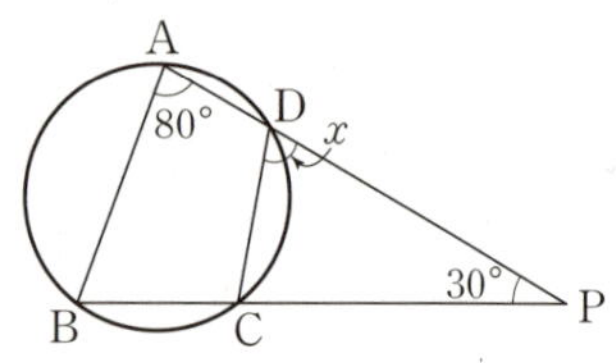

2-2

오른쪽 그림과 같이 □ABCD가 원
에 내접할 때, ∠x+∠y의 값을 구
하여라.

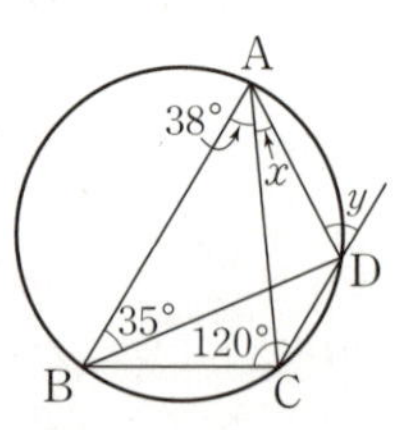

오른쪽 그림에서 ∠BAF＝96°
일 때, ∠x, ∠y의 크기를 각각
구하여라.

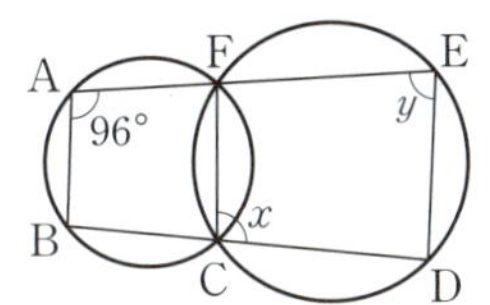

» 닮은꼴 문제

3-1

오른쪽 그림에서 ∠ABC＝87°
일 때, ∠CDE의 크기는?

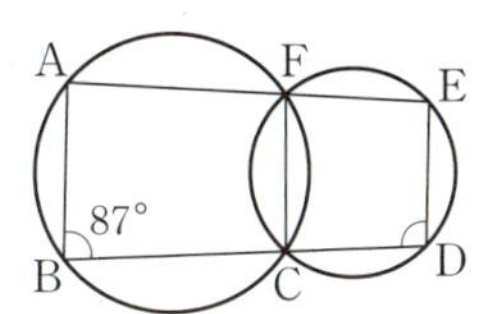

① 87°   ② 89°

③ 91°   ④ 93°

⑤ 95°

3-2

오른쪽 그림과 같이 두 원 O,
O′이 두 점 F, C에서 만난다.
∠ABC＝84°일 때, ∠x, ∠y
의 크기를 각각 구하여라.

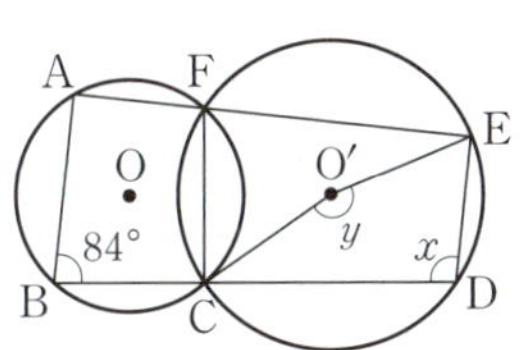

다음 중 원에 내접하지 <u>않는</u> 사각형을 모두 고르면?

(정답 2개)

① 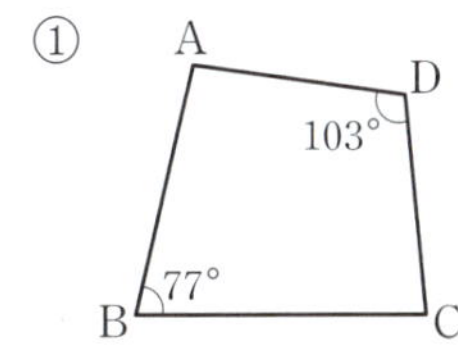

② 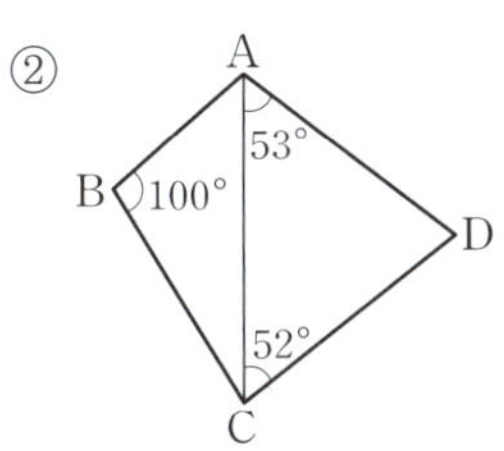

③ 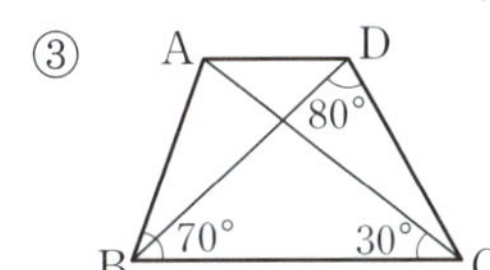

④ 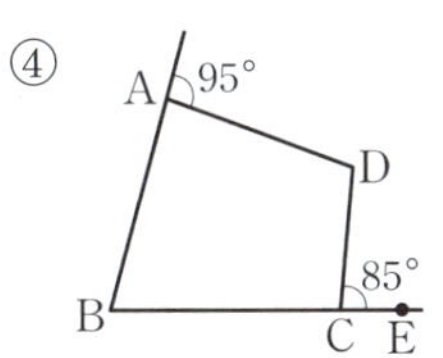

⑤ 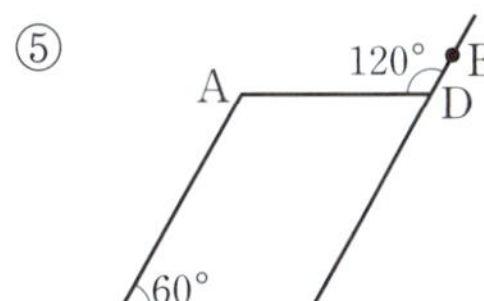

» 닮은꼴 문제

4-1

다음 중 항상 원에 내접하는 사각형을 모두 고르면?

(정답 2개)

① 사다리꼴   ② 마름모   ③ 등변사다리꼴

④ 직사각형   ⑤ 평행사변형

4-2

오른쪽 그림과 같은 □ABCD가
원에 내접하기 위한 조건으로 알맞
은 것을 〈보기〉에서 모두 골라라.

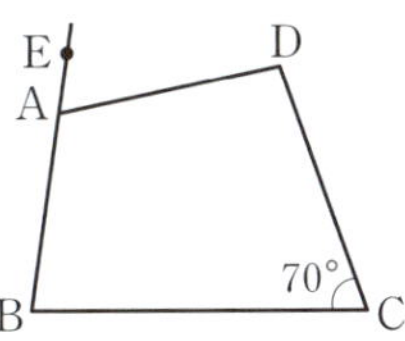

보기

ㄱ. ∠ABC＝70°   ㄴ. ∠BAD＝110°

ㄷ. ∠ADC＝110°   ㄹ. ∠EAD＝70°

ㅁ. ∠ABC＋∠BAD＝180°

17 · 원의 접선과 현이 이루는 각

개념 1 · 원의 접선과 현이 이루는 각

원의 접선과 그 접점을 지나는 현이 이루는 각의 크기는
그 각의 내부에 있는 호에 대한 원주각의 크기와 같다.

→ ∠BAT = ∠BCA
  └─ ∠CAT′ = ∠CBA

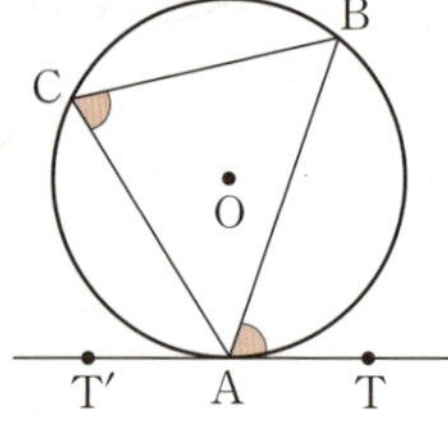

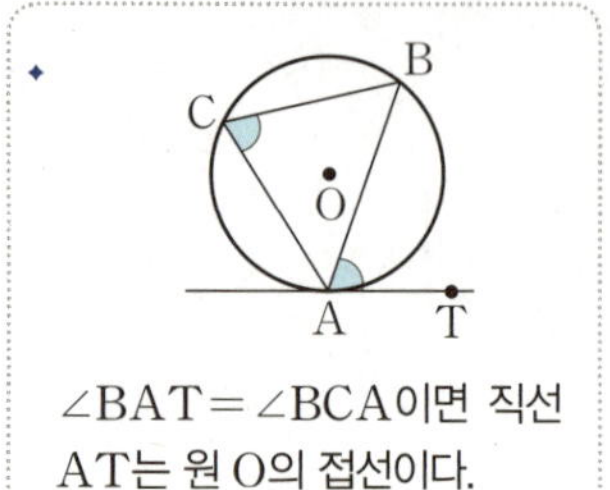

∠BAT = ∠BCA이면 직선
AT는 원 O의 접선이다.

◆ 예제 1 ◆

다음 그림에서 $\overleftrightarrow{AT}$는 원의 접선이고 점 A는 접점일 때,
∠x의 크기를 구하여라.

(1) 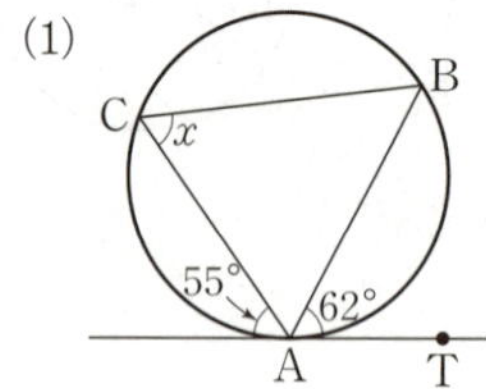 (2) 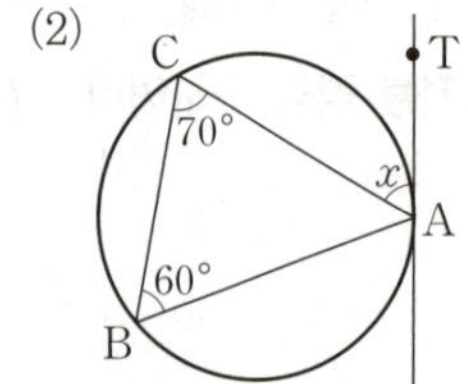

> **답** (1) 62° (2) 60°

◆ 확인 1 ◆

다음 그림에서 $\overleftrightarrow{AT}$는 원의 접선이고 점 A는 접점일 때,
∠x의 크기를 구하여라.

(1) 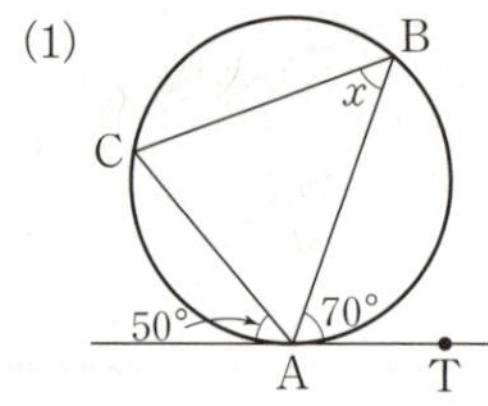 (2) 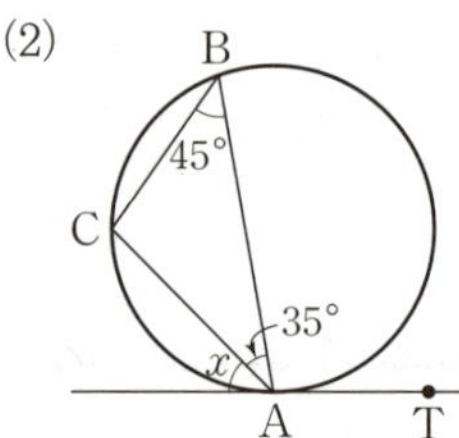

개념 2 · 두 원에서 접선과 현이 이루는 각

두 원의 교점 T에서의 접선 PQ가 다음 그림과 같을 때, $\overline{AB}\,/\!/\,\overline{CD}$이다.

(1) 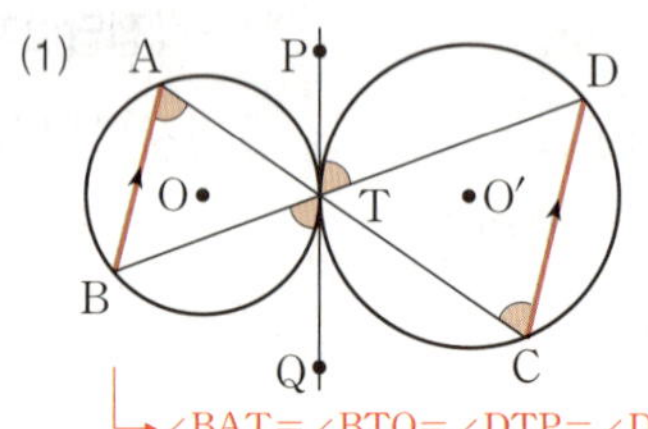

└─ ∠BAT = ∠BTQ = ∠DTP = ∠DCT
즉, 엇각의 크기가 같으므로 $\overline{AB}\,/\!/\,\overline{CD}$

(2) 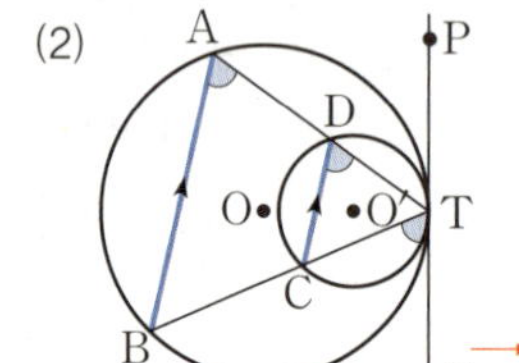

→ ∠BAT = ∠BTQ = ∠CDT
즉, 동위각의 크기가 같으므로 $\overline{AB}\,/\!/\,\overline{CD}$

◆ 두 직선이 평행할 조건
① 동위각의 크기가 같으면
　→ 두 직선이 평행하다.
② 엇각의 크기가 같으면
　→ 두 직선이 평행하다.

◆ 예제 2 ◆

다음은 $\overleftrightarrow{PQ}$가 점 T에서 접하는 두 원 O, O′의 공통인
접선일 때, $\overline{AB}\,/\!/\,\overline{CD}$임을 보이는 과정이다. □ 안에 알
맞은 것을 써넣어라.

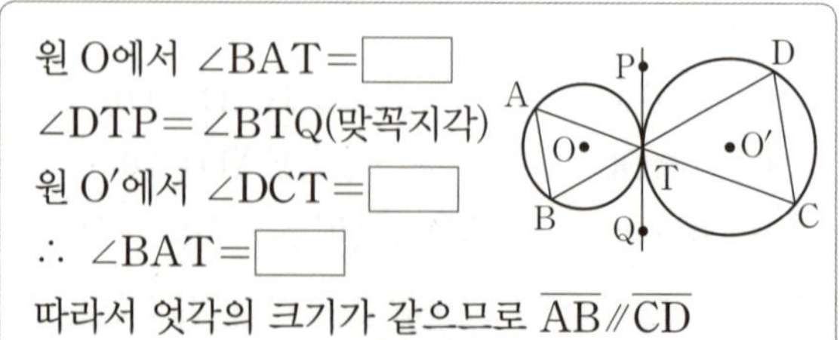

원 O에서 ∠BAT = □
∠DTP = ∠BTQ(맞꼭지각)
원 O′에서 ∠DCT = □
∴ ∠BAT = □
따라서 엇각의 크기가 같으므로 $\overline{AB}\,/\!/\,\overline{CD}$

> **답** ∠BTQ, ∠DTP, ∠DCT

◆ 확인 2 ◆

다음은 $\overleftrightarrow{PQ}$가 점 T에서 접하는 두 원 O, O′의 공통인
접선일 때, $\overline{AB}\,/\!/\,\overline{CD}$임을 보이는 과정이다. □ 안에 알
맞은 것을 써넣어라.

원 O에서 ∠BAT = □
원 O′에서 ∠CDT = □
∴ ∠BAT = □
따라서 동위각의 크기가 같으
므로 $\overline{AB}\,/\!/\,\overline{CD}$

01 다음 그림에서 $\overleftrightarrow{AT}$가 원 O의 접선이고 점 A는 접점일 때, $\angle x$, $\angle y$의 크기를 각각 구하여라.

→ 개념1
원의 접선과 현이 이루는 각

(1)

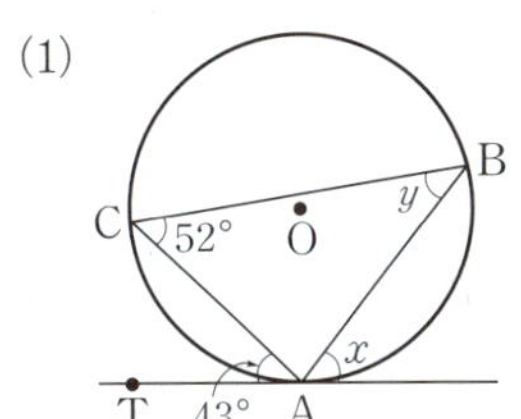

(2)

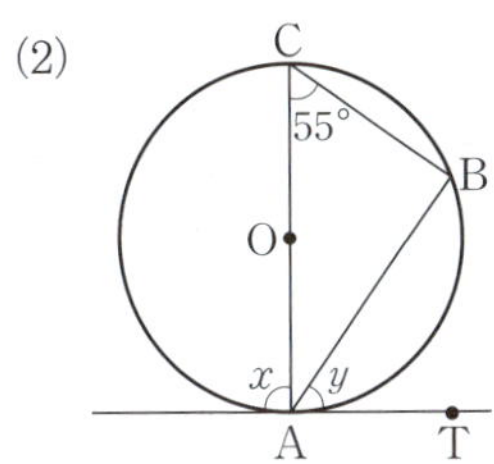

02 다음 그림에서 $\overleftrightarrow{AT}$가 원 O의 접선이고 점 A는 접점일 때, $\angle x$, $\angle y$의 크기를 각각 구하여라.

→ 개념1
원의 접선과 현이 이루는 각

(1)

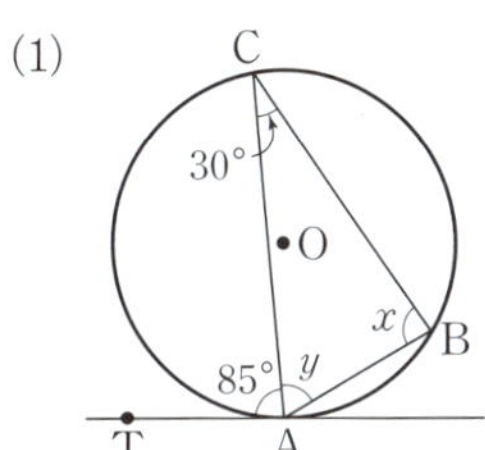

(2)

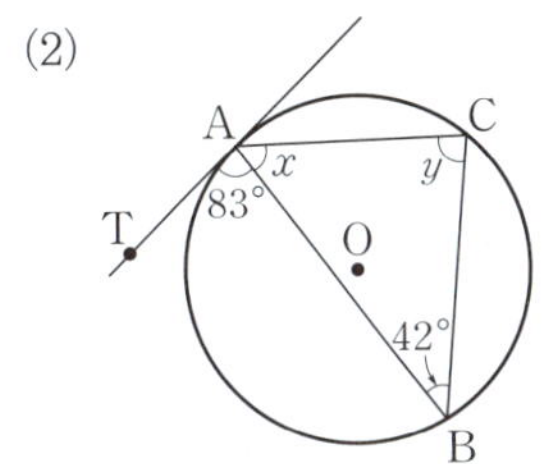

03 다음 그림에서 $\overleftrightarrow{PQ}$는 두 원의 공통인 접선이고 점 T는 접점일 때, $\angle x$, $\angle y$의 크기를 각각 구하여라.

→ 개념2
두 원에서 접선과 현이 이루는 각

(1)

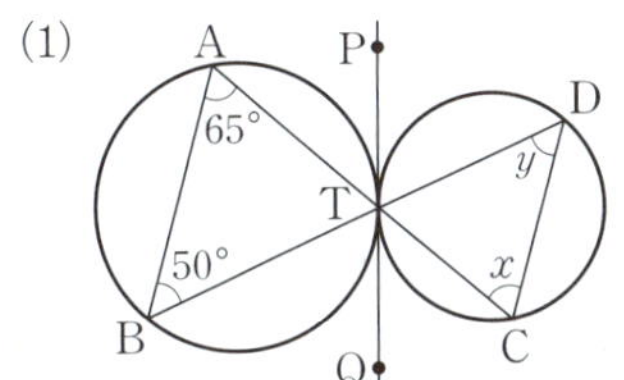

(2)

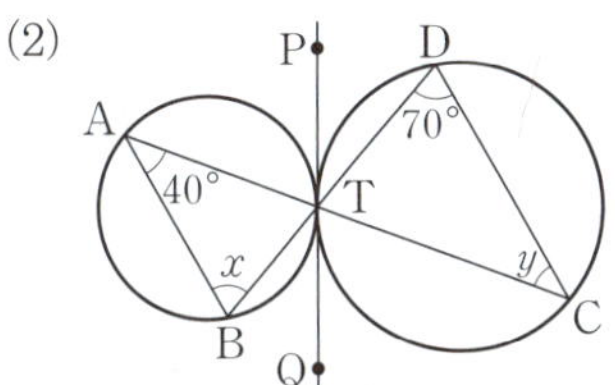

04 다음 그림에서 $\overleftrightarrow{PQ}$는 두 원의 공통인 접선이고 점 T는 접점일 때, $\angle x$, $\angle y$의 크기를 각각 구하여라.

→ 개념2
두 원에서 접선과 현이 이루는 각

(1)

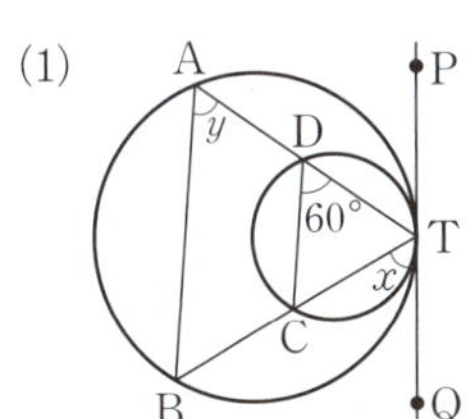

(2)

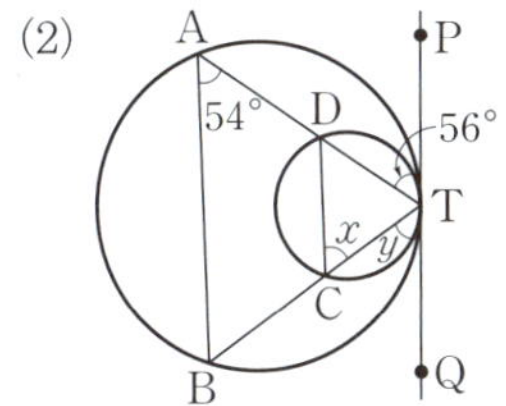

유형·check

유형·1 원의 접선과 현이 이루는 각

오른쪽 그림에서 직선 PT는 원
O의 접선이고 점 T는 접점일 때,
$\angle x + \angle y$의 값은?

① 80°　　② 90°

③ 100°　④ 110°

⑤ 120°

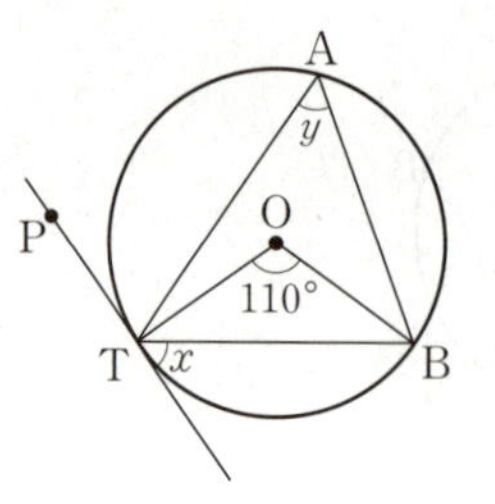

» 닮은꼴 문제

1-1

오른쪽 그림에서 직선 PT는 원
O의 접선이고 점 T는 접점이다.
$\overline{AB} = \overline{BT}$이고 $\angle ATP = 50°$일
때, $\angle x$의 크기를 구하여라.

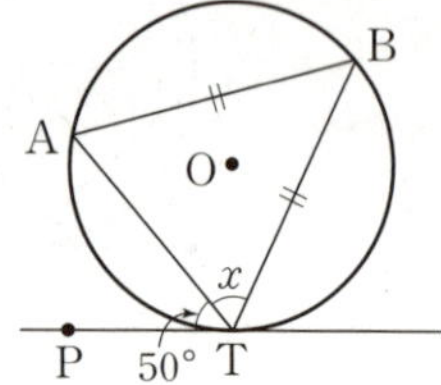

1-2

오른쪽 그림에서 직선 AT는 원 O
의 접선이고 점 A는 접점이다.
$\overparen{AB} : \overparen{BC} : \overparen{CA} = 3 : 4 : 2$일
때, $\angle x$의 크기를 구하여라.

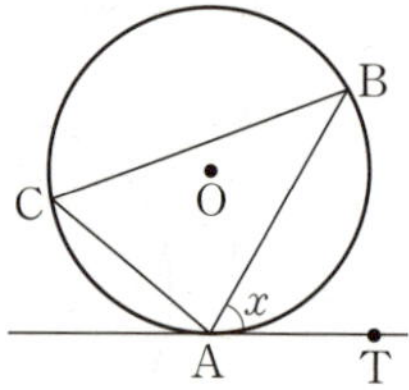

유형·2 원의 접선과 현이 이루는 각의 활용 (1)

오른쪽 그림과 같이 □ABCD는
원에 내접하고 $\overrightarrow{CT}$는 점 C에서
원에 접하는 접선이다.
$\angle DAB = 100°$, $\angle DCT = 62°$
일 때, $\angle x$의 크기를 구하여라.

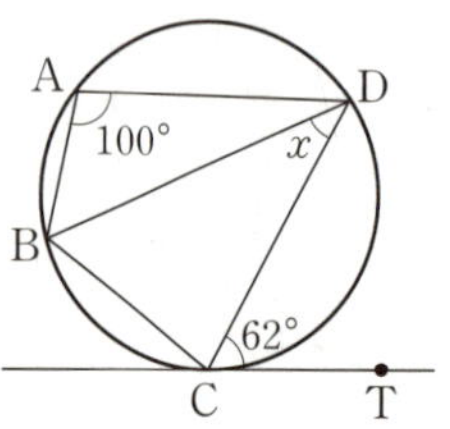

» 닮은꼴 문제

2-1

오른쪽 그림과 같이 □ABCD는
원에 내접하고 직선 TT′은 점 A
에서 원에 접하는 접선이다.
$\angle ABD = 64°$, $\angle BAT' = 56°$일
때, $\angle DCB$의 크기를 구하여라.

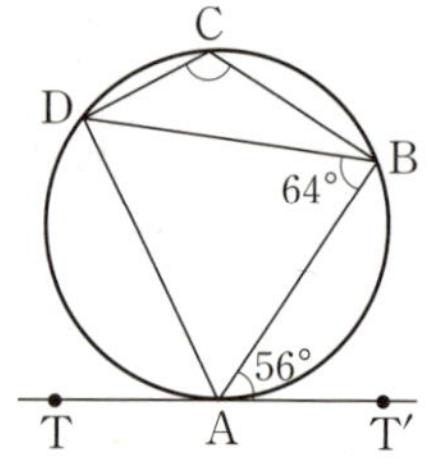

2-2

오른쪽 그림과 같이
□ABCD가 원에 내접하고
$\overline{PB}$는 원의 접선이다.
$\angle ADB = 40°$, $\angle DCB = 98°$
일 때, $\angle x$의 크기를 구하여라.

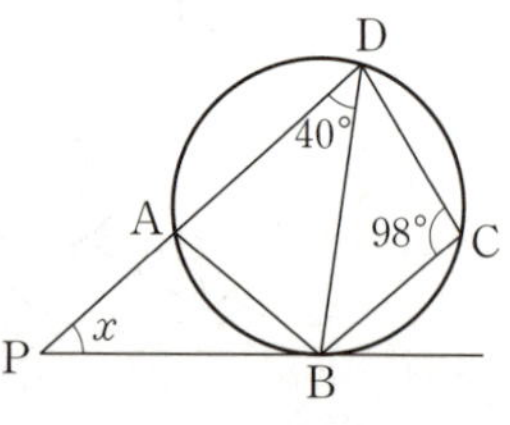

오른쪽 그림에서 $\overrightarrow{PT}$는 원 O의 접선이고 점 A는 접점이다. $\angle CBA = 32°$일 때, $\angle x$의 크기는?

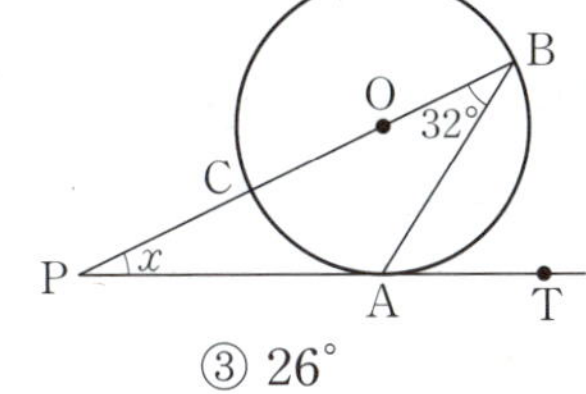

① 24°   ② 25°   ③ 26°

④ 27°   ⑤ 28°

3-1

오른쪽 그림에서 $\overrightarrow{CT}$는 원 O의 접선이고 점 A는 접점이다.

$\angle BAT = 67°$일 때, $\angle x$의 크기를 구하여라.

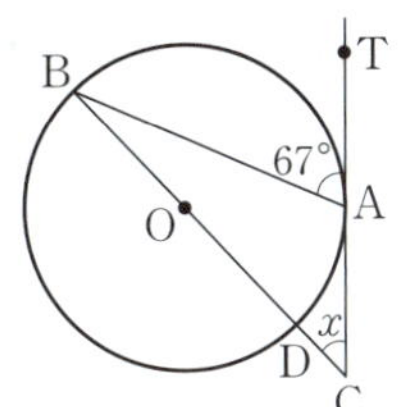

3-2

오른쪽 그림에서 $\overrightarrow{PT}$는 원 O의 접선이고 점 T는 접점이다.

$\angle BPT = 40°$일 때, $\angle x$의 크기를 구하여라.

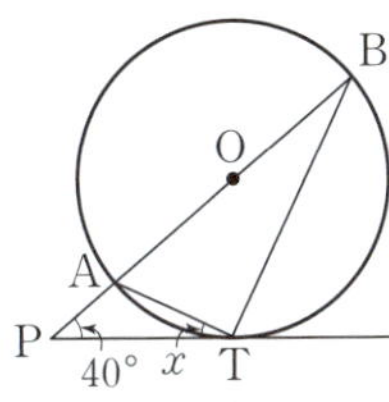

오른쪽 그림에서 직선 PQ는 점 T에서 접하는 두 원 O, O′의 공통인 접선이다.

$\angle BAT = 45°$, $\angle CDT = 65°$일 때, $\angle x$의 크기를 구하여라.

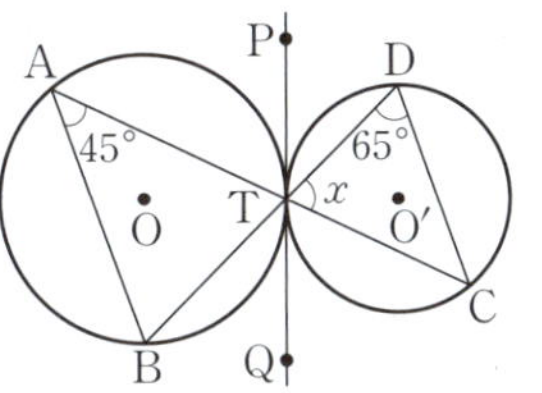

4-1

오른쪽 그림에서 직선 PQ는 두 원의 공통인 접선이고 점 T는 접점이다. $\angle DTP = 55°$, $\angle DTC = 50°$일 때, $\angle x$, $\angle y$의 크기를 각각 구하여라.

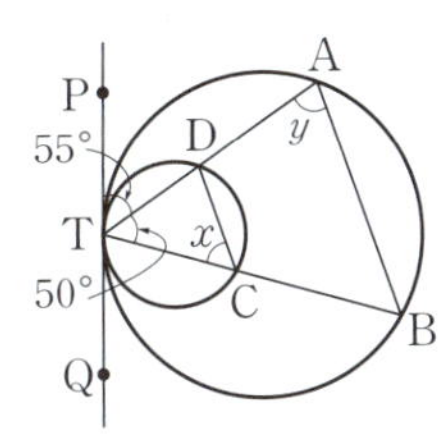

4-2

오른쪽 그림에서 $\overleftrightarrow{TT'}$은 두 원 O, O′의 공통인 접선이고 점 P는 접점이다.

$\angle CAP = 73°$, $\angle BDP = 57°$일 때, $\angle y - \angle x$의 값을 구하여라.

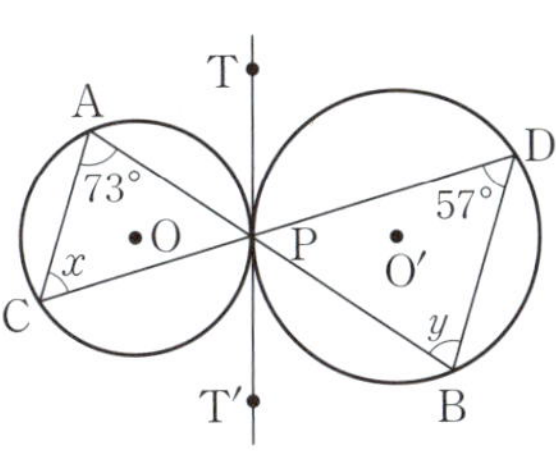

단원 ◆ 마무리

01 오른쪽 그림에서 $\overline{PB}$가 원 O의 지름이고 $\angle AQB=52°$일 때, $\angle x+\angle y$의 값은?

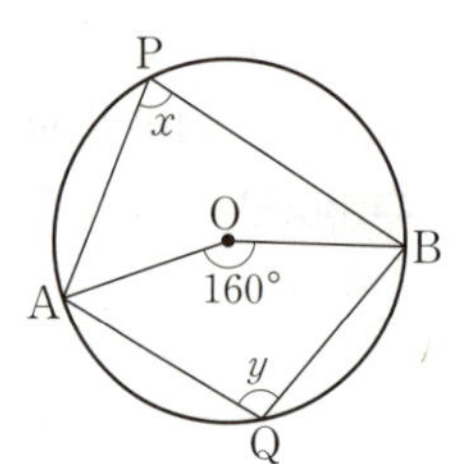

① $144°$ ② $147°$
③ $150°$ ④ $153°$
⑤ $156°$

02 오른쪽 그림에서 $\angle AOB=160°$일 때, $\angle y-\angle x$의 값을 구하여라.

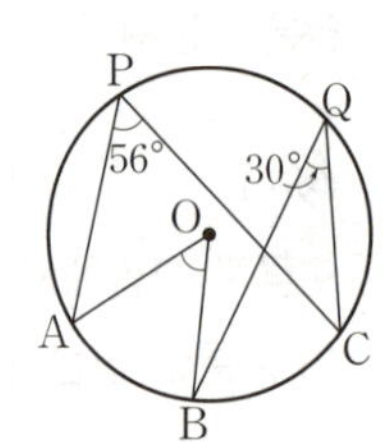

03 오른쪽 그림에서 $\angle APC=56°$, $\angle BQC=30°$일 때, $\angle AOB$의 크기는?

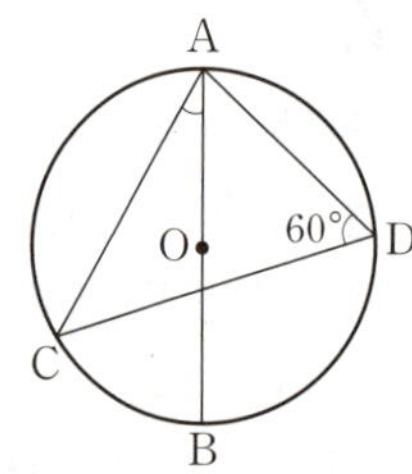

① $51°$ ② $52°$
③ $53°$ ④ $54°$
⑤ $55°$

04 오른쪽 그림에서 $\overline{AB}$는 원 O의 지름이고 $\angle ADC=60°$일 때, $\angle BAC$의 크기를 구하여라.

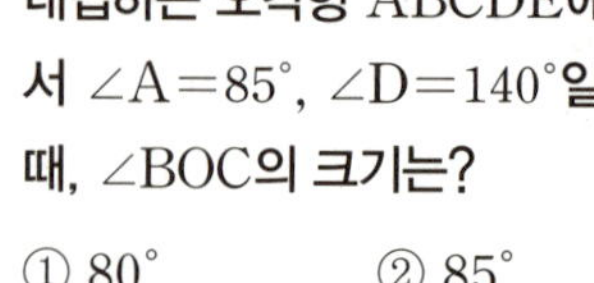
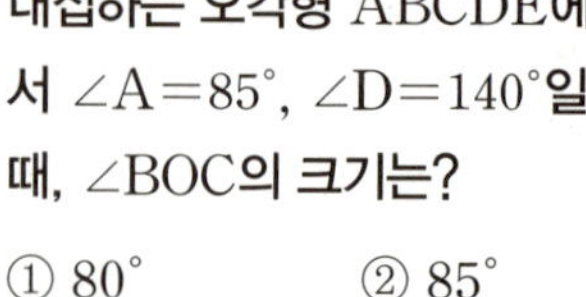

05 오른쪽 그림에서 $\overline{AB}$는 원 O의 지름이고 $\widehat{BC}=\widehat{CD}$, $\angle ABD=30°$일 때, $\angle x$의 크기는?

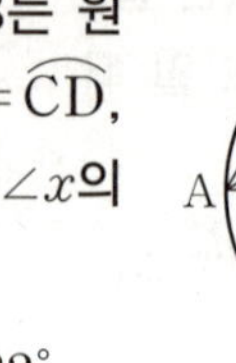

① $30°$ ② $32°$
③ $34°$ ④ $36°$
⑤ $38°$

06 오른쪽 그림에서 $\widehat{AB}:\widehat{CD}=3:1$일 때, $\angle x$의 크기를 구하여라.

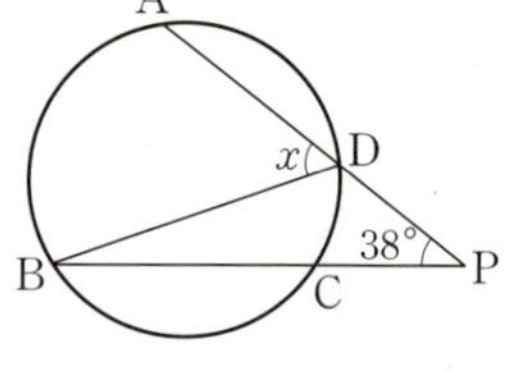

07 오른쪽 그림에서 $\widehat{AB}:\widehat{BC}:\widehat{CD}:\widehat{DA}=2:4:4:5$일 때, $\angle x$의 크기를 구하여라.

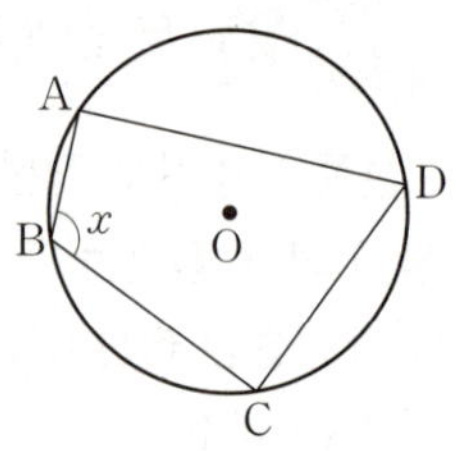

08 오른쪽 그림과 같이 원 O에 내접하는 오각형 ABCDE에서 $\angle A=85°$, $\angle D=140°$일 때, $\angle BOC$의 크기는?

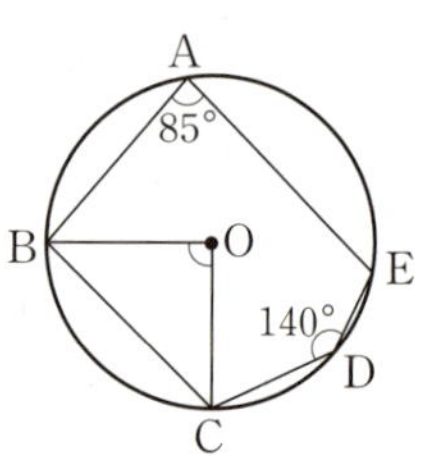

① $80°$ ② $85°$
③ $90°$ ④ $95°$
⑤ $100°$

09 오른쪽 그림에서 □ABCD
는 원 O에 내접하고
∠AEB=50˚,
∠BFC=25˚일 때, ∠x의
크기를 구하여라.

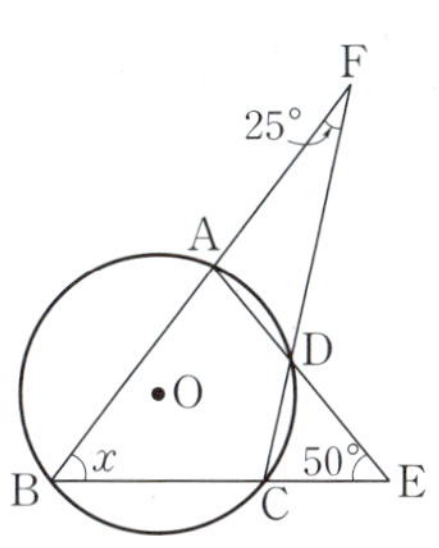

10 오른쪽 그림과 같이 두
원이 두 점 P, Q에서 만
나고 ∠PAB=75˚,
∠ABQ=84˚일 때,
∠x-∠y의 값을 구하여라.

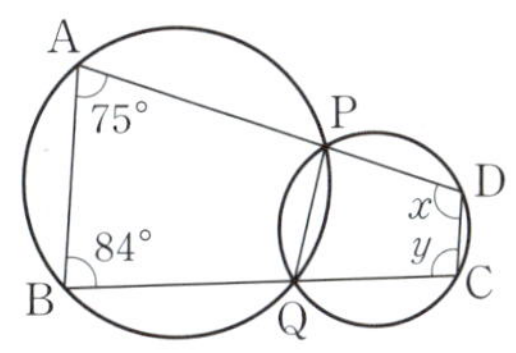

11 다음 〈보기〉 중 원에 내접하는 사각형을 모두 골라라.

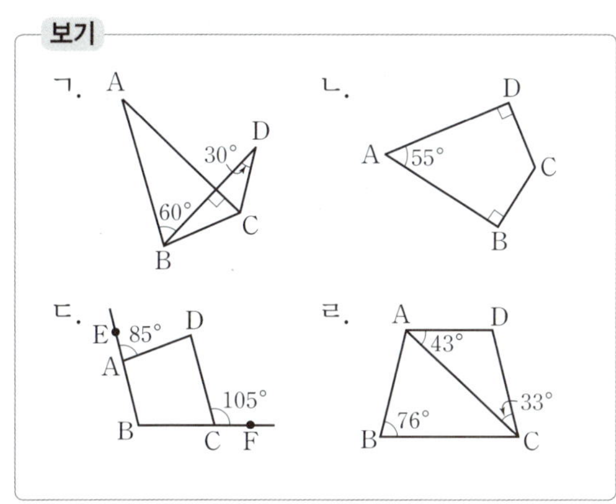

12 오른쪽 그림에서 $\overrightarrow{PT}$는 원
의 접선이고 점 T는 접점이
다. $\overline{AP}=\overline{AT}$이고
∠APT=22˚일 때, ∠x의
크기를 구하여라.

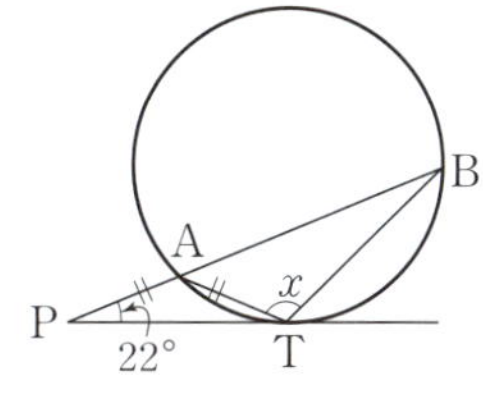

13 오른쪽 그림에서 직선 AT는
원 O의 접선이고 점 A는 접
점이다. $\overline{BC}$가 원 O의 중심을
지나고 ∠ADC=135˚일 때,
∠x의 크기를 구하여라.

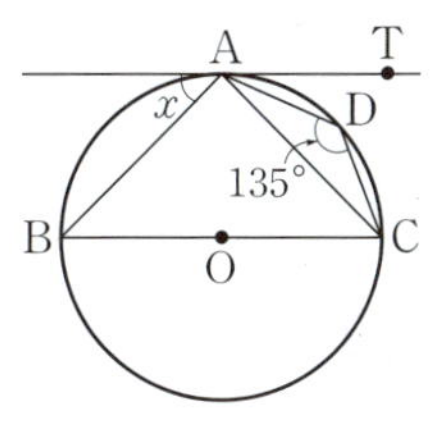

14 오른쪽 그림과 같이 원
O는 △ABC의 내접원
이고 △DEF의 외접원
이다. 세 점 D, E, F는
접점이고 ∠EDF=60˚, ∠DEF=45˚일 때, ∠B의
크기는?

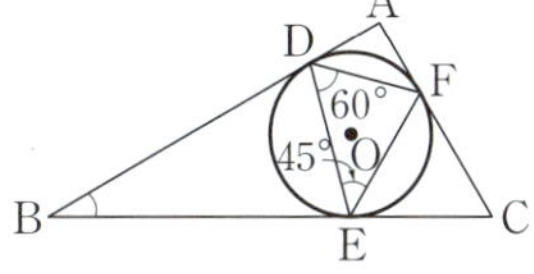

① 20˚　　② 30˚　　③ 40˚

④ 50˚　　⑤ 60˚

15 오른쪽 그림과 같이 원 O
의 지름 BC의 연장선 위
의 점 D에서 원 O에 접선
DT를 그어 그 접점을 A
라고 하자. $\overline{AB}=\overline{AD}$일
때, ∠x의 크기는?

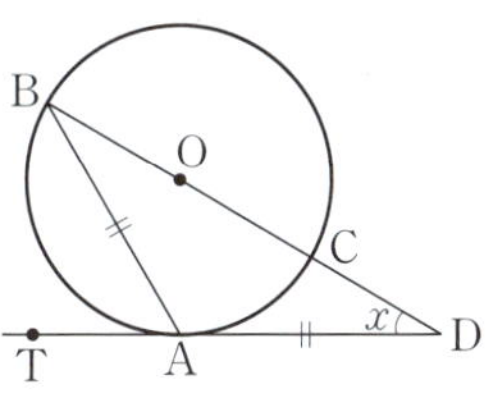

① 20˚　　② 25˚　　③ 30˚

④ 35˚　　⑤ 40˚

16 오른쪽 그림과 같이 두 원
O, O′은 두 점 C, D에서
만나고 직선 PT는 점 T에
서 접하는 원 O′의 접선일
때, ∠DTP의 크기를 구하
여라.

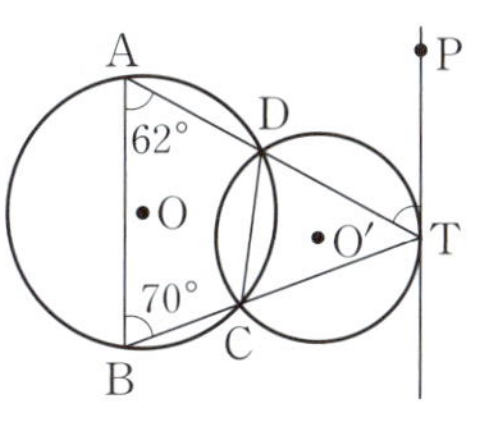

≡ 서술형 꽉 잡기 ≡

| 주어진 단계에 따라 쓰는 유형 | 풀이 과정을 자세히 쓰는 유형 |

17 오른쪽 그림에서 $\overline{\text{PT}}$는 원의 접선이고 점 T는 접점이다. $\overset{\frown}{\text{TC}}=\overset{\frown}{\text{CB}}$, $\angle\text{BPT}=42°$, $\angle\text{BTC}=34°$일 때, $\angle\text{ABT}$의 크기를 구하여라.

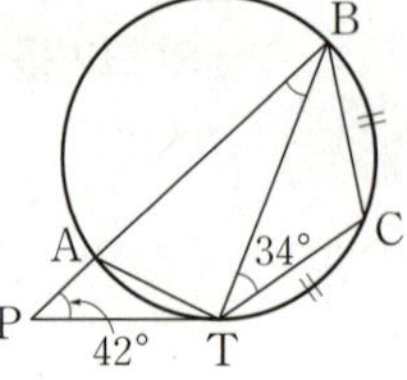

- 생각해 보자 -

구하는 것은? $\angle\text{ABT}$의 크기

주어진 것은? ① $\overline{\text{PT}}$는 원의 접선이고 점 T는 접점
② $\overset{\frown}{\text{TC}}=\overset{\frown}{\text{CB}}$
③ $\angle\text{BPT}=42°$, $\angle\text{BTC}=34°$

❯ 풀이

[1단계] $\angle\text{BCT}$의 크기 구하기 (30 %)

[2단계] $\angle\text{BAT}$의 크기 구하기 (30 %)

[3단계] $\angle\text{ABT}$의 크기 구하기 (40 %)

❯ 답

---

18 오른쪽 그림과 같이 원 O에 내접하는 $\triangle\text{ABC}$에서 $\overline{\text{BC}}=5$ cm이고 $\tan A=\sqrt{5}$일 때, 원 O의 반지름의 길이를 구하여라.

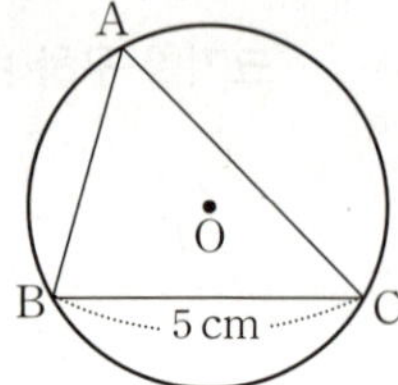

❯ 풀이

❯ 답

19 오른쪽 그림에서 $\square\text{ABCD}$가 원 O에 내접하고 $\angle\text{ADE}=60°$, $\angle\text{DBC}=35°$일 때, $\angle y-\angle x$의 값을 구하여라.

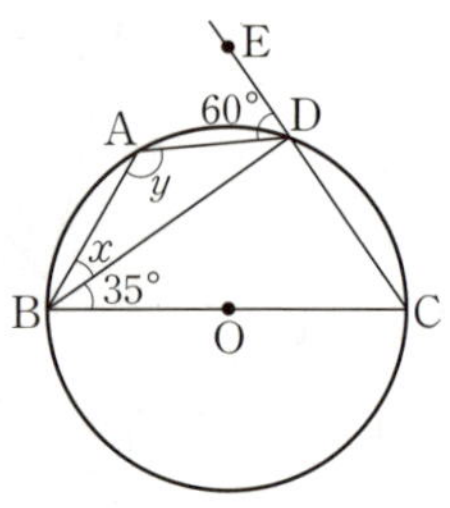

❯ 풀이

❯ 답

1. 대푯값과 산포도

18 · 대푯값

개념 1 ｜ 대푯값

(1) **대푯값**: 자료 전체의 특징을 하나의 수로 나타낸 값을 대푯값이라고 한다.
대푯값에는 평균, 중앙값, 최빈값 등이 있다.

(2) **평균**: 변량의 총합을 변량의 개수로 나눈 값 ➜ $(\text{평균}) = \dfrac{(\text{변량의 총합})}{(\text{변량의 개수})}$

> **예** 1, 2, 4, 5의 평균은 $\dfrac{1+2+4+5}{4} = \dfrac{12}{4} = 3$

(3) **중앙값**: 변량을 작은 값부터 크기순으로 나열하였을 때, 중앙에 오는 값
① 변량의 개수가 홀수이면 가운데 위치한 값이 중앙값이다.
② 변량의 개수가 짝수이면 가운데 위치한 두 값의 평균이 중앙값이다.

> **예** ① 1, 3, 5, 7, 9의 중앙값은 5 ← 세 번째 값
>
> ② 2, 4, 6, 8의 중앙값은 $\dfrac{4+6}{2} = 5$ ← 두 번째와 세 번째 변량의 평균

> **풍쌤의 point** n개의 변량을 작은 값부터 크기순으로 나열하였을 때, 중앙값은 n이 홀수이면
> $\dfrac{n+1}{2}$번째 변량, n이 짝수이면 $\dfrac{n}{2}$번째와 $\left(\dfrac{n}{2}+1\right)$번째 변량의 평균이야.

(4) **최빈값**: 변량 중에서 가장 자주 나타나는 값, 즉 도수가 가장 큰 값

> **예** ① 1, 2, 2, 3, 4, 5의 최빈값은 2
>
> ② 1, 2, 2, 3, 3, 5의 최빈값은 2, 3 ← 도수가 가장 큰 값이 한 개 이상 있으면 그 값은 모두 최빈값이다.
>
> ③ 1, 1, 3, 3, 5, 5의 최빈값은 없다. ← 변량의 도수가 모두 같으면 최빈값은 없다.

> • 대푯값으로 평균을 많이 사용하나 평균은 극단적인 값에 영향을 받으므로 자료에 매우 큰 값이나 매우 작은 값이 있으면 대푯값으로 중앙값이 더 적절하고, 자료의 개수가 많으면 대푯값으로 최빈값이 더 적절하다.

> • 최빈값은 2개 이상일 수도 있고, 없을 수도 있다.

◆ 예제 1 ◆

5개의 변량 4, 6, 7, 8, 5의 평균을 구하여라.

▶ **풀이** $(\text{평균}) = \dfrac{4+6+7+8+5}{5} = \dfrac{30}{5} = 6$

▶ **답**　6

◆ 확인 1 ◆

6개의 변량 5, 12, 8, 14, 2, 7의 평균을 구하여라.

◆ 예제 2 ◆

다음 자료의 중앙값을 구하여라.

(1) 4, 5, 6, 7, 8
(2) 12, 12, 14, 16, 18, 18

▶ **풀이** (1) 3번째 값인 6이다.
(2) 3번째와 4번째 값의 평균인 $\dfrac{14+16}{2} = 15$이다.

▶ **답**　(1) 6　　(2) 15

◆ 확인 2 ◆

다음 자료의 중앙값을 구하여라.

(1) 1, 3, 7, 7, 9
(2) 10, 11, 13, 15, 16, 16

◆ 예제 3 ◆

다음 자료의 최빈값을 구하여라.

(1) 2, 4, 5, 6, 6, 8
(2) 1, 1, 2, 3, 3, 4, 6, 7

▶ **답**　(1) 6　　(2) 1, 3

◆ 확인 3 ◆

다음 자료의 최빈값을 구하여라.

(1) 1, 2, 4, 4, 5, 7, 8
(2) 11, 12, 13, 13, 15, 15, 17, 19

01 다음 자료의 평균을 구하여라.

(1) 2, 6, 5, 7, 9

(2) 10, 11, 14, 16, 15, 12

→ 개념1
대푯값

02 다음 자료의 중앙값을 구하여라.

(1) 15, 16, 17, 10, 15, 10, 18

(2) 26, 28, 20, 26, 21, 25, 20, 24

→ 개념1
대푯값

03 다음 자료의 최빈값을 구하여라.

(1) 5, 4, 3, 8, 3, 5, 1, 5, 8

(2) 12, 21, 10, 13, 21, 10, 20, 12

(3) 8, 6, 10, 17, 19, 4, 3, 7

→ 개념1
대푯값

04 다음은 어느 반 학생 6명의 몸무게를 조사하여 나타낸 것이다. 평균, 중앙값, 최빈값을 각각 구하여라.

(단위: kg)

| 40 46 38 52 40 48 |

→ 개념1
대푯값

19 ◆ 산포도와 편차

개념1 ┃ 산포도와 편차

(1) 산포도: 대푯값을 중심으로 자료가 흩어져 있는 정도를 하나의 수로 나타낸 값을 산포도라고 한다. 산포도에는 분산, 표준편차 등이 있다.

→ 각 자료의 값이 대푯값에서 멀리 흩어져 있으면 산포도는 크고, 대푯값 주위에 밀집되어 있으면 산포도는 작다.

(2) 편차: 자료의 각 변량에서 평균을 뺀 값

→ (편차)＝(변량)－(평균) ← (편차)＝0이면 (변량)＝(평균)

① 편차의 총합은 항상 0이다.

② 평균보다 큰 변량의 편차는 양수이고, 평균보다 작은 변량의 편차는 음수이다.

③ 편차의 절댓값이 클수록 변량은 평균에서 멀리 떨어져 있고, 편차의 절댓값이 작을수록 변량은 평균 가까이에 있다.

(예) 자료 3, 7, 6, 4의 평균은 $\dfrac{3+7+6+4}{4}=5$이므로

변량 3에 대한 편차는 $3-5=-2$, 변량 7에 대한 편차는 $7-5=2$,

변량 6에 대한 편차는 $6-5=1$, 변량 4에 대한 편차는 $4-5=-1$

→ (편차의 총합)＝$-2+2+1+(-1)=0$

풍쌤의 point (편차)＝(변량)－(평균)이므로 편차를 구하려면 먼저 평균을 구해야 해.

◆ (산포도가 작다.)
　＝(자료가 평균 가까이에 모여 있다.)
　＝(변량 간의 격차가 작다.)
　＝(자료의 분포가 고르다.)

◆ 편차의 단위는 변량의 단위와 같다.

◆ 예제 1 ◆

다음 표는 5개의 변량의 편차를 나타낸 것이다. 5개의 변량의 평균이 7일 때, 표를 완성하여라.

변량	6	8	5	7	9
편차	-1				

▶ 답 차례대로 $1, -2, 0, 2$

◆ 확인 1 ◆

다음 표는 6개의 변량의 편차를 나타낸 것이다. 6개의 변량의 평균이 12일 때, 표를 완성하여라.

변량	10	13	11	9	14	15
편차	-2					

◆ 예제 2 ◆

다음 □ 안에 알맞은 것을 써넣어라.

어떤 자료의 편차가 $-1, 4, 1, -2, x$일 때 편차의 합은 항상 □이므로

$-1+4+1+(-2)+x=$□

$x+2=$□　∴ $x=$□

▶ 답 $0, 0, 0, -2$

◆ 확인 2 ◆

다음 □ 안에 알맞은 것을 써넣어라.

어떤 자료의 편차가 $2, -3, x, -1, -2$일 때 편차의 합은 항상 □이므로

$2+(-3)+x+(-1)+(-2)=$□

$x-4=$□　∴ $x=$□

개념 ✦ check

01 다음 표는 변량의 편차를 나타낸 것이다. 주어진 변량의 평균이 [   ] 안의 수와 같을 때, 표를 완성하여라.

→ 개념1
산포도와 편차

(1) [8]

변량					
편차	0	-1	-2	2	1

(2) [16]

변량						
편차	-3	-2	-1	1	2	3

02 아래 자료는 학생 5명의 일주일 동안의 TV 시청 시간을 조사하여 나타낸 것이다. 다음을 구하여라.

→ 개념1
산포도와 편차

(단위: 시간)

11　13　16　14　11

(1) TV 시청 시간의 평균
(2) 각 변량의 편차

03 다음 자료의 편차를 구하여라.

→ 개념1
산포도와 편차

(1) 6,　5,　7,　3,　9
(2) 12,　16,　13,　17,　14,　18

04 어떤 자료의 편차가 다음과 같을 때, x의 값을 구하여라.

→ 개념1
산포도와 편차

(1) 3,　-2,　-4,　x,　2
(2) 5,　x,　-3,　2,　-4,　3

20 · 분산과 표준편차

개념1 　분산과 표준편차

(1) **분산**: 각 변량의 편차의 제곱의 총합을 변량의 개수로 나눈 값, 즉 편차의 제곱의 평균

$$(분산) = \frac{\{(편차)^2의\ 총합\}}{(변량의\ 개수)} = \{(편차)^2의\ 평균\}$$

(2) **표준편차**: 분산의 음이 아닌 제곱근
　　　　　　　　　　　└─ 0 또는 양의 제곱근

$$(표준편차) = \sqrt{(분산)}$$ ← (표준편차)^2=(분산)

> **풍쌤曰** 분산과 표준편차를 구하는 순서는 다음과 같다.
>
> 자료 5, 8, 9, 6에서
>
> $(평균) = \dfrac{5+8+9+6}{4} = \dfrac{28}{4} = 7$　　　　　← ❶ 평균 구하기
>
> 이므로 각 변량의 편차는
>
> $5-7=-2,\ 8-7=1,\ 9-7=2,\ 6-7=-1$　　← ❷ 편차 구하기
>
> 각 변량의 (편차)^{2}의 총합은
>
> $(-2)^2+1^2+2^2+(-1)^2=10$　　　　← ❸ (편차)^{2}의 총합 구하기
>
> $(분산) = \dfrac{10}{4} = 2.5$　　　　　　　← ❹ 분산 구하기
>
> $(표준편차) = \sqrt{2.5}$　　　　　　　← ❺ 표준편차 구하기

풍쌤의 point 표준편차 구하는 순서

평균 ➡ 편차 ➡ (편차)^{2}의 총합 ➡ 분산 ➡ 표준편차

> ◆ 평균, 편차, 표준편차는 변량과 같은 단위를 쓰고 분산은 단위를 쓰지 않는다.

> ◆ ① (표준편차(분산)가 작다.)
> ＝(자료가 평균 가까이에 모여 있다.)
> ＝(자료의 분포가 고르다.)
> ② (표준편차(분산)가 크다.)
> ＝(자료가 평균으로부터 멀리 흩어져 있다.)
> ＝(자료의 분포가 고르지 않다.)

◆ 예제 1 ◆

다음은 아래 자료의 분산과 표준편차를 구하는 과정이다. □ 안에 알맞은 것을 써넣어라.

> 8　11　9　12　5

❶ 평균 구하기

$(평균) = \dfrac{8+11+9+12+5}{5} = \square$

❷ 편차 구하기

차례대로 -1, $\square$, $\square$, 3, $\square$

❸ (편차)^{2}의 총합 구하기

$(-1)^2 + \square^2 + \square^2 + 3^2 + (\square)^2 = \square$

❹ 분산 구하기

$(분산) = \dfrac{\{(편차)^2의\ 총합\}}{(변량의\ 개수)} = \dfrac{\square}{5} = \square$

❺ 표준편차 구하기

$(표준편차) = \sqrt{(분산)} = \square$

▶ **답**　$9, 2, 0, -4, 2, 0, -4, 30, 30, 6, \sqrt{6}$

◆ 확인 1 ◆

다음은 아래 자료의 분산과 표준편차를 구하는 과정이다. □ 안에 알맞은 것을 써넣어라.

> 6　13　14　7　10

❶ 평균 구하기

$(평균) = \dfrac{6+13+14+7+10}{5} = \square$

❷ 편차 구하기

차례대로 $\square$, $\square$, 4, -3, $\square$

❸ (편차)^{2}의 총합 구하기

$(\square)^2 + \square^2 + 4^2 + (-3)^2 + \square^2 = \square$

❹ 분산 구하기

$(분산) = \dfrac{\{(편차)^2의\ 총합\}}{(변량의\ 개수)} = \dfrac{\square}{5} = \square$

❺ 표준편차 구하기

$(표준편차) = \sqrt{(분산)} = \square$

01 어떤 자료의 편차가 다음과 같을 때, 이 자료의 분산과 표준편차를 각각 구하여라.

(1) 4, −3, −5, 1, 3

(2) −2, 0, −1, 2, 1

→ 개념1
분산과 표준편차

02 어떤 자료의 편차가 다음과 같을 때, 이 자료의 분산과 표준편차를 각각 구하여라.

(1) −3, x, 2, 3, 0

(2) 2, 1, −2, x, 0, −1, −3

→ 개념1
분산과 표준편차

03 오른쪽 표는 어느 모둠 학생 5명의 수학 성적에 대한 편차를 나타낸 것이다. 다음 물음에 답하여라.

수학 성적(점)	72	71	73	69	65
편차 (점)					
(편차)^2					

(1) 평균을 구하여라.

(2) 주어진 표를 완성하여라.

(3) 분산을 구하여라.

(4) 표준편차를 구하여라.

→ 개념1
분산과 표준편차

04 다음은 경수네 모둠 6명의 미술 수행평가 점수이다. 표준편차를 구하여라.

(단위: 점)

> 15 11 18 16 19 17

→ 개념1
분산과 표준편차

21 ◆ 도수분포표에서의 분산과 표준편차

개념1 ┃ 도수분포표에서의 분산과 표준편차

(1) $(평균) = \dfrac{[\{(계급값) \times (도수)\}의\ 총합]}{(도수의\ 총합)}$

(2) $(편차) = (계급값) - (평균)$

(3) $(분산) = \dfrac{[\{(편차)^2 \times (도수)\}의\ 총합]}{(도수의\ 총합)}$

(4) $(표준편차) = \sqrt{(분산)}$

◆ 계급값: 도수분포표에서 각 계급의 양 끝 값의 중앙의 값
$(계급값) = \dfrac{(계급의\ 양\ 끝\ 값의\ 합)}{2}$

◆ 도수분포표에서는 각 계급에 속하는 자료의 값을 알 수 없으므로 계급값을 그 자료의 값으로 생각하여 분산, 표준편차를 구한다.

풍쌤Ħ 도수분포표에서 분산과 표준편차를 구하는 순서는 다음과 같다.

계급	도수	❶ 계급값	❷ (계급값)×(도수)	❹ (편차)	❺ (편차)²×(도수)
0이상 ~ 2미만	1	1	$1 \times 1 = 1$	-4	$(-4)^2 \times 1 = 16$
2 ~ 4	2	3	$3 \times 2 = 6$	-2	$(-2)^2 \times 2 = 8$
4 ~ 6	3	5	$5 \times 3 = 15$	0	$0^2 \times 3 = 0$
6 ~ 8	4	7	$7 \times 4 = 28$	2	$2^2 \times 4 = 16$
합계	10		50		40

➡ ❸ $(평균) = \dfrac{50}{10} = 5$, ❻ $(분산) = \dfrac{40}{10} = 4$, ❼ $(표준편차) = \sqrt{4} = 2$

◆ **예제 1** ◆

다음 표는 학생 30명이 1년 동안 상담실을 이용한 횟수를 조사하여 나타낸 것이다. ☐ 안에 알맞은 것을 써넣어라.

이용 횟수(회)	학생 수(명)	계급값(회)	(계급값)×(도수)	편차(회)	(편차)²×(도수)
0이상 ~ 2미만	12	1	12	☐	☐
2 ~ 4	9	3	27	0	0
4 ~ 6	6	5	30	2	24
6 ~ 8	3	☐	☐	☐	☐
합계	30		☐		☐

➡ $(평균) = \dfrac{\Box}{30} = \Box(회)$, $(분산) = \dfrac{\Box}{30} = \Box$, $(표준편차) = \Box(회)$

❯ **답** 표에서 왼쪽부터 7, 21, 90, -2, 4, 48, 48, 120 / 90, 3, 120, 4, 2

◆ **확인 1** ◆

다음 표는 학생 20명의 일주일 동안의 공부 시간을 조사하여 나타낸 것이다. ☐ 안에 알맞은 것을 써넣어라.

공부 시간(시간)	학생 수(명)	계급값(시간)	(계급값)×(도수)	편차(시간)	(편차)²×(도수)
0이상 ~ 10미만	7	5	35	-9	567
10 ~ 20	9	15	☐	☐	☐
20 ~ 30	3	25	75	11	363
30 ~ 40	1	35	35	21	441
합계	20		☐		☐

➡ $(평균) = \dfrac{\Box}{20} = \Box(시간)$, $(분산) = \dfrac{\Box}{20} = \Box$, $(표준편차) = \Box(시간)$

개념 ✦ check

01 다음 표는 학생 20명이 가지고 다니는 필기구의 개수를 조사하여 나타낸 것이다. 분산과 표준편차를 각각 구하여라.

필기구의 개수 (개)	3	4	5	6	7	합계
도수 (명)	1	6	7	4	2	20

→ 개념1
도수분포표에서의 분산과
표준편차

02 다음 표는 수현이네 반 학생 20명의 몸무게를 조사하여 나타낸 것이다. 물음에 답하여라.

몸무게 (kg)	도수 (명)	계급값 (kg)	(계급값)×(도수)	편차 (kg)	(편차)^2×(도수)
$30^{이상}$ ~ $40^{미만}$	2				
40 ~ 50	5				
50 ~ 60	8				
60 ~ 70	5				
합계	20				

(1) 평균을 구하여라.   (2) 위의 표를 완성하여라.

(3) 분산을 구하여라.   (4) 표준편차를 구하여라.

→ 개념1
도수분포표에서의 분산과
표준편차

03 오른쪽 도수분포표는 민기네 반 학생들이 자유투를 던져 성공시킨 횟수를 조사하여 나타낸 것이다. 분산과 표준편차를 각각 구하여라.

성공 횟수 (회)	도수 (명)
$2^{이상}$ ~ $4^{미만}$	4
4 ~ 6	6
6 ~ 8	9
8 ~ 10	8
10 ~ 12	3
합계	30

→ 개념1
도수분포표에서의 분산과
표준편차

유형·check

유형·1 평균

3개의 변량 a, b, c의 평균이 6일 때, 5개의 변량 4, a, b, c, 13의 평균은?

① 5　　　　② 6　　　　③ 7
④ 8　　　　⑤ 9

》 닮은꼴 문제

1-1

3개의 변량 x, y, z의 평균이 5일 때, $3x-2$, $3y-2$, $3z-2$의 평균을 구하시오.

1-2

어느 중학교의 A반 학생 30명과 B반 학생 25명의 과학 성적의 평균이 각각 64점이었다. 이때 A반과 B반 학생 전체의 과학 성적의 평균을 구하여라.

유형·2 중앙값, 최빈값

다음은 창희네 모둠 학생 6명의 1분 동안의 맥박 수를 조사하여 나타낸 것이다. 평균, 중앙값, 최빈값을 각각 구하여라.

학생	A	B	C	D	E	F
맥박 수(회)	81	79	73	66	66	79

》 닮은꼴 문제

2-1

다음 자료의 평균을 a, 중앙값을 b, 최빈값을 c라고 할 때, $a-b+c$의 값을 구하여라.

> 7　6　8　3　7　9　8　5　7　10

2-2

오른쪽 줄기와 잎 그림은 명수네 반 학생 20명이 1분 동안 실시한 팔굽혀펴기 횟수를 조사하여 나타낸 것이다. 중앙값과 최빈값을 각각 구하여라.

(0|9는 9회)

줄기	잎
0	9
1	2　3　6　7
2	1　4　6　6　6　8
3	5　6　8　8　9　9
4	0　2　2

유형·3 대푯값이 주어졌을 때 변량 구하기

다음 자료의 중앙값이 8일 때, x의 값을 구하여라.

$$6 \quad 9 \quad 3 \quad 6 \quad 10 \quad 9 \quad x \quad 12$$

3-1

다음 자료의 평균이 4일 때, 중앙값은?

$$2 \quad 6 \quad 3 \quad 5 \quad 6 \quad 3 \quad 1 \quad x$$

① 3 　　　　② 4 　　　　③ 5

④ 6 　　　　⑤ 7

3-2

다음은 진우네 모둠 6명의 몸무게를 조사하여 나타낸 것이다. 몸무게의 평균과 최빈값이 같을 때, x의 값을 구하여라.

(단위: kg)

$$52 \quad x \quad 38 \quad 40 \quad 50 \quad 45$$

유형·4 편차

다음은 학생 6명의 턱걸이 횟수를 조사하여 나타낸 것이다. 이 자료의 편차가 될 수 <u>없는</u> 것은?

(단위: 회)

$$5 \quad 7 \quad 9 \quad 4 \quad 5 \quad 6$$

① -2회 　　　② -1회 　　　③ 0회

④ 1회 　　　　⑤ 2회

4-1

다음 표는 현아의 5과목 성적에 대한 편차를 나타낸 것이다. 5과목 성적의 평균이 76점일 때, 사회 성적을 구하여라.

과목	국어	수학	사회	과학	영어
편차(점)	-3	5	x	-1	2

4-2

다음 자료는 학생 5명이 1년 동안 읽은 책의 수에 대한 편차를 나타낸 것이다. 읽은 책의 수의 평균이 12권일 때, 책을 가장 많이 읽은 학생은 몇 권을 읽었는지 구하여라.

(단위: 권)

$$-2 \quad 3 \quad 1 \quad -4 \quad x$$

다음은 학생 6명이 1년 동안 관람한 영화의 수를 조사하여 나타낸 것이다. 분산과 표준편차를 각각 구하여라.

(단위: 편)

| 14 | 6 | 8 | 12 | 11 | 9 |

» 닮은꼴 문제

5-1

다음 표는 A, B, C, D, E 학생 5명의 한 학기 동안의 도서관 이용 횟수의 편차를 나타낸 것이다. 분산을 구하여라.

학생	A	B	C	D	E
편차(회)	-5	6	-1	x	2

5-2

다음 표는 승기가 지난 일주일 동안 받은 이메일의 개수를 조사하여 나타낸 것이다. 평균이 6개일 때, 분산과 표준편차를 각각 구하여라.

요일	월	화	수	목	금	토	일
개수(개)	7	8	5	6	x	5	7

5개의 변량 8, x, 12, 10, y의 평균이 11이고 표준편차가 2일 때, x^2+y^2의 값은?

① 233   ② 250   ③ 275

④ 290   ⑤ 317

» 닮은꼴 문제

6-1

3개의 변량 a, b, c의 평균이 4이고 표준편차가 2일 때, $a^2+b^2+c^2$의 값을 구하시오.

6-2

5개의 변량의 편차가 x, 3, -5, y, -3이고 분산이 28일 때, xy의 값은?

① -36 ② -12 ③ 0

④ 12   ⑤ 36

오른쪽 도수분포표는 어느 반 학생 30명의 미술 수행평가 점수를 조사하여 나타낸 것이다. 미술 수행평가 점수의 분산은?

점수 (점)	도수 (명)
6	3
7	6
8	12
9	6
10	3
합계	30

① 1   ② 1.2
③ 1.5   ④ 1.8
⑤ 2

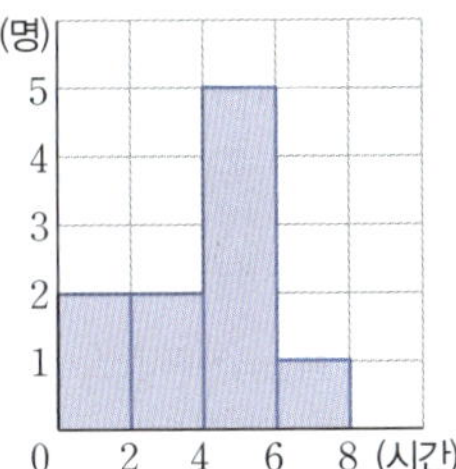

7-1

오른쪽 도수분포표는 시원이네 반 학생 20명이 하루 동안 보낸 문자메시지의 개수를 조사하여 나타낸 것이다. 문자메시지의 개수의 분산을 구하여라.

개수 (개)	도수 (명)
$10^{이상} \sim 20^{미만}$	1
20 ~ 30	6
30 ~ 40	8
40 ~ 50	2
50 ~ 60	3
합계	20

7-2

오른쪽 히스토그램은 학생 10명의 일주일 동안의 독서 시간을 조사하여 나타낸 것이다. 독서 시간의 표준편차를 구하여라.

다음 표는 A, B, C, D 네 반 학생들의 국어 성적의 평균과 표준편차를 나타낸 것이다. 네 반 중 국어 성적이 가장 좋은 반과 국어 성적이 가장 고른 반을 차례대로 구하여라.

반	A	B	C	D
평균 (점)	87	76	83	91
표준편차 (점)	2.5	$3\sqrt{2}$	$2\sqrt{3}$	4

8-1

다음 표는 학생 6명의 일주일 동안의 수면 시간의 평균과 표준편차를 나타낸 것이다. 수면 시간이 가장 규칙적인 학생을 말하여라.

학생	A	B	C	D	E	F
평균 (시간)	5	8	6	7	6	5
표준편차 (시간)	1.4	2.1	0.7	0.5	1.8	1.4

01 다음 중 옳지 <u>않은</u> 것은?

① 자료 전체의 특징을 하나의 수로 나타낸 값을 대푯값이라고 한다.

② 자료의 평균, 중앙값, 최빈값이 모두 같은 경우도 있다.

③ 도수분포표에서 도수가 가장 큰 계급의 계급값은 최빈값이다.

④ 편차의 절댓값이 클수록 변량은 평균에 가깝다.

⑤ 표준편차는 음수가 아니다.

02 4개의 변량 a, b, c, d의 평균이 m일 때, 변량 $a-4$, $b+7$, $c+5$, $d+8$의 평균은?

① $m-4$ ② m ③ $m+2$

④ $m+4$ ⑤ $m+6$

03 다음은 희철이네 반 학생 10명의 윗몸일으키기 횟수를 조사하여 나타낸 것이다. 평균, 중앙값, 최빈값을 각각 구하여라.

(단위: 회)

12	40	22	35	16	43	26	29	38	29

04 다음 표는 나영이네 반 학생 22명의 턱걸이 횟수를 조사하여 나타낸 것이다. 중앙값을 a회, 최빈값을 b회라고 할 때, $a+b$의 값을 구하여라.

횟수(회)	6	7	8	9	10	11	12
학생 수(명)	2	3	6	5	3	2	1

05 다음 자료의 최빈값이 7일 때, 평균과 중앙값을 각각 구하여라.

7	6	11	8	x	8	7	9	13	5

06 6개의 변량을 작은 값부터 크기순으로 나열하면 3, 7, x, 12, 13, 15이다. 평균과 중앙값이 같을 때, 변량 x의 값을 구하여라.

07 다음 표는 A, B, C, D 4개의 사과 상자의 무게와 편차를 나타낸 것이다. $x-y-z$의 값은?

사과 상자	A	B	C	D
무게(kg)	x	7.6	8.1	6.8
편차(kg)	y	-0.2	z	-1.0

① 6.4   ② 6.7   ③ 6.9

④ 7.1   ⑤ 7.5

08 다음 자료에 대한 설명으로 옳지 <u>않은</u> 것은?

9	7	4	5	10	5	4	1	2	3

① 중앙값은 4.5이다.   ② 최빈값은 없다.

③ 평균은 5이다.   ④ 분산은 7.6이다.

⑤ 표준편차는 $\sqrt{7.6}$이다.

09 6개의 변량 $a-4$, $a+2$, $a+1$, $a-2$, $a+4$, $a-1$ 의 분산은?

① $\sqrt{6}$ ② $\sqrt{7}$ ③ 5

④ 6   ⑤ 7

10 다음 표는 학생 5명의 체육 실기 점수에 대한 편차를 나타낸 것이다. 표준편차가 $\sqrt{6}$점일 때, xy의 값을 구하여라.

학생	A	B	C	D	E
편차 (점)	x	2	-4	y	1

11 5개의 변량 a, b, c, d, e의 평균이 5, 분산이 2일 때, 변량 $2a+1$, $2b+1$, $2c+1$, $2d+1$, $2e+1$의 분산을 구하여라.

12 오른쪽 도수분포표는 인영이네 반 학생 10명의 하루 동안의 운동 시간을 조사하여 나타낸 것이다. 운동 시간의 표준편차를 구하시오.

운동 시간 (분)		도수 (명)
10^{이상} ~ 20^{미만}		2
20 ~ 30		x
30 ~ 40		4
40 ~ 50		2
50 ~ 60		1
합계		10

13 오른쪽 도수분포표는 희수네 반 학생 20명이 여름 방학 동안 읽은 책의 수를 조사하여 나타낸 것이다. 평균이 6권일 때, 분산을 구하여라.

책의 수 (권)		도수 (명)
1^{이상} ~ 3^{미만}		2
3 ~ 5		5
5 ~ 7		a
7 ~ 9		3
9 ~ 11		b
합계		20

14 오른쪽 히스토그램은 지윤이네 반 학생 20명의 한 학기 동안의 봉사 활동 시간을 조사하여 나타낸 것이다. 봉사 활동 시간의 표준편차는?

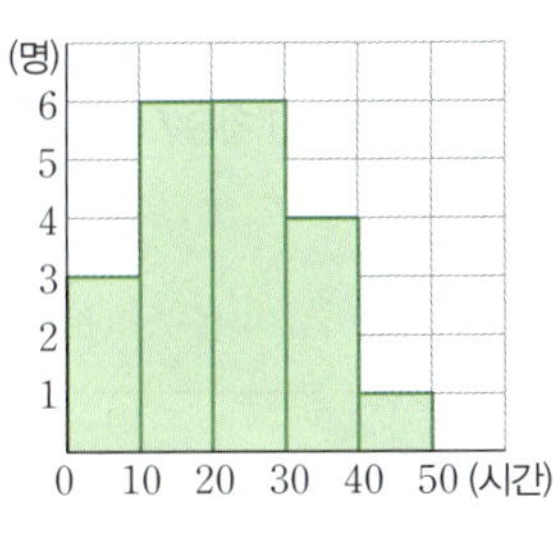

① $\sqrt{10}$시간   ② $\sqrt{11}$시간   ③ 9시간

④ 10시간   ⑤ 11시간

15 다음 자료 중에서 표준편차가 가장 큰 것은?

① 3, 5, 3, 4, 5, 4   ② 2, 2, 4, 4, 6, 6

③ 4, 4, 4, 4, 4, 4   ④ 3, 5, 3, 5, 3, 5

⑤ 2, 2, 2, 4, 4, 4

⫸ 서술형 꽉 잡기 ⫷

주어진 단계에 따라 쓰는 유형

16 다음 도수분포표는 어느 반의 음악 수행평가 점수를 조사하여 나타낸 것이다. 남학생과 여학생 중 어느 쪽의 점수 분포가 더 고른지 말하여라.

점수(점)	남학생 수(명)	여학생 수(명)
$2^{이상} \sim 4^{미만}$	3	5
4 ~ 6	6	6
6 ~ 8	9	3
8 ~ 10	2	6
합계	20	20

· 생각해 보자 ·

구하는 것은? 남학생과 여학생 중 어느 쪽의 점수 분포가 더 고른지 말하기

주어진 것은? ① 음악 수행평가 점수에 대한 남학생의 도수분포표
② 음악 수행평가 점수에 대한 여학생의 도수분포표

❯ **풀이**

[1단계] 남학생 점수의 분산 구하기 (40 %)

[2단계] 여학생 점수의 분산 구하기 (40 %)

[3단계] 남학생과 여학생 중 어느 쪽의 점수 분포가 더 고른지 말하기 (20 %)

❯ **답**

풀이 과정을 자세히 쓰는 유형

17 다음은 하윤이네 반 학생 10명의 제기차기 기록을 조사하여 나타낸 것이다. 제기차기 기록의 평균을 a개, 중앙값을 b개, 최빈값을 c개라고 할 때, a, b, c의 대소를 비교하여라.

(단위: 개)

| 14 | 12 | 16 | 15 | 15 | 13 | 15 | 14 | 11 | 15 |

❯ **풀이**

❯ **답**

18 6개의 변량 a, 3, b, 6, c, 6의 평균이 4, 표준편차가 3일 때, 3개의 변량 a, b, c의 표준편차를 구하여라.

❯ **풀이**

❯ **답**

2. 상관관계

22 · 산점도

개념1　산점도

(1) 산점도: 두 변량 x, y 사이의 관련성을 알아보기 위하여 두 변량 x, y의 순서쌍 (x, y)를 좌표평면 위에 그린 그래프를 x와 y의 산점도라고 한다.

  (예) 오른쪽 그림은 학생 7명의 국어 성적과 영어 성적을 조사하여 나타낸 다음 표를 이용하여 그린 산점도이다.

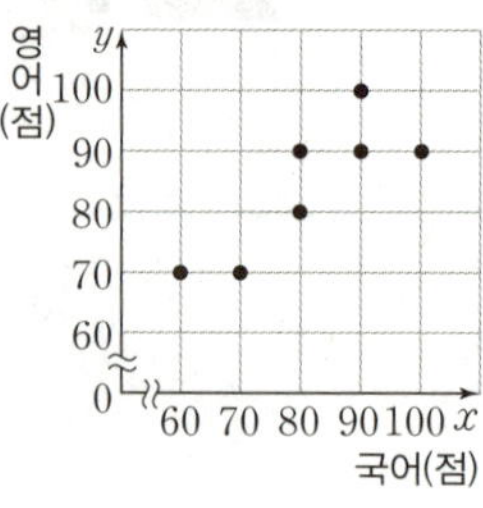

학생	A	B	C	D	E	F	G
국어(점)	60	80	100	70	90	80	90
영어(점)	70	90	90	70	90	80	100

  즉, 7명의 학생에 대한 국어 성적을 x점, 영어 성적을 y점으로 하고 순서쌍 (x, y)를 좌표평면 위에 나타낸 것이다.

(2) 산점도 그리는 방법

  ① 한 변량을 가로축에, 다른 변량을 세로축에 놓는다.

  ② 두 변량의 최댓값과 최솟값을 각각 찾아 가로축, 세로축을 적당한 간격으로 나눈다.

  ③ 모든 자료를 순서쌍 (x, y)로 만들어 점을 찍는다.

> ◆ 산점도를 이용하면 두 변량 사이에 어떤 관계가 있는지 각각의 표로 나타내는 것보다 좀 더 쉽게 알 수 있다.
>
> ◆ 산점도에서 하나의 점은 두 종류의 자료에 대한 변량을 알려 준다. 좌표평면에서 좌표를 읽을 때처럼 순서에 주의하여 변량을 구한다.
>
> ◆ 산점도는 좌표평면 위의 제1사분면에 두 변량의 순서쌍을 점으로 찍어 나타낸다.

[풍쌤Tip] 두 변량을 비교하는 문제에서 '~와 같은', '~보다 큰', '~보다 작은'의 말이 나오면 대각선을 그려보고 '~ 이상', '~ 이하'의 말이 나오면 가로선, 세로선을 긋는다. 또한 두 변량의 평균을 묻는 경우에는 두 변량의 합이 일정한 선을 긋는다.

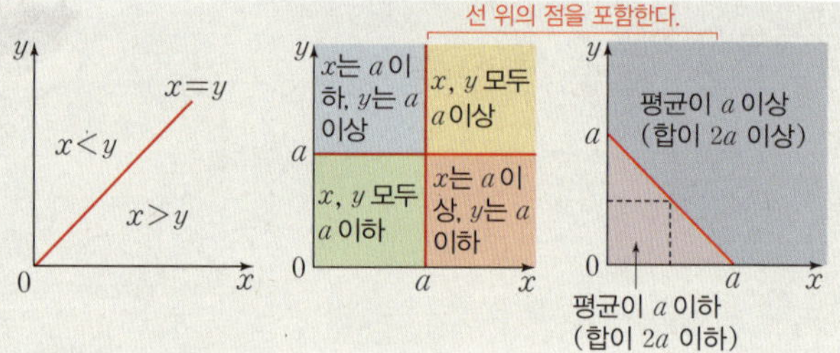

[풍쌤의 point] 산점도에서 두 변량을 비교하는 경우에는 대각선을 긋고, '이상' 또는 '이하'를 묻는 경우에는 가로선, 세로선을 그어 봐. 이때 '이상' 또는 '이하'인 경우에는 경계선을 포함하고, '초과' 또는 '미만'인 경우에는 경계선을 포함하지 않아!

◆ 예제 1 ◆

다음 표는 은지네 반 학생 8명의 체육 실기평가 던지기와 달리기 점수를 조사하여 나타낸 것이다. 오른쪽 좌표평면 위에 산점도를 그려라.

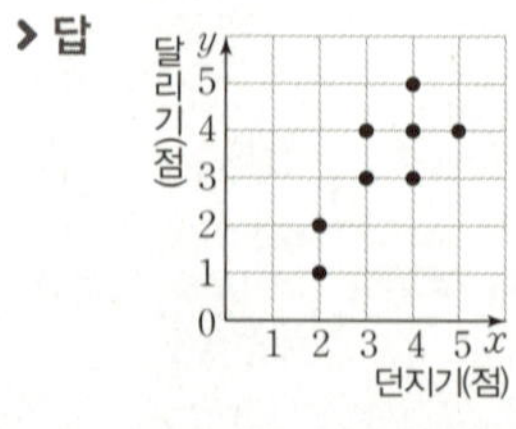

학생	A	B	C	D	E	F	G	H
던지기(점)	2	2	3	3	4	4	4	5
달리기(점)	1	2	3	4	3	4	5	4

❯ 답

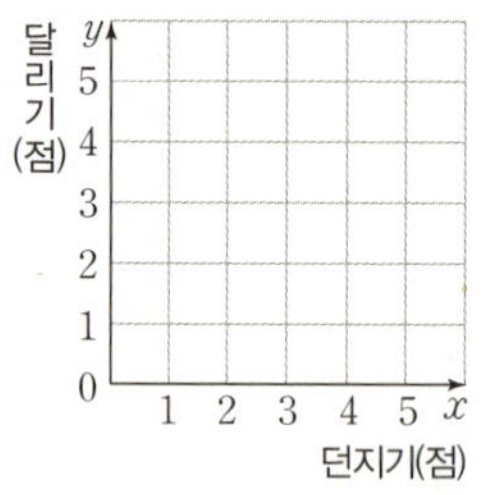

◆ 확인 1 ◆

다음 표는 창규네 반 학생 10명의 과학 성적과 사회 성적을 조사하여 나타낸 것이다. 오른쪽 좌표평면 위에 산점도를 그려라.

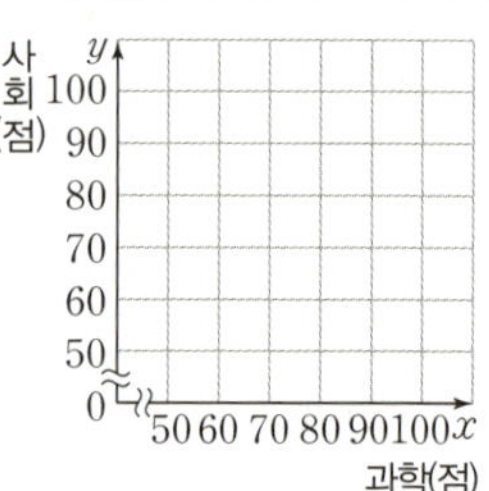

번호	1	2	3	4	5	6	7	8	9	10
과학(점)	60	70	70	50	80	80	80	90	90	100
사회(점)	60	70	90	70	70	90	100	90	80	100

01 오른쪽 그림은 도원이네 반 학생들의 턱걸이 횟수와 몸무게에 대한 산점도이다. 다음 □ 안에 알맞은 것을 써넣어라.

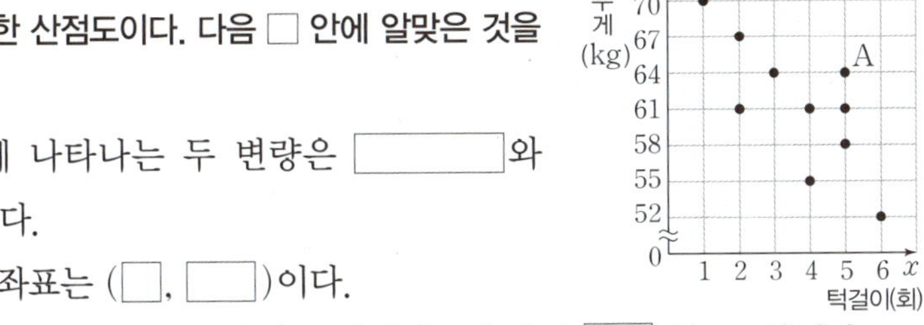

(1) 산점도에 나타나는 두 변량은 [   ]와 [   ]이다.

(2) 점 A의 좌표는 ([ ], [ ])이다.

(3) 점들은 대체적으로 x의 값이 증가하면 y의 값이 [ ]하는 모양이다.

→ 개념1
산점도

02 오른쪽 그림은 민지네 반 학생 12명의 1차, 2차 영어 듣기 평가 점수에 대한 산점도이다. 다음 물음에 답하여라.

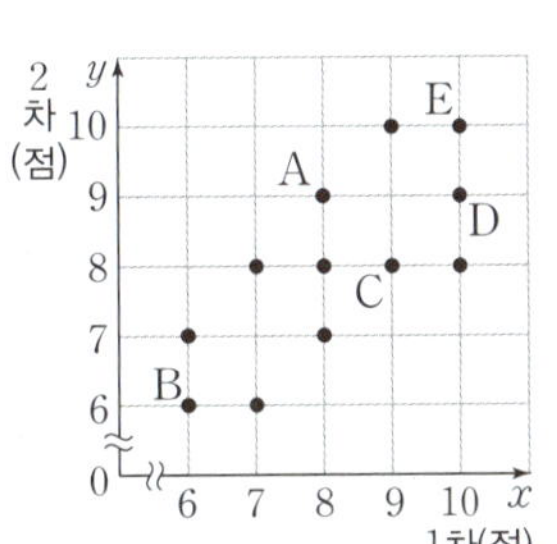

(1) C의 1차와 2차의 점수를 각각 구하여라.

(2) A, B, C, D, E 5명의 학생 중 1차와 2차의 점수가 같은 학생을 말하여라.

(3) A, B, C, D, E 5명의 학생 중 2차의 점수가 1차의 점수보다 높은 학생을 말하여라.

→ 개념1
산점도

03 오른쪽 그림은 성훈이네 학교 학생 15명의 수학 성적과 국어 성적에 대한 산점도이다. 다음을 구하여라.

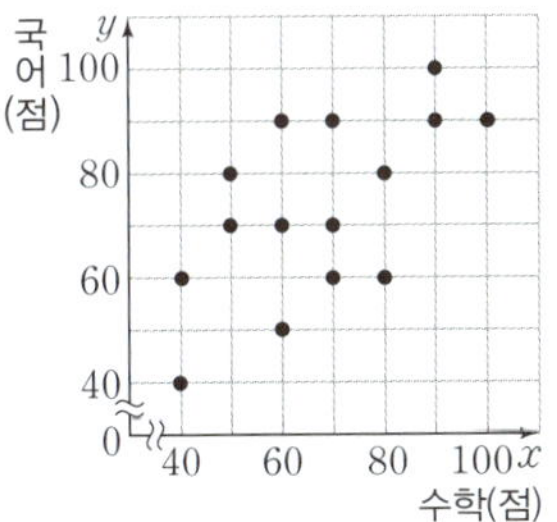

(1) 수학 성적과 국어 성적이 같은 학생 수

(2) 국어 성적보다 수학 성적이 더 높은 학생 수

(3) 수학 성적이 70점 미만인 학생 수

(4) 국어 성적이 90점 이상인 학생 수

→ 개념1
산점도

23 ᐧ 상관관계

개념 1 | 상관관계

(1) **상관관계**: 두 변량 x, y 사이에 x의 값이 증가함에 따라 y의 값이 증가하거나 감소하는 경향이 있을 때, 두 변량 x, y 사이에 상관관계가 있다고 한다. 또 산점도를 이용하여 두 변량 사이의 상관관계를 파악할 수 있다.

(2) **상관관계의 종류**: 두 변량 x, y의 산점도를 그렸을 때

 ① **양의 상관관계**: x의 값이 증가함에 따라 y의 값도 대체로 증가하는 관계 ─ 오른쪽 위로 향하는 모양

 ② **음의 상관관계**: x의 값이 증가함에 따라 y의 값이 대체로 감소하는 관계

 ③ **상관관계가 없다**: x의 값이 증가함에 따라 y의 값이 증가하는지 감소하는지 분명하지 않은 관계 ─ 오른쪽 아래로 향하는 모양

* 상관도에서 대각선을 그으면 상관관계를 쉽게 알 수 있다.
 ① 기울기가 양
  ➜ 양의 상관관계
 ② 기울기가 음
  ➜ 음의 상관관계

* 산점도에서 점들이 한 직선 위에 있다고 말하기 어려울 정도로 흩어져 있거나 점들이 x축 또는 y축에 평행한 직선 위에 분포하는 경우에는 두 변량 x와 y 사이에 상관관계가 없다고 한다.

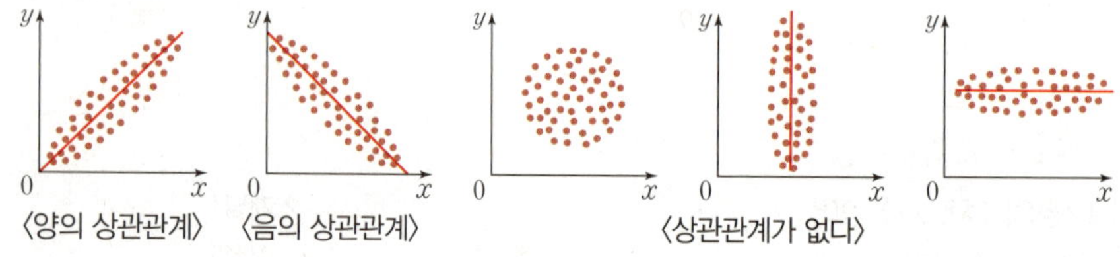

풍쌤의 point 양의 상관관계는 대각선이 왼쪽 아래에서 오른쪽 위로(╱) 향하고, 음의 상관관계는 대각선이 왼쪽 위에서 오른쪽 아래로(╲) 향해~

◆ 예제 1 ◆

다음 두 변량 사이에 상관관계가 있는 것을 찾고 양의 상관관계인지, 음의 상관관계인지 말하여라.

(1) 금의 무게와 가격

(2) 저축과 소비

(3) 키와 시력

▶ **답** (1) 양의 상관관계, (2) 음의 상관관계

◆ 확인 1 ◆

다음 두 변량 사이에 상관관계가 있는 것을 찾고 양의 상관관계인지, 음의 상관관계인지 말하여라.

(1) 여름철 기온과 물 소비량

(2) 발 크기와 수학 성적

(3) 산의 높이와 기온

◆ 예제 2 ◆

〈보기〉의 산점도에 대하여 다음을 구하여라.

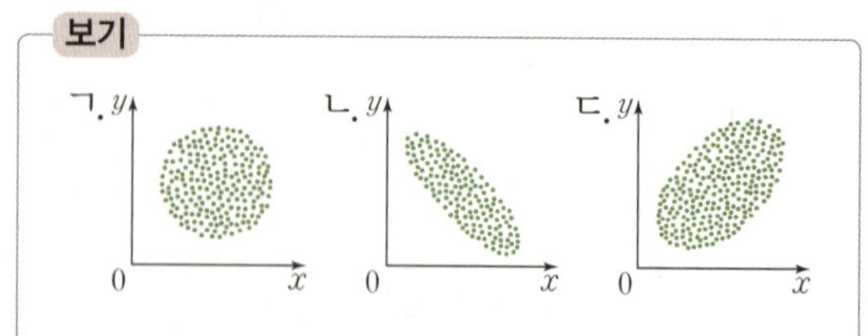

(1) 양의 상관관계를 나타내는 것

(2) 음의 상관관계를 나타내는 것

(3) 상관관계가 없는 것

▶ **답** (1) ㄷ (2) ㄴ (3) ㄱ

◆ 확인 2 ◆

〈보기〉의 산점도에 대하여 다음을 구하여라.

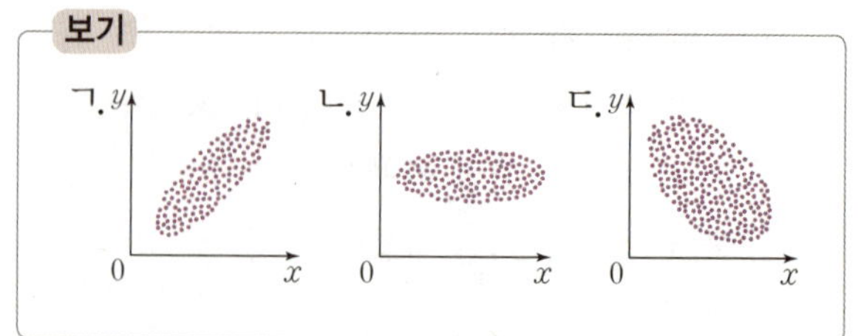

(1) 양의 상관관계를 나타내는 것

(2) 음의 상관관계를 나타내는 것

(3) 상관관계가 없는 것

개념·check

01 다음 두 변량 사이의 상관관계를 나타내는 산점도를 〈보기〉에서 골라라.

→ 개념1
상관관계

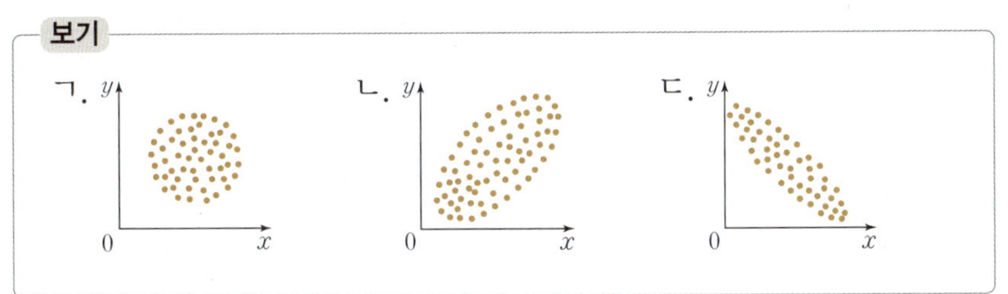

(1) 교통량(x)과 대기 오염도(y)

(2) 손의 크기(x)와 지능 지수(y)

(3) 물건의 공급량(x)과 가격(y)

02 다음 중 일조량(x)과 과일의 당도(y) 사이의 상관관계를 나타내는 산점도는?

→ 개념1
상관관계

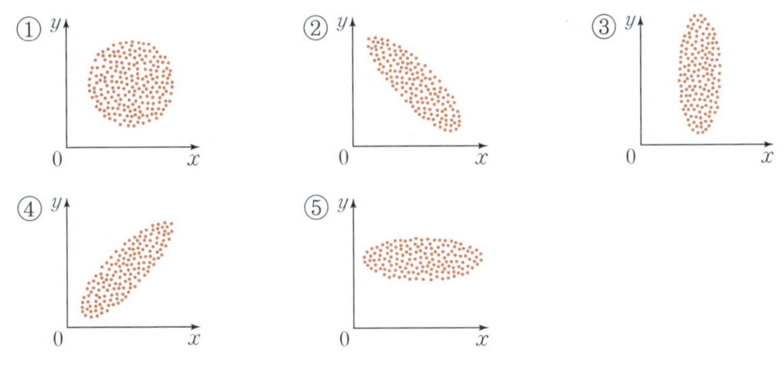

03 오른쪽 그림은 어느 학교 학생들의 키와 몸무게에 대한 산점도이다. 다음 물음에 답하여라.

→ 개념1
상관관계

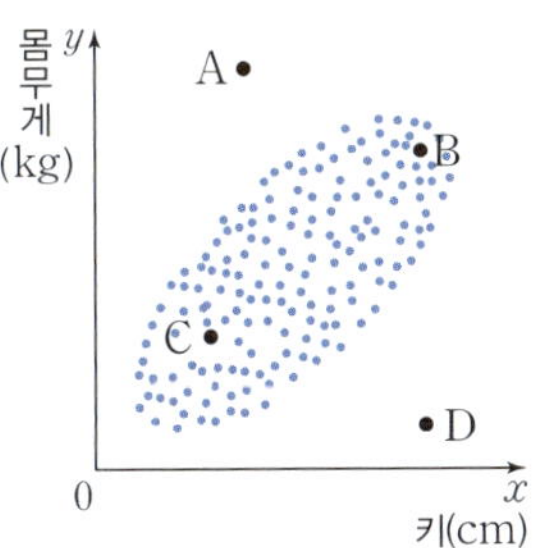

(1) A, B, C, D 4명의 학생 중 키가 크면서 몸무게도 무거운 편인 학생을 말하여라.

(2) A, B, C, D 4명의 학생 중 키가 크면서 몸무게는 가벼운 편인 학생을 말하여라.

(3) 키와 몸무게 사이에는 어떤 상관관계가 있는지 말하여라.

유형·check

유형·1 산점도 (1)

오른쪽 그림은 어느 반 학생 16명의 과학 성적과 수학 성적에 대한 산점도이다. 과학 성적과 수학 성적이 다른 학생 수를 구하여라.

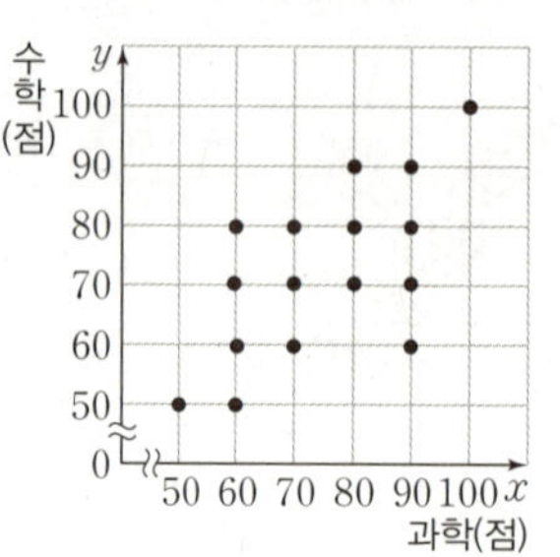

》 닮은꼴 문제

1-1

오른쪽 그림은 성우네 반 학생 20명의 하루 TV 시청 시간과 학습 시간에 대한 산점도이다. 학습 시간보다 TV 시청 시간이 더 긴 학생은 전체의 몇 %인지 구하여라.

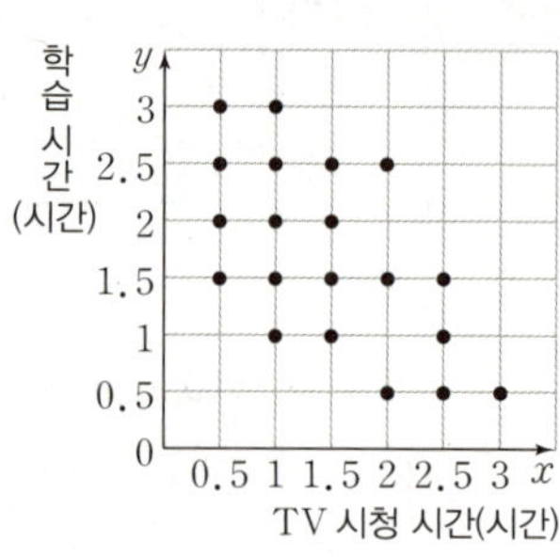

유형·2 산점도 (2)

오른쪽 그림은 시연이네 반 학생 15명의 1차, 2차에 걸친 사회 수행평가 점수에 대한 산점도이다. 1차와 2차의 점수가 모두 9점 이상인 학생 수를 구하여라.

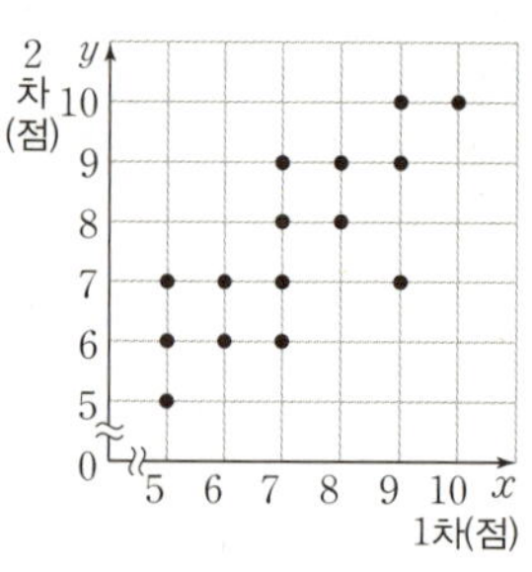

》 닮은꼴 문제

2-1

오른쪽 그림은 어느 반 학생 20명의 1학기 중간고사와 기말고사 국어 성적에 대한 산점도이다. 기말고사 국어 성적이 80점 이상인 학생들의 중간고사 국어 성적의 평균을 구하여라.

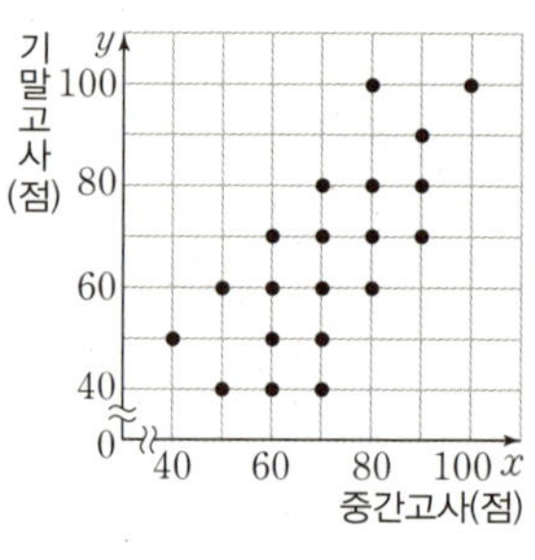

2-2

오른쪽 그림은 어느 반 학생 15명의 음악 성적과 미술 성적에 대한 산점도이다. 음악 성적과 미술 성적의 평균이 55점 이하인 학생 수를 구하여라.

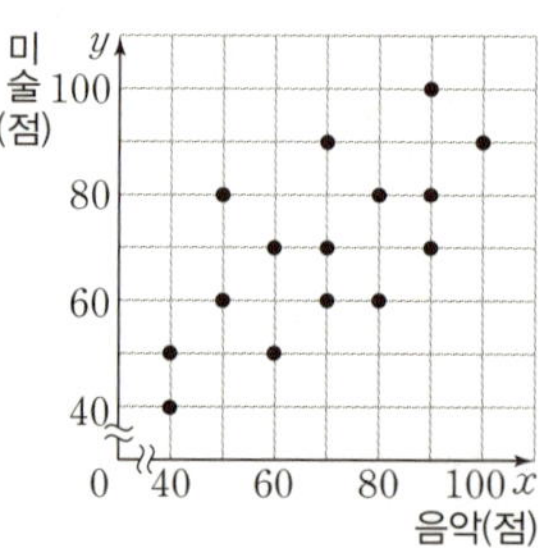

오른쪽 그림은 진이네 학교 학생들의 영어 성적과 수학 성적에 대한 산점도이다. A, B, C, D, E 5명의 학생 중 두 과목의 성적 차가 가장 큰 학생은?

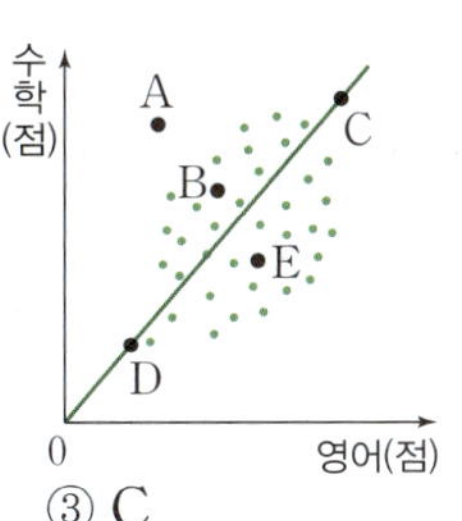

① A   ② B   ③ C

④ D   ⑤ E

3-1

오른쪽 그림은 민준이네 학교 학생들의 2학기 중간고사와 기말고사 사회 성적에 대한 산점도이다. 다음 〈보기〉 중 옳은 것을 모두 골라라.

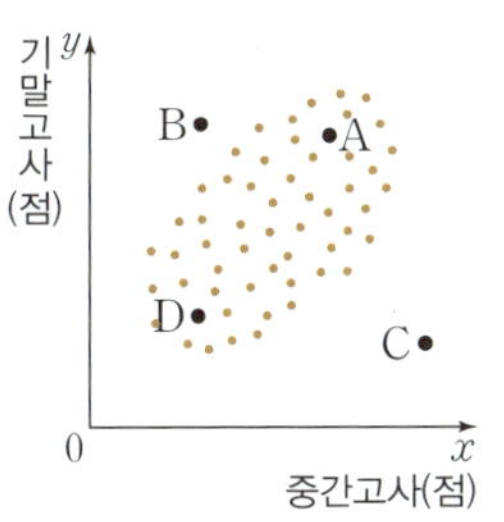

> 보기

ㄱ. A는 중간고사와 기말고사 성적이 낮은 편이다.

ㄴ. B는 D보다 기말고사 성적이 좋은 편이다.

ㄷ. C는 기말고사보다 중간고사 성적이 좋은 편이다.

다음 중 두 변량 사이에 음의 상관관계가 있는 것은?

① 몸무게와 성적

② 낮의 길이와 밤의 길이

③ 수학 성적과 노래 실력

④ 운동 시간과 소비 열량

⑤ 통학 거리와 통학 시간

4-1

다음 중 두 변량 사이에 양의 상관관계가 있는 것은?

① 물건의 크기와 가격

② 쌀의 생산량과 쌀값

③ 여름철 기온과 빙과류 판매량

④ 시력과 얼굴의 크기

⑤ 통학 시간과 윗몸일으키기 횟수

4-2

다음 중 오른쪽 그림과 같은 산점도로 나타낼 수 있는 두 변량은?

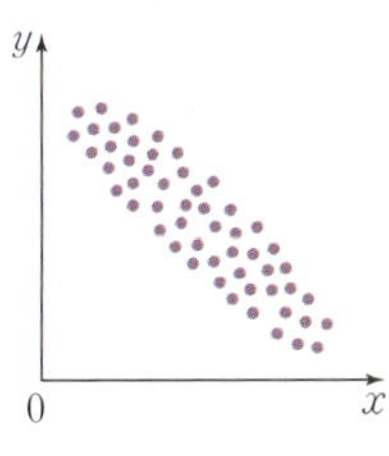

① 도시 인구와 교통량

② 장미꽃의 생산량과 가격

③ 지능지수와 게임 시간

④ 발의 크기와 신발의 크기

⑤ 자동차 운행거리와 연료 사용량

단원·마무리

01 오른쪽 그림은 지아네 반 학생 20명의 1학기와 2학기의 도서관 이용 횟수에 대한 산점도이다. 1학기와 2학기 도서관 이용 횟수가 같은 학생은 전체의 몇 %인지 구하여라.

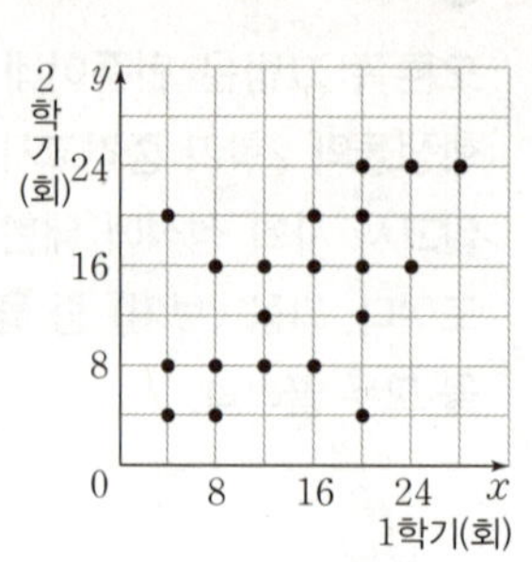

02 오른쪽 그림은 양궁 선수 16명이 1차, 2차에 걸쳐 활을 쏘아 얻은 점수에 대한 산점도이다. 1차와 2차의 점수가 1점 차이 나는 선수의 수를 구하여라.

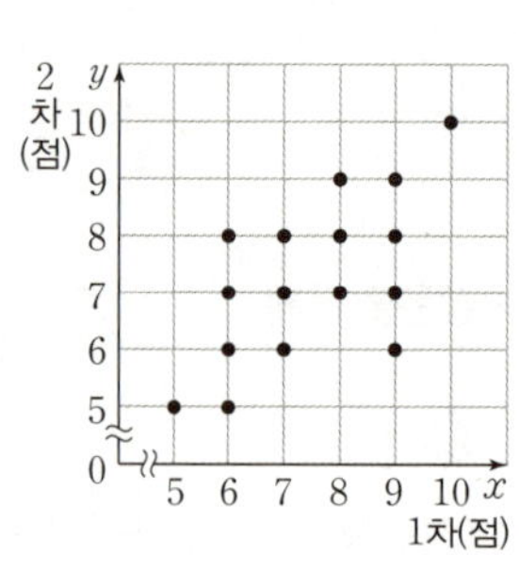

03 오른쪽 그림은 학생 18명의 미술 실기 점수와 이론 점수에 대한 산점도이다. 실기 점수와 이론 점수의 합이 80점 이상인 학생 수를 구하여라.

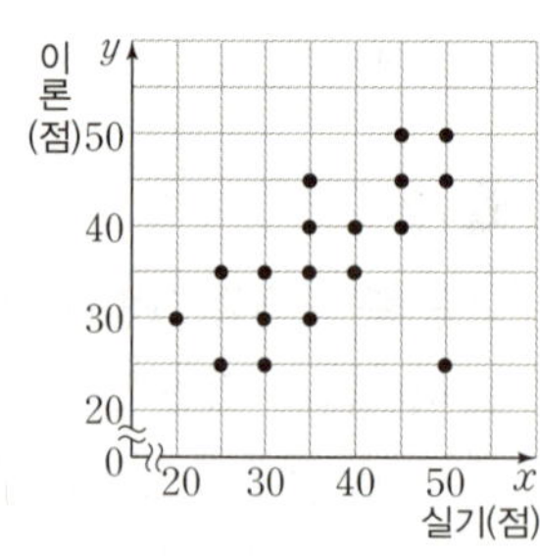

04 오른쪽 그림은 직장인을 대상으로 한 달 월급액과 저축액을 조사하여 나타낸 산점도이다. A, B, C, D, E 5명 중 월급에 비해서 저축을 상대적으로 많이 하는 사람을 말하여라.

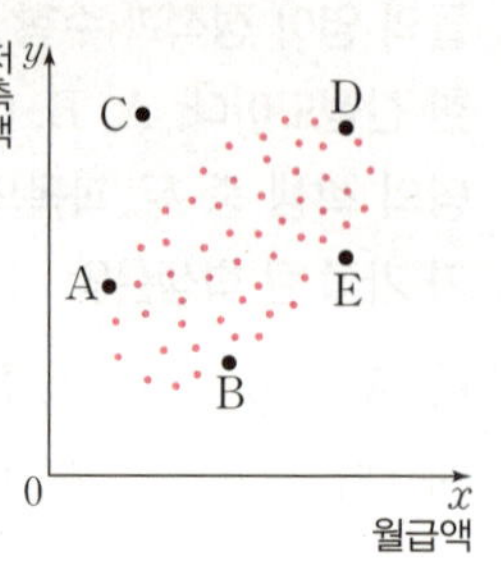

05 다음 두 변량 사이에 상관관계가 없다고 할 수 있는 것은?

① 운동량과 칼로리 소비량
② 자동차의 증가와 공기 오염
③ 계산 능력과 가슴둘레
④ 타자 연습 시간과 입력 속도
⑤ 스마트폰 사용 시간과 남은 배터리 양

06 오른쪽 그림은 진이네 학교 학생들의 영어 성적과 수학 성적에 대한 산점도이다. 다음 중 옳은 것은?

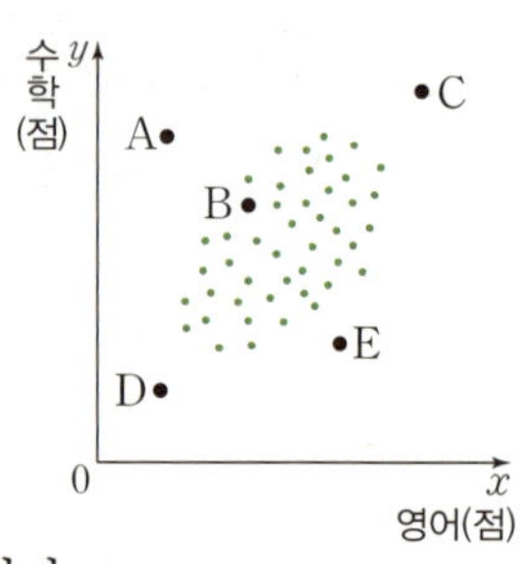

① A는 영어와 수학 성적이 모두 낮은 편이다.
② B는 수학 성적보다 영어 성적이 더 높은 편이다.
③ C는 영어와 수학 성적이 모두 높은 편이다.
④ D는 E보다 영어 성적 높으나 수학 성적은 낮은 편이다.
⑤ 수학 성적과 영어 성적 사이에는 음의 상관관계가 있다.

═ 서술형 꽉 잡기 ═

주어진 단계에 따라 쓰는 유형	풀이 과정을 자세히 쓰는 유형

07 오른쪽 그림은 현우네 반 학생 20명의 과학 성적과 사회 성적에 대한 산점도이다. 두 과목의 성적의 평균으로 등수를 매길 때, 6등인 학생의 두 과목의 평균을 a점, 두 과목의 성적이 같은 학생 수를 b명이라고 할 때, $a+b$의 값을 구하여라.

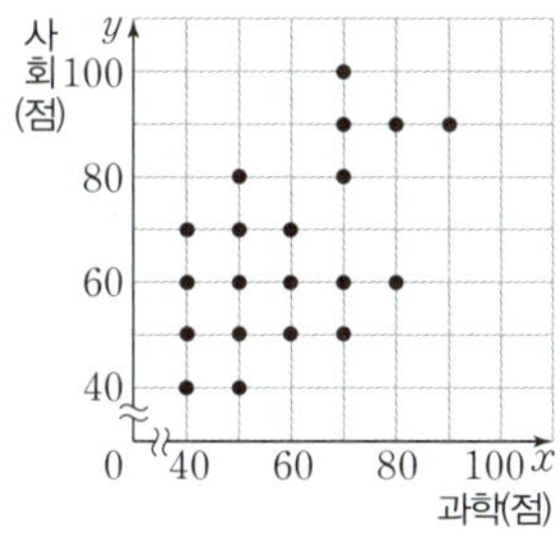

· 생각해 보자 ·

구하는 것은? 6등인 학생의 두 과목의 평균 a점과 두 과목의 성적이 같은 학생 수 a명에 대하여 $a+b$의 값 구하기

주어진 것은? 과학 성적과 사회 성적에 대한 산점도

❯ 풀이

[1단계] a의 값 구하기 (60 %)

[2단계] b의 값 구하기 (30 %)

[3단계] $a+b$의 값 구하기 (10 %)

❯ 답

08 오른쪽 그림은 은서네 반 학생 18명의 1학기와 2학기 봉사 활동 시간에 대한 산점도이다. 1학기와 2학기 봉사 활동 시간의 차가 2시간 이상인 학생들의 2학기 봉사 활동 시간의 평균을 구하여라.

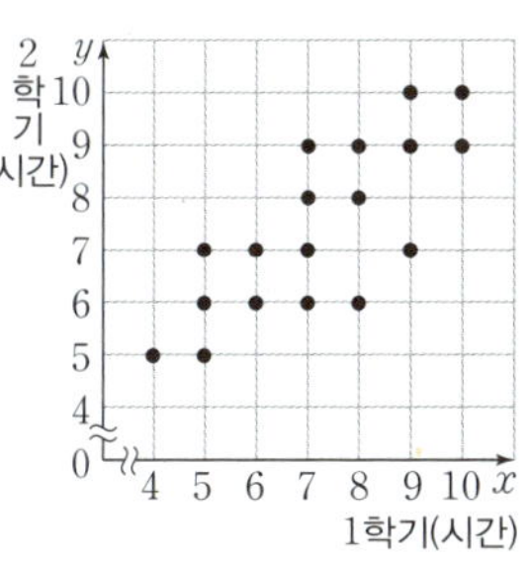

❯ 풀이

❯ 답

09 다음 표는 민서네 반 학생 10명의 국어 성적과 수학 성적을 조사하여 나타낸 것이다. 물음에 답하여라.

번호	1	2	3	4	5	6	7	8	9	10
국어(점)	80	90	70	60	70	50	90	60	70	100
수학(점)	90	90	80	80	70	70	100	60	90	100

(1) 오른쪽 좌표평면 위에 산점도를 그려라.

(2) 국어 성적과 수학 성적 사이에는 어떤 상관관계가 있는지 말하여라.

(3) 국어 성적은 90점 이상이고 수학 성적은 80점 이상인 학생 수를 구하여라.

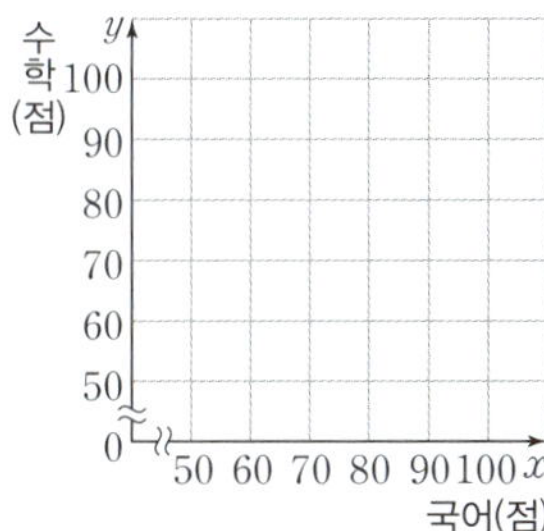

❯ 풀이

❯ 답

각도	사인(sin)	코사인(cos)	탄젠트(tan)	각도	사인(sin)	코사인(cos)	탄젠트(tan)
0°	0.0000	1.0000	0.0000	45°	0.7071	0.7071	1.0000
1°	0.0175	0.9998	0.0175	46°	0.7193	0.6947	1.0355
2°	0.0349	0.9994	0.0349	47°	0.7314	0.6820	1.0724
3°	0.0523	0.9986	0.0524	48°	0.7431	0.6691	1.1106
4°	0.0698	0.9976	0.0699	49°	0.7547	0.6561	1.1504
5°	0.0872	0.9962	0.0875	50°	0.7660	0.6428	1.1918
6°	0.1045	0.9945	0.1051	51°	0.7771	0.6293	1.2349
7°	0.1219	0.9925	0.1228	52°	0.7880	0.6157	1.2799
8°	0.1392	0.9903	0.1405	53°	0.7986	0.6018	1.3270
9°	0.1564	0.9877	0.1584	54°	0.8090	0.5878	1.3764
10°	0.1736	0.9848	0.1763	55°	0.8192	0.5736	1.4281
11°	0.1908	0.9816	0.1944	56°	0.8290	0.5592	1.4826
12°	0.2079	0.9781	0.2126	57°	0.8387	0.5446	1.5399
13°	0.2250	0.9744	0.2309	58°	0.8480	0.5299	1.6003
14°	0.2419	0.9703	0.2493	59°	0.8572	0.5150	1.6643
15°	0.2588	0.9659	0.2679	60°	0.8660	0.5000	1.7321
16°	0.2756	0.9613	0.2867	61°	0.8746	0.4848	1.8040
17°	0.2924	0.9563	0.3057	62°	0.8829	0.4695	1.8807
18°	0.3090	0.9511	0.3249	63°	0.8910	0.4540	1.9626
19°	0.3256	0.9455	0.3443	64°	0.8988	0.4384	2.0503
20°	0.3420	0.9397	0.3640	65°	0.9063	0.4226	2.1445
21°	0.3584	0.9336	0.3839	66°	0.9135	0.4067	2.2460
22°	0.3746	0.9272	0.4040	67°	0.9205	0.3907	2.3559
23°	0.3907	0.9205	0.4245	68°	0.9272	0.3746	2.4751
24°	0.4067	0.9135	0.4452	69°	0.9336	0.3584	2.6051
25°	0.4226	0.9063	0.4663	70°	0.9397	0.3420	2.7475
26°	0.4384	0.8988	0.4877	71°	0.9455	0.3256	2.9042
27°	0.4540	0.8910	0.5095	72°	0.9511	0.3090	3.0777
28°	0.4695	0.8829	0.5317	73°	0.9563	0.2924	3.2709
29°	0.4848	0.8746	0.5543	74°	0.9613	0.2756	3.4874
30°	0.5000	0.8660	0.5774	75°	0.9659	0.2588	3.7321
31°	0.5150	0.8572	0.6009	76°	0.9703	0.2419	4.0108
32°	0.5299	0.8480	0.6249	77°	0.9744	0.2250	4.3315
33°	0.5446	0.8387	0.6494	78°	0.9781	0.2079	4.7046
34°	0.5592	0.8290	0.6745	79°	0.9816	0.1908	5.1446
35°	0.5736	0.8192	0.7002	80°	0.9848	0.1736	5.6713
36°	0.5878	0.8090	0.7265	81°	0.9877	0.1564	6.3138
37°	0.6018	0.7986	0.7536	82°	0.9903	0.1392	7.1154
38°	0.6157	0.7880	0.7813	83°	0.9925	0.1219	8.1443
39°	0.6293	0.7771	0.8098	84°	0.9945	0.1045	9.5144
40°	0.6428	0.7660	0.8391	85°	0.9962	0.0872	11.4301
41°	0.6561	0.7547	0.8693	86°	0.9976	0.0698	14.3007
42°	0.6691	0.7431	0.9004	87°	0.9986	0.0523	19.0811
43°	0.6820	0.7314	0.9325	88°	0.9994	0.0349	28.6363
44°	0.6947	0.7193	0.9657	89°	0.9998	0.0175	57.2900
45°	0.7071	0.7071	1.0000	90°	1.0000	0.0000	탄젠트(tan)

중학 풍산자로 개념 과 문제 를 꼼꼼히 풀면
성적이 지속적으로 향상 됩니다

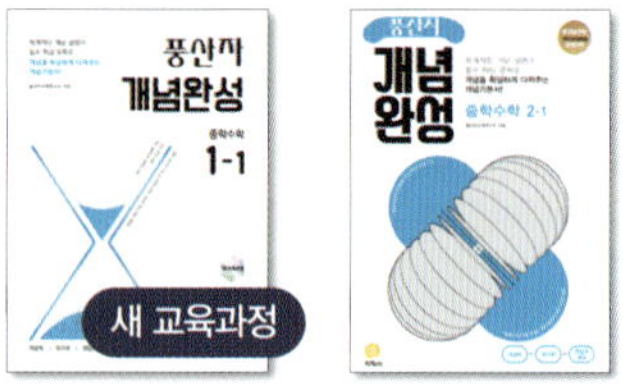

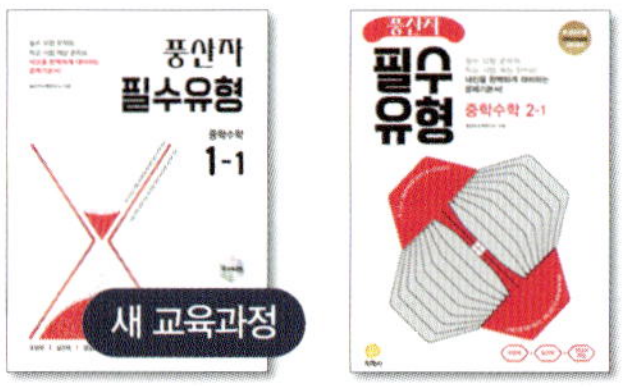

풍산자

개념
완성

체계적인 개념 설명과
필수 핵심 문제로
개념을 확실하게 다져주는
개념기본서!

중학수학 3-2

풍산자수학연구소 지음

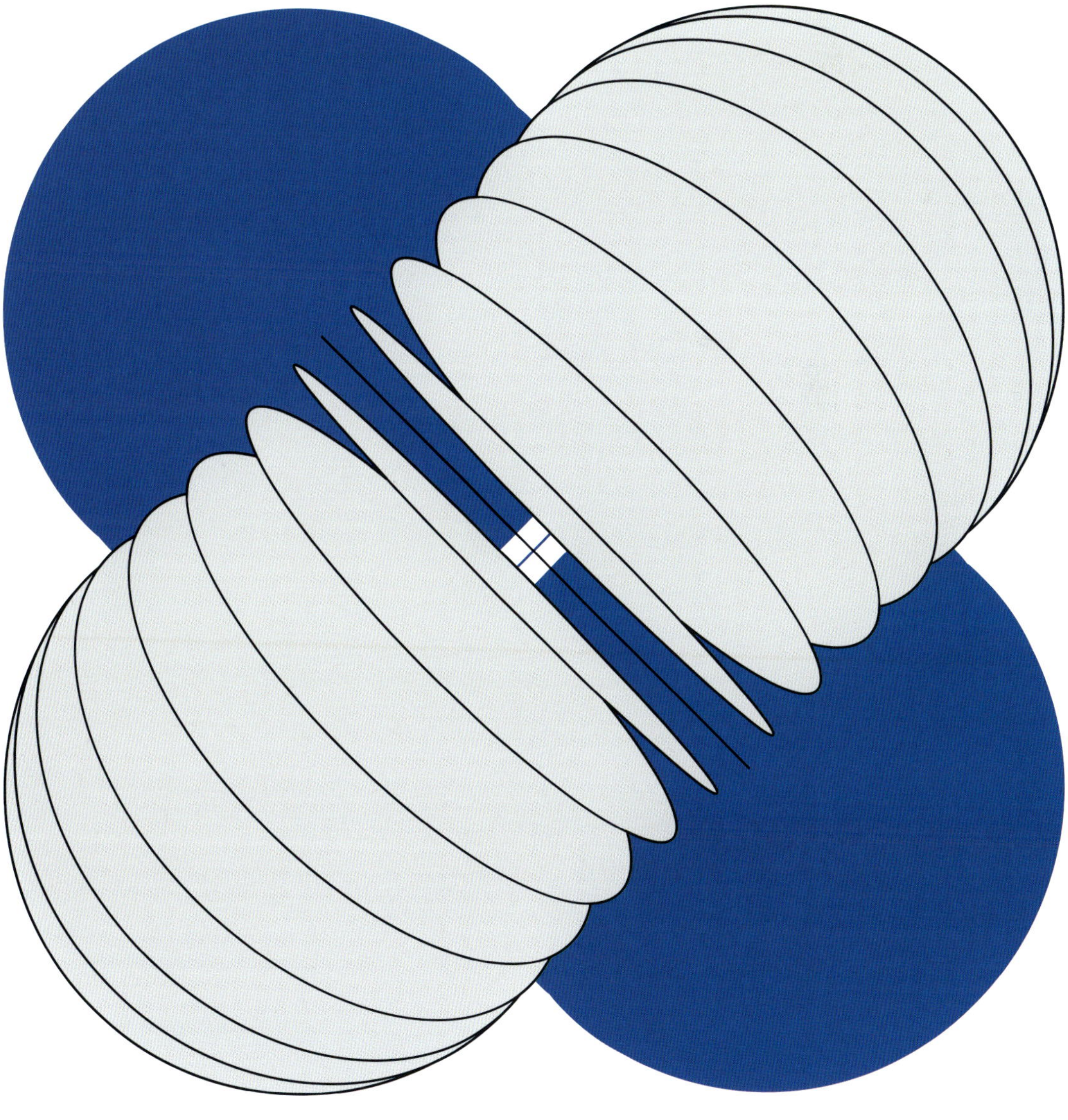

워크북

하이라이트
지학사

완벽한 개념으로 실전에 강해지는
개념기본서

풍산자 개념완성

중학수학 **3-2**

워크북

대단원	중단원	소단원	쪽수
Ⅰ. 삼각비	1. 삼각비	1. 삼각비의 뜻과 값	2
		단원 마무리	9
	2. 삼각비의 활용	1. 삼각비의 활용 (1)	11
		2. 삼각비의 활용 (2)	14
		단원 마무리	17
Ⅱ. 원의 성질	1. 원과 직선	1. 원의 현	19
		2. 원의 접선	21
		단원 마무리	24
	2. 원주각	1. 원주각의 성질	26
		2. 원과 사각형	30
		3. 원의 접선과 현이 이루는 각	32
		단원 마무리	34
Ⅲ. 통계	1. 대푯값과 산포도	1. 대푯값과 산포도	36
		단원 마무리	41
	2. 상관관계	1. 상관관계	43
		단원 마무리	47

1 · 삼각비의 뜻과 값

정답과 해설 40~46쪽 | 개념북 8~19쪽

01 삼각비의 뜻

01 오른쪽 그림과 같이 $\angle C = 90°$인 직각삼각형 ABC에 대하여 다음 중 옳은 것은?

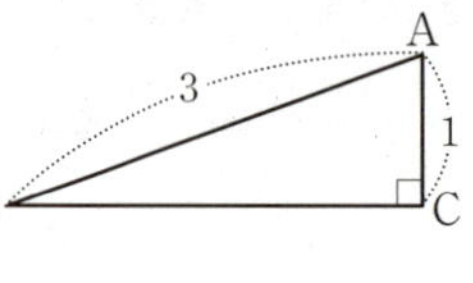

① $\sin A = \dfrac{1}{3}$ ② $\sin B = \dfrac{2\sqrt{2}}{3}$

③ $\cos A = \dfrac{2\sqrt{2}}{3}$ ④ $\cos B = \dfrac{1}{3}$

⑤ $\tan A = 2\sqrt{2}$

02 오른쪽 그림과 같이 $\angle C = 90°$인 직각삼각형 ABC가 있다. 다음 중 $\cos A$와 같은 값을 갖는 삼각비는?

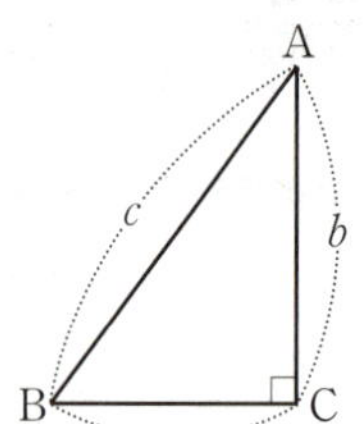

① $\sin A$ ② $\sin B$

③ $\cos B$ ④ $\tan A$

⑤ $\tan B$

03 오른쪽 그림과 같이 $\angle B = 90°$인 직각삼각형 ABC에서 $\sin A \times \tan C$의 값을 구하여라.

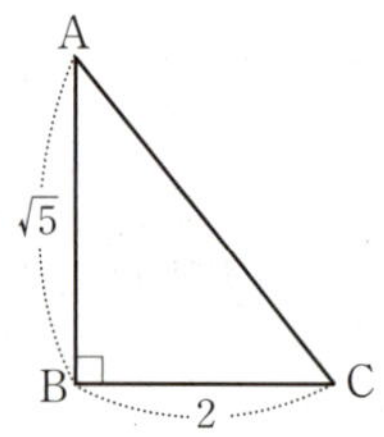

04 오른쪽 그림과 같이 $\angle A = 90°$, $\overline{AC} = 6\,\text{cm}$인 직각삼각형 ABC에서 $\sin B = \dfrac{3}{4}$일 때, $\overline{AB}$의 길이를 구하여라.

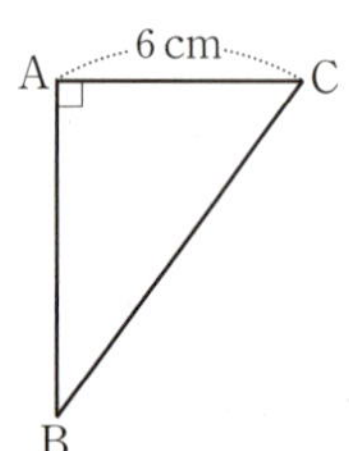

05 오른쪽 그림과 같이 $\angle B = 90°$, $\overline{AC} = 4$인 직각삼각형 ABC에서 $\cos C = \dfrac{1}{2}$일 때, $\sqrt{3}x + y$의 값을 구하여라.

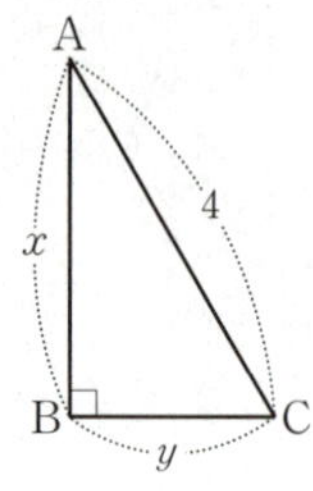

06 오른쪽 그림과 같이 $\angle A = 90°$, $\overline{BC} = 12$인 직각삼각형 ABC에서 $\tan B = 1$일 때, $\overline{AB} + \overline{AC}$의 값은?

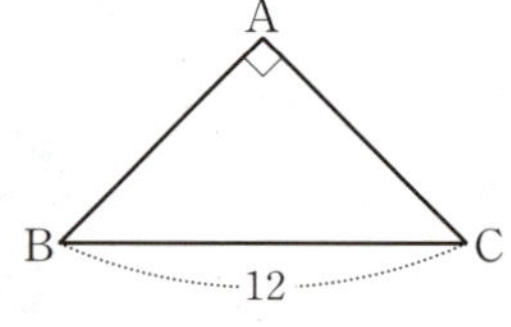

① 12 ② $6\sqrt{6}$ ③ $6\sqrt{2} + 6\sqrt{3}$

④ $12\sqrt{2}$ ⑤ $12\sqrt{3}$

07 오른쪽 그림과 같이 $\angle C = 90°$, $\overline{AB} = 6$인 직각삼각형 ABC에서 $\cos A = \dfrac{2}{3}$일 때, $\triangle ABC$의 넓이를 구하여라.

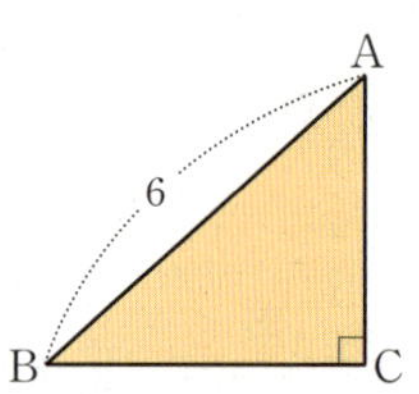

08 $\angle A = 90°$인 직각삼각형 ABC에서 $\sin B = \dfrac{2\sqrt{6}}{7}$일 때, $\cos B$의 값은?

① $\dfrac{2\sqrt{5}}{7}$ ② $\dfrac{5}{7}$ ③ $\dfrac{2\sqrt{7}}{7}$

④ $\dfrac{6}{7}$ ⑤ $\dfrac{2\sqrt{10}}{7}$

09 $\angle B = 90°$인 직각삼각형 ABC에서 $\cos A = \dfrac{1}{3}$일 때, $\sin A + \cos C + \tan A$의 값을 구하여라.

10 $\angle C = 90°$인 직각삼각형 ABC에서 $\tan B = \dfrac{8}{15}$일 때, 다음 중 옳은 것은?

① $\sin B = \dfrac{15}{17}$ ② $\cos B = \dfrac{8}{17}$

③ $\sin A = \dfrac{8}{17}$ ④ $\cos A = \dfrac{15}{17}$

⑤ $\tan A = \dfrac{15}{8}$

11 $\triangle ABC$에서 $\angle A + \angle B = 90°$이고 $\tan A = \dfrac{2}{3}$일 때, $\sin A + \sin B$의 값을 구하여라.

12 오른쪽 그림과 같이 $\angle C = 90°$인 직각삼각형 ABC에서 $\overline{BC} = 2$, $\tan B = 3$, $\angle AED = 90°$이고, $\angle ADE = x°$라 할 때, $\cos x°$의 값을 구하여라.

13 오른쪽 그림과 같은 직각삼각형 ABC에서 $\overline{DE} \perp \overline{BC}$이고 $\angle BDE = x°$라고 할 때, $\sin x° - \cos x°$의 값은?

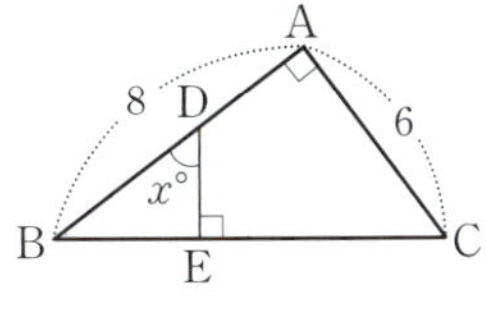

① $\dfrac{1}{5}$ ② $\dfrac{3}{10}$ ③ $\dfrac{2}{5}$

④ $\dfrac{1}{2}$ ⑤ $\dfrac{3}{5}$

14 오른쪽 그림과 같이 $\angle A = 90°$인 직각삼각형 ABC에서 $\overline{AH} \perp \overline{BC}$이고 $\angle BAH = x°$, $\angle CAH = y°$라고 할 때, $\sin x° + \cos y°$의 값은?

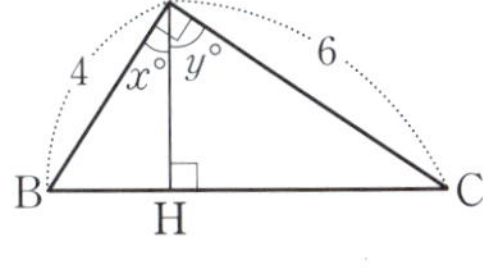

① $\dfrac{4\sqrt{13}}{13}$ ② $\dfrac{6\sqrt{13}}{13}$ ③ $\dfrac{8\sqrt{13}}{13}$

④ $\dfrac{9\sqrt{13}}{13}$ ⑤ $\dfrac{10\sqrt{13}}{13}$

15 오른쪽 그림과 같은 직사각형 ABCD에서 $\overline{AB} = 4$, $\overline{AD} = 8$이고 $\overline{DE} \perp \overline{AC}$, $\angle ADE = x°$라고 할 때, $\sin x° - \cos x°$의 값은?

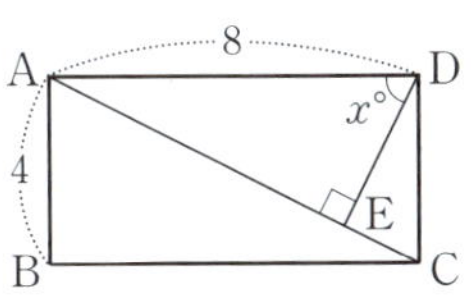

① $\dfrac{\sqrt{5}}{5}$ ② $\dfrac{2\sqrt{5}}{5}$ ③ $\dfrac{3\sqrt{5}}{7}$

④ $\dfrac{4\sqrt{5}}{5}$ ⑤ $\sqrt{5}$

16 다음은 직선 $x-2y+4=0$이 x축의 양의 방향과 이루는 각을 $a°$라고 할 때, $\tan a°$의 값을 구하는 과정이다. □ 안에 알맞은 것을 써넣어라.

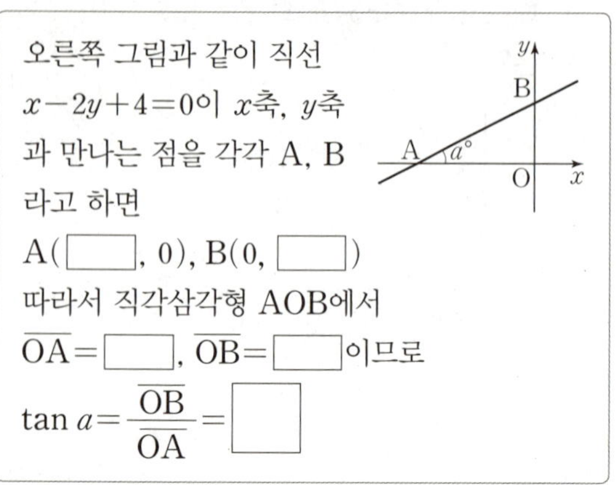

오른쪽 그림과 같이 직선 $x-2y+4=0$이 x축, y축과 만나는 점을 각각 A, B라고 하면

A($\boxed{}$, 0), B(0, $\boxed{}$)

따라서 직각삼각형 AOB에서

$\overline{OA}=\boxed{}$, $\overline{OB}=\boxed{}$이므로

$\tan a = \dfrac{\overline{OB}}{\overline{OA}} = \boxed{}$

17 오른쪽 그림과 같이 직선 $3x-4y+8=0$이 x축의 양의 방향과 이루는 각을 $a°$라고 할 때, $\tan a°$의 값을 구하여라.

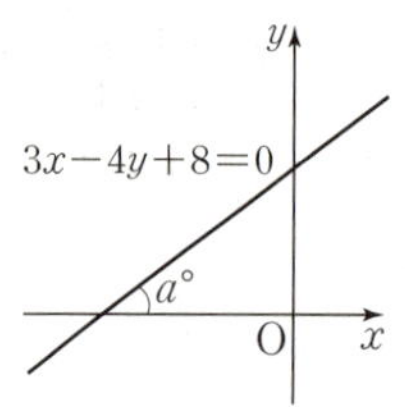

18 직선 $2x-3y-6=0$이 x축의 양의 방향과 이루는 각을 $a°$라고 할 때, $\sin a° + \cos a°$의 값은?

① $\dfrac{2\sqrt{13}}{13}$ ② $\dfrac{3\sqrt{13}}{13}$ ③ $\dfrac{4\sqrt{13}}{13}$

④ $\dfrac{5\sqrt{13}}{13}$ ⑤ $\dfrac{6\sqrt{13}}{13}$

19 오른쪽 그림과 같은 직육면체에서 $\angle DFH = x°$라고 할 때, $\cos x°$의 값을 구하여라.

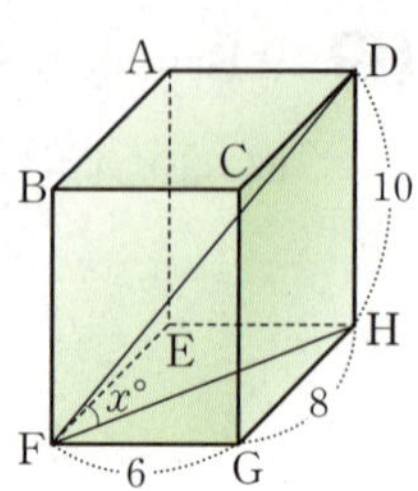

20 오른쪽 그림과 같은 직육면체에서 $\angle AGE = x°$라고 할 때, $\sin x° + \cos x°$의 값을 구하여라.

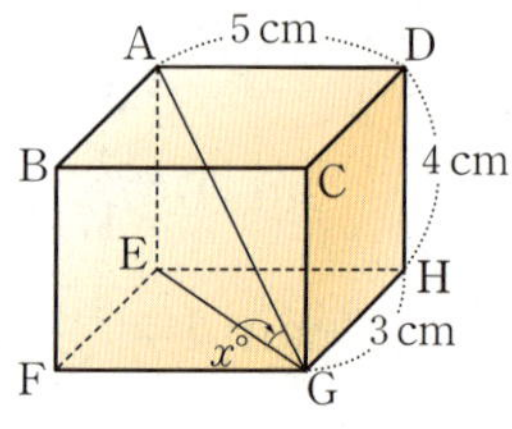

21 오른쪽 그림은 한 모서리의 길이가 4인 정육면체이다. $\angle CEG = x°$일 때, $\sin x° \times \cos x° \times \tan x°$의 값을 구하여라.

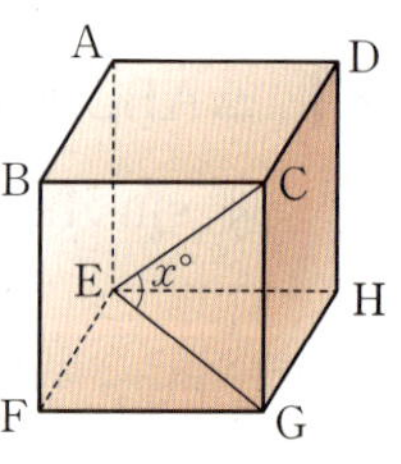

22 오른쪽 그림과 같이 한 모서리의 길이가 6인 정육면체에서 $\angle DFH = x°$, $\angle BGF = y°$라고 할 때, $6(\sin x° \times \sin y°)$의 값을 구하여라.

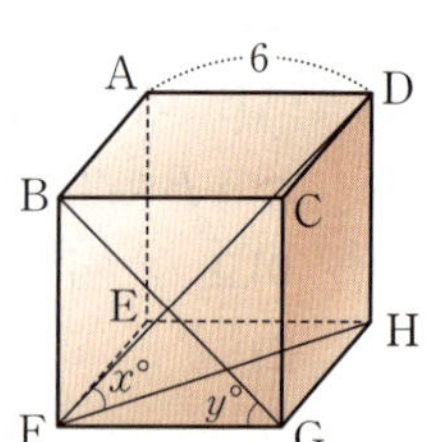

02 특수한 각의 삼각비의 값

01 다음 〈보기〉 중 옳은 것을 모두 고른 것은?

보기

ㄱ. $\sin 45^\circ + \cos 45^\circ = \sqrt{2}$

ㄴ. $\sin 30^\circ - \tan 45^\circ = -\dfrac{1}{2}$

ㄷ. $\sin 60^\circ \times \cos 30^\circ = \dfrac{3}{4}$

ㄹ. $\cos 60^\circ \div \tan 60^\circ = \dfrac{1}{2}$

① ㄱ, ㄴ ② ㄱ, ㄷ ③ ㄴ, ㄹ
④ ㄱ, ㄴ, ㄷ ⑤ ㄱ, ㄴ, ㄷ, ㄹ

02 $2\sin 60^\circ - \sqrt{2}\cos 45^\circ + \tan 30^\circ$의 값은?

① $\dfrac{3\sqrt{3}}{2} - 1$ ② $\dfrac{4\sqrt{2}}{3} - 1$

③ $\dfrac{4\sqrt{3}}{3} - 1$ ④ $\dfrac{3\sqrt{3}}{2} - \sqrt{2}$

⑤ $\dfrac{4\sqrt{3}}{3} - \sqrt{2}$

03 다음을 계산하여라.

$$\dfrac{\tan 45^\circ \times \sin 30^\circ - \cos 30^\circ}{\cos 60^\circ + \tan 60^\circ \times \cos 60^\circ}$$

04 $\sin x^\circ = \cos x^\circ$일 때, $\tan x^\circ$의 값은?

(단, $0^\circ < x^\circ < 90^\circ$)

① $\dfrac{1}{2}$ ② $\dfrac{\sqrt{2}}{2}$ ③ 1

④ $\dfrac{\sqrt{3}}{3}$ ⑤ $\sqrt{3}$

05 $\sin(2x^\circ - 30^\circ) = \dfrac{\sqrt{3}}{2}$일 때, $\cos x^\circ$의 값을 구하여라. (단, $0^\circ < 2x^\circ - 30^\circ < 90^\circ$)

06 $0^\circ < \angle A < 90^\circ$, $0^\circ < \angle B < 90^\circ$인 $\angle A$, $\angle B$에 대하여 이차방정식 $2x^2 - 3x + 1 = 0$의 두 근이 $\sin A$, $\tan B$일 때, $\angle B - \angle A$의 값은?

(단, $\sin A < \tan B$)

① 0° ② 15° ③ 30°

⑤ 45° ⑤ 60°

07 다음 그림의 $\triangle ABC$에서 $\angle ABC = 45^\circ$, $\angle ACB = 30^\circ$, $\overline{AB} = 8$이고 $\overline{AD} \perp \overline{BC}$일 때, $\overline{AC}$의 길이는?

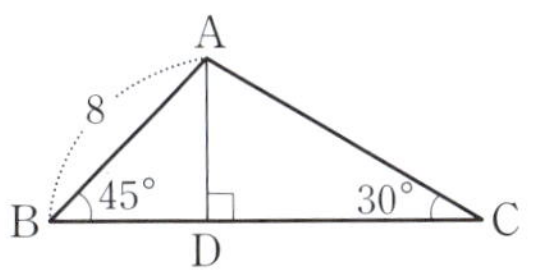

① $8\sqrt{2}$ ② 12 ③ $8\sqrt{3}$

④ 16 ⑤ $8\sqrt{5}$

08 오른쪽 그림에서 $\angle ABC = \angle BCD = 90^\circ$, $\angle ACB = 30^\circ$, $\angle BDC = 45^\circ$이고 $\overline{AB} = 3$일 때, $\overline{CD}$의 길이를 구하여라.

09 오른쪽 그림의 사각형
ABCD에서
$\angle BAD=\angle BDC=90°$,
$\angle ABD=45°$,
$\angle BCD=60°$이고 $\overline{BC}=4$
일 때, $\overline{AD}$의 길이는?

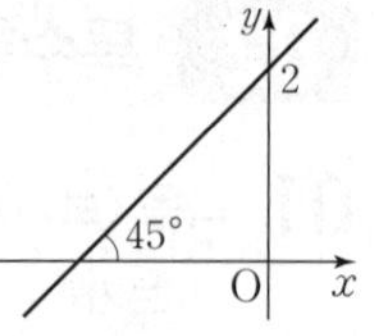

① $\sqrt{2}$ ② $\sqrt{3}$ ③ 2
④ $\sqrt{5}$ ⑤ $\sqrt{6}$

10 오른쪽 그림과 같이 $\overline{AC}=12$,
$\angle B=90°$, $\angle A=30°$인 직각삼
각형 ABC에서 변 AB의 중점을
D라고 할 때, $\overline{CD}$의 길이는?

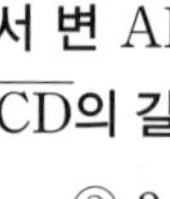

① 6 ② $3\sqrt{6}$
③ $3\sqrt{7}$ ④ $6\sqrt{2}$
⑤ $6\sqrt{3}$

11 오른쪽 그림과 같이
$\overline{AB}=8\ \text{cm}$, $\angle C=90°$,
$\angle B=30°$인 직각삼각형
ABC에서 $\overline{AD}$가 $\angle A$의
이등분선일 때, $\overline{BD}$의 길이를 구하여라.

12 오른쪽 그림과 같이
$\angle C=90°$, $\angle B=30°$,
$\overline{AC}=2\sqrt{3}$인 직각삼각형
ABC에서 변 BC 위의 점
D에 대하여 $\angle ADC=60°$일 때, $\overline{AB}+\overline{AD}$의 값을
구하여라.

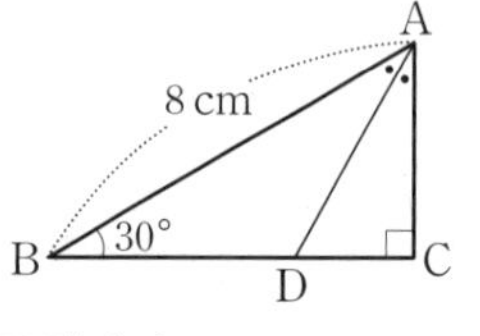

13 오른쪽 그림과 같이 y절편이 2
이고 x축의 양의 방향과 이루
는 각의 크기가 $45°$인 직선의
방정식은?

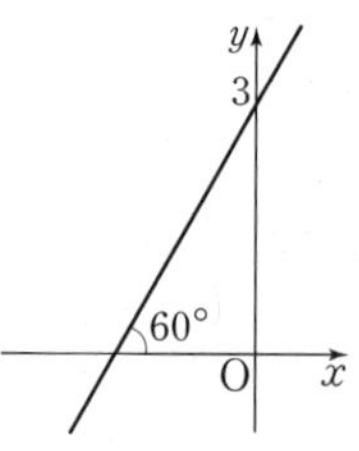

① $y=x-2$ ② $y=x+2$
③ $y=2x+1$ ④ $y=2x+1$
⑤ $y=3x+2$

14 오른쪽 그림과 같이 y절편이 3이
고 x축의 양의 방향과 이루는 각
의 크기가 $60°$인 직선의 방정식
을 구하여라.

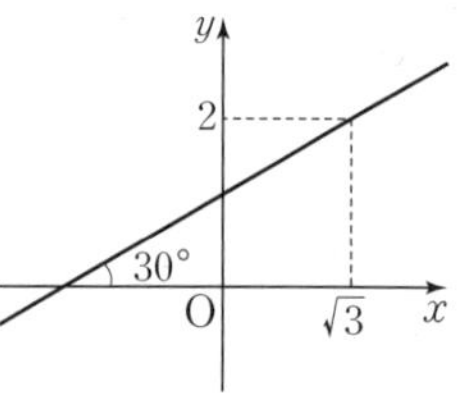

15 오른쪽 그림과 같이 x축의
양의 방향과 이루는 각의 크
기가 $30°$이고 한 점
$(\sqrt{3},\ 2)$를 지나는 직선의
방정식은?

① $x-\sqrt{3}y+\sqrt{3}=0$
② $x-\sqrt{3}y-\sqrt{3}=0$
③ $x+\sqrt{3}y-\sqrt{3}=0$
④ $\sqrt{3}x-y+\sqrt{3}=0$
⑤ $\sqrt{3}x-y-\sqrt{3}=0$

01 오른쪽 그림과 같이 반지름의 길이가 1인 사분원에서 다음 중 옳은 것을 모두 고르면?

(정답 2개)

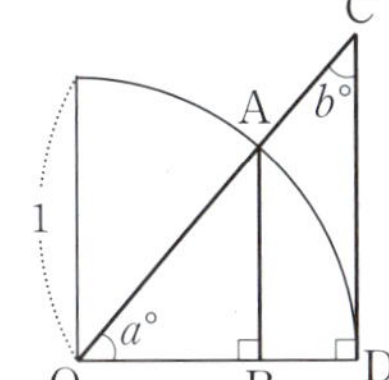

① $\sin a° = \overline{\mathrm{CD}}$

② $\sin b° = \overline{\mathrm{OB}}$

③ $\cos a° = \overline{\mathrm{OD}}$

④ $\cos b° = \overline{\mathrm{AB}}$

⑤ $\tan a° = \overline{\mathrm{AB}}$

02 오른쪽 그림과 같이 반지름의 길이가 1인 사분원에서 $\cos 29° + \tan 61°$의 값을 구하여라.

03 오른쪽 그림과 같이 반지름의 길이가 1인 사분원에서 사각형 ABDC의 넓이는?
(단, $\sin 58° = 0.8$,
$\cos 58° = 0.5$,
$\tan 58° = 1.6$으로 계산한다.)

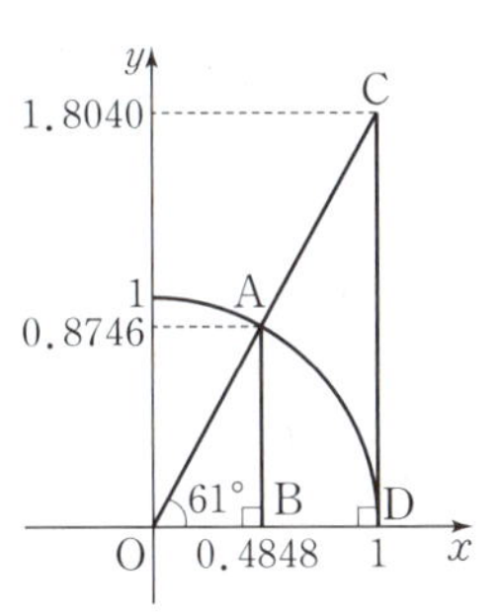

① 0.58　　② 0.6

③ 0.62　　④ 0.64　　⑤ 0.66

04 $\cos 0° + \sin 90° - \cos 60° \times \sin 0° + 2\tan 0°$의 값은?

① 0　　② $\dfrac{1}{2}$　　③ 1

④ $\dfrac{3}{2}$　　⑤ 2

05 다음 식을 만족시키는 x의 값을 구하여라.

(단, $0° \leq x° < 90°$)

$$\sin 90° \times \tan x° - \cos 0° \times \tan 30° = \frac{2\sqrt{3}}{3}$$

06 다음 삼각비의 값 중에서 가장 큰 것은?

① $\tan 0°$　　② $\cos 15°$　　③ $\sin 33°$

④ $\sin 78°$　　⑤ $\tan 50°$

07 $45° < x° < 90°$일 때, 다음 식을 간단히 하여라.

$$\sqrt{(\sin x° - \tan x°)^2} + \sqrt{(\cos x° - \sin x°)^2}$$

08 $0° \leq x° \leq 90°$일 때, 다음 중 옳지 <u>않은</u> 것은?

① x의 값이 커지면 $\sin x°$의 값은 커진다.

② $\sin x°$의 최솟값은 0이고 최댓값은 1이다.

③ x의 값이 커지면 $\cos x°$의 값은 작아진다.

④ x의 값이 커지면 $\tan x°$의 값은 커진다.

⑤ $\tan x°$의 최솟값은 0이고 최댓값은 1이다.

04 삼각비의 표

01 다음 삼각비의 표를 이용하여
$\sin 29° + \cos 26° + \tan 28°$의 값을 구하여라.

각도	사인 (sin)	코사인 (cos)	탄젠트 (tan)
26°	0.4384	0.8988	0.4877
27°	0.4540	0.8910	0.5095
28°	0.4695	0.8829	0.5317
29°	0.4848	0.8746	0.5543
30°	0.5000	0.8660	0.5774

02 $x° = 15°$일 때, 다음 삼각비의 표를 이용하여
$\sin(x° - 2°) \times \cos 4x° + \tan 3x° - \cos x°$의 값을 구하여라.

각도	사인 (sin)	코사인 (cos)	탄젠트 (tan)
13°	0.2250	0.9744	0.2309
14°	0.2419	0.9703	0.2493
15°	0.2588	0.9659	0.2679
16°	0.2756	0.9613	0.2867

03 아래 삼각비의 표를 이용하여 다음 중 옳지 <u>않은</u> 것을 고르면?

각도	사인 (sin)	코사인 (cos)	탄젠트 (tan)
17°	0.2924	0.9563	0.3057
39°	0.6293	0.7771	0.8098
43°	0.6820	0.7314	0.9325
65°	0.9063	0.4226	2.1445

① $\tan 17° = 0.3057$

② $\sin 17° + \cos 65° = 1.0238$

③ $\sin x° = 0.9063$이면 $x° = 65°$

④ $\cos y° = 0.9563$이면 $y° = 17°$

⑤ $\cos x° = 0.7314$, $\tan y° = 0.3057$이면
  $x° - y° = 26°$

04 $\sin x° = 0.6820$, $\cos y° = 0.7431$일 때, 다음 삼각비의 표를 이용하여 $x° + y°$의 값을 구하여라.

각도	사인 (sin)	코사인 (cos)	탄젠트 (tan)
41°	0.6561	0.7547	0.8693
42°	0.6691	0.7431	0.9004
43°	0.6820	0.7314	0.9325
44°	0.6947	0.7193	0.9657
45°	0.7071	0.7071	1.0000

05 $\sin x° = 0.9962$, $\tan y° = 19.0811$, $\cos z° = 0.1045$일 때, 다음 삼각비의 표를 이용하여
$\cos x° - \sin y° + \tan z°$의 값을 구하여라.

각도	사인 (sin)	코사인 (cos)	탄젠트 (tan)
83°	0.9925	0.1219	8.1443
84°	0.9945	0.1045	9.5144
85°	0.9962	0.0872	11.4301
86°	0.9976	0.0698	14.3007
87°	0.9986	0.0523	19.0811

06 다음 삼각비의 표를 이용하여 오른쪽 그림의 직각삼각형 ABC에서 $\overline{AB} + \overline{BC}$의 값을 구하여라.

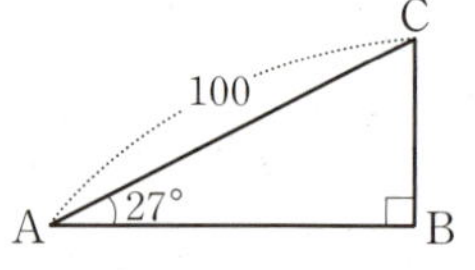

각도	사인 (sin)	코사인 (cos)	탄젠트 (tan)
61°	0.8746	0.4848	1.8040
62°	0.8829	0.4695	1.8807
63°	0.8910	0.4540	1.9626
64°	0.8988	0.4384	2.0503
65°	0.9063	0.4226	2.1445

단원·마무리

정답과 해설 44~46쪽 ｜ 개념북 20~22쪽

01 오른쪽 그림과 같이 $\angle A = 90°$인 직각삼각형 ABC에서 $\overline{AB} : \overline{AC} = 2 : 1$일 때, 다음 중 옳지 <u>않은</u> 것은?

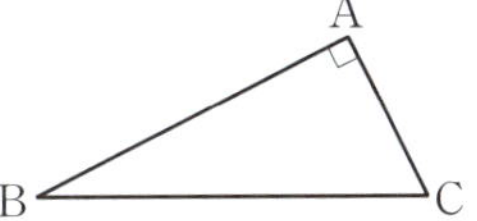

① $\sin B = \dfrac{\sqrt{5}}{5}$ ② $\sin C = \dfrac{2\sqrt{5}}{5}$

③ $\cos B = \dfrac{2\sqrt{5}}{5}$ ④ $\cos C = \dfrac{\sqrt{5}}{5}$

⑤ $\tan C = \dfrac{1}{2}$

02 오른쪽 그림과 같이 $\angle C = 90°$인 직각삼각형 ABC의 꼭짓점 C에서 변 AB에 내린 수선의 발을 D, 점 D에서 변 BC에 내린 수선의 발을 E라고 할 때, 다음 〈보기〉 중 $\sin x°$를 나타내는 것을 모두 고른 것은?

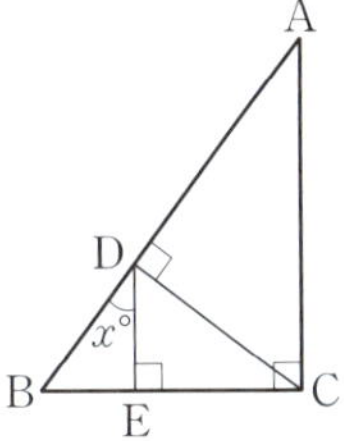

> **보기**
>
> ㄱ. $\dfrac{\overline{BC}}{\overline{AB}}$ ㄴ. $\dfrac{\overline{BE}}{\overline{BD}}$
>
> ㄷ. $\dfrac{\overline{CD}}{\overline{BC}}$ ㄹ. $\dfrac{\overline{DE}}{\overline{CD}}$

① ㄱ, ㄴ   ② ㄴ, ㄹ   ③ ㄷ, ㄹ

④ ㄱ, ㄴ, ㄹ   ⑤ ㄴ, ㄷ, ㄹ

03 직선 $4x - 3y + 12 = 0$이 x축, y축과 이루는 예각의 크기를 각각 $a°$, $b°$라고 할 때, 다음 중 옳은 것은?

① $\sin a° = \dfrac{3}{4}$ ② $\cos a° = \dfrac{4}{5}$

③ $\sin b° = \dfrac{4}{5}$ ④ $\cos b° = \dfrac{4}{5}$

⑤ $\tan a° = \tan b°$

04 오른쪽 그림과 같은 직육면체에서 $\angle CEG = x°$, $\angle ECG = y°$라고 할 때, $\sin x° + \cos y°$의 값은?

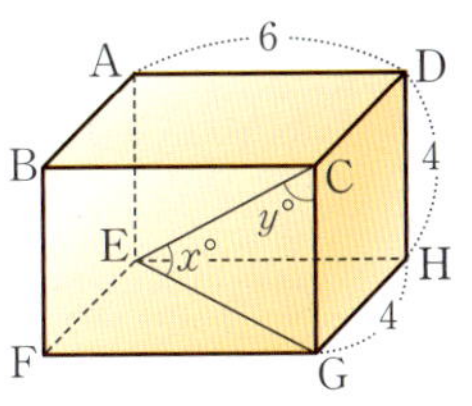

① $\dfrac{2\sqrt{13}}{13}$ ② $\dfrac{4\sqrt{13}}{13}$ ③ $\dfrac{2\sqrt{17}}{17}$

④ $\dfrac{4\sqrt{17}}{17}$ ⑤ $\dfrac{6\sqrt{17}}{17}$

05 다음 식을 계산하면?

$$2\sin 60° + \sqrt{3}\cos 45° \times \tan 0° + \sin 90° + \tan 60°$$

① $2\sqrt{3} + 2$ ② $2\sqrt{3} + 1$ ③ $2\sqrt{3}$

④ $\sqrt{3} + 2$ ⑤ $\sqrt{3} + 1$

06 다음 중 옳은 것을 모두 고르면? (정답 2개)

① $\dfrac{\cos 30°}{\sin 30°} = \sqrt{3}$

② $\sin 30° + \cos 60° + \tan 45° = 3$

③ $\tan 60° \times \sin 30° - \cos 30° = 1$

④ $\sin 90° + \cos 0° + \tan 45° = 2$

⑤ $\cos 45° \times \sin 45° - \cos 60° \times \sin 90° = 0$

07 오른쪽 그림에서 $\angle ABC = \angle ACD = 90°$, $\angle CAB = \angle DAC = 30°$이고 $\overline{AD} = 12$일 때, $\overline{AB}$의 길이를 구하여라.

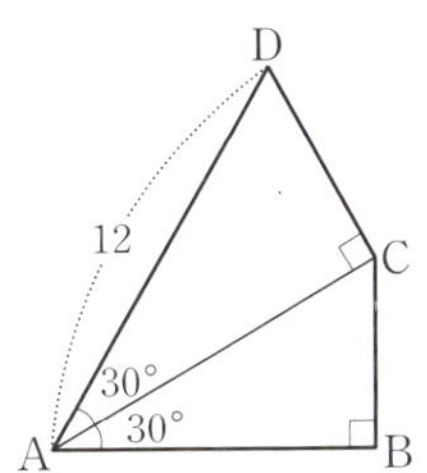

08 오른쪽 그림에서 $\angle B=90°$, $\angle ACB=45°$, $\angle ADB=60°$이고 $\overline{BD}=2$ 일 때, $\triangle ADC$의 넓이는?

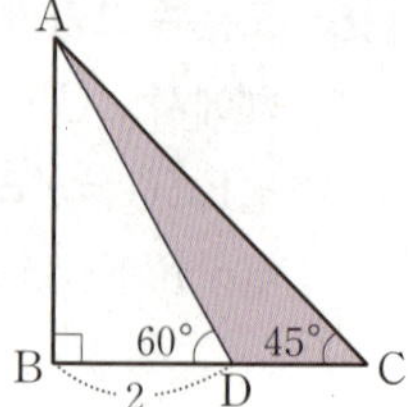

① $2\sqrt{3}-2$
② $4\sqrt{3}-2$　　③ $6-2\sqrt{3}$
④ $12-4\sqrt{3}$　　⑤ $6\sqrt{3}-6$

09 오른쪽 그림과 같이 반지름의 길이가 1인 사분원을 좌표평면 위에 나타낼 때, 다음 중 점의 좌표가 옳은 것은?

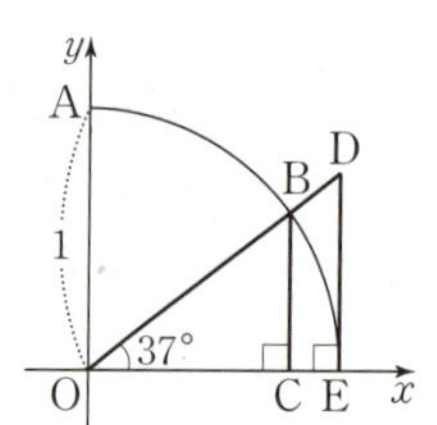

① $A(1,\,0)$
② $B(\sin 37°,\,\cos 37°)$
③ $C(\tan 37°,\,0)$
④ $D(1,\,\tan 37°)$
⑤ $E(0,\,1)$

10 $0°<x°<45°$일 때, 다음 식을 간단히 하면?

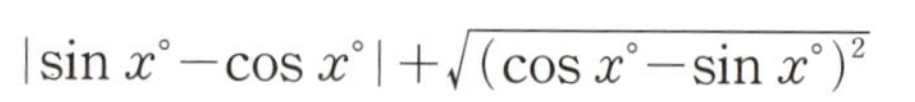
$$|\sin x°-\cos x°|+\sqrt{(\cos x°-\sin x°)^2}$$

① $2\sin x°$　　② $2\cos x°$
③ 0　　④ $2(\sin x°-\cos x°)$
⑤ $2(\cos x°-\sin x°)$

11 오른쪽 그림의 직각 삼각형 ABC에서 $\angle B$의 크기를 다음 삼각비의 표를 이용하여 구하면?

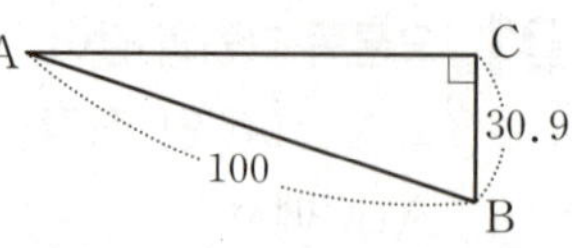

각도	사인 (sin)	코사인 (cos)	탄젠트 (tan)
70°	0.9397	0.3420	2.7475
71°	0.9455	0.3256	2.9042
72°	0.9511	0.3090	3.0777
73°	0.9563	0.2924	3.2709
74°	0.9613	0.2756	3.4874

① 70°　　② 71°　　③ 72°
④ 73°　　⑤ 74°

12 $\sin A=\dfrac{12}{13}$일 때, $\dfrac{\cos A\times\tan A+\sin A}{\sin A-\cos A}$의 값을 구하여라. (단, $0°<\angle A<90°$)

13 오른쪽 그림에서 $\triangle ABC$의 넓이를 구하여라.

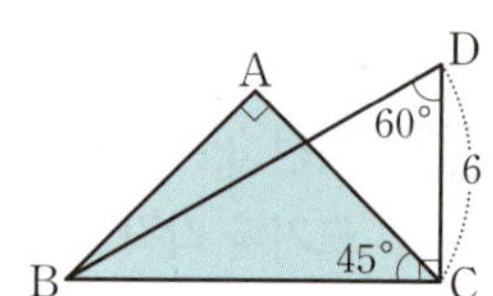

1 · 삼각비의 활용 (1)

정답과 해설 46~47쪽 | 개념북 24~31쪽

05 직각삼각형의 변의 길이

01 다음 중 오른쪽 그림과 같은 직각삼각형 ABC에서 $\overline{BC}$의 길이를 나타낸 것이 <u>아닌</u> 것은?

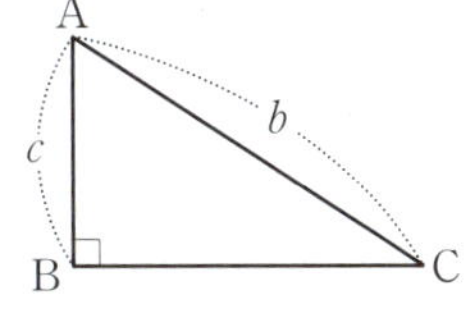

① $b \sin A$ 　② $c \tan A$ 　③ $b \sin C$

④ $b \cos C$ 　⑤ $\dfrac{c}{\tan C}$

02 오른쪽 그림과 같이 $\angle B = 90°$, $\angle C = 35°$, $\overline{AC} = 4$인 직각삼각형 ABC에서 $\overline{AB}$, $\overline{BC}$의 길이를 차례대로 구한 것을 모두 고르면? (정답 2개)

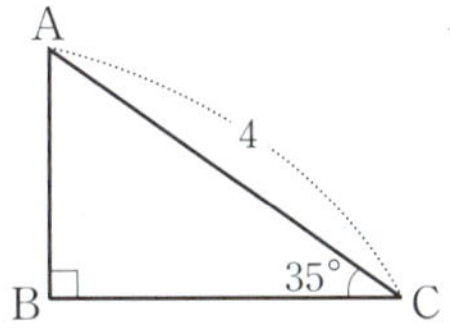

① $4 \sin 35°$, $4 \sin 55°$ 　② $4 \cos 35°$, $4 \sin 55°$

③ $4 \sin 35°$, $4 \cos 55°$ 　④ $4 \cos 55°$, $4 \cos 35°$

⑤ $4 \sin 55°$, $4 \tan 35°$

03 오른쪽 그림과 같이 $\angle A = 65°$, $\angle C = 90°$, $\overline{BC} = 9$인 직각삼각형 ABC에서 $7x + y$의 값을 구하여라. (단, $\sin 65° = 0.9$, $\tan 65° = 2.1$로 계산한다.)

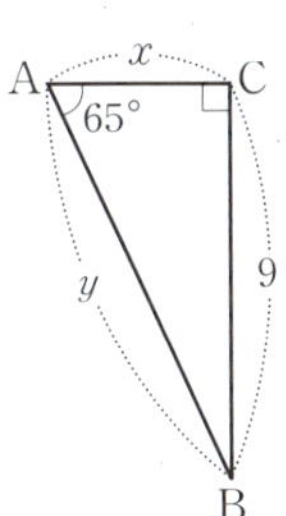

04 오른쪽 그림과 같이 $\angle ABC = \angle BCD = 90°$, $\angle A = 60°$, $\angle D = 45°$, $\overline{AB} = \sqrt{6}$일 때, $\overline{BD}$의 길이를 구하여라.

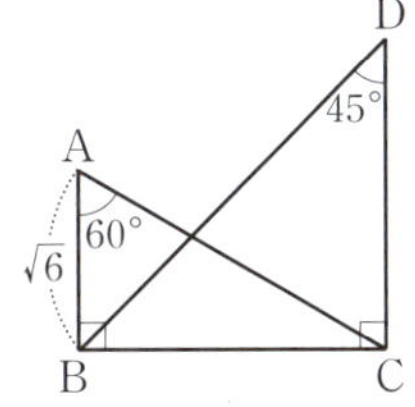

05 오른쪽 그림과 같이 $\overline{BD} = 4$, $\overline{BF} = 5$, $\angle DBC = 40°$인 직육면체의 부피는? (단, $\sin 40° = 0.6$, $\cos 40° = 0.8$로 계산한다.)

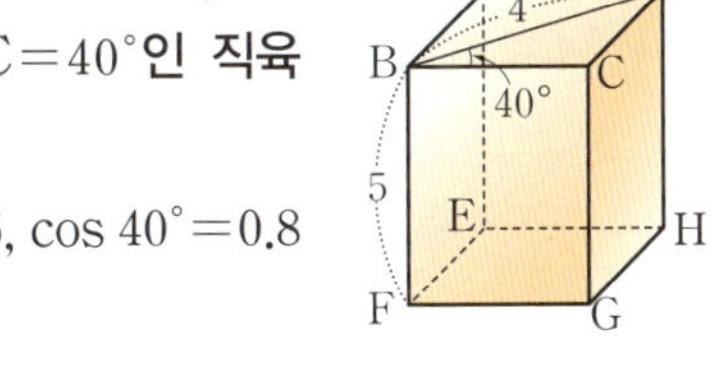

① 31.8 　② 34.6 　③ 38.4

④ 48.2 　⑤ 56.4

06 오른쪽 그림과 같이 탑으로부터 10 m 떨어진 B 지점에서 탑의 꼭대기 A 지점을 올려다본 각의 크기가 42°일 때, 이 탑의 높이는? (단, $\sin 42° = 0.67$, $\cos 42° = 0.74$, $\tan 42° = 0.90$으로 계산한다.)

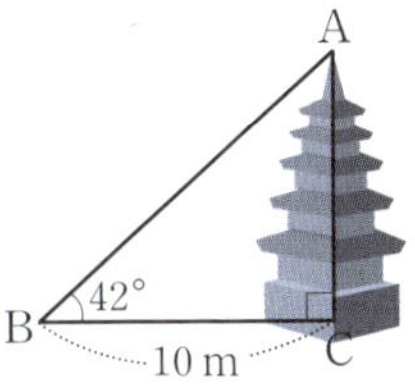

① 6.7 m 　② 7.4 m 　③ 8.8 m

④ 9 m 　⑤ 13.4 m

07 지면에 수직으로 서 있던 나무가 번개를 맞아 부러져 오른쪽 그림과 같이 지면과 33°의 각을 이루게 되었다. 부러지기 전 이 나무의 높이는? (단, 나무의 두께는 생각하지 않고, $\cos 33° = 0.8$, $\tan 33° = 0.6$으로 계산한다.)

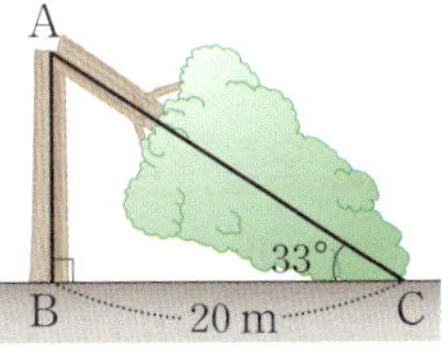

① 32 m 　② 35 m 　③ 37 m

④ 39 m 　⑤ 43 m

 오른쪽 그림과 같이 눈높이가 1.6 m인 승훈이가 건물로부터 10 m 떨어진 지점에서 건물의 꼭대기를 올려다본 각의 크기가 47°일 때, 이 건물의 높이는? (단, $\sin 47° = 0.73$, $\cos 47° = 0.68$, $\tan 47° = 1.07$로 계산한다.)

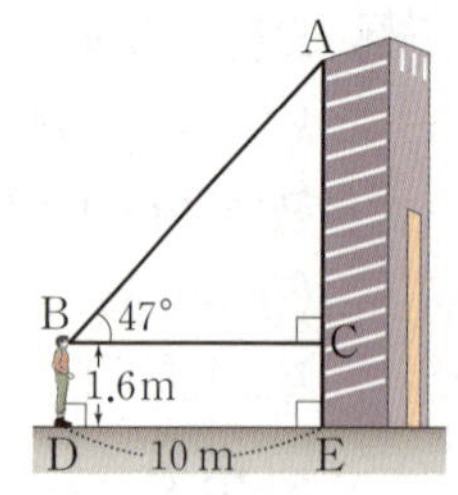

① 10.7 m   ② 12.3 m   ③ 13.5 m

④ 14.7 m   ⑤ 15.5 m

09 오른쪽 그림과 같이 진자를 길이가 50 cm인 실에 달아 천장의 O 지점에 연결하였다. 진자의 추가 $\overline{OA}$와 60°의 각을 이루는 순간 A 지점으로부터 이 추의 높이는?

(단, 진자의 크기는 고려하지 않는다.)

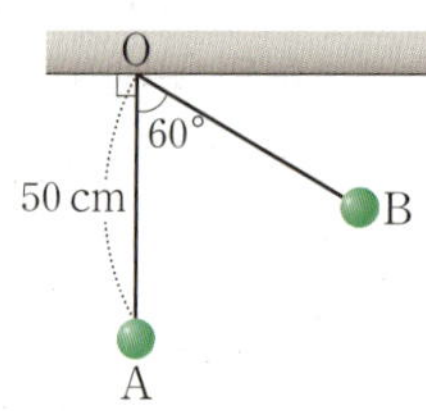

① 15 cm   ② 20 cm   ③ 25 cm

④ 30 cm   ⑤ 35 cm

10 오른쪽 그림과 같이 서로 300 m 떨어진 두 건물 A, B가 있다. 건물 A의 옥상의 P 지점에서 건물 B의 옥상의 Q 지점을 올려다본 각의 크기는 30°, 지면의 R 지점을 내려다본 각의 크기는 45°일 때, 건물 B의 높이를 구하여라.

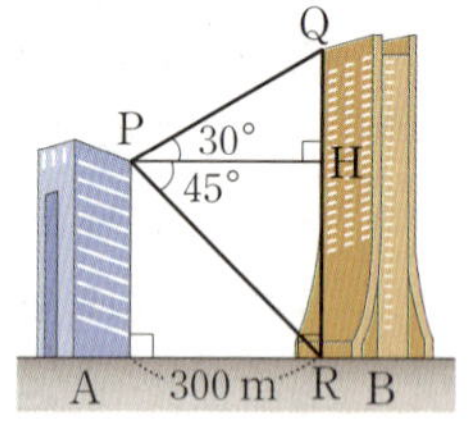

---

06 일반 삼각형의 변의 길이

01 오른쪽 그림과 같이 $\overline{AC}=6$, $\overline{BC}=4\sqrt{3}$, $\angle C=30°$인 $\triangle ABC$에서 $\overline{AB}$의 길이는?

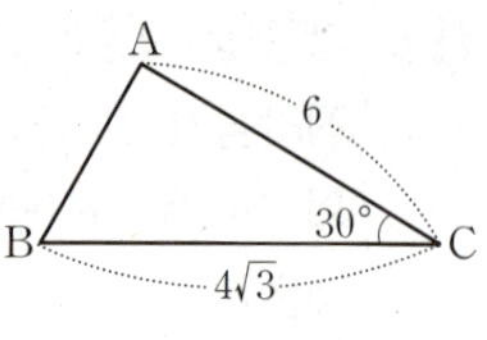

① $2\sqrt{2}$ ② 3 ③ $2\sqrt{3}$

④ 4 ⑤ $4\sqrt{2}$

02 오른쪽 그림과 같은 평행사변형 ABCD에서 $\overline{AB}=4$, $\overline{BC}=6$이고 $\angle B=60°$일 때, 대각선 AC의 길이는?

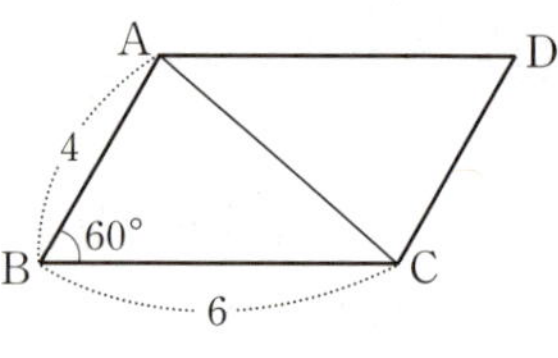

① $2\sqrt{6}$ ② $2\sqrt{7}$ ③ $4\sqrt{2}$

④ 6 ⑤ $2\sqrt{10}$

03 오른쪽 그림과 같이 $\overline{BC}=8$, $\angle B=45°$, $\angle C=75°$인 $\triangle ABC$에서 $\overline{AC}$의 길이는?

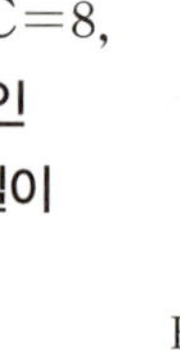

① $\dfrac{8\sqrt{3}}{3}$ ② $2\sqrt{6}$

③ $3\sqrt{3}$ ④ $\dfrac{8\sqrt{6}}{3}$ ⑤ $3\sqrt{6}$

04 오른쪽 그림과 같이 $\overline{AB}=6\sqrt{2}$, $\overline{BC}=4$, $\angle B=135°$인 $\triangle ABC$에서 $\overline{AC}$의 길이를 구하여라.

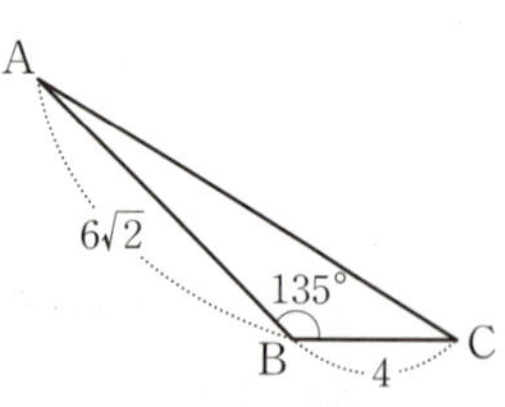

07 삼각형의 높이

01 오른쪽 그림과 같이 $\overline{BC}=a$인 △ABC의 꼭짓점 A에서 변 BC에 내린 수선의 발을 H라 하고, ∠BAH=$x°$, ∠CAH=$y°$라고 할 때, 다음 중 옳은 것은?

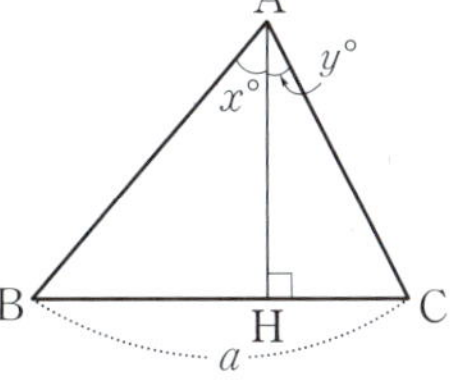

① $\overline{AH}=a(\tan x° + \tan y°)$

② $\overline{AH}=\dfrac{a}{\tan x° + \tan y°}$

③ $\overline{AH}=\dfrac{\tan x° + \tan y°}{a}$

④ $\overline{BH}=\overline{AH}\tan y°$

⑤ $\overline{CH}=\overline{AH}\tan x°$

02 오른쪽 그림과 같이 $\overline{BC}=6$인 △ABC의 꼭짓점 A에서 변 BC에 내린 수선의 발을 H라고 할 때, $\overline{AH}$의 길이를 구하여라.

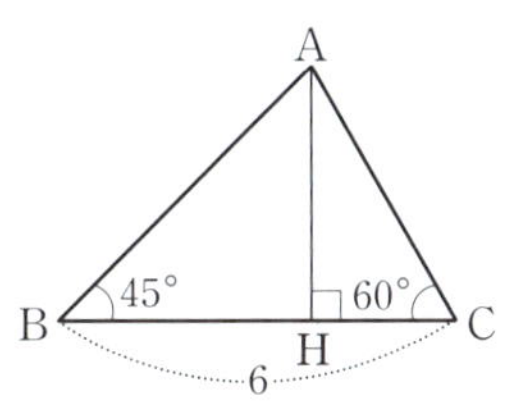

03 오른쪽 그림과 같이 $\overline{BC}=8$인 △ABC의 꼭짓점 A에서 변 BC의 연장선에 내린 수선의 발을 H라고 할 때, $\overline{AH}$의 길이를 구하여라.

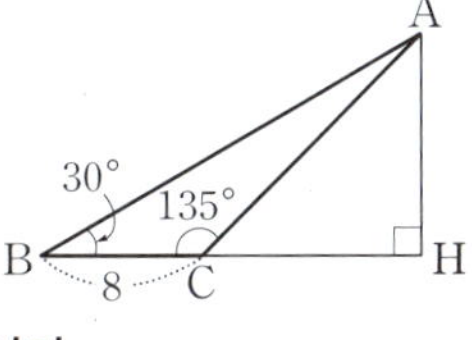

04 오른쪽 그림과 같이 $\overline{BC}=4$이고 ∠B=120°, ∠C=45°인 △ABC의 넓이를 구하여라.

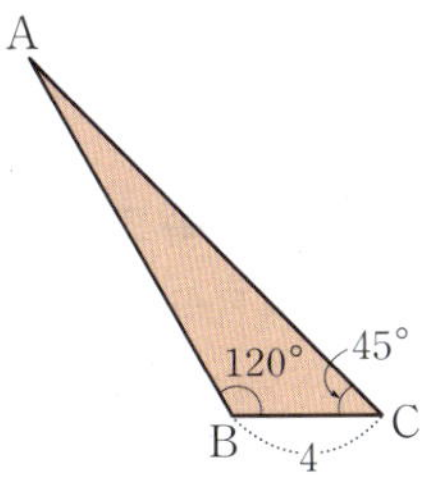

05 다음 그림과 같이 동상의 꼭대기 A 지점을 두 지점 B, C에서 올려다본 각의 크기가 각각 30°, 45°이다. 두 지점 B, C 사이의 거리가 40 m일 때, 동상의 높이는?

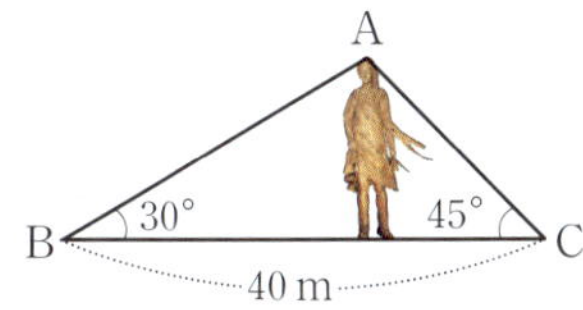

① $20(\sqrt{2}-1)$ m ② $40(\sqrt{2}-1)$ m

③ $20(\sqrt{3}-\sqrt{2})$ m ④ $40(\sqrt{3}-1)$ m

⑤ $20(\sqrt{3}-1)$ m

06 다음 그림과 같이 20 m 떨어진 두 지점 P, Q에서 빌딩의 꼭대기 A 지점을 올려다본 각의 크기가 각각 30°, 60°이다. 이 빌딩의 높이를 구하여라.

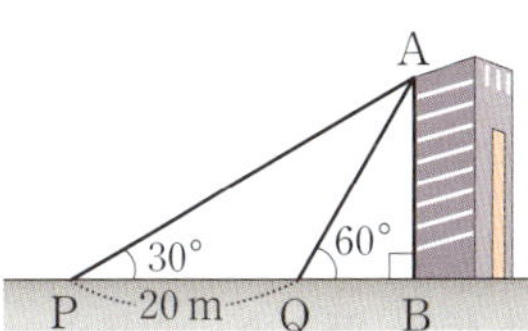

2 · 삼각비의 활용 (2)

정답과 해설 48~50쪽 | 개념북 32~37쪽

08 삼각형의 넓이

01 오른쪽 그림과 같이 $\overline{AB}=4$ cm, $\overline{BC}=7$ cm, $\angle B=60°$인 △ABC의 넓이는?

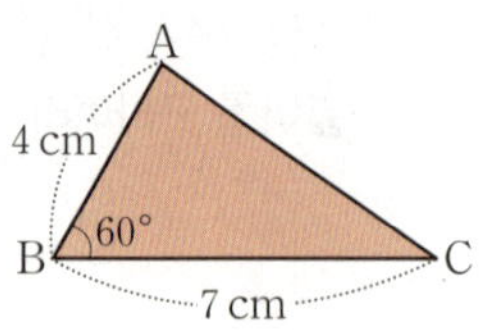

① $7\sqrt{2}$ cm^2 ② $7\sqrt{3}$ cm^2 ③ 14 cm^2

④ $14\sqrt{2}$ cm^2 ⑤ $14\sqrt{3}$ cm^2

02 오른쪽 그림과 같이 $\angle B=60°$, $\overline{AB}=6$ cm, $\overline{CH}=5$ cm일 때, △ABC의 넓이를 구하여라.

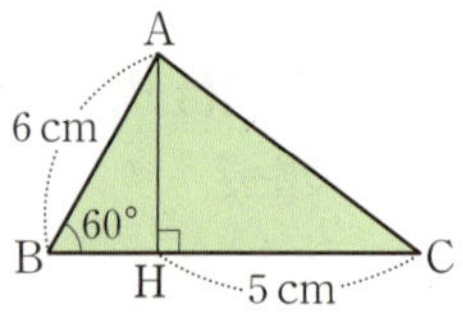

03 오른쪽 그림과 같이 $\overline{AB}=8$ cm, $\overline{BC}=9$ cm, $\angle B=120°$인 △ABC의 넓이는?

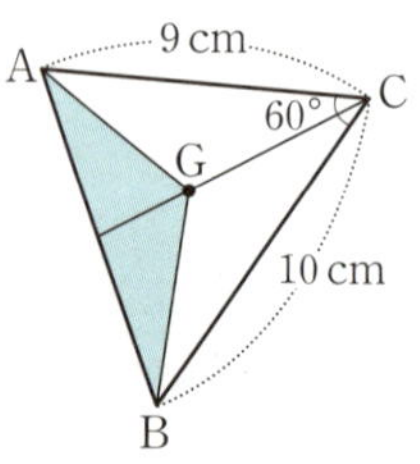

① $6\sqrt{2}$ cm^2 ② $12\sqrt{3}$ cm^2 ③ $18\sqrt{2}$ cm^2

④ $18\sqrt{3}$ cm^2 ⑤ 36 cm^2

04 오른쪽 그림과 같이 $\overline{AC}=9$ cm, $\overline{BC}=10$ cm, $\angle C=60°$인 △ABC의 무게중심이 G일 때, △GAB의 넓이를 구하여라.

05 오른쪽 그림과 같은 △ABC에서 $\overline{AB}=5$ cm, $\overline{AC}=11$ cm, $\angle BAC=120°$이고, $\overline{AD}$가 $\angle BAC$의 이등분선일 때, $\overline{AD}$의 길이를 구하여라.

06 오른쪽 그림과 같이 $\overline{AC}=6$ cm, $\angle A=45°$인 △ABC의 넓이가 $12\sqrt{2}$ cm^{2}일 때, $\overline{AB}$의 길이를 구하여라.

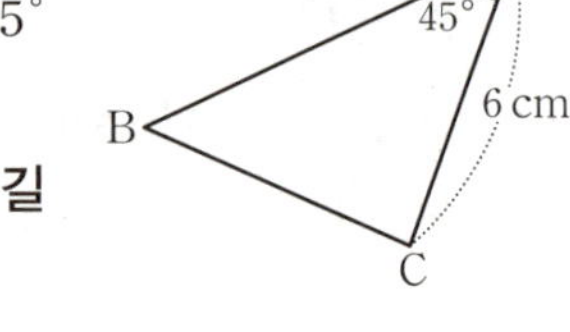

07 오른쪽 그림과 같이 $\overline{AB}=9$ cm, $\overline{BC}=6$ cm인 예각삼각형 ABC의 넓이가 $\dfrac{27\sqrt{3}}{2}$ cm^{2}일 때, $\angle B$의 크기를 구하여라.

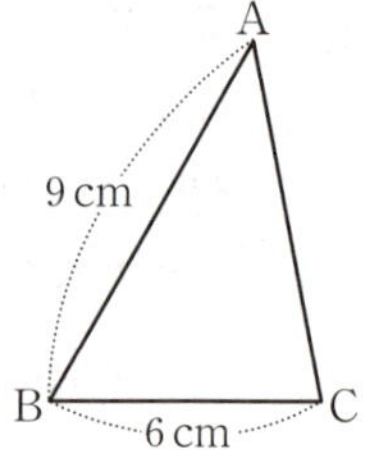

08 오른쪽 그림과 같이 $\overline{AC}=10$ cm, $\overline{BC}=7$ cm인 △ABC의 넓이가 $\dfrac{35\sqrt{2}}{2}$ cm^{2}일 때, $\angle C$의 크기를 구하여라. (단, $0°<180°-\angle C<90°$)

09 오른쪽 그림과 같이
$\overline{BC}=12$ cm,
$\angle A=40°$, $\angle C=20°$인
$\triangle ABC$의 넓이가
$18\sqrt{3}$ cm²일 때, $\overline{AB}$의 길이를 구하여라.

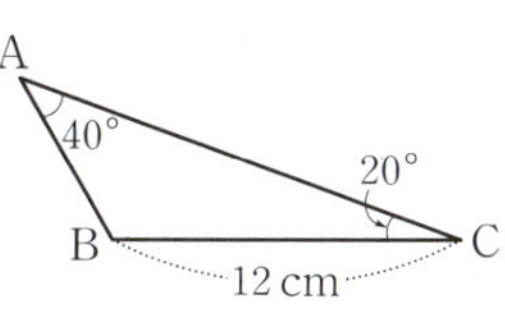

10 오른쪽 그림의 반원에서 색
칠한 부분의 넓이는?

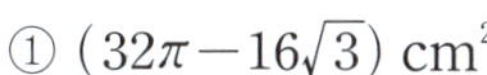
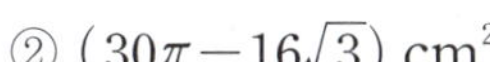

① $(32\pi-16\sqrt{3})$ cm²

② $(30\pi-16\sqrt{3})$ cm²

③ $(28\pi+16\sqrt{3})$ cm²

④ $(26\pi-16\sqrt{3})$ cm²

⑤ $(24\pi-16\sqrt{3})$ cm²

11 오른쪽 그림과 같은 사각형
ABCD의 넓이를 구하여라.

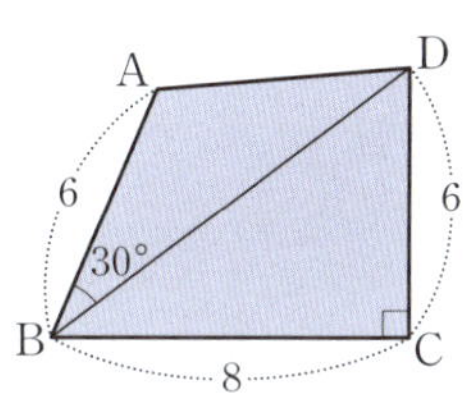

12 오른쪽 그림과 같이 한 변의 길
이가 6 cm인 정육각형의 넓이
를 구하여라.

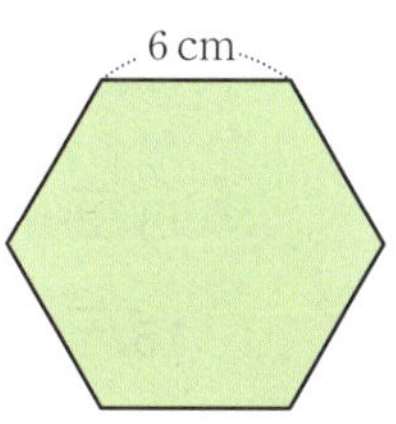

09 사각형의 넓이

01 오른쪽 그림과 같은 평행사
변형 ABCD의 넓이를 구
하여라.

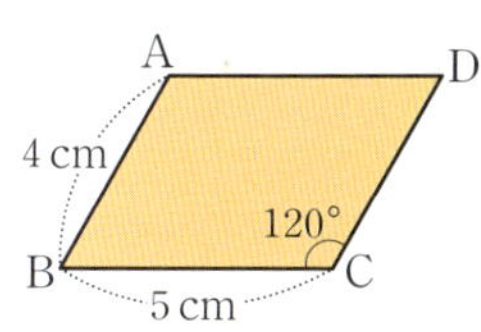

02 오른쪽 그림과 같은 평행
사변형 ABCD의 넓이가
$24\sqrt{2}$ cm²일 때, $\overline{BC}$의
길이는?

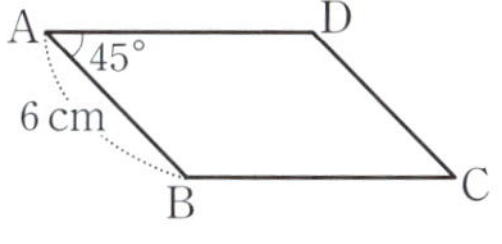

① $2\sqrt{5}$ cm　　② 6 cm　　③ $4\sqrt{3}$ cm

④ $2\sqrt{14}$ cm　　⑤ 8 cm

03 오른쪽 그림과 같이 이웃하
는 두 변의 길이가 각각
8 cm, 9 cm인 평행사변형
ABCD에서 $\angle D=60°$이
고, $\overline{BC}$의 중점을 M이라고
할 때, $\triangle AMC$의 넓이는?

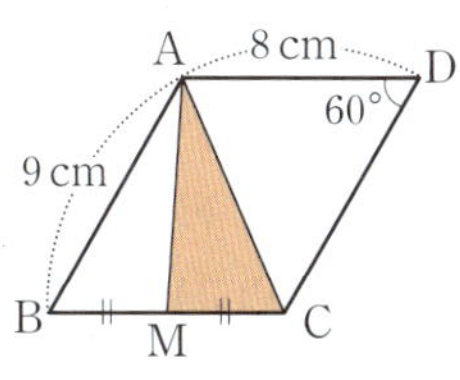

① $3\sqrt{2}$ cm²　　② $6\sqrt{3}$ cm²　　③ $9\sqrt{2}$ cm²

④ $9\sqrt{3}$ cm²　　⑤ 18 cm²

04 오른쪽 그림과 같이 한
변의 길이가 4 cm인 마
름모 ABCD의 넓이를
구하여라.

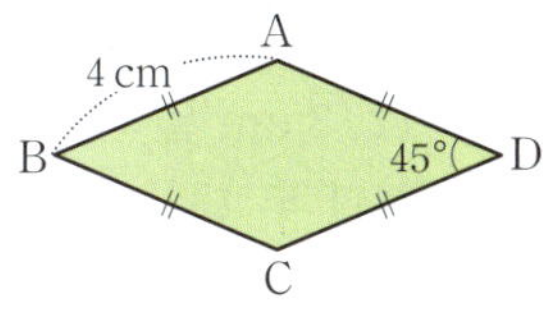

05 오른쪽 그림과 같은 마름모 ABCD의 넓이가 12 cm²일 때, 마름모 ABCD의 둘레의 길이를 구하여라.

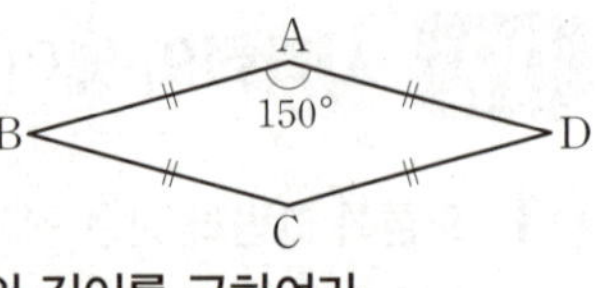

06 오른쪽 그림과 같이 두 대각선이 이루는 각의 크기가 45°인 □ABCD가 있다. 대각선 BD의 길이가 12 cm이고 사각형 ABCD의 넓이가 $30\sqrt{2}$ cm²일 때, 대각선 AC의 길이는?

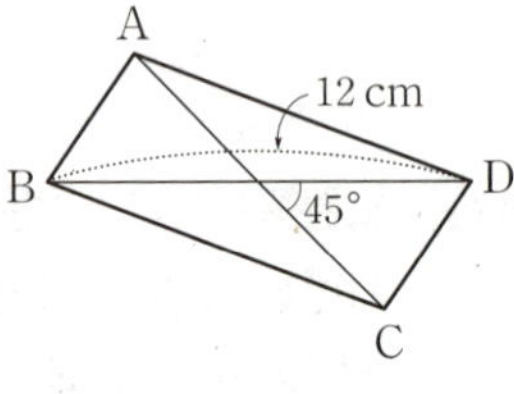

① $5\sqrt{2}$ cm ② $5\sqrt{3}$ cm ③ 10 cm

④ $10\sqrt{2}$ cm ⑤ $10\sqrt{3}$ cm

07 오른쪽 그림과 같이 두 대각선이 직교하는 등변사다리꼴 ABCD의 넓이가 32 cm²일 때, $\overline{AC}$의 길이는?

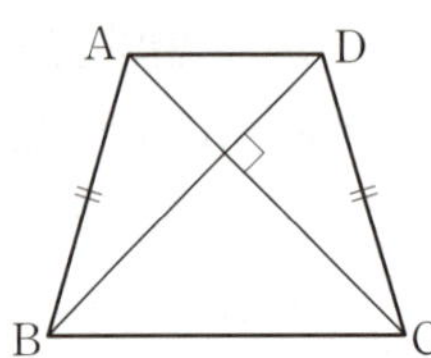

① 4 cm ② $4\sqrt{2}$ cm

③ $4\sqrt{3}$ cm ④ 8 cm ⑤ $8\sqrt{2}$ cm

08 오른쪽 그림과 같은 사각형 ABCD의 넓이가 $12\sqrt{3}$ cm²일 때, 이 사각형의 두 대각선이 이루는 예각의 크기를 구하여라.

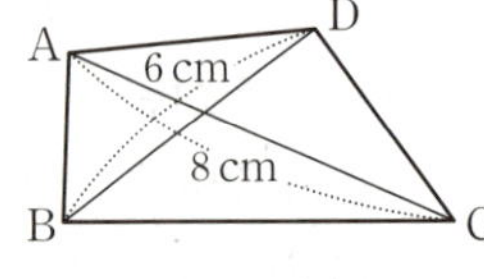

09 오른쪽 그림과 같이 두 대각선이 이루는 각의 크기가 120°인 ABCD에서 $\overline{AC}+\overline{BD}=40$, $\overline{OC}=\overline{OD}=6$이고 △AOD의 넓이가 $18\sqrt{3}$일 때, □ABCD의 넓이를 구하여라. (단, 점 O는 두 대각선의 교점이다.)

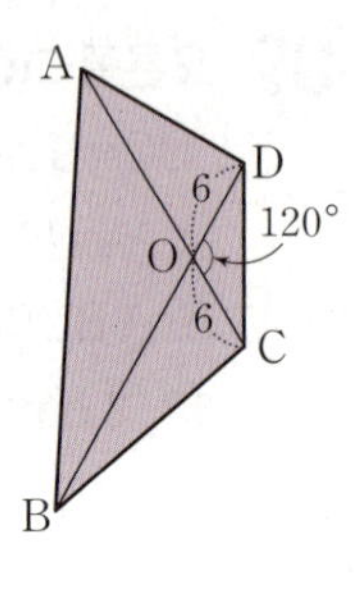

10 폭이 각각 6 cm, 8 cm인 두 종이테이프를 다음 그림과 같이 겹쳐 놓았다. 겹쳐진 부분의 넓이는?

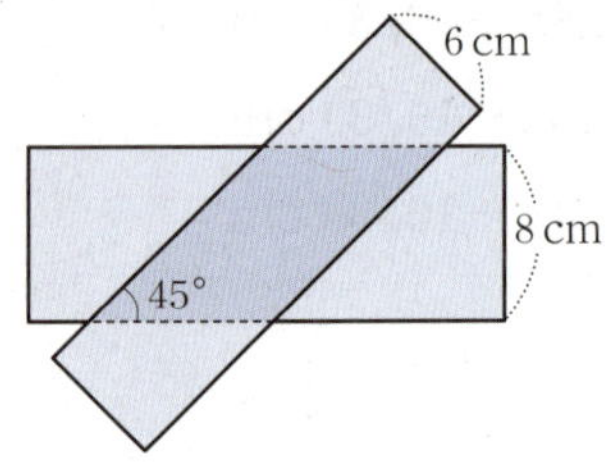

① 32 cm² ② $24\sqrt{2}$ cm² ③ $24\sqrt{3}$ cm²

④ $48\sqrt{2}$ cm² ⑤ $48\sqrt{3}$ cm²

11 오른쪽 그림과 같이 $\overline{AB}=12$, $\overline{AD}=9$, $\angle B=135°$인 평행사변형 ABCD에서 $\overline{CD}$의 중점을 M이라고 할 때, △ACM의 넓이는?

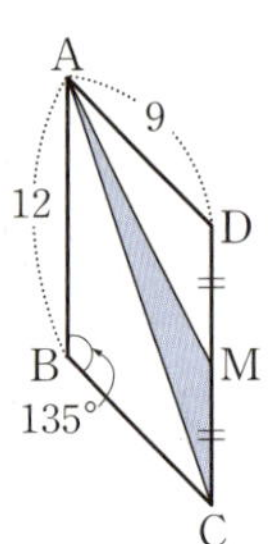

① $13\sqrt{2}$ ② $\dfrac{27\sqrt{2}}{2}$

③ $14\sqrt{2}$ ④ $\dfrac{29\sqrt{3}}{2}$

⑤ $15\sqrt{2}$

단원·마무리

정답과 해설 50~51쪽 | 개념북 38~40쪽

01 오른쪽 그림과 같이 $\angle A = 90°$인 직각삼각형 ABC에서 $\angle C = 28°$, $\overline{BC} = 10$ cm일 때, $\overline{AC}$의 길이는? (단, $\sin 28° = 0.47$, $\cos 28° = 0.88$, $\tan 28° = 0.53$으로 계산한다.)

① 5.3 cm   ② 6.8 cm   ③ 7.6 cm
④ 8.8 cm   ⑤ 9.2 cm

02 오른쪽 그림과 같이 눈높이가 1.8 m인 은호가 건물로부터 100 m 떨어진 지점에서 건물의 꼭대기를 올려다본 각의 크기가 64°일 때, 이 건물의 높이는? (단, $\sin 64° = 0.90$, $\cos 64° = 0.44$, $\tan 64° = 2.05$로 계산한다.)

① 121.8 m   ② 142.5 m   ③ 163.4 m
④ 181.8 m   ⑤ 206.8 m

03 오른쪽 그림과 같은 산의 높이 $\overline{AB}$를 구하기 위하여 거리가 120 m인 지면 위의 두 지점 C, D에서 측량하였더니 $\angle ACB = 30°$, $\angle CDB = 45°$이었다. 이때 산의 높이를 구하여라.

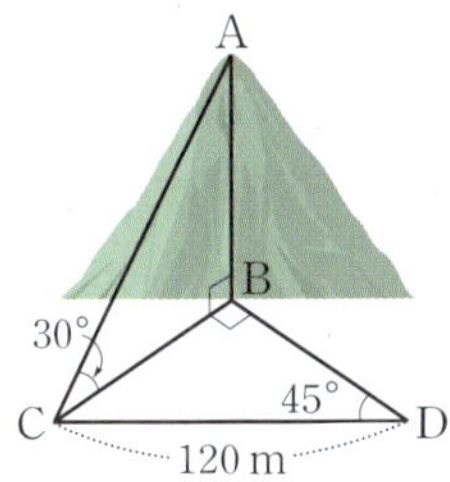

04 오른쪽 그림과 같이 $\angle B = 22.5°$, $\angle ADC = 45°$이고 $\overline{AC} = 2$일 때, $\tan 22.5°$의 값은?

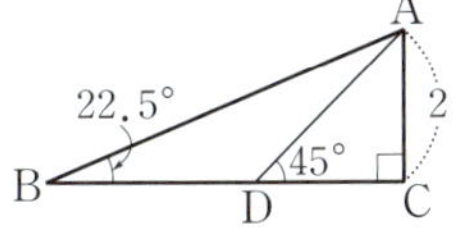

① $2\sqrt{2} + 2$ ② $\sqrt{2} + 1$ ③ $\sqrt{2}$
④ $\dfrac{\sqrt{2}+1}{2}$ ⑤ $\sqrt{2} - 1$

05 오른쪽 그림과 같이 나무의 꼭대기 A 지점을 두 지점 C, D에서 올려다본 각의 크기가 각각 30°, 45°이다. 두 지점 C, D 사이의 거리가 60 m일 때, 이 나무의 높이를 구하여라.

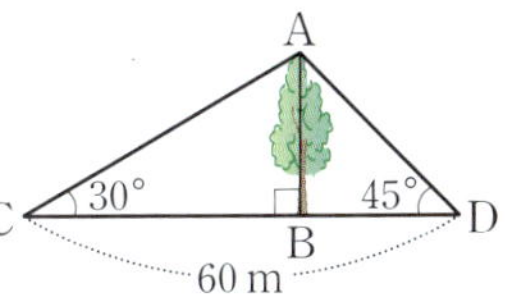

06 오른쪽 그림과 같이 100 m 떨어진 두 지점 A, B에서 하늘의 기구를 올려다본 각의 크기가 각각 32°, 57°일 때, 지면으로부터 기구까지의 높이는?

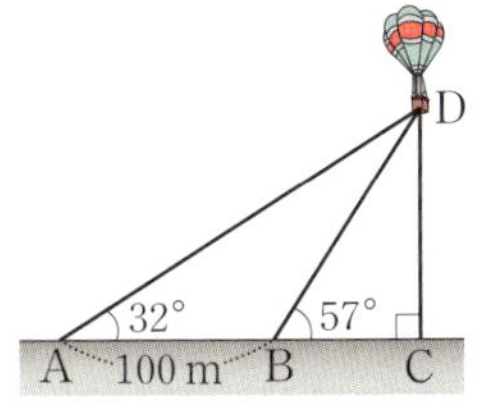

① $\dfrac{100}{\tan 57° - \tan 33°}$ m

② $\dfrac{100}{\tan 57° - \tan 32°}$ m

③ $\dfrac{100}{\tan 57° + \tan 32°}$ m

④ $\dfrac{100}{\tan 58° - \tan 33°}$ m

⑤ $\dfrac{100}{\tan 58° - \tan 32°}$ m

07 오른쪽 그림과 같은 △ABC에서 ∠A의 이등분선이 변 BC와 만나는 점을 D라고 하자. △ABD의 넓이가 18 cm^2일 때, △ABC의 넓이는?

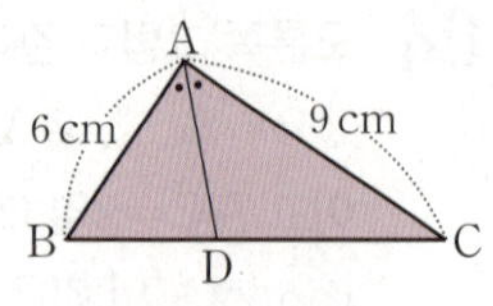

① 36 cm^2　　② 42 cm^2　　③ 45 cm^2

④ 51 cm^2　　⑤ 54 cm^2

08 오른쪽 그림과 같은 □ABCD에서 $\overline{BC}=12$, $\overline{CD}=8$, ∠B=60°, ∠ACD=30°일 때, □ABCD의 넓이는?

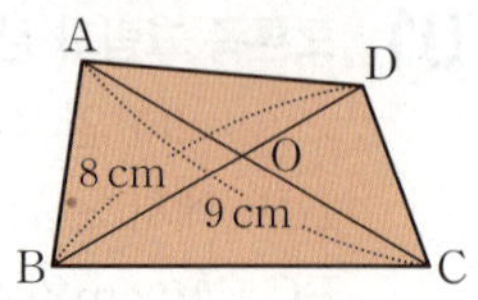

① $30\sqrt{2}$　　② $30\sqrt{3}$　　③ 36

④ $40\sqrt{2}$　　⑤ $40\sqrt{3}$

09 오른쪽 그림과 같은 마름모 ABCD에서 두 대각선의 교점을 O라 하고, ∠OBC=30°, $\overline{OE} : \overline{ED}=1 : 2$일 때, △AED의 넓이는?

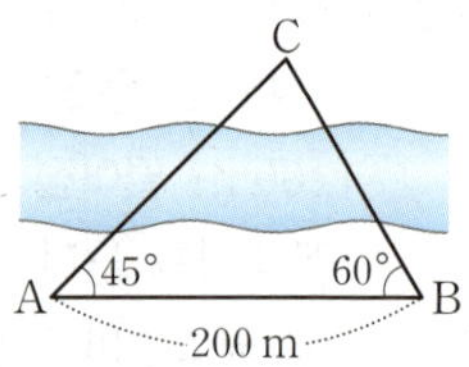

① $\dfrac{16\sqrt{3}}{3} \text{ cm}^2$　　② $\dfrac{17\sqrt{3}}{3} \text{ cm}^2$

③ $6\sqrt{3} \text{ cm}^2$　　④ $\dfrac{19\sqrt{3}}{3} \text{ cm}^2$

⑤ $\dfrac{20\sqrt{3}}{3} \text{ cm}^2$

10 오른쪽 그림과 같이 두 대각선의 길이가 각각 8 cm, 9 cm인 □ABCD에서 두 대각선의 교점을 O라 하고, ∠AOB : ∠BOC=1 : 2일 때, □ABCD의 넓이를 구하여라.

11 한 지점 A에서 강 건너편의 C 지점까지의 거리를 구하기 위해 측량을 하였더니 오른쪽 그림과 같았다. 두 지점 A, C 사이의 거리를 구하여라.

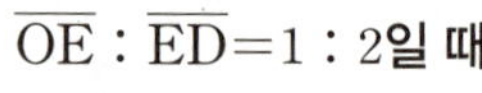

12 오른쪽 그림과 같이 반지름의 길이가 12 cm인 원 O에서 ∠OAB=30°일 때, 색칠한 활꼴의 넓이를 구하여라.

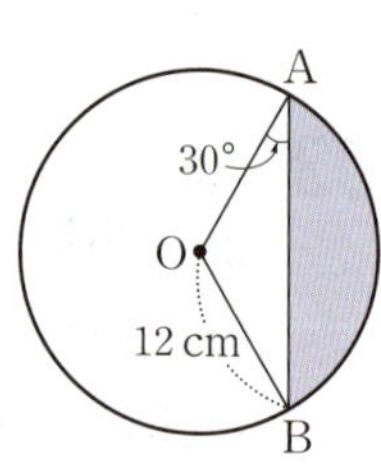

1 · 원의 현

정답과 해설 52~53쪽 ㅣ 개념북 42~45쪽

10 현의 수직이등분선과 현의 길이

01 오른쪽 그림의 원 O에서 x의 값은?

① 4 ② 6
③ 8 ④ 10
⑤ 12

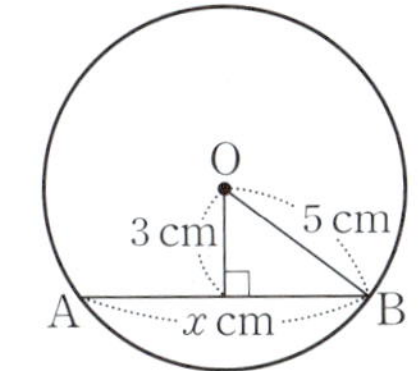

02 반지름의 길이가 6 cm인 원의 중심에서 2 cm 떨어진 현의 길이를 구하여라.

03 오른쪽 그림과 같이 중심이 같은 두 원은 반지름의 길이가 각각 15 cm, 9 cm이다. $\overline{OM} \perp \overline{AB}$일 때, $\overline{AB}$의 길이를 구하여라.

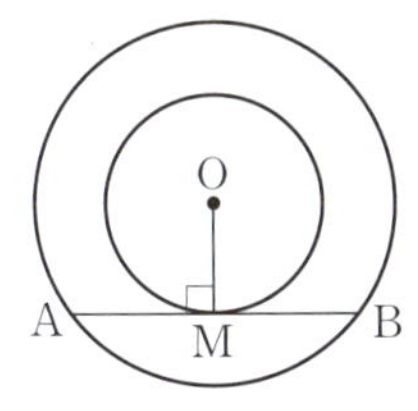

04 오른쪽 그림의 원 O에서 $\overline{AB}$는 $\overline{OC}$의 수직이등분선이고 $\overline{OC}=12$ cm일 때, $\overline{AB}$의 길이는?

① $12\sqrt{2}$ cm ② 17 cm
③ 20 cm ④ $12\sqrt{3}$ cm
⑤ 24 cm

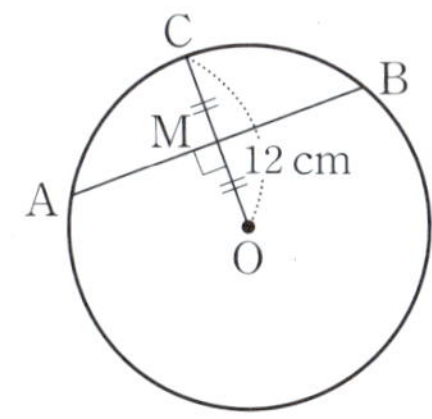

05 오른쪽 그림에서 점 C는 두 원 O, O′의 두 교점 중 하나이다. 점 C를 지나는 직선이 두 원과 만나는 점을 각각 A, B라고 하면 $\overline{OM} \perp \overline{AC}$, $\overline{O'N} \perp \overline{CB}$, $\overline{AB}=24$ cm일 때, $\overline{MN}$의 길이를 구하여라.

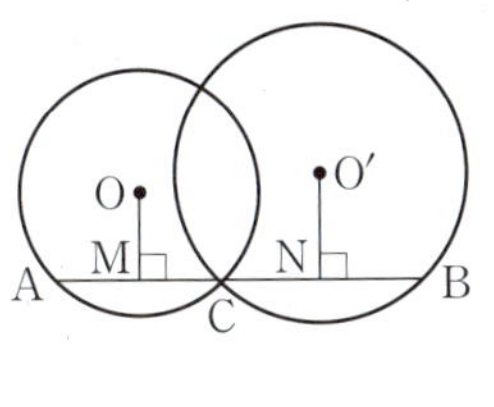

06 오른쪽 그림에서 $\overline{AD}=4$ cm, $\overline{CD}=3$ cm일 때, 원 O의 반지름의 길이를 구하여라.

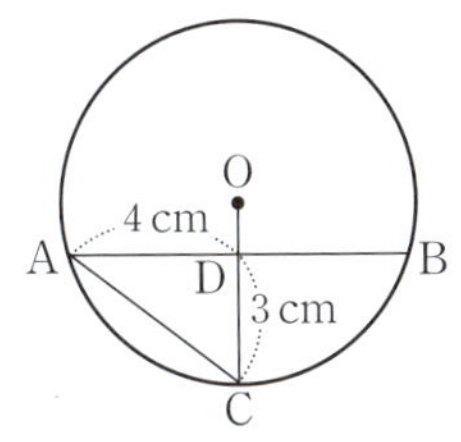

07 오른쪽 그림에서 $\overline{OC}=5$ cm, $\overline{OD}=2$ cm일 때, $\overline{AB}$의 길이를 구하여라.

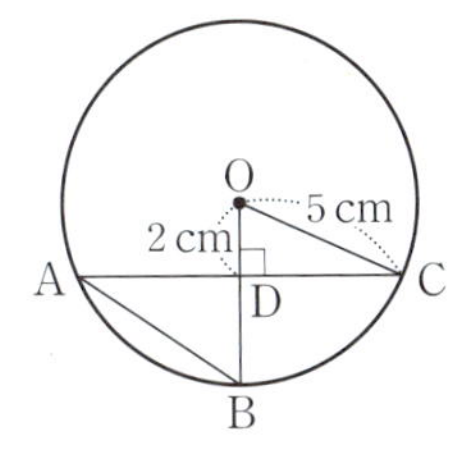

08 오른쪽 그림은 원의 일부분이다. $\overline{CM}$이 $\overline{AB}$의 수직이등분선이고 $\overline{AB}=10$ cm, $\overline{CM}=3$ cm일 때, 이 원의 반지름의 길이를 구하여라.

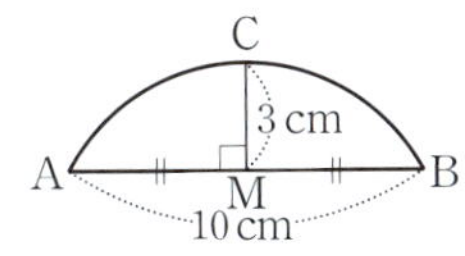

09 오른쪽 그림은 원 모양의 접시의 깨진 일부분이다. 점 M이 $\overline{AB}$의 중점이고 $\overline{AB}\perp\overline{CM}$, $\overline{AB}=12$ cm, $\overline{CM}=2$ cm일 때, 이 접시의 반지름의 길이를 구하여라.

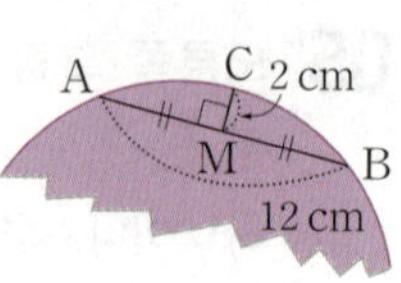

10 오른쪽 그림에서 $\overset{\frown}{AB}$는 반지름의 길이가 17 cm인 원의 일부이다. $\overline{AB}\perp\overline{CM}$이고 $\overline{AB}=30$ cm일 때, $\overline{CM}$의 길이를 구하여라.

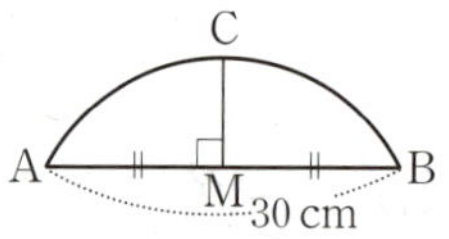

11 오른쪽 그림과 같이 반지름의 길이가 8 cm인 원 O에서 $\overline{AB}$를 접는 선으로 하여 호 AB가 원의 중심을 지나도록 접었다. 이때 $\overline{AB}$의 길이를 구하여라.

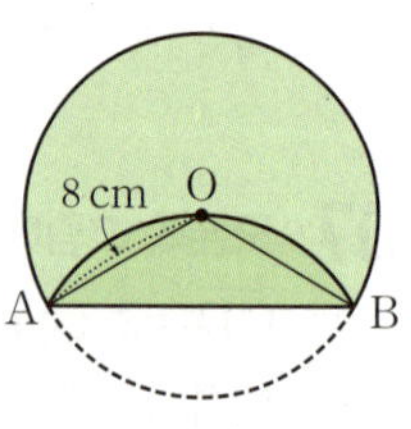

12 오른쪽 그림과 같이 원 모양의 종이를 원주 위의 한 점이 원의 중심 O에 겹쳐지도록 접었을 때, 접힌 현의 길이가 12 cm이었다. 이때 원의 반지름의 길이를 구하여라.

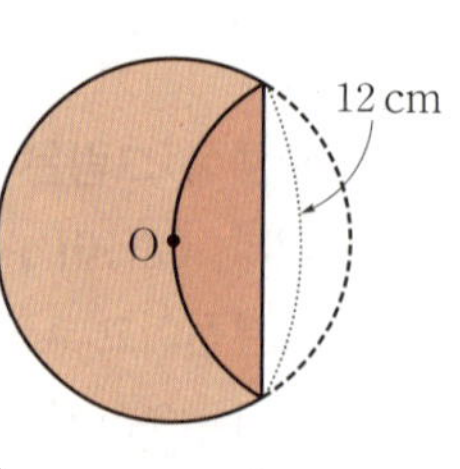

13 오른쪽 그림과 같이 반지름의 길이가 4 cm인 원 모양의 종이를 현 AB를 접는 선으로 하여 접으면 호 AB가 원의 중심 O를 지난다. 이때 $\triangle OAB$의 넓이를 구하여라.

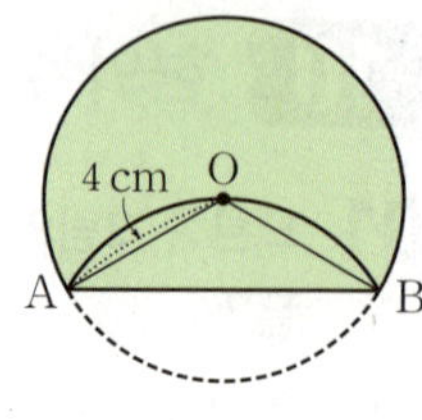

14 오른쪽 그림의 원 O에서 $\overline{OM}=\overline{ON}=2$ cm이고, $\angle A=40°$일 때, $\angle x$의 크기는?

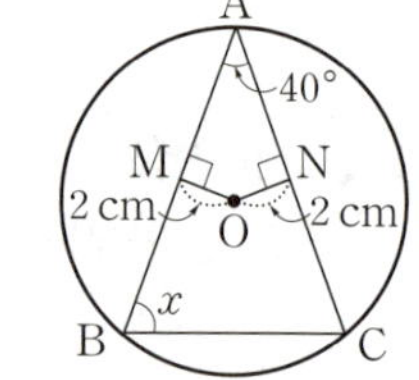

① $55°$ ② $60°$

③ $65°$ ④ $70°$

⑤ $75°$

15 오른쪽 그림의 원 O에서 $\overline{OM}=\overline{ON}$, $\angle MOH=125°$일 때, $\angle A$의 크기를 구하여라.

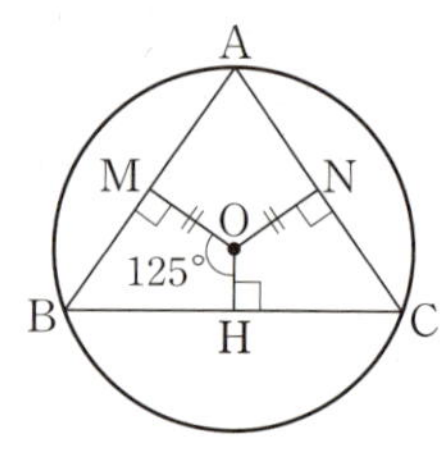

16 오른쪽 그림의 원 O에서 $\overline{OL}=\overline{OM}=\overline{ON}$, $\overline{CN}=6$ cm일 때, 삼각형 ABC의 넓이를 구하여라.

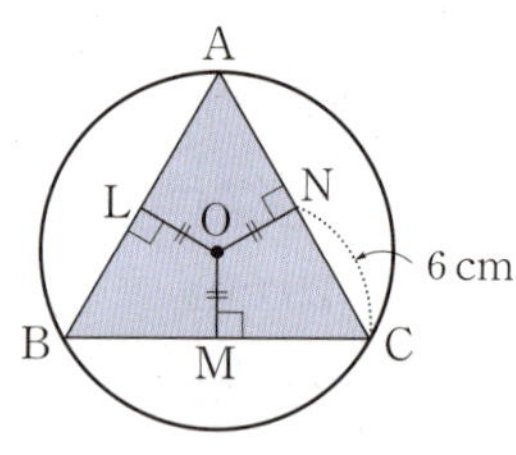

2· 원의 접선

정답과 해설 53~55쪽 | 개념북 46~55쪽

11 원의 접선의 길이

01 오른쪽 그림에서 $\overline{PA}$는 점 A를 접점으로 하는 원 O의 접선이고 $\angle APO=45°$, $\overline{PA}=6$ cm일 때, 이 원의 반지름의 길이를 구하여라.

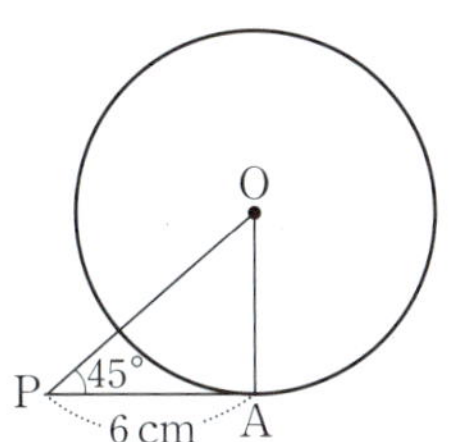

02 오른쪽 그림과 같이 반지름의 길이가 3 cm인 원의 중심 O에서 6 cm 떨어진 점 P에서 원 O에 그은 접선의 접점을 T라고 할 때, △OPT의 넓이는?

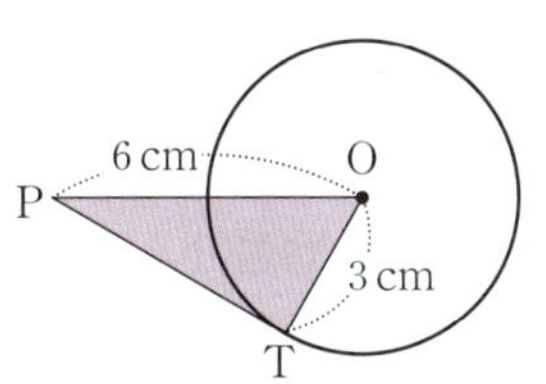

① $\dfrac{9}{2}$ cm^2 ② $\dfrac{9\sqrt{3}}{2}$ cm^2 ③ 9 cm^2

④ $9\sqrt{3}$ cm^2 ⑤ 18 cm^2

03 오른쪽 그림에서 $\overline{PA}$, $\overline{PB}$가 각각 점 A, 점 B를 접점으로 하는 원 O의 접선이고 $\overline{PA}=7$ cm일 때, $\overline{AB}$의 길이를 구하여라.

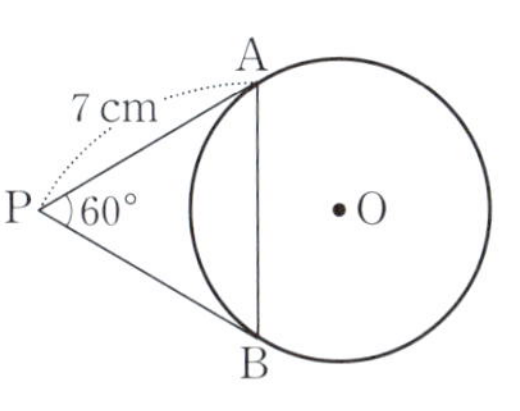

04 오른쪽 그림에서 $\overline{PA}$, $\overline{PB}$는 각각 점 A, 점 B를 접점으로 하는 원 O의 접선이다. 이때 $\overline{PB}$의 길이를 구하여라.

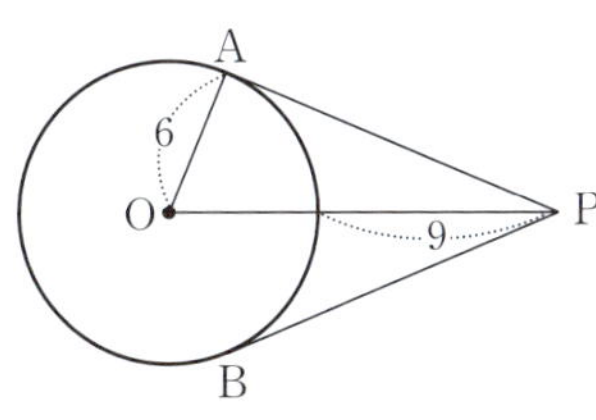

05 오른쪽 그림에서 $\overline{AD}$, $\overline{AF}$, $\overline{BC}$가 각각 점 D, 점 F, 점 E를 접점으로 하는 원 O의 접선이고 $\overline{AB}=9$ cm, $\overline{BE}=3$ cm일 때, △ABC의 둘레의 길이를 구하여라.

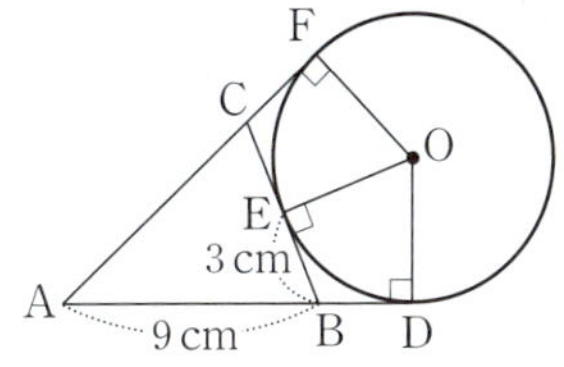

06 오른쪽 그림에서 $\overline{AD}$, $\overline{AF}$, $\overline{BC}$가 각각 점 D, 점 F, 점 E를 접점으로 하는 원 O의 접선일 때, $\overline{BC}$의 길이를 구하여라.

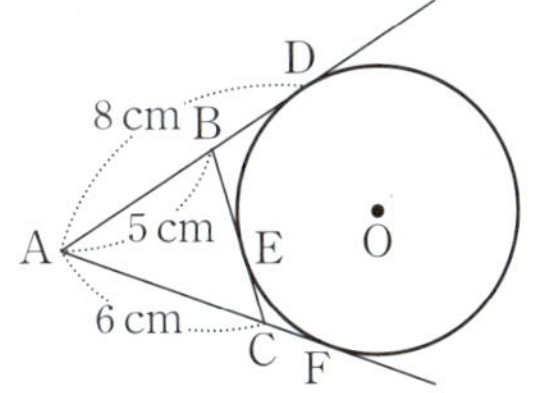

07 오른쪽 그림에서 $\overline{AD}$, $\overline{CD}$, $\overline{BC}$가 각각 점 A, 점 E, 점 B를 접점으로 하는 반원 O의 접선일 때, $\overline{AB}$의 길이는?

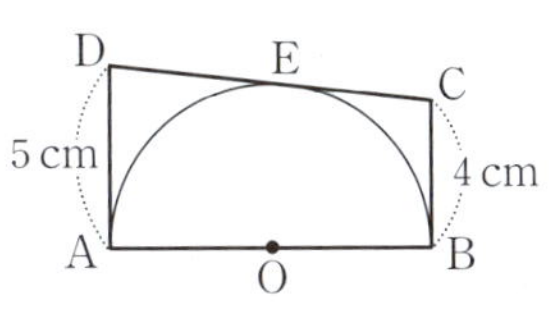

① $4\sqrt{2}$ cm   ② $4\sqrt{3}$ cm   ③ 8 cm

④ $4\sqrt{5}$ cm   ⑤ $4\sqrt{6}$ cm

08 오른쪽 그림에서 $\overline{AB}$는 반원 O의 지름이고 $\overline{AD}$, $\overline{CD}$, $\overline{BC}$는 각각 점 A, 점 E, 점 B를 접점으로 하는 반원 O의 접선이다. 이때 $\square ABCD$의 넓이를 구하여라.

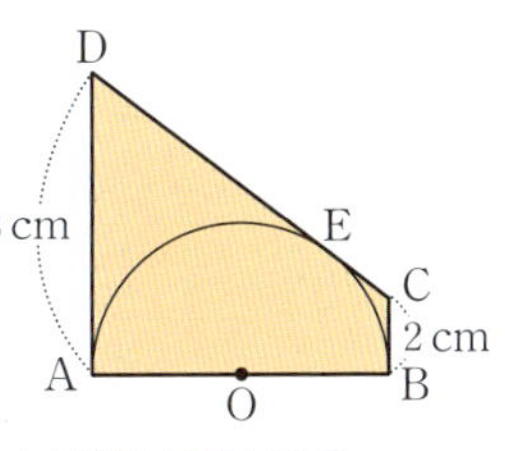

01 오른쪽 그림에서 원 O는 △ABC의 내접원이고 세 점 D, E, F는 접점일 때, $\overline{AC}$의 길이를 구하여라.

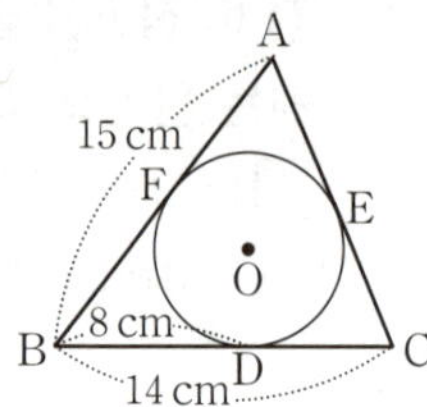

02 오른쪽 그림에서 원 O는 △ABC의 내접원이고 세 점 D, E, F는 접점이다. $\overline{AD}=2$ cm, $\overline{AC}=6$ cm, $\overline{AB}+\overline{BC}+\overline{CA}=24$ cm일 때, $\overline{BE}$의 길이는?

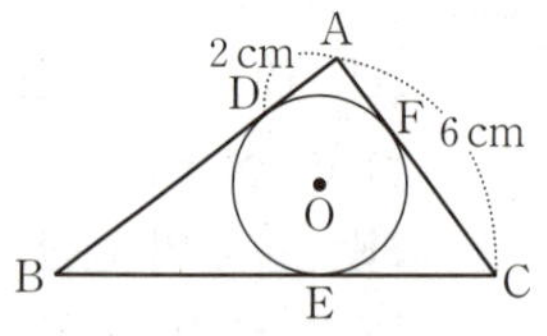

① 4 cm ② 5 cm ③ 6 cm

④ 7 cm ⑤ 8 cm

03 오른쪽 그림에서 원 O는 △ABC의 내접원이고 세 점 D, E, F는 접점이다. $\overline{AB}=6$ cm, $\overline{BC}=9$ cm, $\overline{AC}=8$ cm일 때, $\overline{AD}$의 길이를 구하여라.

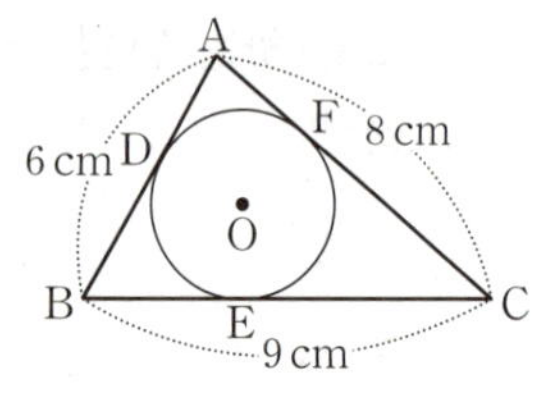

04 오른쪽 그림에서 원 O는 △ABC의 내접원이고 세 점 D, E, F는 접점이다. $\overline{AB}=13$ cm, $\overline{AF}=6$ cm, $\overline{BC}=15$ cm일 때, △QPC의 둘레의 길이를 구하여라.

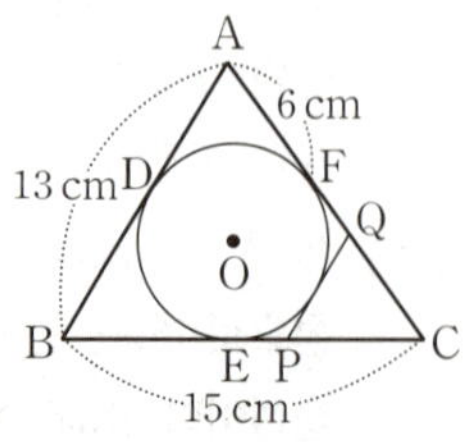

05 오른쪽 그림과 같이 원 O는 $\overline{AC}=3$ cm, $\overline{BC}=4$ cm, $\angle C=90°$인 직각삼각형 ABC의 내접원일 때, 색칠한 부분의 넓이를 구하여라.

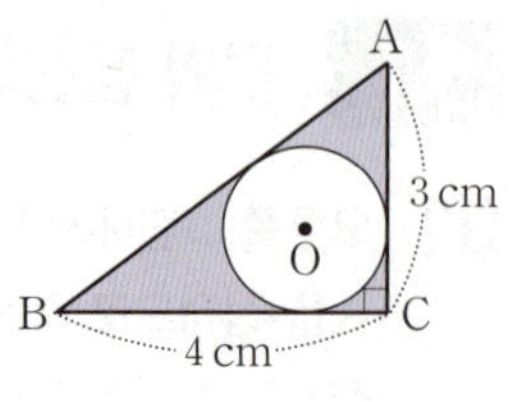

06 오른쪽 그림에서 원 O는 직각삼각형 ABC의 내접원이고 세 점 D, E, F는 접점이다. 이때 원 O의 넓이를 구하여라.

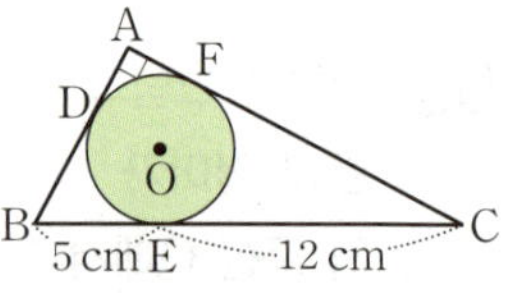

07 오른쪽 그림에서 원 O는 직각삼각형 ABC의 내접원이고 세 점 D, E, F는 접점이다. $\overline{AE}=6$ cm, $\overline{CE}=3$ cm일 때, △ABC의 넓이는?

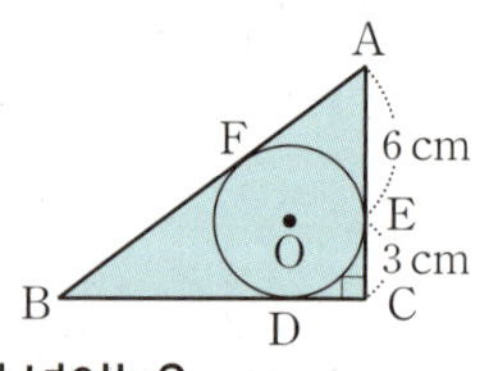

① 48 cm^2 ② 50 cm^2 ③ 52 cm^2

④ 54 cm^2 ⑤ 56 cm^2

08 오른쪽 그림에서 원 O는 직각삼각형 ABC의 내접원이고 세 점 D, E, F는 접점이다. 원 O의 반지름의 길이가 2 cm이고 $\overline{AB}=10$ cm일 때, △ABC의 넓이를 구하여라.

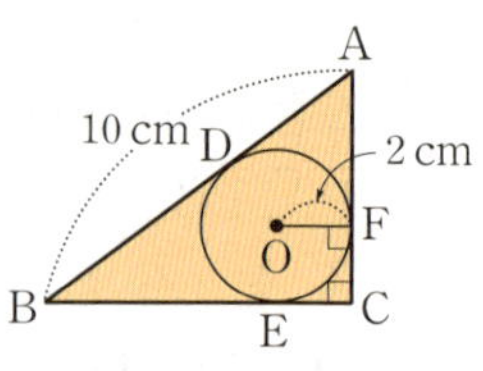

13 원에 외접하는 사각형

01 오른쪽 그림에서 원 O가 □ABCD의 내접원이고 점 E는 $\overline{CD}$와 원 O의 접점일 때, $\overline{CE}$의 길이를 구하여라.

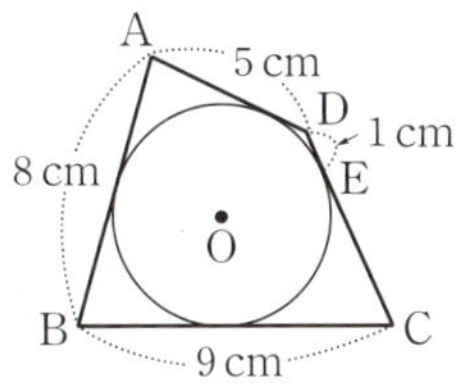

02 오른쪽 그림과 같이 □ABCD가 원 O에 외접할 때, □ABCD의 둘레의 길이는?

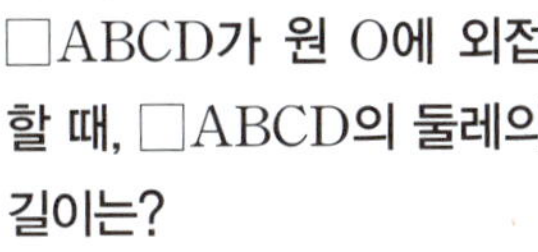

① 22
② 24
③ 26
④ 28
⑤ 30

03 오른쪽 그림에서 원 O는 □ABCD의 내접원이고, $\angle C = 90°$일 때, $\overline{AB}$의 길이는?

① 6 cm
② 7 cm
③ 8 cm
④ 9 cm
⑤ 10 cm

04 오른쪽 그림에서 사다리꼴 ABCD가 원 O에 외접할 때, □ABCD의 넓이를 구하여라.

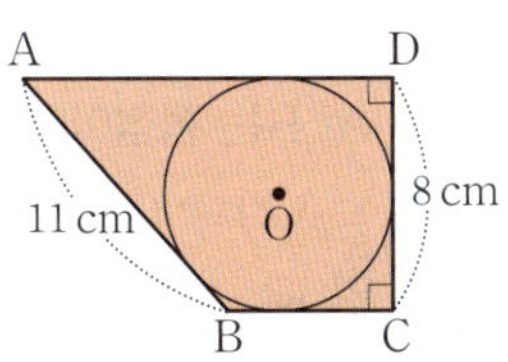

05 오른쪽 그림에서 원 O는 사각형 ABCD의 내접원이고, 원 O의 반지름의 길이가 4 cm일 때, □ABCD의 넓이를 구하여라.

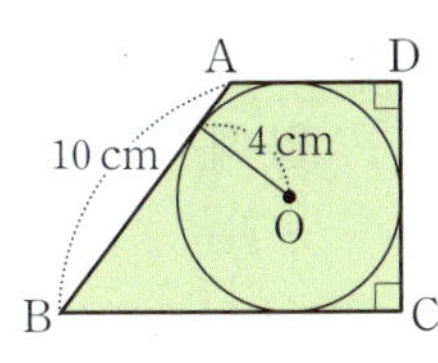

06 오른쪽 그림과 같이 직사각형 ABCD의 세 변과 $\overline{DI}$에 접하는 원 O가 있다. 네 점 E, F, G, H가 접점일 때, $\overline{FI}$의 길이를 구하여라.

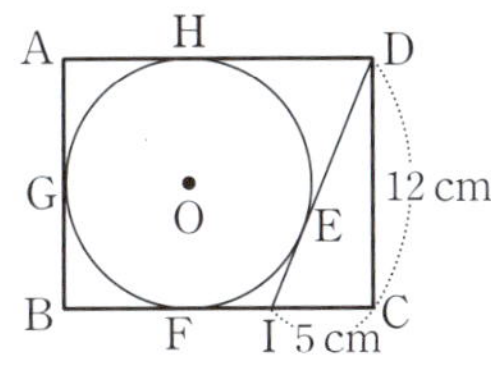

07 오른쪽 그림과 같이 원 O는 직사각형 ABCD의 세 변과 $\overline{PC}$에 접하고, 네 점 E, F, G, H는 접점이다. 이때 $\overline{PD}$의 길이를 구하여라.

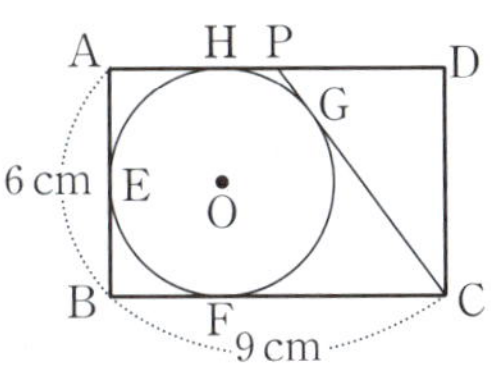

08 오른쪽 그림과 같이 $\overline{AB} = 18$, $\overline{AD} = 25$인 직사각형 ABCD의 변에 접하는 두 원 O, O′이 한 점에서 만날 때, 원 O′의 반지름의 길이를 구하여라.

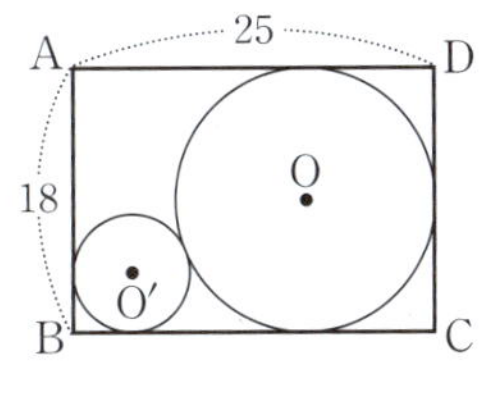

단원 · 마무리

01 오른쪽 그림에서 $\overline{AM}=\overline{BM}$ 일 때, 원 O의 반지름의 길이는?

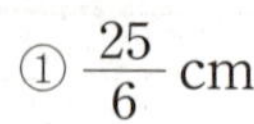

① $\dfrac{25}{6}$ cm   ② $\dfrac{9}{2}$ cm

③ $\dfrac{24}{5}$ cm   ④ 5 cm

⑤ 6 cm

02 오른쪽 그림과 같은 활꼴을 가지는 원의 넓이를 구하여라.

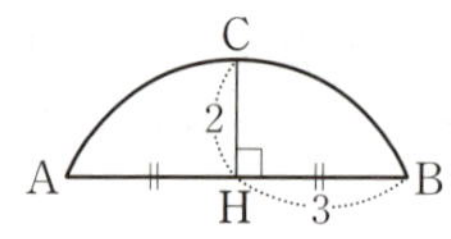

03 오른쪽 그림과 같은 원 O에서 $\overline{OM}=\overline{ON}$이고 $\angle A=76°$일 때, $\angle MOH$의 크기를 구하여라.

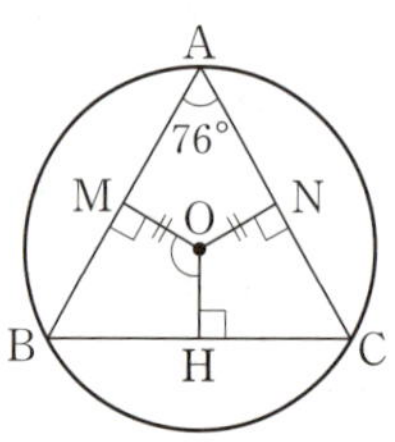

04 오른쪽 그림의 원 O에서 $\overline{OM}=\overline{ON}=3$ cm이고 $\overline{AB}=8$ cm일 때, $\overline{OC}$의 길이를 구하여라.

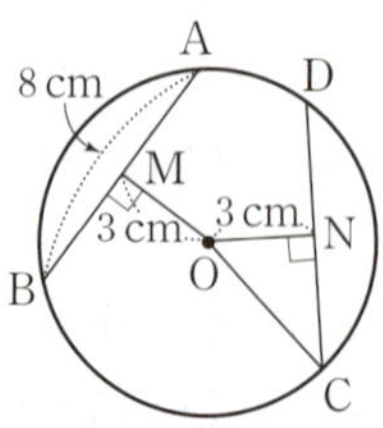

05 오른쪽 그림과 같이 중심이 같은 두 원에서 큰 원의 현 $\overline{AB}$가 작은 원의 접선일 때, 색칠한 부분의 넓이는?

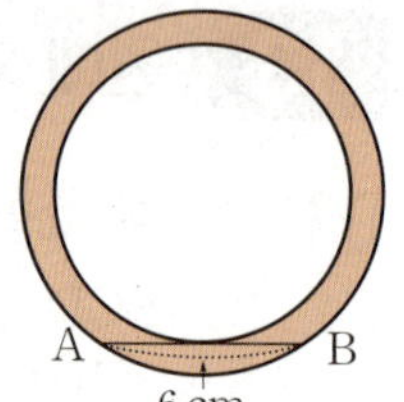

① 6π cm² ② 8π cm²

③ 9π cm² ④ 12π cm²

⑤ 18π cm²

06 오른쪽 그림에서 $\overline{PT}$는 원 O의 접선이고 점 T는 접점일 때, 원 O의 반지름의 길이를 구하여라.

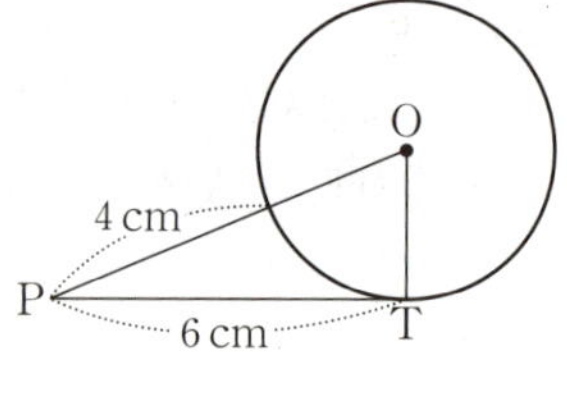

07 오른쪽 그림에서 원 O는 △ABC의 내접원이고 △DEF의 외접원이다. $\angle A=40°$, $\angle B=50°$일 때, $\angle FEC$의 크기는?

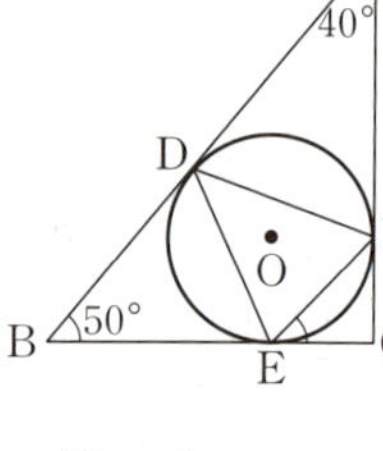

① 30°   ② 35°

③ 40°   ④ 45°   ⑤ 50°

08 오른쪽 그림에서 $\overline{PA}$, $\overline{PB}$는 원 O의 접선이고 두 점 A, B는 접점이다. $\angle APB=60°$, $\overline{OA}=6$ cm 일 때, 색칠한 부분의 넓이를 구하여라.

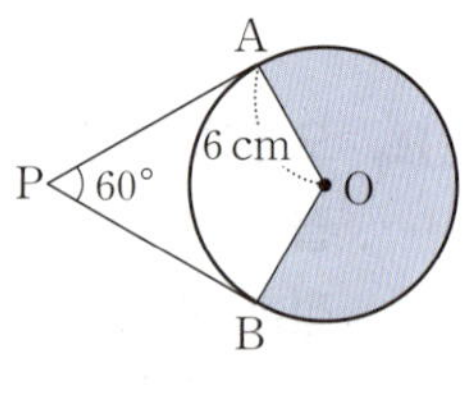

09 오른쪽 그림과 같이 $\overline{AB}$, $\overline{CD}$, $\overline{AD}$는 반원 O와 각각 세 점 B, C, E에서 접하는 접선이고 $\overline{AB}=4$ cm일 때, 다음 중 옳지 <u>않은</u> 것은?

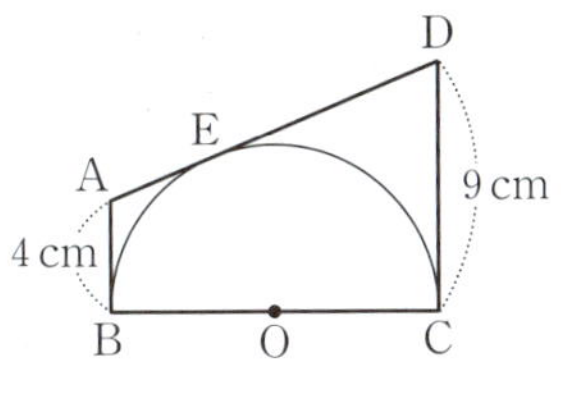

① $\overline{AE}=4$ cm   ② $\overline{AD}=13$ cm

③ $\overline{BC}=12$ cm   ④ $\angle AOD=90°$

⑤ $\angle DOC=60°$

10 오른쪽 그림에서 원 O는 △ABC의 내접원이고 세 점 D, E, F는 접점이다. $\overline{AD}:\overline{BD}=3:2$일 때, $\overline{AB}$의 길이를 구하여라.

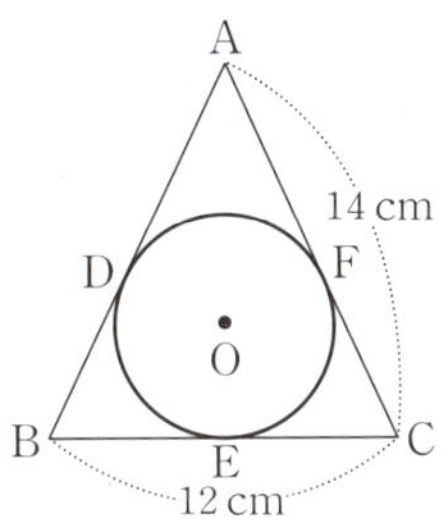

11 오른쪽 그림과 같이 직각삼각형 ABC에 내접하는 원이 있고 세 점 D, E, F는 접점이다. $\overline{AD}=2$ cm, $\overline{DB}=3$ cm일 때, $\overline{AC}$의 길이를 구하여라.

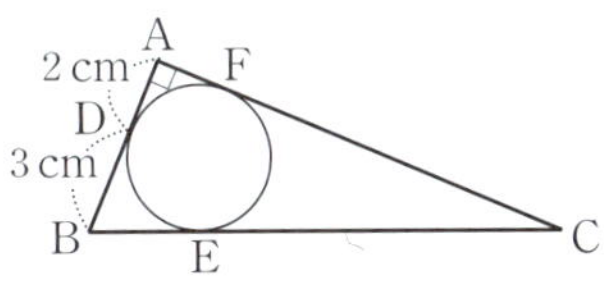

12 오른쪽 그림과 같은 직사각형 ABCD에서 점 C를 중심으로 하고 $\overline{CD}$를 반지름으로 하는 사분원을 그린 후, 점 B에서 이 원에 그은 접선이 $\overline{AD}$와 만나는 점을 F, 접점을 E라고 하자. 이때 x의 값은?

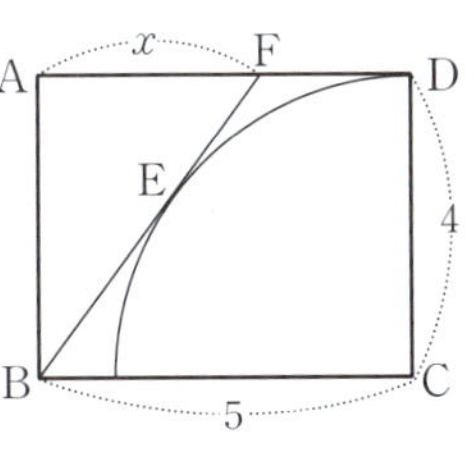

① 1.5   ② 2   ③ 2.5

④ 3   ⑤ 3.5

13 오른쪽 그림과 같이 □ABCD는 원 O에 외접하고 $\overline{AD}=14$ cm, $\overline{BC}=10$ cm이다. $\overline{AB}:\overline{CD}=3:5$일 때, $\overline{AB}$의 길이를 구하여라.

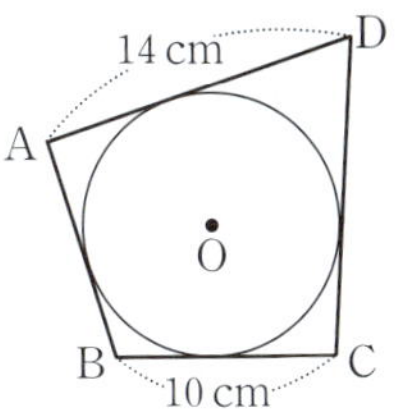

14 오른쪽 그림과 같이 원 O가 직사각형 ABCI에 접하고 네 점 E, F, G, H는 접점이다. $\overline{AB}=6$ cm, $\overline{BC}=8$ cm일 때, $\overline{HI}$의 길이를 구하여라.

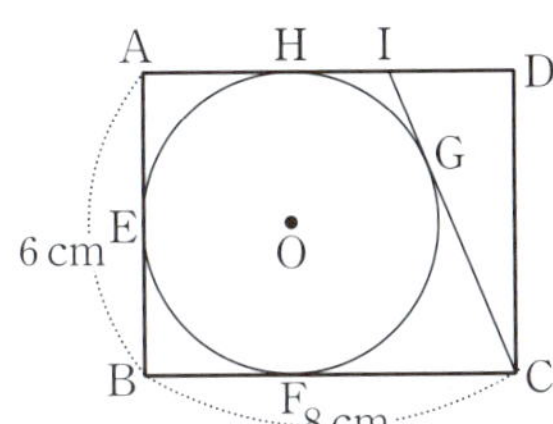

15 오른쪽 그림에서 $\overline{PA}$, $\overline{PB}$, $\overline{AB}$는 원 O의 접선이고 세 점 D, E, F는 접점이다. $\overline{PA}=10$ cm, $\overline{PB}=8$ cm, $\angle PBA=90°$일 때, $\overline{BD}$의 길이를 구하여라.

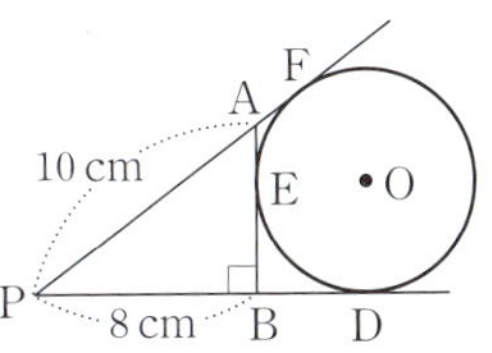

1 · 원주각의 성질

정답과 해설 57~59쪽 ㅣ 개념북 60~67쪽

14 원주각과 중심각

01 오른쪽 그림에서
∠APB=70°일 때,
∠OAB의 크기는?

① 15° ② 20°

③ 25° ④ 30°

⑤ 35°

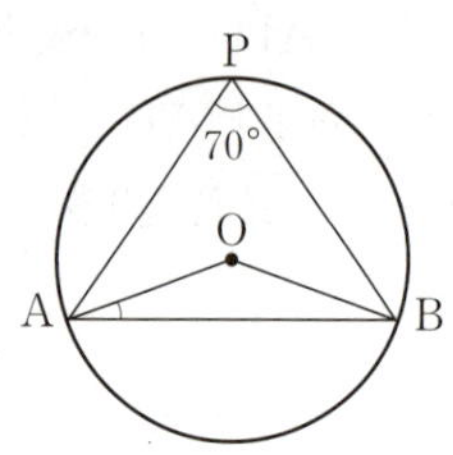

02 오른쪽 그림에서
∠AOC=150°,
∠AEB=32°일 때, ∠BDC
의 크기는?

① 30° ② 33°

③ 37° ④ 40°

⑤ 43°

03 오른쪽 그림에서 $\overline{PA}$,
$\overline{PB}$는 원 O의 접선이고
두 점 A, B는 접점이다.
∠ACB=72°일 때,
∠x의 크기를 구하여라.

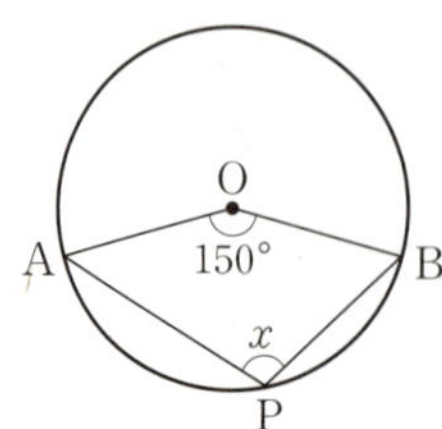

04 오른쪽 그림에서
∠AOB=150°일 때, ∠x의
크기를 구하여라.

05 오른쪽 그림에서 $\overline{AB}=\overline{AC}$일
때, ∠x의 크기는?

① 22° ② 25°

③ 28° ④ 31°

⑤ 34°

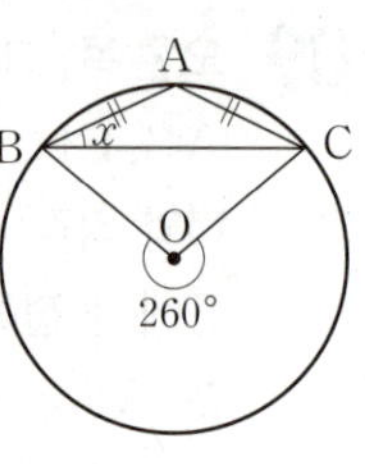

06 오른쪽 그림과 같이 △ABC는
반지름의 길이가 6인 원 O에 내
접한다. ∠BAC=30°일 때,
색칠한 부분의 넓이를 구하여라.

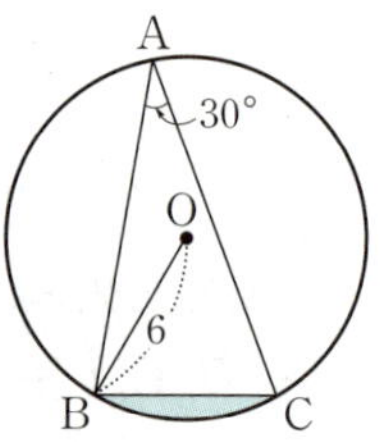

07 오른쪽 그림의 원 O에서
$\overline{OB}=12$, ∠BAC=60°일 때,
$\overline{BC}$의 길이는?

① $10\sqrt{3}$ ② $10\sqrt{6}$

③ $12\sqrt{2}$ ④ $12\sqrt{3}$

⑤ $12\sqrt{6}$

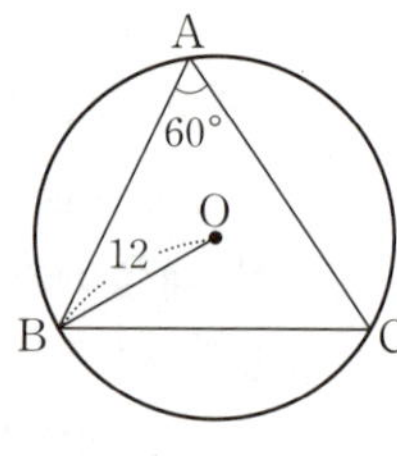

08 오른쪽 그림에서
∠APB=54°,
∠BRC=30°일 때, ∠x의
크기를 구하여라.

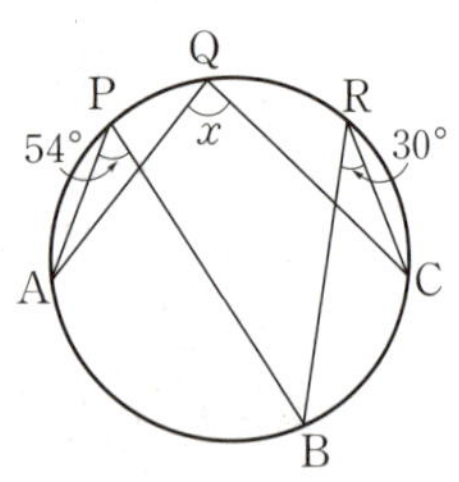

09 오른쪽 그림에서
$\angle ABD=45°$,
$\angle BPC=85°$일 때, $\angle x$의
크기는?

① 30°　　② 35°

③ 40°　　④ 45°

⑤ 50°

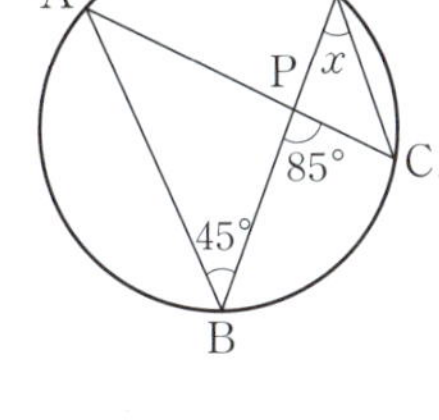

10 오른쪽 그림에서
$\angle DBC=60°$,
$\angle DFC=50°$일 때,
$\angle DEC$의 크기를 구하여
라.

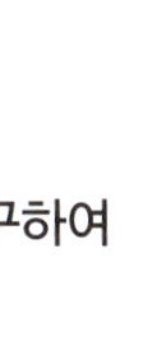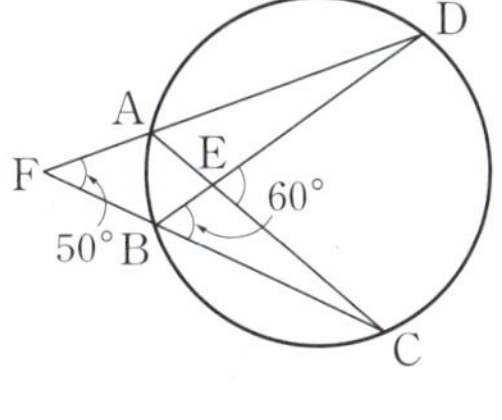

11 오른쪽 그림에서 $\overline{AB}$는 원
O의 지름이고
$\angle ACD=42°$일 때,
$\angle BAD$의 크기를 구하여
라.

12 오른쪽 그림에서 $\overline{AB}$는 원
O의 지름이고
$\angle CDB=40°$일 때,
$\angle AEC$의 크기는?

① 30°　　② 35°

③ 40°　　④ 45°

⑤ 50°

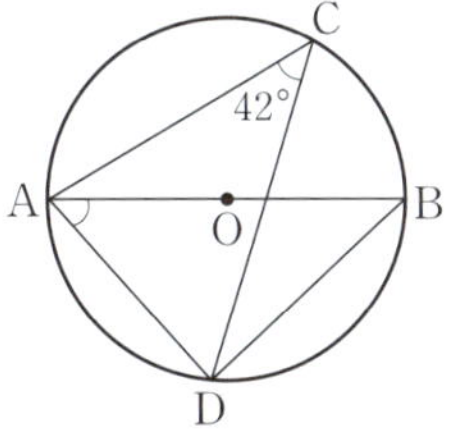

13 오른쪽 그림에서 $\overline{AB}$는 반
원 O의 지름이고
$\angle ABD=15°$일 때, $\angle x$의
크기는?

① 100°　　② 105°　　③ 110°

④ 115°　　⑤ 120°

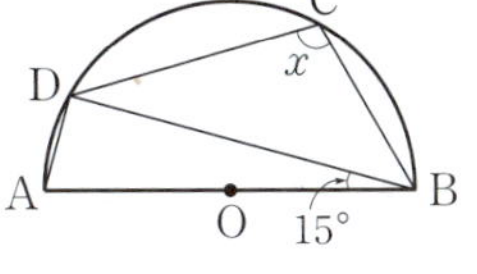

14 오른쪽 그림에서 $\overline{AB}$는 원
O의 지름이고
$\angle COD=46°$일 때, $\angle x$의
크기는?

① 65°　　② 66°

③ 67°　　④ 68°

⑤ 69°

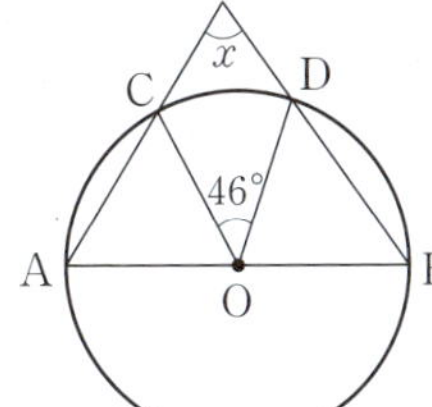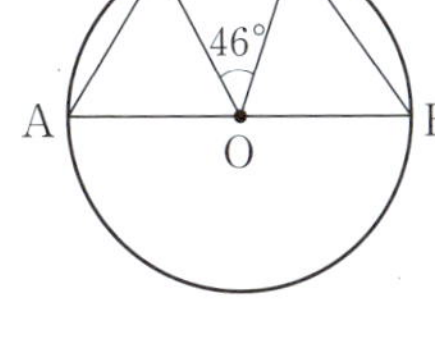

15 오른쪽 그림에서 $\overline{AC}$는 원 O
의 지름이고 $\overline{OC}=6$ cm,
$\angle ADB=15°$일 때, 호 BC
의 길이를 구하여라.

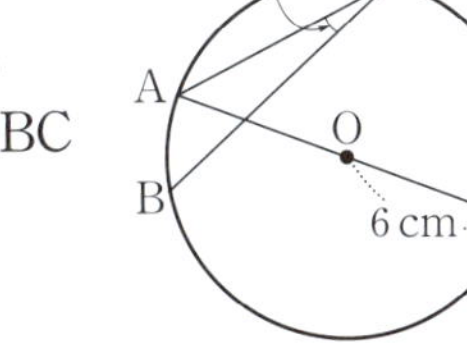

16 오른쪽 그림과 같이 원 O에 내
접하는 △ABC에서
$\angle BAC=60°$, $\overline{BC}=6$일 때,
원 O의 넓이를 구하여라.

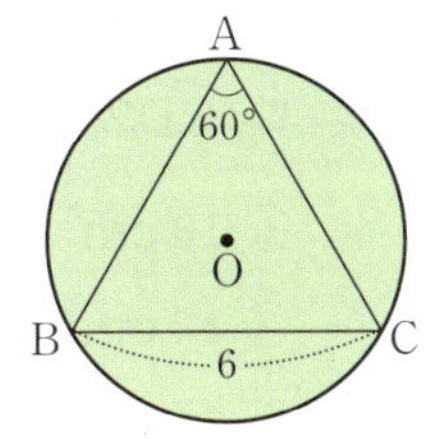

01 오른쪽 그림에서 $\overarc{AP}=\overarc{PB}$이고 $\angle PAB=30°$일 때, $\angle AQP$의 크기를 구하여라.

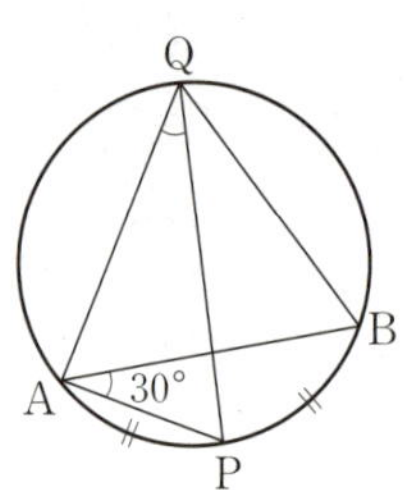

02 오른쪽 그림에서 $\overarc{AB}=\overarc{BC}$이고 $\angle BDC=40°$, $\angle DBC=75°$일 때, $\angle x$의 크기를 구하여라.

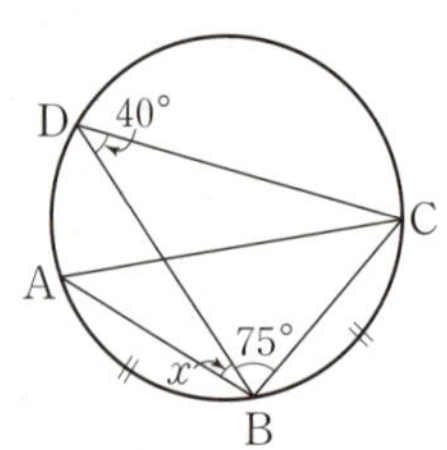

03 오른쪽 그림에서 $\overline{AB}$는 원 O의 지름이고 점 D는 $\overarc{BC}$를 이등분한다. $\angle BAD=24°$일 때, $\angle ADC$의 크기를 구하여라.

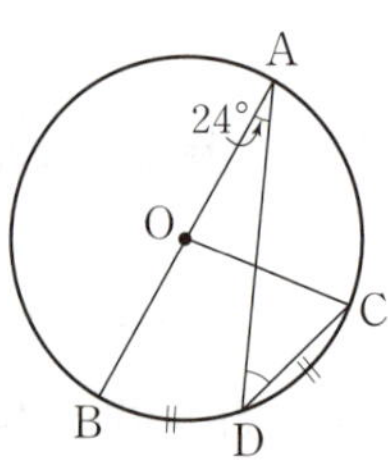

04 오른쪽 그림에서 $\overarc{AB}=3$ cm, $\angle APB=15°$, $\angle CQD=60°$일 때, $\overarc{CD}$의 길이는?

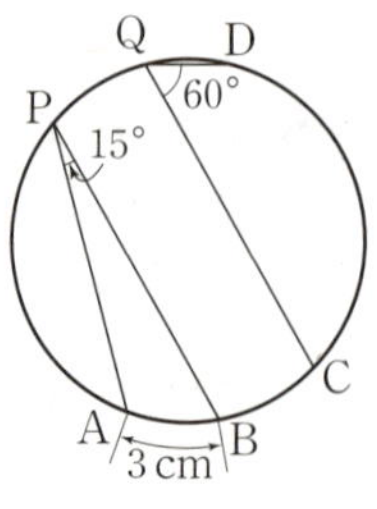

① 10 cm   ② 11 cm

③ 12 cm   ④ 13 cm

⑤ 14 cm

05 오른쪽 그림에서 점 P는 두 현 AB, CD의 교점이고 $\overarc{BC}=4$ cm, $\angle ACD=20°$, $\angle BPC=65°$일 때, 이 원의 둘레의 길이를 구하여라.

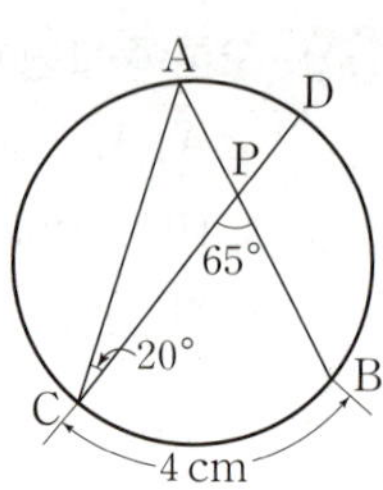

06 오른쪽 그림에서 $\overarc{AB}:\overarc{CD}=3:1$이고 $\overline{AD}$와 $\overline{BC}$의 연장선의 교점이 F이다. $\angle AEB=60°$일 때, $\angle F$의 크기를 구하여라.

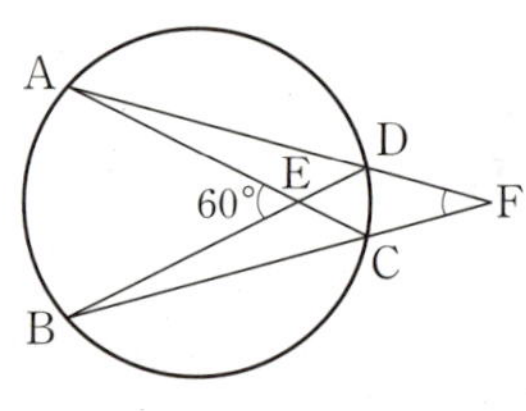

07 오른쪽 그림에서 점 P는 두 현 AB, CD의 교점이다. $\overarc{AC}:\overarc{BD}=2:1$이고 $\angle BPD=114°$일 때, $\angle ABC$의 크기를 구하여라.

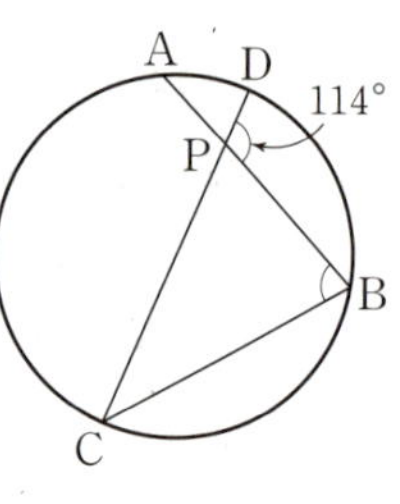

08 오른쪽 그림에서 $\overarc{AB}$는 원의 둘레의 길이의 $\frac{1}{5}$, $\overarc{CD}$는 원의 둘레의 길이의 $\frac{1}{9}$일 때, $\angle APB$의 크기는?

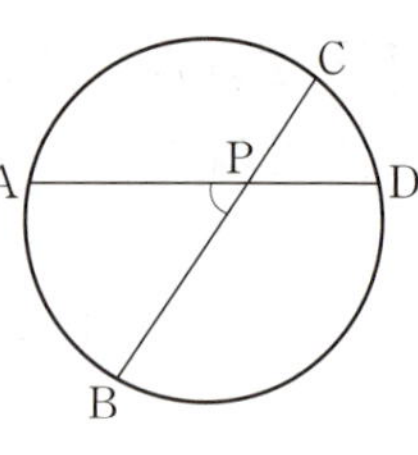

① 56°   ② 58°   ③ 60°

④ 62°   ⑤ 64°

09 오른쪽 그림에서
$\widehat{AB} : \widehat{BC} : \widehat{CA} = 2 : 5 : 3$
일 때, $\angle A + \angle B$의 값은?

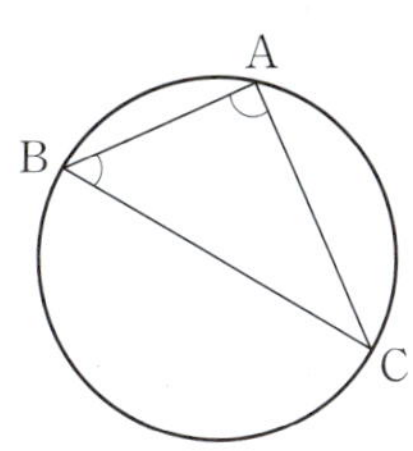

① 132°　　② 136°

③ 140°　　④ 144°

⑤ 148°

10 오른쪽 그림에서
$\widehat{AB} : \widehat{BC} : \widehat{CD} : \widehat{DA}$
$= 2 : 3 : 3 : 4$
일 때, $\angle x$의 크기를 구하여라.

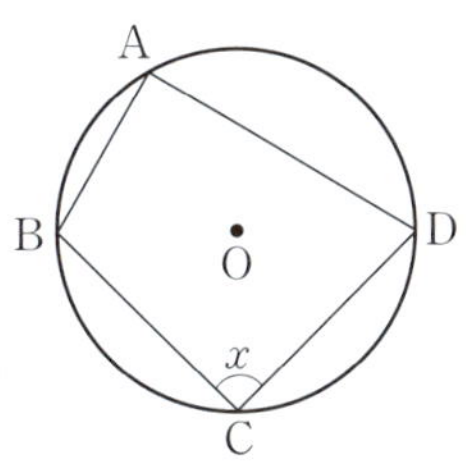

11 다음 그림에서
$\widehat{AB} : \widehat{BC} : \widehat{CD} : \widehat{DE} : \widehat{EA} = 3 : 2 : 3 : 1 : 3$
일 때, $\angle B + \angle E$의 값을 구하여라.

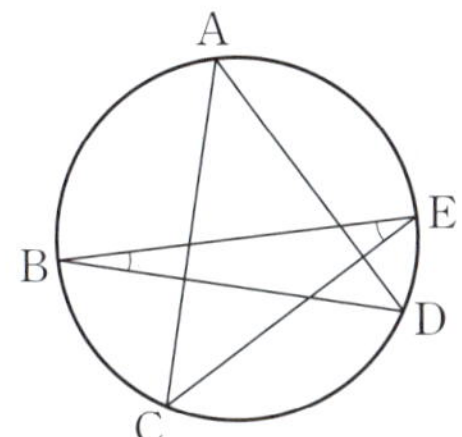

12 오른쪽 그림에서 네 점 A, B, C, D가 한 원 위에 있고
$\angle BAP = 60°$, $\angle BPA = 90°$
일 때, $\angle ACD$의 크기를 구하여라.

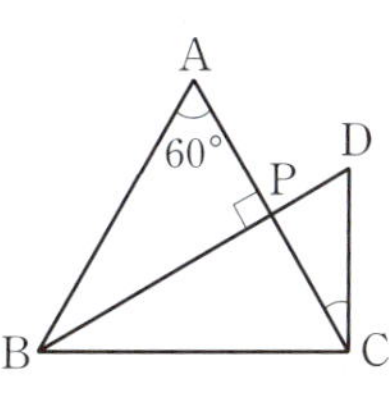

13 오른쪽 그림에서 네 점 A, B, C, D가 한 원 위에 있고
$\angle PBC = 30°$, $\angle DPC = 95°$
일 때, $\angle y - \angle x$의 값은?

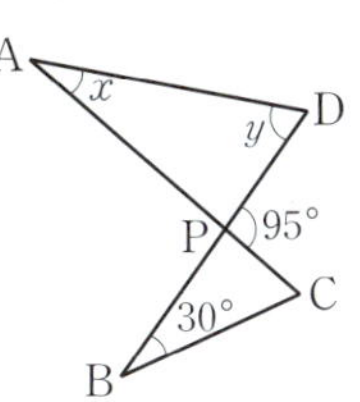

① 27°　　② 29°

③ 31°　　④ 33°

⑤ 35°

14 다음 중 네 점 A, B, C, D가 한 원 위에 있는 것은?

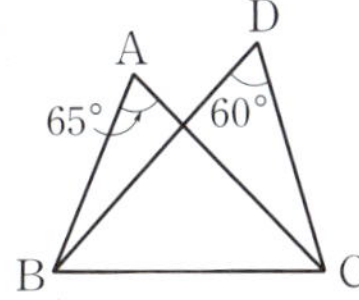

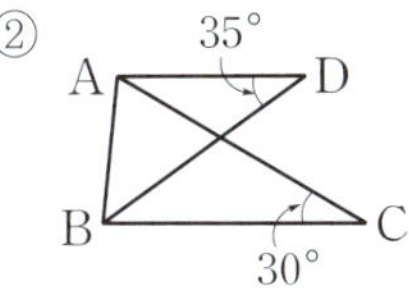

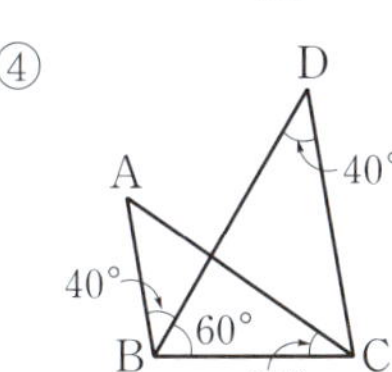

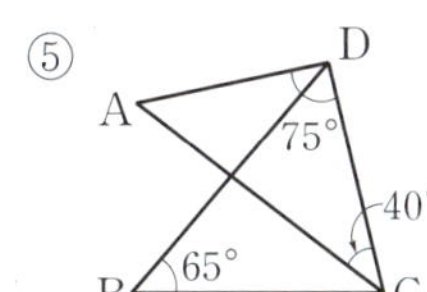

15 오른쪽 그림에서
$\angle BAC = \angle BDC = 50°$,
$\angle ACB = 35°$일 때, $\angle ADB$의 크기를 구하여라.

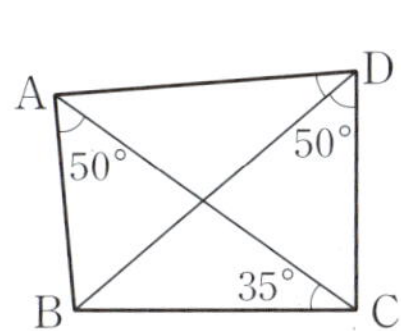

2· 원과 사각형

16 원과 사각형

01 오른쪽 그림에서 □ABCD가 원 O에 내접할 때, $\angle x$, $\angle y$ 의 크기를 각각 구하여라.

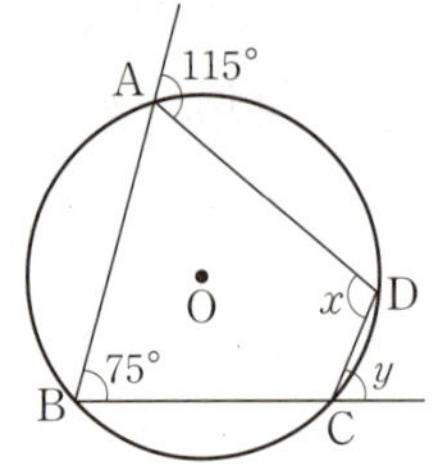

02 오른쪽 그림에서 □ABCD가 원 O에 내접하고 $\angle A : \angle C = 5 : 4$일 때, $\angle A$ 의 크기를 구하여라.

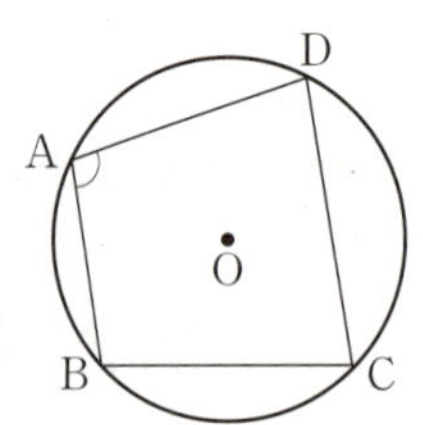

03 오른쪽 그림과 같은 원 O에서 $\overline{AB}$는 지름이고 $\angle BAC = 20°$일 때, $\angle x$의 크기를 구하여라.

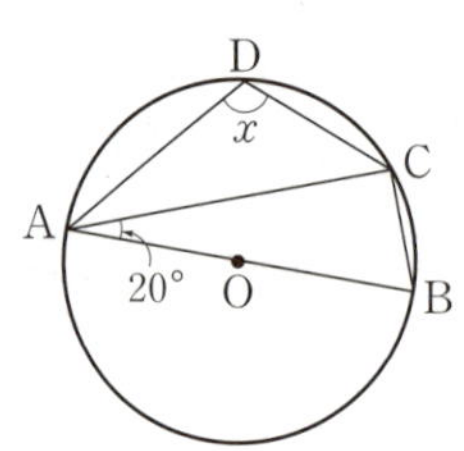

04 오른쪽 그림과 같이 □ABDC 는 원 O에 내접하고 $\angle BDC = 120°$, $\overarc{AB} = \overarc{AC}$, $\overline{BC} = 12$일 때, $\triangle ABC$의 넓이는?

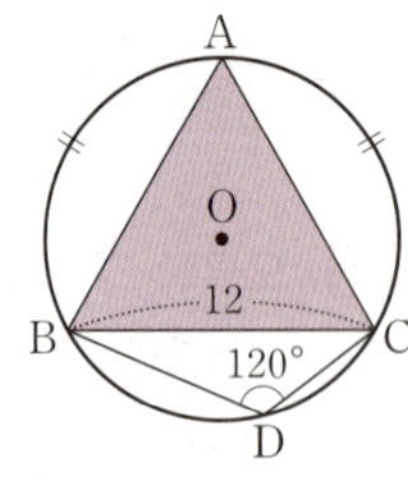

① 36
② $36\sqrt{2}$
③ $36\sqrt{3}$
④ $40\sqrt{2}$
⑤ $40\sqrt{3}$

05 오른쪽 그림과 같이 육각형 ABCDEF가 원 O에 내접 하고 $\angle A = 110°$, $\angle C = 125°$일 때, $\angle E$의 크 기는?

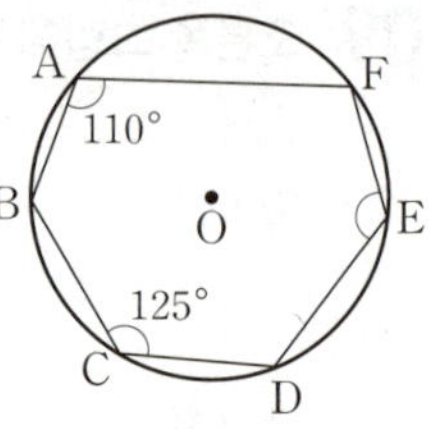

① 110°
② 115°
③ 120°
④ 125°
⑤ 130°

06 오른쪽 그림과 같이 원 O에 내접하는 오각형 ABCDE 에서 $\angle A = 110°$, $\angle D = 120°$일 때, $\angle BOC$의 크기를 구하여라.

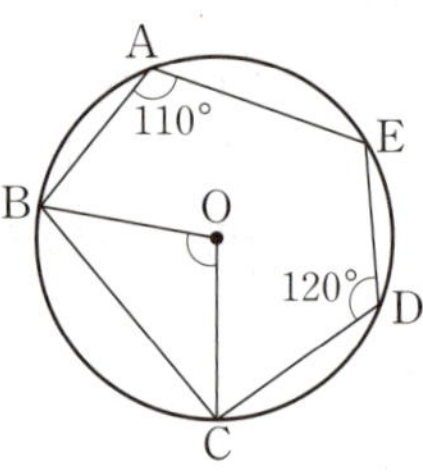

07 오른쪽 그림에서 □ABCD가 원 O에 내 접하고 $\angle APB = 35°$, $\angle DAB = 115°$일 때, $\angle ADC$의 크기를 구 하여라.

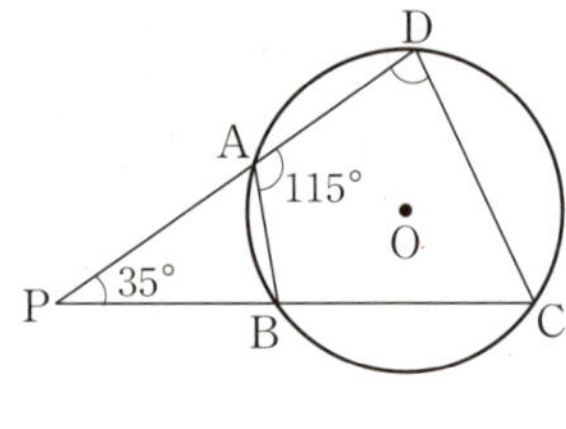

08 오른쪽 그림에서 □ABCD 가 원 O에 내접하고 $\angle CBD = 50°$, $\angle ADE = 105°$일 때, $\angle ACD$의 크기는?

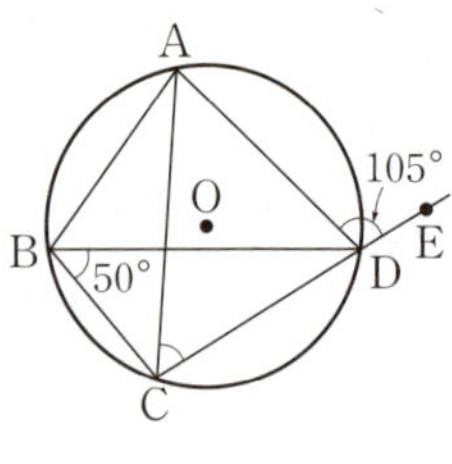

① 50°
② 55°
③ 60°
④ 65°
⑤ 70°

09 오른쪽 그림과 같이 두 원이 두 점 P, Q에서 만나고 $\angle QCD=85°$, $\angle PDC=65°$일 때, $\angle x$의 크기를 구하여라.

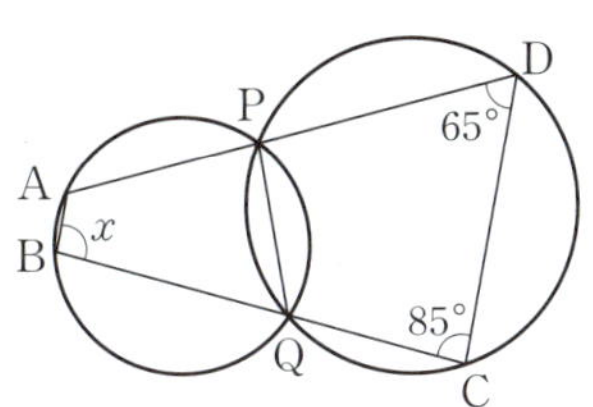

10 다음 그림에서 두 원 O, O′의 두 교점을 C, D, 두 원 O′, O″의 두 교점을 E, F라고 하자. $\angle CAB=88°$, $\angle ABD=94°$일 때, $\angle EGH$의 크기를 구하여라.

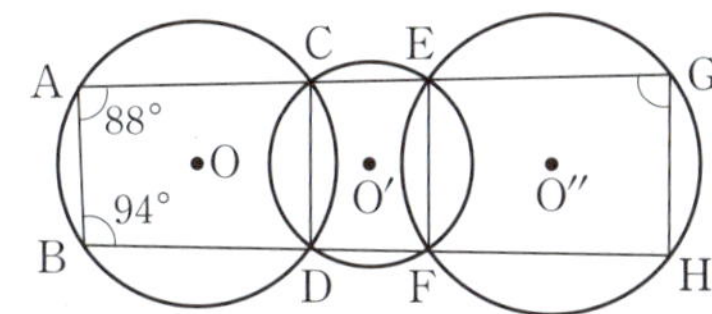

11 오른쪽 그림에서 두 원 O, O′의 두 교점을 P, Q라고 하자. 호 BAP에 대한 중심각의 크기가 210°일 때, $\angle PDC$의 크기는?

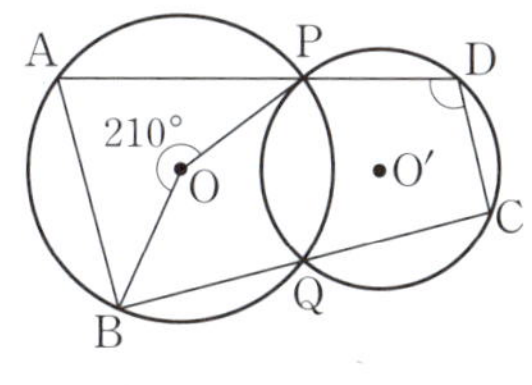

① 99°　　② 102°　　③ 105°

④ 108°　　⑤ 111°

12 오른쪽 그림과 같은 □ABCD가 원에 내접하고 $\angle A=88°$, $\angle D=102°$일 때, $\angle x-\angle y$의 값을 구하여라.

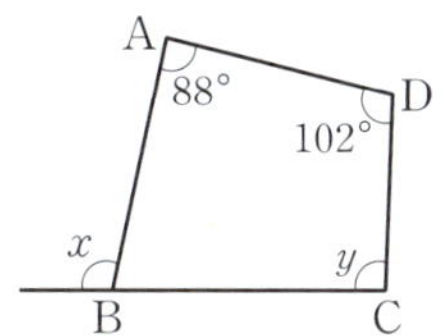

13 다음 중 □ABCD가 원에 내접하는 것을 모두 고르면? (정답 2개)

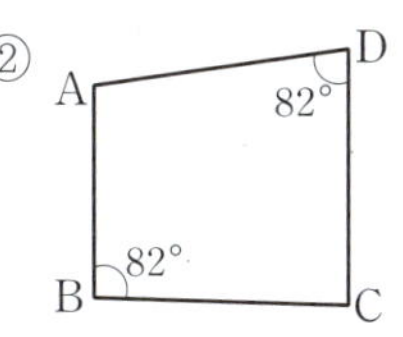

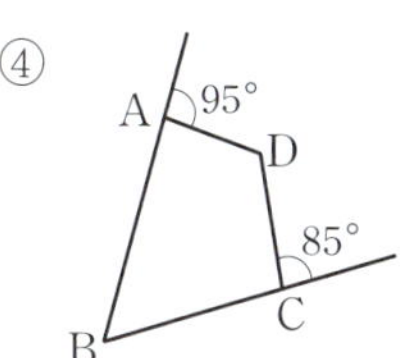

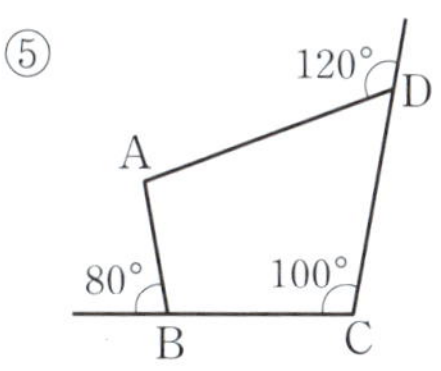

14 오른쪽 그림에서 $\angle x$, $\angle y$의 크기를 각각 구하여라.

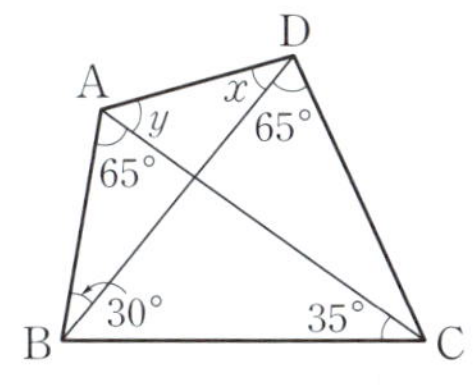

15 오른쪽 그림에서 $\overline{AB}\perp\overline{CD}$, $\overline{AC}\perp\overline{BE}$일 때, 원에 내접하는 사각형은 모두 몇 개 만들어지는가?

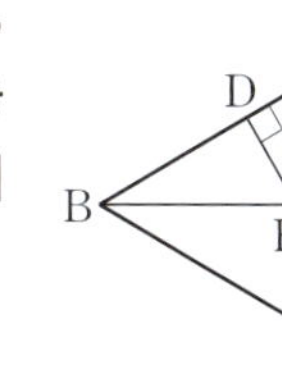

① 1개　　② 2개

③ 3개　　④ 4개

⑤ 5개

3· 원의 접선과 현이 이루는 각

정답과 해설 61~62쪽 | 개념북 72~75쪽

17 원의 접선과 현이 이루는 각

01 오른쪽 그림에서 직선 AT는 원 O의 접선이고 점 A는 접점이다. $\angle CAB = 40°$, $\angle BCA = 60°$일 때, $\angle x$의 크기를 구하여라.

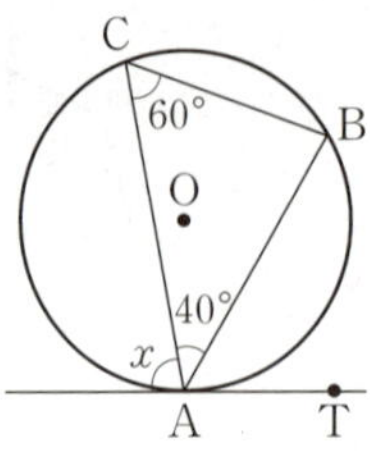

02 오른쪽 그림에서 직선 AT는 원 O의 접선이고 점 A는 접점이다. $\angle CAT = 70°$일 때, $\angle BCA$의 크기는?

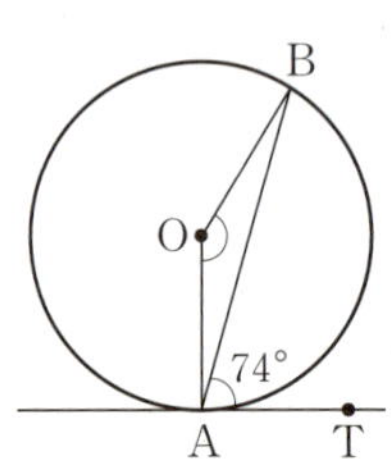

① 10°   ② 15°
③ 20°   ④ 25°
⑤ 30°

03 오른쪽 그림에서 직선 AT는 원 O의 접선이고 점 A는 접점이다. $\angle BAT = 74°$일 때, $\angle AOB$의 크기를 구하여라.

04 오른쪽 그림에서 $\overrightarrow{PA}$, $\overrightarrow{PB}$는 원 O의 접선이고 두 점 A, B는 접점이다. $\angle P = 50°$, $\angle CBE = 80°$일 때, $\angle x - \angle y$의 값을 구하여라.

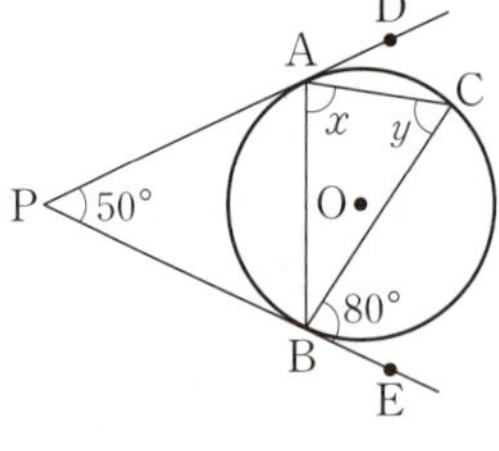

05 오른쪽 그림에서 직선 TT′은 원 O의 접선이고 점 P는 접점이다. $\angle APT = 45°$, $\angle BPT′ = 65°$일 때, $\angle ABO$의 크기를 구하여라.

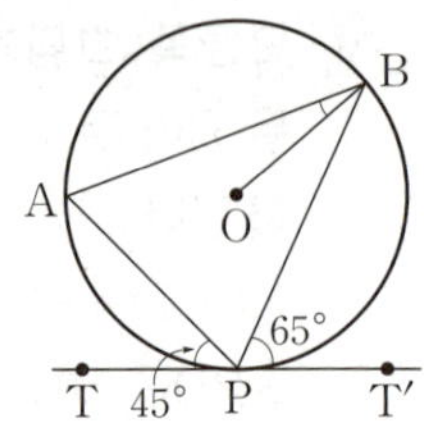

06 오른쪽 그림에서 직선 TA는 점 A에서 접하는 원의 접선이고 $\angle DCB = 120°$, $\angle DAT = 70°$일 때, $\angle ADB$의 크기를 구하여라.

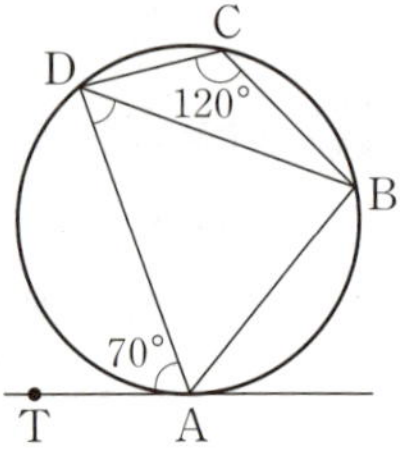

07 오른쪽 그림에서 직선 TB는 점 B에서 접하는 원 O의 접선이고 현 AD가 원의 중심 O를 지날 때, $\angle x$의 크기는?

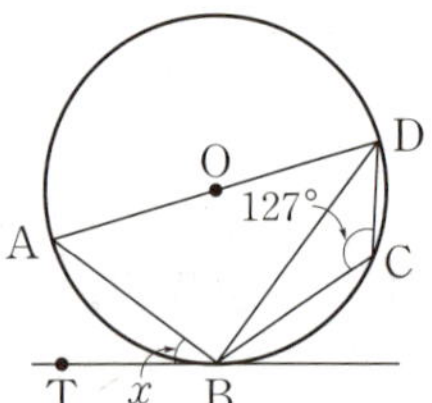

① 37°   ② 43°
③ 47°   ④ 53°
⑤ 57°

08 오른쪽 그림에서 직선 AT가 원 O의 접선이고 점 A는 접점이다. $\angle CAT = 75°$일 때, $\angle x - \angle y$의 값은?

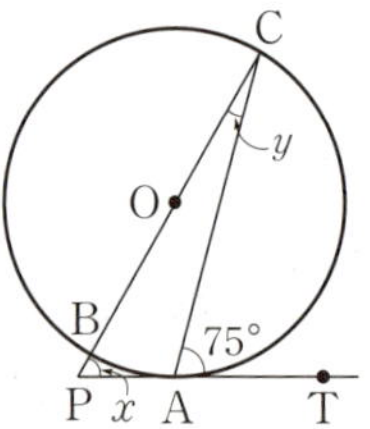

① 30°   ② 35°
③ 40°   ④ 45°
⑤ 50°

09 오른쪽 그림에서 $\overline{\text{TP}}$는 원 O의 접선이고 점 T는 접점이다. $\angle\text{CAT}=25°$, $\angle\text{ABT}=120°$일 때, $\angle\text{CPT}$의 크기를 구하여라.

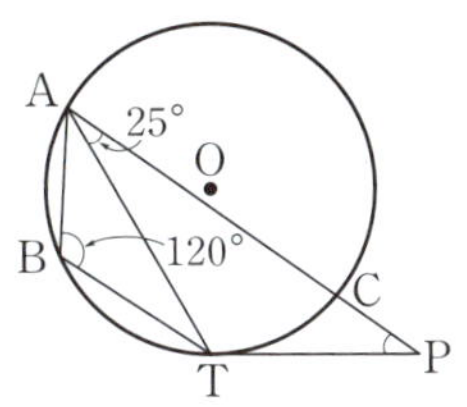

10 오른쪽 그림에서 $\overline{\text{PC}}$는 원 O의 접선이고 점 C는 접점이다. $\angle\text{BAC}=30°$, $\overline{\text{PC}}=6\ \text{cm}$일 때, $\overline{\text{AB}}$의 길이를 구하여라.

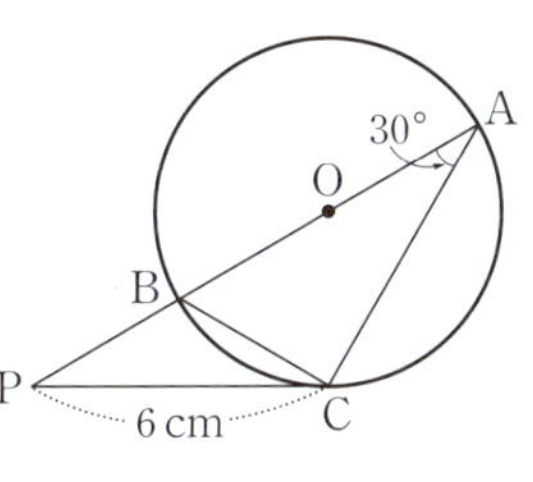

11 오른쪽 그림에서 직선 PT는 원 O의 접선이고 점 P는 접점이다. $\overline{\text{PA}}=4$, $\angle\text{APT}=30°$일 때, 원 O의 둘레의 길이는?

① 8π ② 10π
③ 12π ④ 14π ⑤ 16π

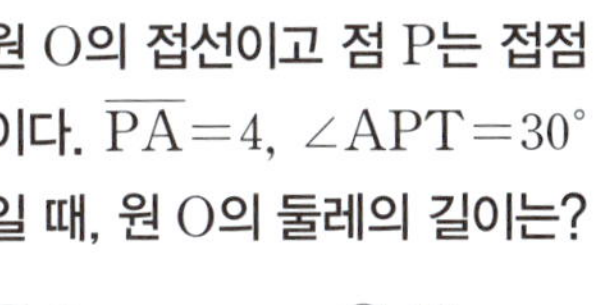

12 오른쪽 그림에서 직선 TT′은 점 P에서 접하는 두 원의 공통인 접선이다. $\angle\text{PAB}=50°$, $\angle\text{PDC}=60°$일 때, $\angle\text{CPD}$의 크기를 구하여라.

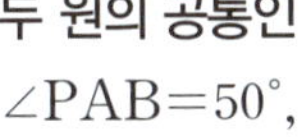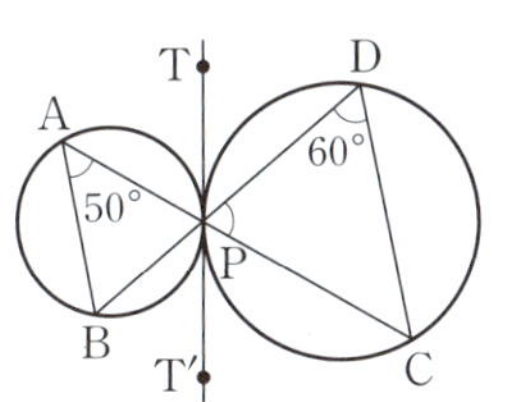

13 오른쪽 그림에서 직선 TT′은 점 P에서 접하는 두 원의 공통인 접선이고 $\angle\text{BAP}=85°$, $\angle\text{ABP}=50°$일 때, $\angle x$, $\angle y$의 크기를 각각 구하여라.

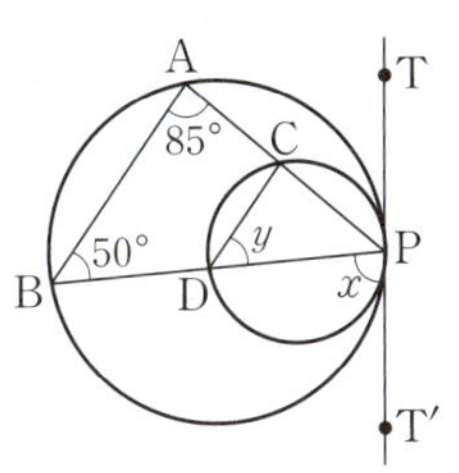

14 오른쪽 그림에서 직선 PT는 점 P에서 접하는 원 O의 접선이고 $\angle\text{ADC}=72°$, $\angle\text{BCD}=58°$일 때, $\angle\text{APT}$의 크기는?

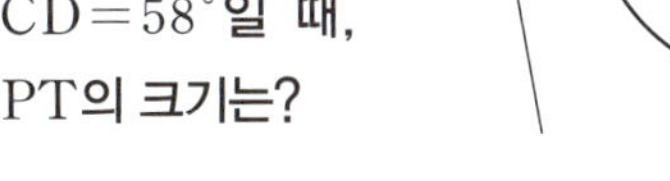

① $58°$ ② $64°$ ③ $72°$
④ $78°$ ⑤ $82°$

15 오른쪽 그림에서 두 점 A, B는 두 원 O, O′의 교점이고 $\overline{\text{AC}}$는 점 A에서 접하는 원 O의 접선, $\overline{\text{AD}}$는 점 A에서 접하는 원 O′의 접선이다. $\angle\text{DBC}=150°$일 때, $\angle\text{DAC}$의 크기는?

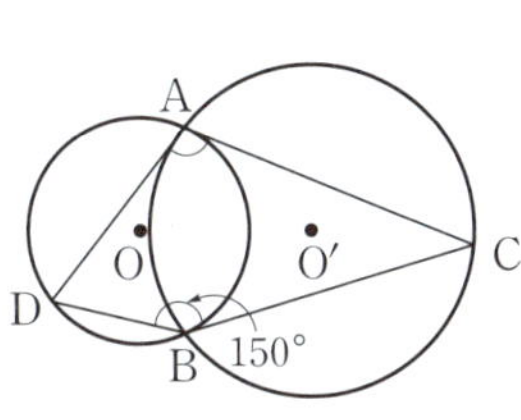

① $95°$ ② $100°$ ③ $105°$
④ $110°$ ⑤ $115°$

단원 · 마무리

정답과 해설 62~63쪽 ㅣ 개념북 76~78쪽

01 오른쪽 그림과 같이 반지름의 길이가 6인 원 O에서 ∠APB=60°일 때, 색칠한 부분의 넓이는?

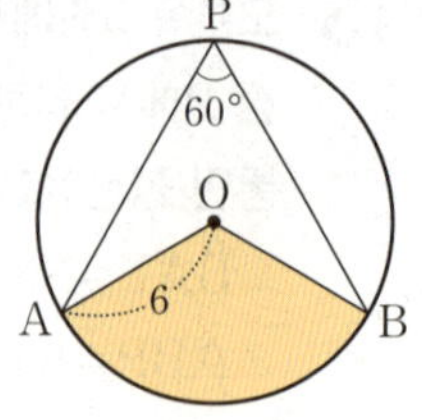

① 3π ② 6π

③ 9π ④ 12π

⑤ 18π

02 오른쪽 그림에서 $\overline{AB}$가 원 O의 지름이고 ∠BDC=66°일 때, ∠ABC의 크기는?

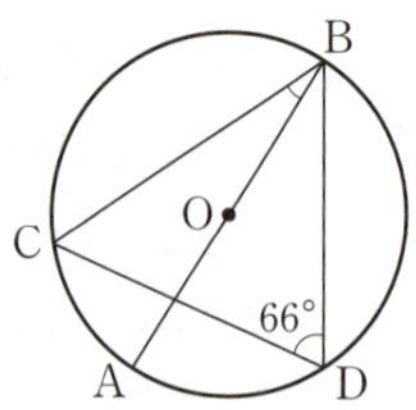

① $18°$ ② $24°$

③ $27°$ ④ $33°$

⑤ $36°$

03 오른쪽 그림에서 $\overline{BC}$는 반원 O의 지름이고 ∠E=48°일 때, ∠AOD의 크기를 구하여라.

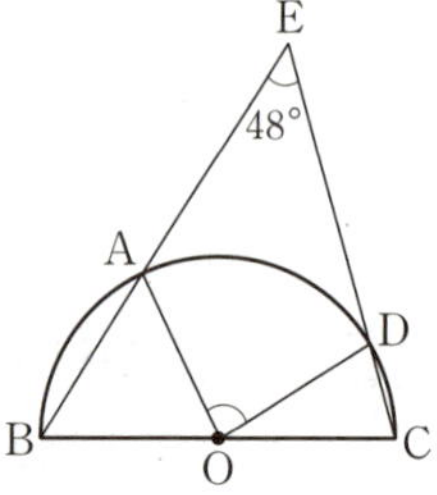

04 오른쪽 그림의 원 O에서 $\overline{AB}$는 지름이고 $\overset{\frown}{AC}=\overset{\frown}{CD}$, ∠CAD=35°일 때, ∠DAB의 크기를 구하여라.

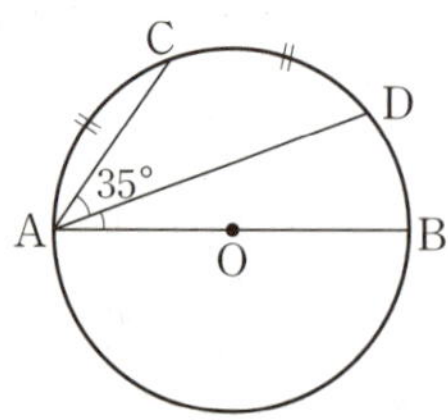

05 오른쪽 그림에서 $\overset{\frown}{AB}$는 원의 둘레의 길이의 $\dfrac{1}{4}$이고 $\overset{\frown}{CD}$는 원의 둘레의 길이의 $\dfrac{1}{6}$일 때, ∠APB의 크기는?

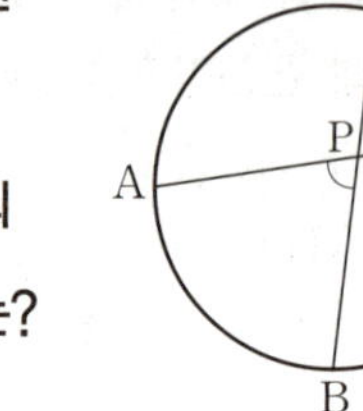

① $60°$ ② $65°$

③ $70°$ ④ $75°$

⑤ $80°$

06 오른쪽 그림에서 ∠CBD=25°, ∠BDE=60°일 때, ∠y−∠x의 값을 구하여라.

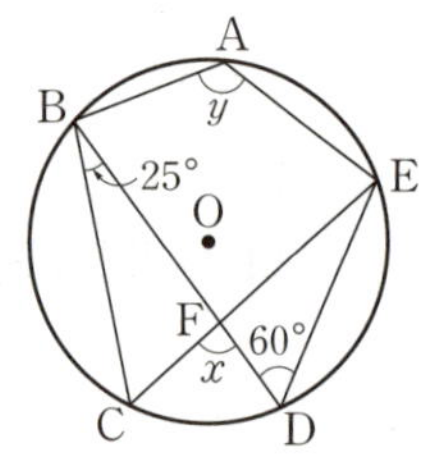

07 오른쪽 그림에서 □ABCD는 원에 내접하고 $\overline{AB}$, $\overline{CD}$의 연장선의 교점을 E, $\overline{AD}$, $\overline{BC}$의 연장선의 교점을 F라고 한다. ∠AED=20°, ∠AFB=22°일 때, ∠x의 크기를 구하여라.

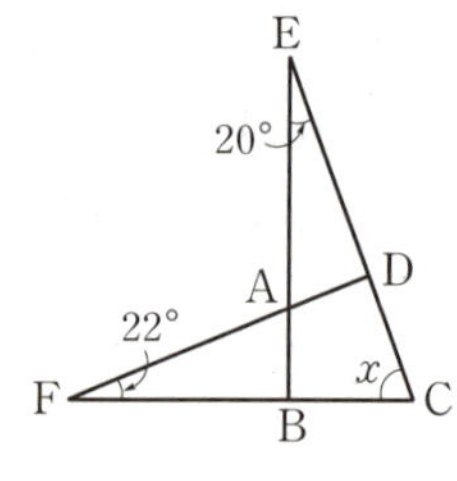

08 오른쪽 그림과 같이 사각형 ABCD가 원 O에 내접하고 ∠OAD=29°, ∠OCD=32°일 때, ∠CBE의 크기를 구하여라.

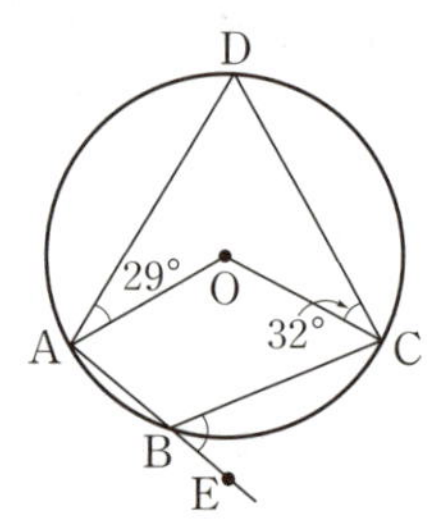

09 오른쪽 그림과 같이 원 O에 내접하는 오각형 ABCDE에서 $\angle B=105°$, $\angle COD=100°$일 때, $\angle E$의 크기를 구하여라.

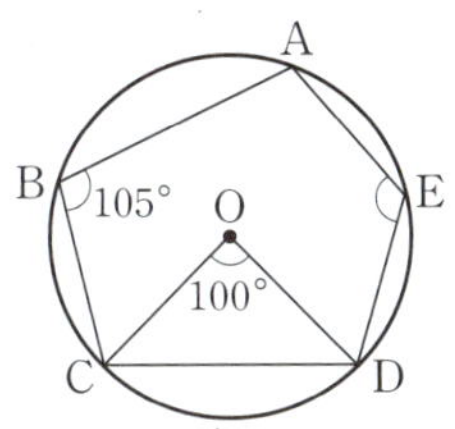

10 오른쪽 그림과 같이 육각형 ABCDEF가 원에 내접할 때, $\angle B+\angle D+\angle F$의 값은?

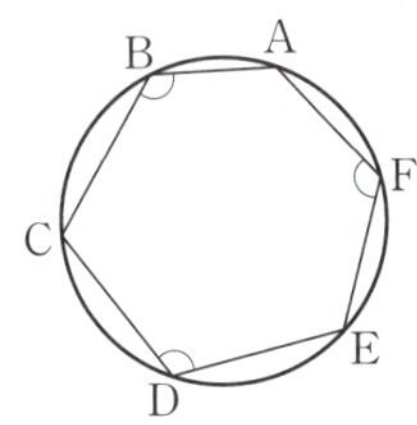

① 280° ② 300°
③ 320° ④ 340°
⑤ 360°

11 오른쪽 그림과 같이 두 원 O, O′이 두 점 F, C에서 만난다. $\angle BAF=100°$, $\angle CDF=20°$일 때, $\angle CED$의 크기를 구하여라.

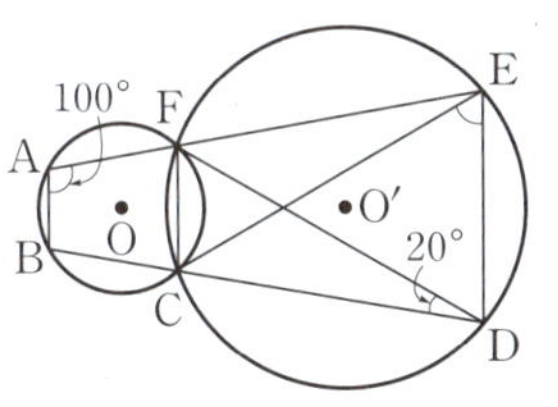

12 오른쪽 그림에서 $\overrightarrow{PT}$는 원의 접선이고 점 P는 접점일 때, $\angle BPT$의 크기는?

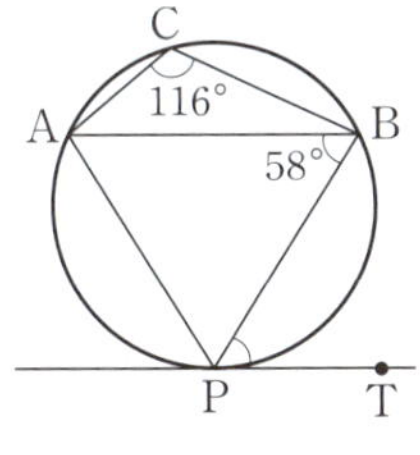

① 52° ② 54°
③ 56° ④ 58°
⑤ 60°

13 오른쪽 그림에서 원 O는 △ABC의 내접원이고 △DEF의 외접원이다. 세 점 D, E, F가 접점이고 $\angle ABC=30°$, $\angle EDF=40°$일 때, $\angle DEF$의 크기를 구하여라.

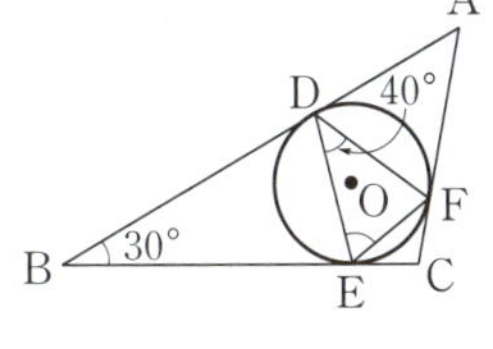

14 오른쪽 그림에서 직선 AT는 원 O의 접선이고 점 A는 접점이다. $\overarc{AC}=\overarc{BC}$이고 $\angle CAT=50°$일 때, $\angle ACB$의 크기를 구하여라.

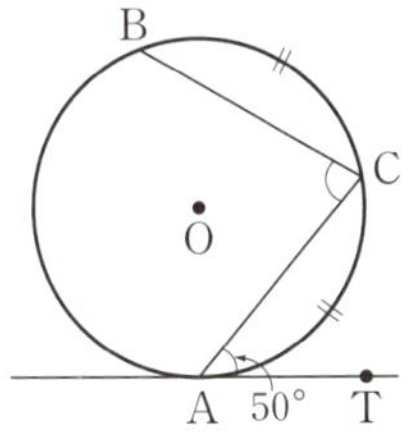

15 오른쪽 그림에서 $\angle BAQ=30°$, $\angle QCD=45°$일 때, $\angle x+\angle y$의 값을 구하여라.

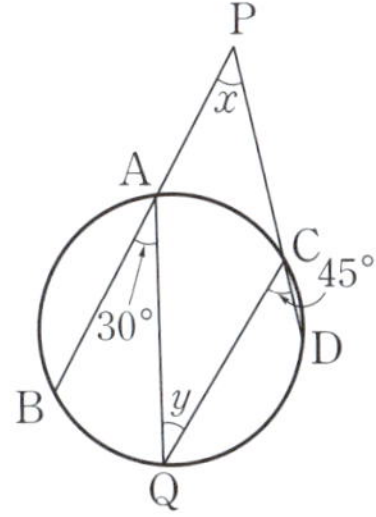

16 오른쪽 그림에서 △ABC는 원 O에 내접하고 직선 BT는 점 B에서 접하는 원 O의 접선이다. $\overline{AB}=6$이고 $\tan x=\dfrac{3}{2}$일 때, 원 O의 넓이를 구하여라.

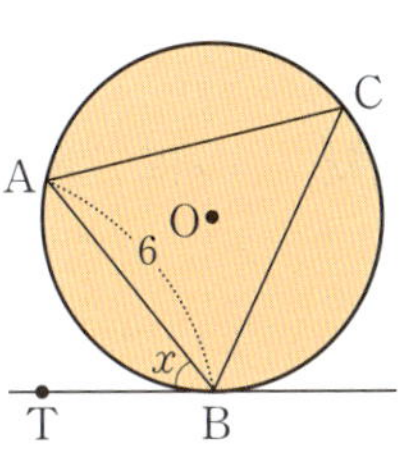

1 · 대푯값과 산포도

18 대푯값

01 다음은 가윤이네 반 학생 10명의 일주일 동안의 컴퓨터를 사용한 시간을 조사하여 나타낸 것이다. 컴퓨터 사용 시간의 평균은?

(단위: 시간)

1 8 5 6 9 14 3 2 5 7

① 5시간   ② 5시간 30분
③ 6시간   ④ 6시간 30분
⑤ 7시간

02 3개의 변량 x, y, z의 평균이 14일 때, 5개의 변량 7, x, y, z, 9의 평균을 구하여라.

03 은주네 반 학생 26명과 윤희네 반 학생 24명의 영어 성적의 평균이 각각 77점, 72점일 때, 은주네 반과 윤희네 반 학생 전체의 영어 성적의 평균은?

① 74점   ② 74.2점   ③ 74.4점
④ 74.6점   ⑤ 74.8점

04 10개의 변량 a, b, c, d, e, f, g, h, i, j의 평균은 92이고 이 중 4개의 변량 a, e, i, j의 평균은 95이다. 이때 나머지 6개의 변량 b, c, d, f, g, h의 평균을 구하여라.

05 다음 〈보기〉 중 옳은 것을 모두 고른 것은?

보기

ㄱ. 변량을 크기순으로 나열할 때, 중앙에 위치하는 값을 중앙값이라고 한다.
ㄴ. 자료의 값 중에서 극단적인 값이 있는 경우에는 대푯값으로 중앙값을 사용하는 것이 좋다.
ㄷ. 중앙값은 자료의 개수가 많은 경우에 구하기가 쉽기 때문에 선호도 조사에 주로 이용된다.
ㄹ. 자료의 개수가 적을수록 최빈값을 이용하여 자료 전체의 특징을 잘 반영할 수 있다.

① ㄱ   ② ㄷ   ③ ㄱ, ㄴ
④ ㄱ, ㄷ   ⑤ ㄴ, ㄹ

06 다음은 수연이의 10회에 걸친 팔굽혀펴기 횟수를 조사하여 나타낸 것이다. 평균을 a회, 중앙값을 b회, 최빈값을 c회라고 할 때, $a+b+c$의 값을 구하여라.

(단위: 회)

10 9 9 10 8 9 9 10 8 7

07 오른쪽 표는 성우네 반 학생 30명의 혈액형을 조사하여 나타낸 것이다. 최빈값을 구하여라.

혈액형	학생 수 (명)
A형	10
B형	5
O형	9
AB형	6
합계	30

08 다음 표는 세연이네 반 학생 13명의 쪽지 시험 점수를 조사하여 나타낸 것이다. 중앙값을 a점, 최빈값을 b점이라고 할 때, $a+b$의 값을 구하여라.

점수 (점)	6	7	8	9	10
학생 수 (명)	1	5	2	3	2

09 오른쪽 막대그래프는 도원이네 반 학생들의 음악 수행평가 점수를 조사하여 나타낸 것이다. 평균을 a점, 중앙값을 b점, 최빈값을 c점이라고 할 때, a, b, c의 대소를 비교하여라.

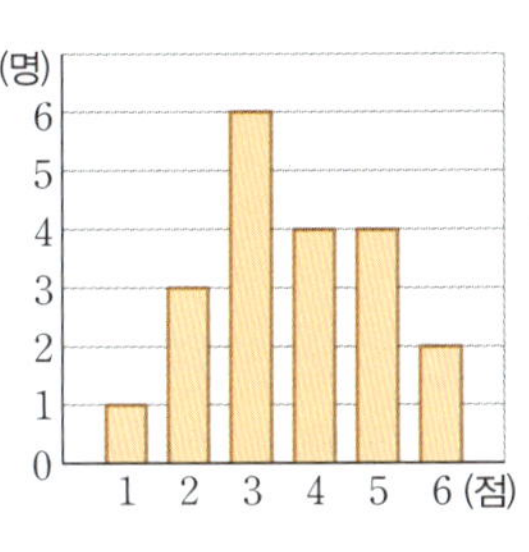

10 정현이가 3회에 걸쳐 치른 수학 시험 성적은 82점, 90점, 79점이다. 네 번째 수학 시험까지 치른 후의 수학 시험 성적의 평균이 86점이었을 때, 정현이의 네 번째 수학 시험 성적은?

① 88점 ② 91점 ③ 93점
④ 95점 ⑤ 100점

11 어느 반 학생 32명의 몸무게의 평균은 55.8 kg이었다. 그런데 한 학생이 전학을 오면서 이 반 학생들의 몸무게의 평균이 0.2 kg 늘어났다. 전학 온 학생의 몸무게는 몇 kg인지 구하여라.

12 5개의 변량을 작은 값부터 크기순으로 나열하면 4, 6, 8, 9, a이다. 평균과 중앙값이 같을 때, a의 값을 구하여라.

13 다음 자료의 중앙값이 38일 때, x의 값은?

$$14 \quad 56 \quad 30 \quad 47 \quad 35 \quad x$$

① 38 ② 39 ③ 40
④ 41 ⑤ 42

14 다음 자료의 평균과 최빈값이 모두 1일 때, $y-x$의 값은? (단, $x<y$)

$$1 \quad -4 \quad x \quad 3 \quad y \quad 7 \quad -7$$

① 1 ② 2 ③ 3
④ 4 ⑤ 5

15 다음 자료의 최빈값이 8이고 $x+y=19$일 때, 중앙값을 구하여라.

$$5 \quad x \quad 6 \quad 8 \quad y \quad 9$$

19 산포도와 편차

01 다음 〈보기〉 중 옳은 것을 모두 고른 것은?

> **보기**
> ㄱ. 편차의 총합은 항상 0이다.
> ㄴ. (편차)=(평균)−(변량)
> ㄷ. 산포도는 자료가 흩어져 있는 정도를 하나의 수로 나타낸 값이다.
> ㄹ. 편차의 제곱의 평균은 표준편차이다.
> ㅁ. 분산이 작을수록 변량들은 평균 주위에 많이 모여 있다.

① ㄱ, ㄷ　　② ㄱ, ㄴ, ㄹ　　③ ㄱ, ㄷ, ㅁ
④ ㄴ, ㄷ, ㅁ　　⑤ ㄷ, ㄹ, ㅁ

02 다음 표는 학생 5명의 1학기 동안의 봉사 활동 시간에 대한 편차를 나타낸 것이다. 평균이 7시간일 때, 재민이의 봉사 활동 시간을 구하여라.

학생	은희	재민	영호	하영	진수
편차(시간)	−4		−3	5	4

03 다음 표는 학생 6명의 몸무게에 대한 편차를 나타낸 것이다. 이 자료에 대한 설명 중 옳은 것은?

학생	A	B	C	D	E	F
편차 (kg)	−2	x	4	2	1	0

① x의 값은 −3이다.
② 평균과 같은 몸무게를 가진 학생은 없다.
③ 학생 D의 몸무게는 54 kg이다.
④ 평균보다 몸무게가 가벼운 학생은 2명이다.
⑤ 학생 A와 학생 E의 몸무게 차는 1 kg이다.

20 분산과 표준편차

01 다음 표는 5명의 학생 A, B, C, D, E가 하루 동안 받은 문자메시지 개수에 대한 편차를 나타낸 것인데 학생 E의 편차 부분이 찢어져 보이지 않는다. 문자메시지 개수의 분산을 구하여라.

학생	A	B	C	D	E
편차 (개)	−3	2	−1	−2	

02 다음은 영수네 가게에서 월요일부터 일요일까지 매일 판매된 우유의 개수를 조사하여 요일 순서대로 나타낸 것이다. 우유의 개수의 표준편차를 구하여라.

(단위: 개)

> 16　23　17　20　21　22　7

03 3개의 변량 $10-a$, 10, $10+a$의 표준편차 $\dfrac{\sqrt{6}}{3}$일 때, 양수 a의 값을 구하여라.

04 5개의 변량 32, x, 29, 21, 25의 평균이 25일 때, 분산은?

① 25.3　　② 25.5　　③ 26
④ 26.3　　⑤ 26.5

05 4개의 변량 4, a, b, 9의 평균이 7, 분산이 14일 때, a^2+b^2의 값은?

① 114   ② 128   ③ 137

④ 146   ⑤ 155

06 3개의 변량 x, y, z의 평균이 5, 표준편차가 2일 때, $3x^2+1$, $3y^2+1$, $3z^2+1$의 평균은?

① 72   ② 78   ③ 87

④ 88   ⑤ 92

07 4개의 변량 a, b, c, d의 평균이 4, 분산이 9일 때, 변량 $2a-5$, $2b-5$, $2c-5$, $2d-5$의 분산을 구하여라.

08 은정이네 반 학생들의 1학기 성적의 평균이 81점이고 표준편차가 8점이다. 은정이네 반 학생들의 2학기 성적이 1학기보다 모두 5점씩 올랐을 때, 은정이네 반 학생들의 2학기 성적의 평균은 m점, 표준편차는 s점이다. $m+s$의 값을 구하여라.

21   도수분포표에서의 분산과 표준편차

01 다음 표는 학생 20명이 한 달 동안 읽은 책의 수를 조사하여 나타낸 것이다. 표준편차를 구하여라.

책의 수 (권)	0	1	2	3	4	합계
도수 (명)	1	5	9	3	2	20

02 오른쪽 도수분포표는 승미네 반 학생 20명의 사회 성적을 조사하여 나타낸 것이다. 사회 성적의 분산과 표준편차를 각각 구하여라.

사회 성적 (점)	도수 (명)
$50^{이상} \sim 60^{미만}$	1
60 ~ 70	3
70 ~ 80	5
80 ~ 90	9
90 ~ 100	2
합계	20

03 오른쪽 도수분포표는 학생 10명의 과학 성적을 조사하여 나타낸 것이다. 평균이 52점이고 표준편차가 $a\sqrt{29}$점일 때, a의 값을 구하여라.

과학 성적 (점)	도수 (명)
30	1
40	1
50	x
60	y
70	1
합계	10

04 오른쪽 도수분포표는 어느 해 9월의 서울 최고 기온을 조사하여 나타낸 것이다. 평균이 27 ℃일 때, 표준편차를 구하여라.

최고 기온(℃)	도수 (일)
20^{이상} ~ 22^{미만}	a
22 ~ 24	4
24 ~ 26	3
26 ~ 28	7
28 ~ 30	11
30 ~ 32	3
합계	30

05 오른쪽 히스토그램은 경호네 모둠 학생들의 몸무게를 조사하여 나타낸 것이다. 몸무게의 평균을 m kg, 표준편차를 s kg이라고 할 때, $m+s$의 값을 구하여라.

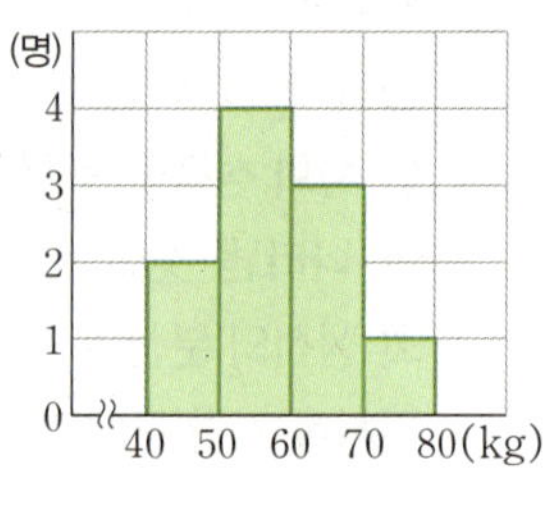

06 오른쪽 그림은 재호네 반 학생 40명의 국어 성적을 조사하여 나타낸 히스토그램인데 일부가 찢어져 보이지 않는다. 국어 성적의 분산은?

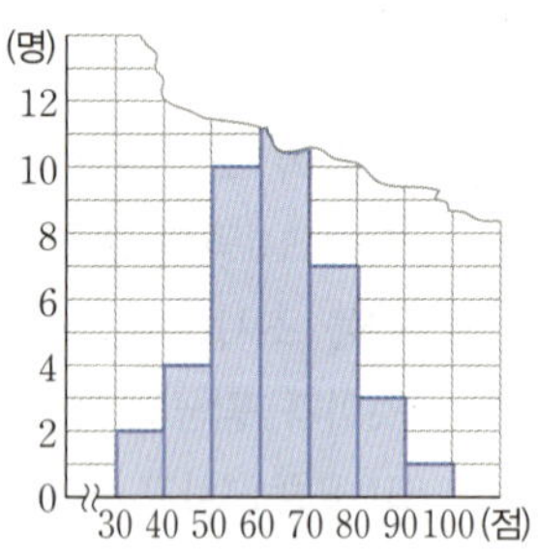

① 164　　② 170　　③ 176

④ 182　　⑤ 188

07 다음은 네 양궁 선수 A, B, C, D가 10회씩 활을 쏘아 얻은 점수의 평균과 표준편차이다. 점수가 가장 높은 선수와 점수가 가장 고른 선수를 차례대로 말하여라.

선수	A	B	C	D
평균 (점)	9.8	9.7	9.9	9.6
표준편차 (점)	0.8	2.4	0.3	0.2

08 다음 그림은 A, B, C 세 학생이 5회에 걸쳐 받은 미술 실기 점수를 각각 막대그래프로 나타낸 것이다. 미술 실기 점수의 표준편차가 가장 큰 학생을 말하여라.

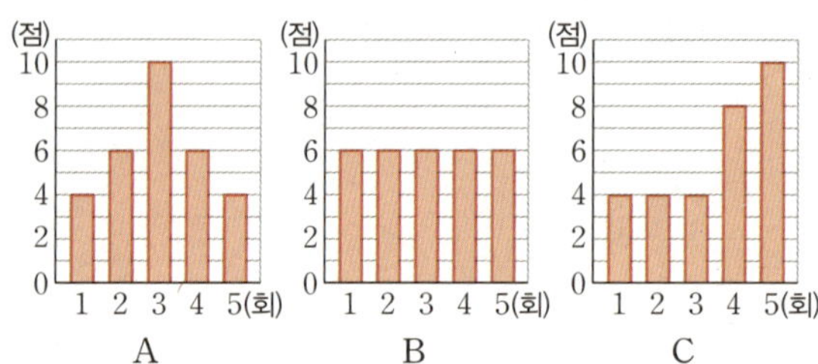

09 오른쪽 표는 A, B 두 반의 수학 성적에 대한 자료이다. 다음 〈보기〉의 설명 중 옳은 것을 모두 골라라.

학급	A	B
학생 수(명)	10	15
평균 (점)	74	79
표준편차 (점)	5.6	9.8

보기

ㄱ. 두 반 전체의 평균은 77점이다.

ㄴ. B반의 성적이 A반의 성적보다 우수하다.

ㄷ. A반의 편차의 합이 B반의 편차의 합보다 더 크다.

ㄹ. 두 반의 평균이 다르므로 어느 반의 성적이 더 고른지는 알 수 없다.

단원·마무리

정답과 해설 68~69쪽 | 개념북 92~94쪽

01 아래 자료는 정미가 산 빵 5개의 무게를 조사하여 나타낸 것이다. 다음 중 옳은 것은?

(단위: g)

51 49 47 48 49

① 평균은 49 g이다.

② 중앙값은 48 g이다.

③ 최빈값은 49 g이다.

④ 평균, 중앙값, 최빈값 중 평균이 가장 크다.

⑤ 평균, 중앙값, 최빈값의 평균은 49 g이다.

02 종석이 어머니는 자전거 동호회 활동을 하시는데 동호회의 남녀 전체의 평균 나이가 38세라고 한다. 이 동호회의 남자 회원은 40명이고 이들의 평균 나이는 34세이다. 여자 회원의 평균 나이가 43세라고 할 때, 이 동호회의 여자 회원의 수를 구하여라.

03 다음 자료의 평균이 5이고 $b-a=6$일 때, 중앙값과 최빈값의 곱을 구하여라.

1 2 4 a 6 8 3 b 7

04 다음 자료의 중앙값과 최빈값이 같을 때, x의 값을 구하여라. (단, 자료의 최빈값은 1개이다.)

8 10 7 x 8 7 5 9

05 다음 표는 6개의 변량 A, B, C, D, E, F의 편차를 나타낸 것이다. 평균이 52일 때, 변량 D의 값을 구하여라.

변량	A	B	C	D	E	F
편차	-1	3	2		-3	-2

06 다음 표는 학생 5명의 체육 실기 점수에 대한 편차를 나타낸 것이다. 〈보기〉 중 옳은 것을 모두 고른 것은?

학생	A	B	C	D	E
편차 (점)	2	-1	-2	0	1

보기

ㄱ. A와 B의 점수 차는 1점이다.

ㄴ. 점수가 가장 낮은 학생은 C이다.

ㄷ. D의 점수는 평균과 같다.

ㄹ. 표준편차는 $\sqrt{2}$점이다.

① ㄱ, ㄴ   ② ㄴ, ㄷ   ③ ㄷ, ㄹ

④ ㄱ, ㄴ, ㄷ   ⑤ ㄴ, ㄷ, ㄹ

07 다음 자료의 평균이 9일 때, 표준편차는?

7 8 6 10 x

① $\sqrt{3}$ ② $2\sqrt{2}$ ③ 4

④ $3\sqrt{2}$ ⑤ $3\sqrt{3}$

08 5개의 변량 12, x, 8, y, 13의 평균이 11, 분산이 9일 때, xy의 값은?

① 105 ② 105.5 ③ 106
④ 106.5 ⑤ 107

09 오른쪽 도수분포표는 어느 나라의 매년 장마 일수를 20년 동안 조사하여 나타낸 것이다. 장마 일수의 분산은?

장마 일수(일)	도수(년)
$0^{이상} \sim 10^{미만}$	2
10 ～ 20	8
20 ～ 30	7
30 ～ 40	2
40 ～ 50	1
합계	20

① 81 ② 90
③ 94 ④ 97
⑤ 101

10 오른쪽 히스토그램은 준희네 반 학생들의 한 달 동안의 독서 시간을 조사하여 나타낸 것이다. 독서 시간의 평균과 표준편차를 차례대로 구하면?

① 5.5시간, $\sqrt{3.15}$시간 ② 5시간, $\sqrt{3.15}$시간
③ 5.5시간, $\sqrt{3}$시간 ④ 5시간, $\sqrt{3}$시간
⑤ 5.5시간, $\sqrt{2.9}$시간

11 다음 표는 학생 5명의 한 달 동안의 수면 시간의 평균과 표준편차를 나타낸 것이다. 수면 시간이 가장 불규칙적인 학생을 말하여라.

학생	민규	지현	영채	은수	성훈
평균(시간)	5.5	7	8	6.5	6
표준편차(시간)	2.5	2.1	0.5	1	0.8

12 다음과 같이 모든 변량이 자연수인 두 자료 (가), (나)가 있다. 자료 (나)의 중앙값이 11일 때, 두 자료 (가), (나) 전체의 중앙값을 구하여라.

> (가) 10, a, 7, 16, 9
> (나) 9, 12, 8, a, 15

13 다음 표는 민지네 반 학생들의 한 학기 동안의 봉사 활동 시간을 조사하여 나타낸 것이다. 물음에 답하여라.

봉사 시간(시간)	도수(명)	편차(시간)	(편차)$^2 \times$(도수)
$0^{이상} \sim 10^{미만}$	3		C
10 ～ 20	4	A	
20 ～ 30	7		D
30 ～ 40	4	B	
40 ～ 50	2		E
합계	20		

(1) A, B, C, D, E의 값을 각각 구하여라.
(2) 표준편차를 구하여라.

1 · 상관관계

정답과 해설 70~71쪽 | 개념북 96~101쪽

22 산점도

[01~03] 오른쪽 그림은 수찬이네 반 학생 20명의 수학 성적과 영어 성적에 대한 산점도이다. 다음 물음에 답하여라.

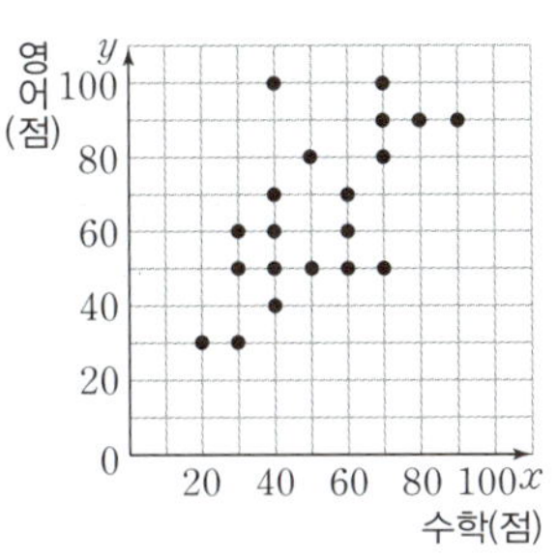

01 영어 성적보다 수학 성적이 더 높은 학생 수는?

① 2명　　　　② 5명　　　　③ 7명
④ 10명　　　⑤ 13명

02 두 과목의 성적의 차가 가장 큰 학생의 성적의 차는 몇 점인가?

① 30점　　　② 40점　　　③ 50점
④ 60점　　　⑤ 70점

03 수학 성적이 50점 이상이고 영어 성적이 70점 이하인 학생은 전체의 몇 %인가?

① 10 %　　　② 15 %　　　③ 20 %
④ 25 %　　　⑤ 30 %

[04~06] 오른쪽 그림은 주리네 반 학생 15명이 1차, 2차에 걸쳐 치른 사회 수행평가 점수에 대한 산점도이다. 다음 물음에 답하여라.

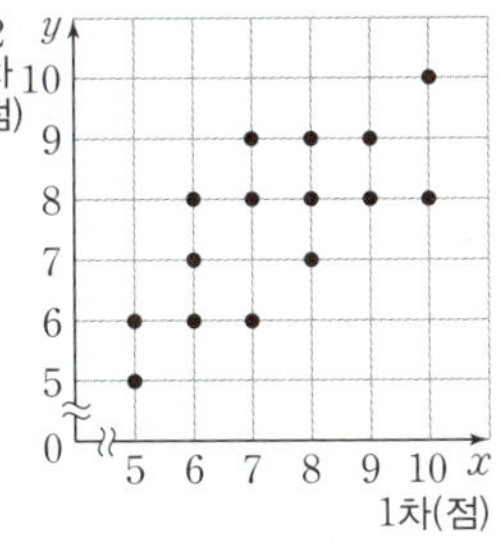

04 1차와 2차의 점수가 같은 학생 수는?

① 9명　　　　② 8명　　　　③ 7명
④ 6명　　　　⑤ 5명

05 2차의 점수가 1차의 점수보다 2점 이상 높은 학생 수는?

① 2명　　　　② 3명　　　　③ 4명
④ 5명　　　　⑤ 6명

06 1차와 2차의 점수의 평균이 7점 이하인 학생은 전체의 몇 %인가?

① 32 %　　　② 36 %　　　③ 40 %
④ 44 %　　　⑤ 48 %

[07~08] 오른쪽 그림은 하림이네 반 학생 30명의 1학기 중간고사와 기말고사의 과학 성적에 대한 산점도이다. 다음 물음에 답하여라.

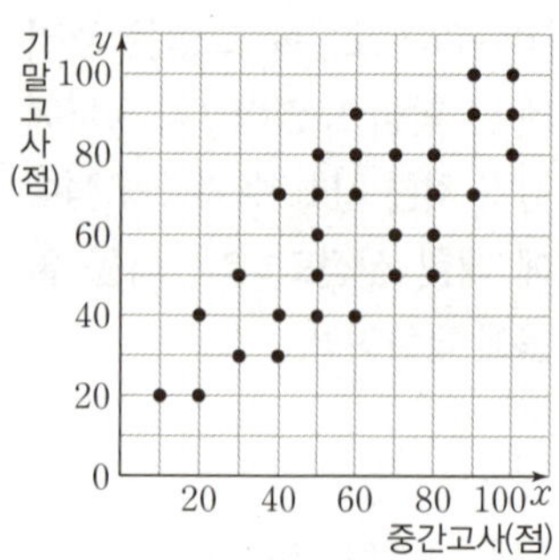

07 중간고사와 기말고사의 과학 성적의 차가 20점 이상인 학생 수를 구하여라.

08 중간고사와 기말고사의 과학 성적의 평균으로 등수를 매길 때, 10등 이내에 속하는 학생들의 중간고사 과학 성적의 평균을 구하여라.

09 오른쪽 그림은 양궁 선수들이 1차, 2차에 걸쳐 활을 쏘아 얻은 점수에 대한 산점도이다. 다음 〈보기〉 중 옳은 것을 모두 골라라.

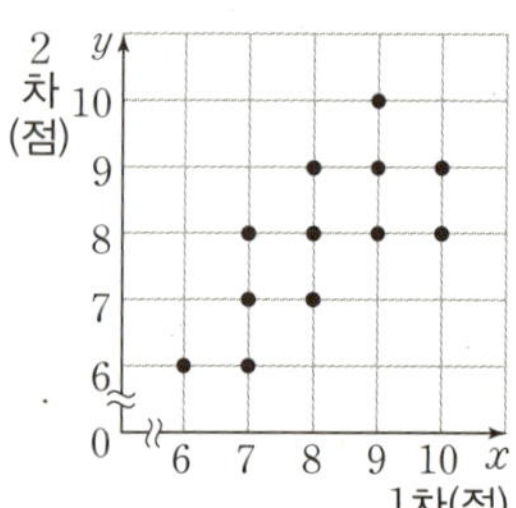

> **보기**
>
> ㄱ. 조사 대상자의 수는 알 수 없다.
> ㄴ. 1차와 2차에서 같은 점수를 얻은 사람은 5명이다.
> ㄷ. 1차보다 2차에서 높은 점수를 얻은 사람은 3명이다.
> ㄹ. 1차와 2차 점수 중 적어도 하나는 9점 이상인 사람은 6명이다.

10 오른쪽 그림은 어느 반 학생 20명의 하루 게임 시간과 학습 시간에 대한 산점도이다. 다음 중 옳은 것은?

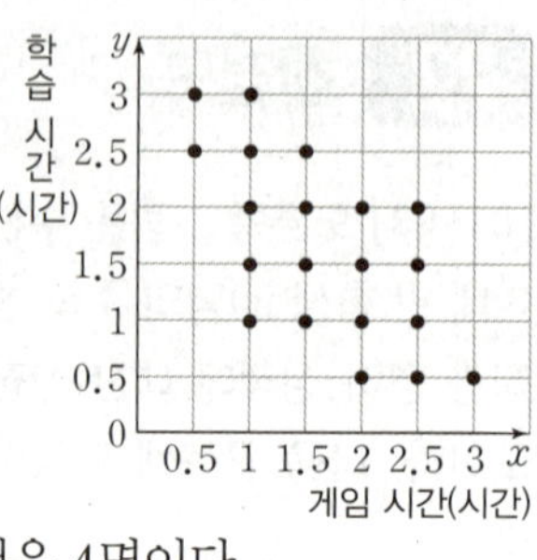

① 게임 시간과 학습 시간이 같은 학생은 4명이다.
② 학습 시간이 게임 시간보다 많은 학생은 전체의 45 %이다.
③ 학습 시간이 2시간 미만인 학생 중에서 게임 시간이 2시간 이상인 학생은 8명이다.
④ 게임 시간과 학습 시간을 합하여 4시간 이상인 학생은 5명이다.
⑤ 하루 2시간 이상 게임을 한 학생은 4명이다.

11 오른쪽 그림은 학생 20명의 수학 성적과 과학 성적에 대한 산점도이다. 다음 중 A 학생에 대한 설명으로 옳지 <u>않</u>은 것은?

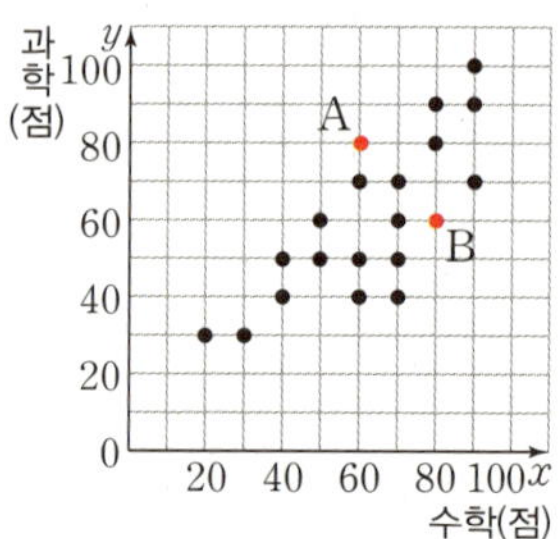

① 수학 성적보다 과학 성적이 높다.
② 수학 성적과 과학 성적의 평균은 70점이다.
③ B 학생보다 수학 성적이 더 높다.
④ B 학생보다 과학 성적이 더 높다.
⑤ 자신을 포함하여 수학 성적 동점자는 총 4명이다.

[12~14] 오른쪽 그림은 혁이네 반 학생 20명의 영어 듣기 능력 평가와 말하기 능력 평가 점수에 대한 산점도이다. 다음 물음에 답하여라.

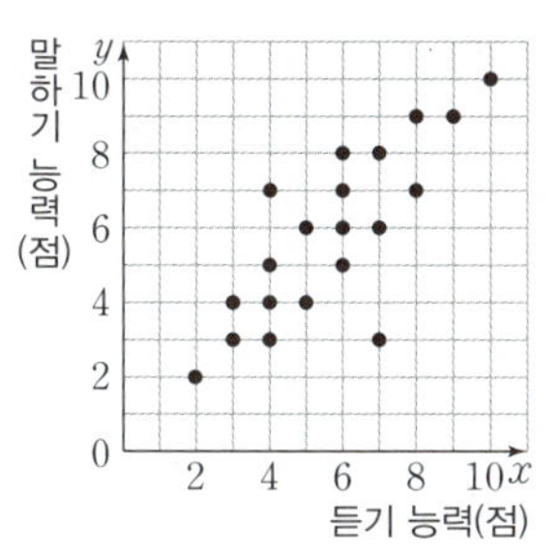

12 듣기 능력이 말하기 능력보다 뛰어난 학생 수는?

① 6명 　　② 7명 　　③ 8명

④ 9명 　　⑤ 10명

13 듣기 능력과 말하기 능력 중 적어도 하나가 5점 미만인 학생은 전체의 몇 %인가?

① 40 % 　　② 45 % 　　③ 50 %

④ 55 % 　　⑤ 60 %

14 듣기 능력과 말하기 능력의 점수의 합이 하위 20 %인 학생들은 특별보충을 해야 한다. 특별보충을 받지 않으려면 듣기 능력과 말하기 능력의 점수의 합이 몇 점 이상 되어야 하는가?

① 4점 　　② 5점 　　③ 6점

④ 7점 　　⑤ 8점

15 오른쪽 그림은 어느 학교 학생들의 키와 발의 크기에 대한 산점도이다. A, B, C, D, E 5명의 학생에 대한 다음 〈보기〉의 설명 중 옳은 것을 모두 골라라.

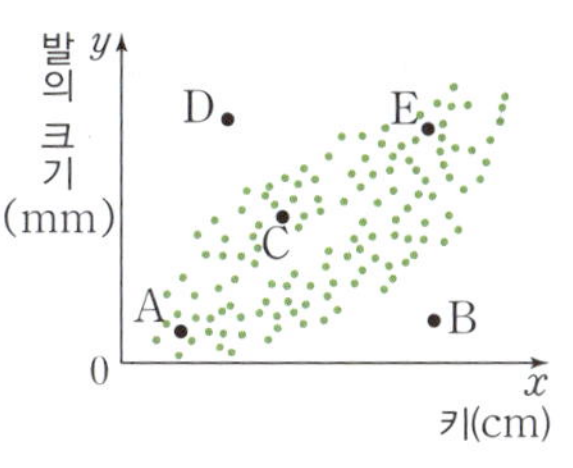

> **보기**
>
> ㄱ. 발 크기가 가장 큰 학생은 A이다.
> ㄴ. E는 C보다 발이 크다.
> ㄷ. 발에 비해 키가 큰 학생은 B이다.
> ㄹ. 키가 가장 작은 학생은 E이다.
> ㅁ. 키에 비해 발이 큰 학생은 D이다.

16 오른쪽 그림은 어느 반 학생들의 음악 성적과 미술 성적에 대한 산점도이다. A, B, C, D, E 5명의 학생 중 음악 성적보다 미술 성적이 더 높은 학생은?

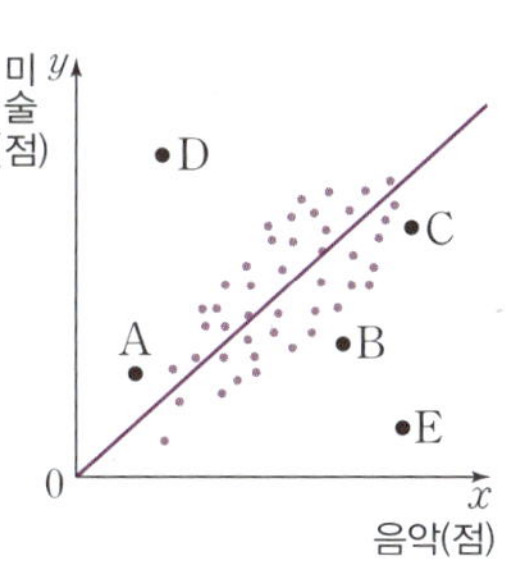

① B 　　② C 　　③ A와 D

④ B와 C 　　⑤ D와 E

17 오른쪽 그림은 어느 학교 학생들의 1학기 중간고사와 기말고사의 수학 성적에 대한 산점도이다. A, B, C, D, E 5명의 학생 중 중간고사보다 기말고사에서 수학 성적이 향상된 학생을 말하여라.

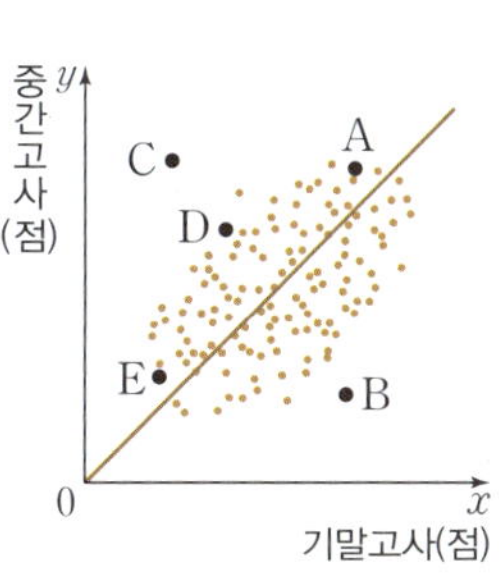

23 상관관계

01 다음 중 몸무게(x)와 수학 성적(y) 사이의 상관관계를 나타내는 산점도는?

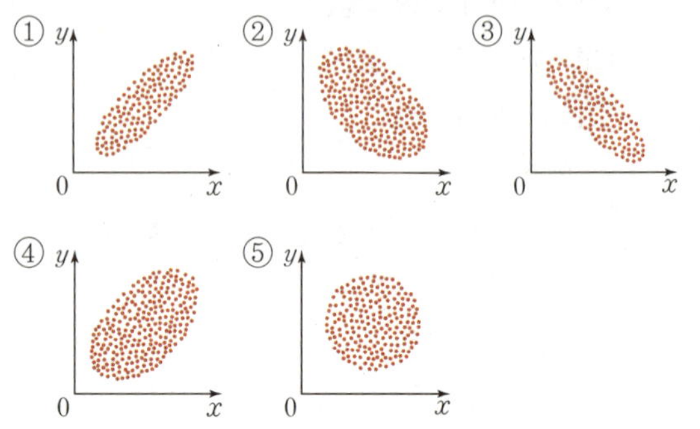

02 다음 중 두 변량 사이에 양의 상관관계가 있는 것은 모두 몇 개인가?

> ㄱ. 시력과 청력
> ㄴ. 도시 인구 수와 학교 수
> ㄷ. 주행 거리와 택시 요금
> ㄹ. 구입한 음료수의 개수와 지출한 금액
> ㅁ. 강수량과 자동차 생산량

① 1개 ② 2개 ③ 3개
④ 4개 ⑤ 5개

03 다음 산점도 중 두 변량 x, y 사이에 상관관계가 있는 것을 모두 고르면? (정답 2개)

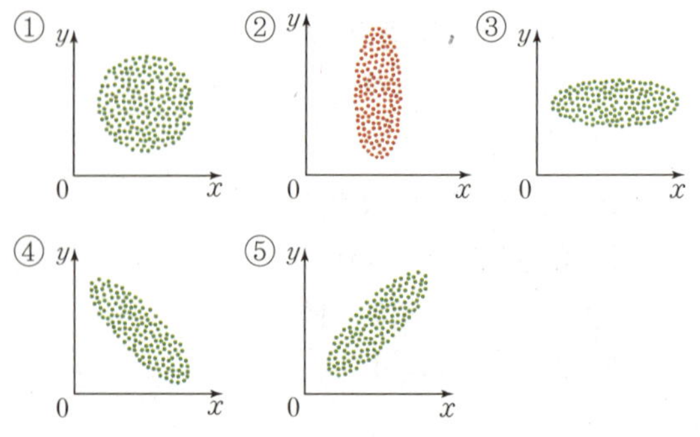

04 다음 두 변량 중 오른쪽 그림과 같은 상관관계에 있는 것을 고르면?

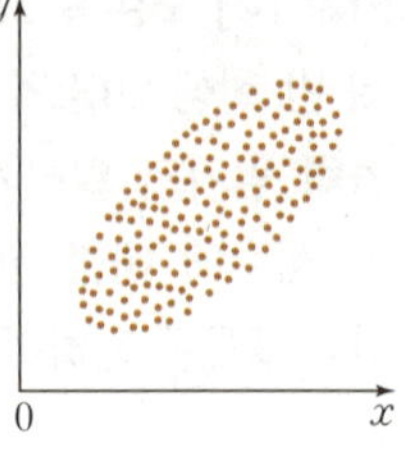

① 키와 시험 성적
② 산의 높이와 기온
③ 지구의 경도와 위도
④ 머리둘레와 지능지수
⑤ 도시의 인구 수와 쓰레기 배출량

05 다음 중 두 변량 사이의 상관관계가 <u>다른</u> 하나는?

① 운동량과 심장 박동수
② 머리 모양과 독서량
③ 자동차 등록 수와 공기 오염도
④ 여름철 기온과 수영장 입장객 수
⑤ 노동 시간과 생산량

06 다음 중 고속도로 차량 수(x)와 자동차 속도(y) 사이의 상관관계를 나타내는 산점도는?

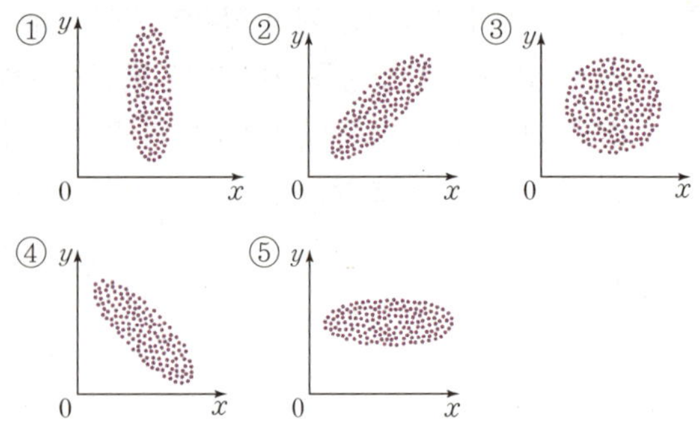

단원·마무리

[01~02] 오른쪽 그림은 어느 반 학생 20명의 미술 성적과 음악 성적에 대한 산점도이다. 다음 물음에 답하여라.

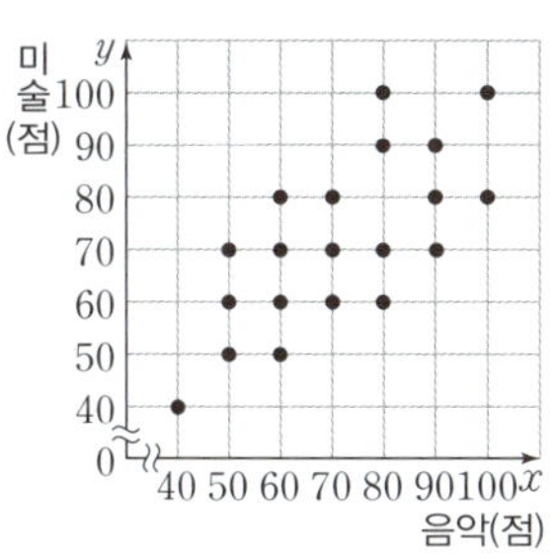

01 두 과목의 평균이 70점 미만인 학생 수는?

① 5명　　② 7명　　③ 8명
④ 9명　　⑤ 11명

02 음악 성적이 90점 이상인 학생들의 미술 성적의 평균은?

① 80점　　② 82.5점　　③ 84점
④ 86점　　⑤ 87.5점

03 오른쪽 그림은 기찬이네 학교 학생들의 몸무게와 키에 대한 산점도이다. A, B, C, D, E 5명의 학생 중 비만일 확률이 가장 높은 학생은?

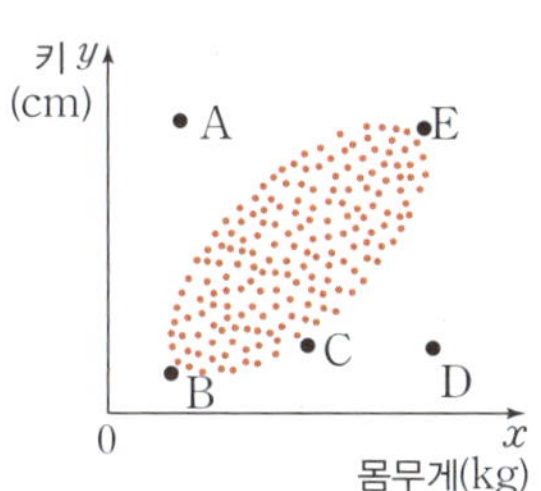

① A　　② B　　③ C
④ D　　⑤ E

04 다음 중 두 변량 사이에 양의 상관관계가 있는 것을 모두 고르면? (정답 2개)

① 인구 수와 식량 소비량
② 영어 성적과 100 m 달리기 기록
③ 수돗물 소비량과 수도 요금
④ 물건의 가격과 소비량
⑤ 수면 시간과 목소리의 크기

[05~06] 오른쪽 그림은 기종이 같은 중고자동차의 사용 기간과 가격 산정에 대한 산점도이다. 다음 물음에 답하여라.

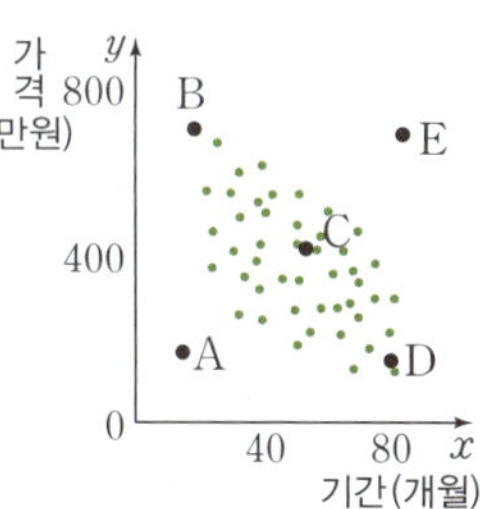

05 다음 중 두 변량 사이의 상관관계가 위의 산점도와 같은 것은?

① 흡연량과 폐암 발생률
② 목의 길이와 노래 실력
③ 에어컨 가동 시간과 전기 요금
④ 낮의 길이와 밤의 길이
⑤ 주행거리와 사용한 휘발유의 양

06 A, B, C, D, E 중 사용 기간이 긴 것에 비해 가격이 높은 자동차는?

① A　　② B　　③ C
④ D　　⑤ E

07 오른쪽 그림은 민규네 반 학생들의 키와 앉은키에 대한 산점도이다. 다음 중 옳지 <u>않은</u> 것은?

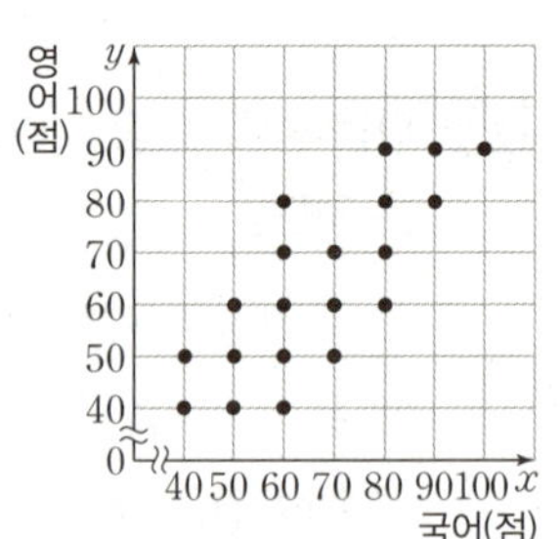

① 키가 큰 학생은 대체로 앉은키도 크다.

② 키와 앉은키는 양의 상관관계이다.

③ C는 키에 비하여 앉은키가 큰 편이다.

④ D는 키에 비하여 앉은키가 작은 편이다.

⑤ E는 키에 비하여 앉은키가 작은 편이다.

08 오른쪽 그림은 어느 반 학생 20명의 국어 성적과 영어 성적에 대한 산점도이다. 다음 중 옳지 <u>않은</u> 것은?

① 국어 성적과 영어 성적이 모두 80점 이상인 학생은 5명이다.

② 국어 성적과 영어 성적은 양의 상관관계이다.

③ 영어 성적이 60점 미만인 학생은 전체의 50 %이다.

④ 국어 성적과 영어 성적이 같은 학생은 6명이다.

⑤ 국어 성적이 60점인 학생들의 영어 성적의 평균은 60점이다.

09 오른쪽 그림은 두 변량 x, y에 대한 상관도이다. 다음 〈보기〉의 설명 중 옳은 것을 모두 골라라.

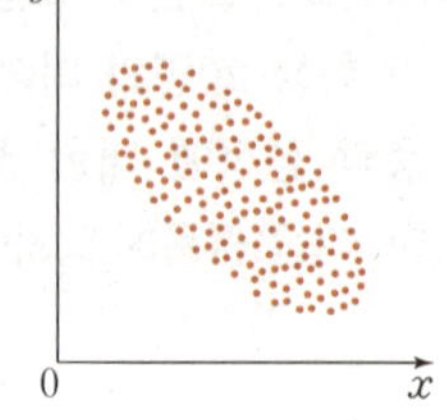

> **보기**
>
> ㄱ. 두 변량은 음의 상관관계이다.
>
> ㄴ. 나이와 시력의 산점도와 같다.
>
> ㄷ. 두 변량 사이의 상관관계를 알 수 없다.
>
> ㄹ. 게임 시간과 학습 시간 사이의 상관관계이다.

10 오른쪽 그림은 경규네 반 학생들의 100 m 달리기 기록과 오래 매달리기 기록에 대한 산점도이다. 100 m 달리기 기록이 15초 이하이면서 오래 매달리기 기록

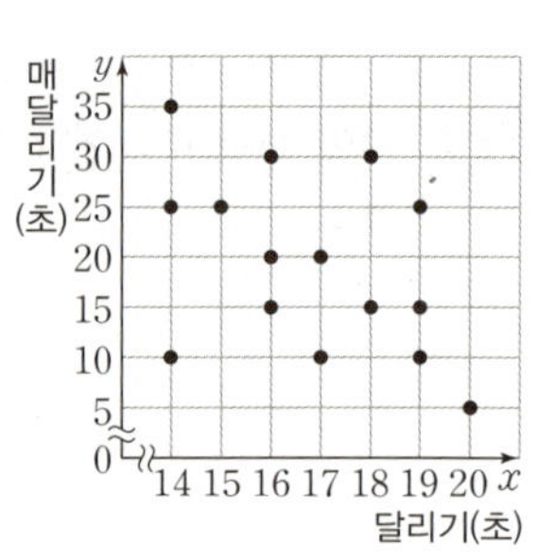

이 25초 이상인 학생이 1등급을 받는다고 할 때, 1등급을 받는 학생은 전체의 몇 %인지 구하여라.

11 오른쪽 그림은 재원이네 반 학생 15명의 수학 성적과 과학 성적에 대한 산점도이다. 수학 성적이 80점인 학생들의 과학 성적의 평균과 과학 성적이 80점인 학

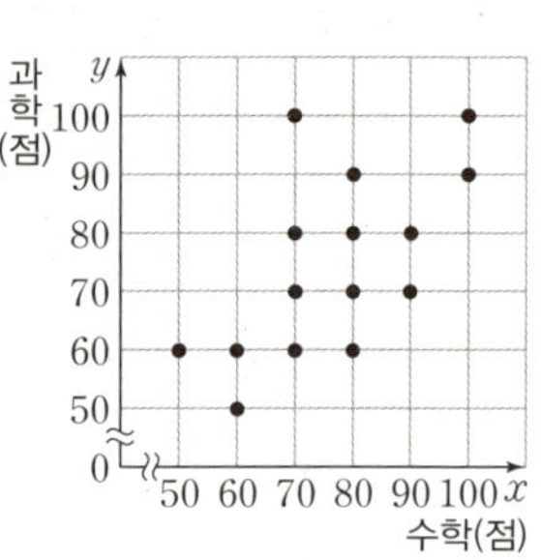

생들의 수학 성적의 평균 중 어느 것이 더 큰지 비교하여라.

풍산자
개념완성
중학수학 3-2

고등 풍산자와 함께하면
개념부터 ~ 고난도 문제까지 !

어떤 시험 문제도 익숙해집니다!

지학사

풍산자
장학생 선발

총 장학금
1,200만 원

지학사에서는 학생 여러분의 꿈을 응원하기 위해
2007년부터 매년 풍산자 장학생을 선발하고 있습니다.
풍산자로 공부한 학생이라면 누.구.나 도전해 보세요.

*연간 장학생 40명 기준

✦ 선발 대상

풍산자 수학 시리즈로 공부한 전국의 중·고등학생 중 성적 향상 및 우수자

조금만 노력하면 누구나 지원 가능!

성적 향상 장학생(10명)

중학 | 수학 점수가 10점 이상 향상된 학생
고등 | 수학 내신 성적이 한 등급 이상 향상된 학생

수학 성적이 잘 나왔다면?

성적 우수 장학생(10명)

중학 | 수학 점수가 90점 이상인 학생
고등 | 수학 내신 성적이 2등급 이상인 학생

✦ 혜택

장학금 30만 원 및 장학 증서
*장학금 및 장학 증서는 각 학교로 전달합니다.

신청자 전원 '풍산자 시리즈'
교재 중 1권 제공

✦ 모집 일정

매년 2월, 7월(총 2회)
*공식 홈페이지 및 SNS를 통해 소식을 받으실 수 있습니다.

풍산자 서포터즈

풍산자 시리즈로 공부하고 싶은 학생들 모두 주목!
매년 2월과 7월에 서포터즈를 모집합니다.
리뷰 작성 및 SNS 홍보 활동을 통해 공부 실력 향상은 물론,
문화 상품권과 미션 선물을 받을 수 있어요!

자세한 내용은 풍산자 홈페이지
(www.pungsanja.com)을 통해
확인해 주세요.

장학 수기)

"풍산자와 기적의 상승곡선 5 ➡ 1등급!" _이○원(해송고)
"수학 A로 가는 모험의 필수 아이템!" _김○은(지도중)
"수학 66점에서 100점으로 향상하다!" _구○경(한영중)

장학 수기
더 보러 가기

풍산자

개념완성

중학수학 3-2

풍산자 개념완성

중학수학 3-2

풍산자수학연구소 지음

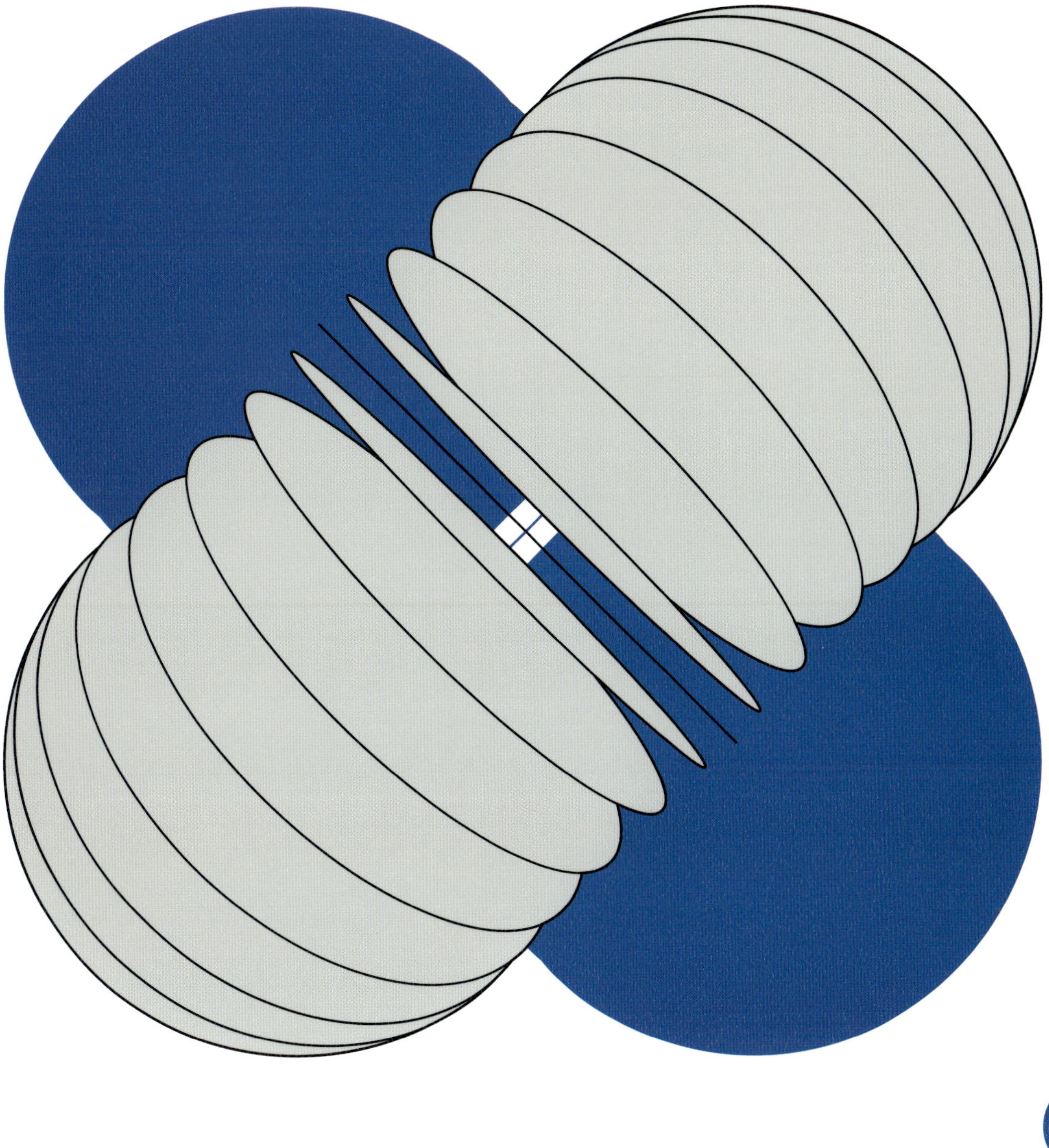

지학사

I | 삼각비

I-1 | 삼각비

1 삼각비의 뜻과 값

01 삼각비의 뜻　　개념북 8쪽

◆확인 1◆ 답 (1) 8, 17, 8　　(2) 15, 8, 8

◆확인 2◆ 답 (1) $\dfrac{\sqrt{3}}{2}$　　(2) $\dfrac{1}{2}$　　(3) $\sqrt{3}$

개념◆check　　개념북 9쪽

01 답 $\sin A=\dfrac{5}{13}$, $\cos A=\dfrac{12}{13}$, $\tan A=\dfrac{5}{12}$

피타고라스 정리에 의하여

$\overline{BC}=\sqrt{\overline{AC}^2-\overline{AB}^2}=\sqrt{13^2-12^2}=\sqrt{25}=5$이므로

$\sin A=\dfrac{5}{13}$, $\cos A=\dfrac{12}{13}$, $\tan A=\dfrac{5}{12}$

02 답 ④

피타고라스 정리에 의하여

$\overline{AB}=\sqrt{\overline{AC}^2+\overline{BC}^2}=\sqrt{6^2+8^2}=\sqrt{100}=10$

① $\sin B=\dfrac{6}{10}=\dfrac{3}{5}$　　② $\cos A=\dfrac{6}{10}=\dfrac{3}{5}$

③ $\cos B=\dfrac{8}{10}=\dfrac{4}{5}$　　④ $\tan A=\dfrac{8}{6}=\dfrac{4}{3}$

⑤ $\sin A=\dfrac{8}{10}=\dfrac{4}{5}$

03 답 $\dfrac{\sqrt{5}}{5}+2$

피타고라스 정리에 의하여

$\overline{AB}=\sqrt{\overline{AC}^2-\overline{BC}^2}=\sqrt{(2\sqrt{5})^2-2^2}=\sqrt{16}=4$이므로

$\sin A=\dfrac{2}{2\sqrt{5}}=\dfrac{\sqrt{5}}{5}$, $\tan C=\dfrac{4}{2}=2$

$\therefore \sin A+\tan C=\dfrac{\sqrt{5}}{5}+2$

04 답 $3\sqrt{5}$ cm

$\sin B=\dfrac{\overline{AC}}{\overline{AB}}=\dfrac{\overline{AC}}{9}=\dfrac{2}{3}$　　$\therefore \overline{AC}=6$ cm

따라서 피타고라스 정리에 의하여

$\overline{BC}=\sqrt{9^2-6^2}=\sqrt{45}=3\sqrt{5}$ (cm)

02 특수한 각의 삼각비의 값　　개념북 10쪽

◆확인 1◆ 답 (1) $\dfrac{1}{2}$, $\dfrac{\sqrt{3}}{2}$, $\dfrac{\sqrt{3}}{3}$　　(2) $\dfrac{\sqrt{2}}{2}$, $\dfrac{\sqrt{2}}{2}$, 1

　　　　　(3) $\dfrac{\sqrt{3}}{2}$, $\dfrac{1}{2}$, $\sqrt{3}$

◆확인 2◆ 답 (1) 1, $\dfrac{3}{2}$　　(2) $\dfrac{1}{2}$, 0

◆확인 3◆ 답 (1) $\dfrac{\sqrt{3}}{2}$, $\dfrac{3}{2}$　　(2) $\dfrac{\sqrt{3}}{2}$, $\dfrac{2}{3}$

　　　　(2) $\tan 30°\div\sin 60°=\dfrac{\sqrt{3}}{3}\div\dfrac{\sqrt{3}}{2}=\dfrac{\sqrt{3}}{3}\times\dfrac{2}{\sqrt{3}}=\dfrac{2}{3}$

개념◆check　　개념북 11쪽

01 답 (1) $\dfrac{\sqrt{3}}{2}+1$　　(2) 0　　(3) $\dfrac{1}{4}$　　(4) $\sqrt{2}$

(2) $\cos 45°-\sin 45°=\dfrac{\sqrt{2}}{2}-\dfrac{\sqrt{2}}{2}=0$

(3) $\sin 30°\times\cos 60°=\dfrac{1}{2}\times\dfrac{1}{2}=\dfrac{1}{4}$

(4) $\tan 45°\div\sin 45°=1\div\dfrac{\sqrt{2}}{2}=1\times\dfrac{2}{\sqrt{2}}=\sqrt{2}$

02 답 (1) 0　　(2) 0　　(3) $\dfrac{7}{2}$　　(4) $\dfrac{1}{2}$

(1) $\cos 30°-\tan 45°\times\sin 60°=\dfrac{\sqrt{3}}{2}-1\times\dfrac{\sqrt{3}}{2}=0$

(2) $\cos 45°\times\sin 45°-\sin 30°=\dfrac{\sqrt{2}}{2}\times\dfrac{\sqrt{2}}{2}-\dfrac{1}{2}=0$

(3) $\tan 60°\div\tan 30°+\cos 60°=\sqrt{3}\div\dfrac{\sqrt{3}}{3}+\dfrac{1}{2}$

$\qquad\qquad\qquad=\sqrt{3}\times\dfrac{3}{\sqrt{3}}+\dfrac{1}{2}=\dfrac{7}{2}$

(4) $(\cos 30°+\sin 30°)(\sin 60°-\cos 60°)$

$=\left(\dfrac{\sqrt{3}}{2}+\dfrac{1}{2}\right)\left(\dfrac{\sqrt{3}}{2}-\dfrac{1}{2}\right)=\left(\dfrac{\sqrt{3}}{2}\right)^2-\left(\dfrac{1}{2}\right)^2$

$=\dfrac{3}{4}-\dfrac{1}{4}=\dfrac{1}{2}$

03 답 $x=6$, $y=6\sqrt{3}$

$\sin 30°=\dfrac{\overline{AC}}{\overline{AB}}=\dfrac{x}{12}=\dfrac{1}{2}$　　$\therefore x=6$

$\cos 30°=\dfrac{\overline{BC}}{\overline{AB}}=\dfrac{y}{12}=\dfrac{\sqrt{3}}{2}$　　$\therefore y=6\sqrt{3}$

04 답 $2\sqrt{6}$

$\triangle ABH$에서 $\sin 60°=\dfrac{\overline{AH}}{\overline{AB}}=\dfrac{\overline{AH}}{4}=\dfrac{\sqrt{3}}{2}$ $\therefore \overline{AH}=2\sqrt{3}$

$\triangle AHC$에서 $\sin 45°=\dfrac{\overline{AH}}{\overline{AC}}=\dfrac{2\sqrt{3}}{\overline{AC}}=\dfrac{\sqrt{2}}{2}$ $\therefore \overline{AC}=2\sqrt{6}$

03 예각의 삼각비의 값　　개념북 12쪽

◆확인 1◆ 답 (1) 1, 0.77　　(2) 1, 0.64　　(3) 1, 1.19

◆확인 2◆ 답 (1) 0, 1, 0　　(2) 1, 0

01 답 ④

① $\cos x° = \dfrac{\overline{\text{OB}}}{\overline{\text{OA}}} = \dfrac{\overline{\text{OB}}}{1} = \overline{\text{OB}}$

② $\sin x° = \dfrac{\overline{\text{AB}}}{\overline{\text{OA}}} = \dfrac{\overline{\text{AB}}}{1} = \overline{\text{AB}}$

③ $\overline{\text{AB}} /\!/ \overline{\text{CD}}$이므로 $\angle \text{OCD} = \angle \text{OAB} = y°$

  $\therefore \tan y° = \dfrac{\overline{\text{OD}}}{\overline{\text{CD}}} = \dfrac{1}{\overline{\text{CD}}}$

④ $\cos y° = \dfrac{\overline{\text{AB}}}{\overline{\text{OA}}} = \dfrac{\overline{\text{AB}}}{1} = \overline{\text{AB}}$

⑤ $\tan x° = \dfrac{\overline{\text{CD}}}{\overline{\text{OD}}} = \dfrac{\overline{\text{CD}}}{1} = \overline{\text{CD}}$

02 답 (1) 0.6018　(2) 0.7986　(3) 0.7536

(1) $\sin 37° = \dfrac{\overline{\text{AB}}}{\overline{\text{OA}}} = \dfrac{\overline{\text{AB}}}{1} = \overline{\text{AB}} = 0.6018$

(2) $\cos 37° = \dfrac{\overline{\text{OB}}}{\overline{\text{OA}}} = \dfrac{\overline{\text{OB}}}{1} = \overline{\text{OB}} = 0.7986$

(3) $\tan 37° = \dfrac{\overline{\text{CD}}}{\overline{\text{OD}}} = \dfrac{\overline{\text{CD}}}{1} = \overline{\text{CD}} = 0.7536$

03 답 ②

① $\dfrac{\sin 30° + \cos 90°}{\cos 60° + \sin 0°} = \left(\dfrac{1}{2} + 0\right) \div \left(\dfrac{1}{2} + 0\right) = \dfrac{1}{2} \times 2 = 1$

② $\tan 45° - \sin 90° = 1 - 1 = 0$

③ $\sin 0° \times \cos 90° + \sin 90° \times \cos 0° = 0 \times 0 + 1 \times 1 = 1$

④ $\sin 90° \times \tan 0° = 1 \times 0 = 0$

⑤ $\cos 90° + \cos 0° = 0 + 1 = 1$

따라서 옳지 않은 것은 ②이다.

04 답 ④

$\sin 0° + \cos 0° + \tan 0° = 0 + 1 + 0 = 1$

① $\sin 45° = \dfrac{\sqrt{2}}{2}$　　　② $\cos 30° = \dfrac{\sqrt{3}}{2}$

③ $\cos 60° = \dfrac{1}{2}$　　　④ $\tan 45° = 1$

⑤ $\tan 90°$의 값은 정할 수 없다.

따라서 주어진 식과 그 값이 같은 것은 ④이다.

04　삼각비의 표 개념북 14쪽

◆확인 1◆ 답 (1) 0.8480　(2) 0.5592　(3) 1.6643

◆확인 2◆ 답 (1) 17　(2) 16　(3) 15

　(1) $\sin 17° = 0.2924$이므로 $x = 17$

　(2) $\cos 16° = 0.9613$이므로 $x = 16$

　(3) $\tan 15° = 0.2679$이므로 $x = 15$

01 답 $\sin 39° = 0.6293$, $\cos 42° = 0.7431$, $\tan 40° = 0.8391$

02 답 (1) 1.3603　(2) 1.5808　(3) 0.4603　(4) 2.8614

(1) $\sin 65° + \cos 63° = 0.9063 + 0.4540 = 1.3603$

(2) $\tan 64° - \cos 62° = 2.0503 - 0.4695 = 1.5808$

(3) $\sin 62° - \cos 65° = 0.8829 - 0.4226 = 0.4603$

(4) $\tan 63° + \sin 64° = 1.9626 + 0.8988 = 2.8614$

03 답 0.6639

$\tan 73° = 3.2709$이므로 $x° = 73°$

$\therefore \sin x° - \cos x° = \sin 73° - \cos 73°$

$\qquad\qquad = 0.9563 - 0.2924 = 0.6639$

 개념북 16~19쪽

1 답 $\sqrt{89}$

$\tan A = \dfrac{\overline{\text{BC}}}{\overline{\text{AB}}} = \dfrac{\overline{\text{BC}}}{8} = \dfrac{5}{8}$　　$\therefore \overline{\text{BC}} = 5$

따라서 피타고라스 정리에 의하여

$\overline{\text{AC}} = \sqrt{8^2 + 5^2} = \sqrt{89}$

1-1 답 $3\sqrt{7} + 9$

$\cos A = \dfrac{\overline{\text{AB}}}{\overline{\text{AC}}} = \dfrac{y}{12} = \dfrac{3}{4}$　　$\therefore y = 9$

따라서 피타고라스 정리에 의하여

$x = \overline{\text{BC}} = \sqrt{12^2 - 9^2} = \sqrt{63} = 3\sqrt{7}\ (\because x > 0)$

$\therefore x + y = 3\sqrt{7} + 9$

1-2 답 $3 - 3\sqrt{5}$

직각삼각형 ABC에서 $\sin C = \dfrac{\sqrt{5}}{5}$이므로 $\dfrac{\overline{\text{AB}}}{\overline{\text{BC}}} = \dfrac{\sqrt{5}}{5}$

$\overline{\text{AB}} = \sqrt{5}a$, $\overline{\text{BC}} = 5a\ (a > 0)$로 놓으면

$(5a)^2 = (\sqrt{5}a)^2 + 6^2$, $a^2 = \dfrac{9}{5}$　　$\therefore a = \dfrac{3\sqrt{5}}{5}\ (\because a > 0)$

따라서 $\overline{\text{AB}} = \sqrt{5}a = \sqrt{5} \times \dfrac{3\sqrt{5}}{5} = 3$,

$\overline{\text{BC}} = 5a = 5 \times \dfrac{3\sqrt{5}}{5} = 3\sqrt{5}$이므로

$\overline{\text{AB}} - \overline{\text{BC}} = 3 - 3\sqrt{5}$

2 답 $\dfrac{2\sqrt{5}}{5}$

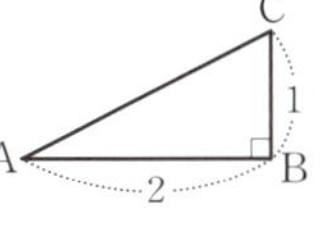

$\tan A = \dfrac{1}{2}$이므로 오른쪽 그림과 같은 $\angle \text{B} = 90°$, $\overline{\text{AB}} = 2$, $\overline{\text{BC}} = 1$인 직각삼각형 ABC를 생각할 수 있다.

이때 피타고라스 정리에 의하여

$\overline{\text{AC}} = \sqrt{2^2 + 1^2} = \sqrt{5}$

$\therefore \cos A = \dfrac{\overline{\text{AB}}}{\overline{\text{AC}}} = \dfrac{2}{\sqrt{5}} = \dfrac{2\sqrt{5}}{5}$

2-1 답 $\dfrac{5}{6}$

$\cos B=\dfrac{2}{3}$이므로 오른쪽 그림과 같은
$\angle C=90^\circ$, $\overline{AB}=3$, $\overline{BC}=2$인 직각삼각
형 ABC를 생각할 수 있다.

이때 피타고라스 정리에 의하여
$$\overline{AC}=\sqrt{3^2-2^2}=\sqrt{5}$$
따라서 $\sin B=\dfrac{\overline{AC}}{\overline{AB}}=\dfrac{\sqrt{5}}{3}$,

$\tan B=\dfrac{\overline{AC}}{\overline{BC}}=\dfrac{\sqrt{5}}{2}$이므로

$$\sin B\times\tan B=\dfrac{\sqrt{5}}{3}\times\dfrac{\sqrt{5}}{2}=\dfrac{5}{6}$$

2-2 답 $\dfrac{\sqrt{3}}{3}$

꼭짓점 A에서 $\overline{BC}$에 내린 수선의 발을 H라고 하면
$\triangle ABH$에서
$$\cos B=\dfrac{\overline{BH}}{\overline{AB}}=\dfrac{\overline{BH}}{2}=\dfrac{1}{2}$$
$$\therefore \overline{BH}=1$$
따라서 피타고라스 정리에 의하여
$\overline{AH}=\sqrt{2^2-1^2}=\sqrt{3}$이므로 $\triangle AHC$에서
$$\sin C=\dfrac{\overline{AH}}{\overline{AC}}=\dfrac{\sqrt{3}}{3}$$

3 답 $\dfrac{12}{13}$

$\triangle ABC$에서 피타고라스 정
리에 의하여
$\overline{AC}=\sqrt{12^2+5^2}=\sqrt{169}=13$

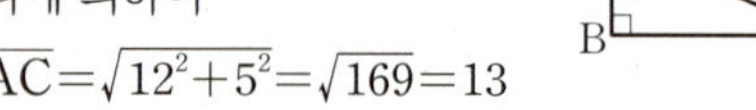

$\triangle ABC$와 $\triangle DEC$에서
$\angle C$는 공통, $\angle ABC=\angle DEC=90^\circ$이므로
$\triangle ABC\backsim\triangle DEC$ (AA 닮음)
따라서 $\angle A=x^\circ$이므로
$$\sin x^\circ=\sin A=\dfrac{\overline{BC}}{\overline{AC}}=\dfrac{12}{13}$$

3-1 답 $\dfrac{4}{5}$

$\triangle ABC$에서 피타고라스 정
리에 의하여
$\overline{BC}=\sqrt{12^2+9^2}=\sqrt{225}=15$

$\triangle ABC$와 $\triangle EDC$에서
$\angle C$는 공통, $\angle BAC=\angle DEC=90^\circ$이므로
$\triangle ABC\backsim\triangle EDC$ (AA 닮음)
따라서 $\angle B=x^\circ$이므로
$$\sin x^\circ=\sin B=\dfrac{\overline{AC}}{\overline{BC}}=\dfrac{12}{15}=\dfrac{4}{5}$$

3-2 답 $\dfrac{27}{20}$

$\triangle ABC$에서 피타고라스
정리에 의하여
$\overline{BC}=\sqrt{3^2+4^2}=\sqrt{25}=5$

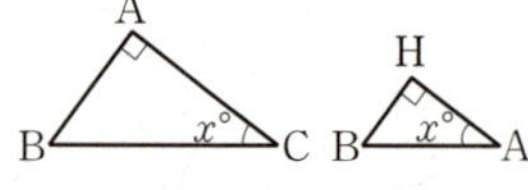

$\triangle ABC$와 $\triangle HBA$에서
$\angle B$는 공통, $\angle CAB=\angle AHB=90^\circ$이므로
$\triangle ABC\backsim\triangle HBA$ (AA 닮음)
따라서 $\angle C=x^\circ$이므로
$$\sin x^\circ=\sin C=\dfrac{\overline{AB}}{\overline{BC}}=\dfrac{3}{5},\quad \tan x^\circ=\tan C=\dfrac{\overline{AB}}{\overline{AC}}=\dfrac{3}{4}$$
$$\therefore \sin x^\circ+\tan x^\circ=\dfrac{3}{5}+\dfrac{3}{4}=\dfrac{27}{20}$$

4 답 ②

$\sin 60^\circ\times\tan 30^\circ-\cos 30^\circ\times\tan 60^\circ$
$$=\dfrac{\sqrt{3}}{2}\times\dfrac{\sqrt{3}}{3}-\dfrac{\sqrt{3}}{2}\times\sqrt{3}$$
$$=\dfrac{1}{2}-\dfrac{3}{2}=-1$$

4-1 답 ①, ③

① $\cos 30^\circ-\sin 45^\circ=\dfrac{\sqrt{3}}{2}-\dfrac{\sqrt{2}}{2}=\dfrac{\sqrt{3}-\sqrt{2}}{2}$

② $\sin 30^\circ+\sin 60^\circ=\dfrac{1}{2}+\dfrac{\sqrt{3}}{2}=\dfrac{1+\sqrt{3}}{2}$

③ $\cos 60^\circ\times\cos 45^\circ=\dfrac{1}{2}\times\dfrac{\sqrt{2}}{2}=\dfrac{\sqrt{2}}{4}$

④ $\sin 30^\circ\div\cos 60^\circ=\dfrac{1}{2}\div\dfrac{1}{2}=1$

⑤ $\tan 60^\circ-\dfrac{\tan 45^\circ}{\tan 30^\circ}=\sqrt{3}-1\div\dfrac{\sqrt{3}}{3}=\sqrt{3}-\sqrt{3}=0$

따라서 옳은 것은 ①, ③이다.

4-2 답 -10

$(\sin 30^\circ-\cos 30^\circ)(\sin 60^\circ+\cos 60^\circ)$
$$=\left(\dfrac{1}{2}-\dfrac{\sqrt{3}}{2}\right)\left(\dfrac{\sqrt{3}}{2}+\dfrac{1}{2}\right)=\left(\dfrac{1}{2}\right)^2-\left(\dfrac{\sqrt{3}}{2}\right)^2$$
$$=\dfrac{1}{4}-\dfrac{3}{4}=-\dfrac{1}{2}$$

$ax^2-3x+1=0$에 $x=-\dfrac{1}{2}$을 대입하면
$$a\times\left(-\dfrac{1}{2}\right)^2-3\times\left(-\dfrac{1}{2}\right)+1=0$$
$$\dfrac{1}{4}a=-\dfrac{5}{2}$$
$$\therefore a=-10$$

5 답 ②

$\cos x^\circ=\dfrac{\sqrt{3}}{2}$에서 $x^\circ=30^\circ$
$$\therefore \sin x^\circ=\sin 30^\circ=\dfrac{1}{2}$$

5-1 답 ①

$\cos x^\circ=\dfrac{1}{2}$에서 $x^\circ=60^\circ$, $\tan y^\circ=\dfrac{\sqrt{3}}{3}$에서 $y^\circ=30^\circ$
$$\therefore \sin(x^\circ-y^\circ)=\sin(60^\circ-30^\circ)$$
$$=\sin 30^\circ=\dfrac{1}{2}$$

5-2 답 ④

$\sin 60°=\dfrac{\sqrt{3}}{2}$이므로

$\cos(80°-x°)=\dfrac{\sqrt{3}}{2}$

따라서 $80°-x°=30°$이므로

$x=50$

6 답 $3\sqrt{3}+3$

$\triangle ABH$에서 $\sin 30°=\dfrac{\overline{AH}}{\overline{AB}}=\dfrac{\overline{AH}}{6}=\dfrac{1}{2}$ $\quad\therefore\ \overline{AH}=3$

$\cos 30°=\dfrac{\overline{BH}}{\overline{AB}}=\dfrac{\overline{BH}}{6}=\dfrac{\sqrt{3}}{2}$ $\quad\therefore\ \overline{BH}=3\sqrt{3}$

$\triangle AHC$에서 $\tan 45°=\dfrac{\overline{AH}}{\overline{CH}}=\dfrac{3}{\overline{CH}}=1$ $\quad\therefore\ \overline{CH}=3$

$\therefore\ \overline{BC}=\overline{BH}+\overline{CH}=3\sqrt{3}+3$

6-1 답 12

$\triangle ABC$에서 $\tan 60°=\dfrac{\overline{AC}}{\overline{AB}}=\dfrac{\overline{AC}}{8}=\sqrt{3}$ $\quad\therefore\ \overline{AC}=8\sqrt{3}$

$\triangle ACD$에서 $\cos 30°=\dfrac{\overline{CD}}{\overline{AC}}=\dfrac{\overline{CD}}{8\sqrt{3}}=\dfrac{\sqrt{3}}{2}$ $\quad\therefore\ \overline{CD}=12$

6-2 답 ③

$\triangle BCD$에서 $\tan 30°=\dfrac{\overline{CD}}{\overline{BC}}=\dfrac{1}{x}=\dfrac{\sqrt{3}}{3}$

$\therefore\ x=\sqrt{3}$

$\triangle ABC$에서 $\cos 45°=\dfrac{\overline{BC}}{\overline{AC}}=\dfrac{\sqrt{3}}{y}=\dfrac{\sqrt{2}}{2}$

$\therefore\ y=\sqrt{6}$

$\therefore\ xy=\sqrt{3}\times\sqrt{6}=3\sqrt{2}$

7 답 ㄷ, ㄱ, ㄴ, ㄹ

$0°<x°<45°$일 때 $0<\sin x°<\dfrac{\sqrt{2}}{2}$, $\dfrac{\sqrt{2}}{2}<\cos x°<1$이므로

$\sin x°<\cos x°<1$이고, $\tan 45°=1$이므로

$\sin 40°<\cos 40°<\tan 45°<\tan 50°$

따라서 작은 것부터 차례대로 나열하면 ㄷ, ㄱ, ㄴ, ㄹ이다.

7-1 답 $\cos x°<\sin x°<\tan x°$

$45°<x°<90°$이고 $\sin 45°=\cos 45°=\dfrac{\sqrt{2}}{2}$, $\tan 45°=1$,

$\sin 90°=1$, $\cos 90°=0$이므로

$\dfrac{\sqrt{2}}{2}<\sin x°<1$, $0<\cos x°<\dfrac{\sqrt{2}}{2}$, $\tan x°>1$

$\therefore\ \cos x°<\sin x°<\tan x°$

7-2 답 ③

$0°<x°<90°$이므로 $0<\cos x°<1$

따라서 $1<\cos x°+1<2$, $-1<\cos x°-1<0$이므로

$\sqrt{(\cos x°+1)^2}+\sqrt{(\cos x°-1)^2}$

$=\cos x°+1-(\cos x°-1)=2$

8 답 $26°$

$\tan 12°=0.2126$, $\cos 14°=0.9703$이므로

$x=12$, $y=14$

$\therefore\ x+y=12+14=26$

8-1 답 27.856

$\cos 55°=\dfrac{\overline{AB}}{\overline{AC}}=\dfrac{x}{20}=0.5736$ $\quad\therefore\ x=11.472$

$\sin 55°=\dfrac{\overline{BC}}{\overline{AC}}=\dfrac{y}{20}=0.8192$ $\quad\therefore\ y=16.384$

$\therefore\ x+y=11.472+16.384=27.856$

8-2 답 1.4391

$\triangle AOB$에서 $\angle AOB=180°-(51°+90°)=39°$

$\sin 39°=\dfrac{\overline{AB}}{\overline{OA}}=\dfrac{\overline{AB}}{1}=\overline{AB}$이므로

$\overline{AB}=\sin 39°=0.6293$

$\tan 39°=\dfrac{\overline{CD}}{\overline{OD}}=\dfrac{\overline{CD}}{1}=\overline{CD}$이므로

$\overline{CD}=\tan 39°=0.8098$

$\therefore\ \overline{AB}+\overline{CD}=0.6293+0.8098=1.4391$

단원 마무리   개념북 20~22쪽

01 ⑤	**02** $\dfrac{7}{5}$	**03** ②	**04** ④	**05** ③
06 ⑤	**07** ④	**08** $\dfrac{2\sqrt{5}}{5}$	**09** ⑤	**10** ④
11 ③	**12** 135	**13** $(9+3\sqrt{3})\ \text{cm}^2$	**14** 0	
15 $\dfrac{12}{13}$				

01 피타고라스 정리에 의하여

$\overline{AB}=\sqrt{2^2+1^2}=\sqrt{5}$이므로

① $\sin A=\dfrac{\overline{BC}}{\overline{AB}}=\dfrac{1}{\sqrt{5}}=\dfrac{\sqrt{5}}{5}$

② $\cos A=\dfrac{\overline{AC}}{\overline{AB}}=\dfrac{2}{\sqrt{5}}=\dfrac{2\sqrt{5}}{5}$

③ $\tan A=\dfrac{\overline{BC}}{\overline{AC}}=\dfrac{1}{2}$

④ $\sin B=\dfrac{\overline{AC}}{\overline{AB}}=\dfrac{2}{\sqrt{5}}=\dfrac{2\sqrt{5}}{5}$

⑤ $\cos B=\dfrac{\overline{BC}}{\overline{AB}}=\dfrac{1}{\sqrt{5}}=\dfrac{\sqrt{5}}{5}$

02 직사각형 ABCD의 대각선 BD의 길이는

$\overline{BD}=\sqrt{4^2+3^2}=\sqrt{25}=5\,(\text{cm})$

직각삼각형 BCD에서

$\sin x°=\dfrac{\overline{CD}}{\overline{BD}}=\dfrac{3}{5}$, $\cos x°=\dfrac{\overline{BC}}{\overline{BD}}=\dfrac{4}{5}$

$\therefore\ \sin x°+\cos x°=\dfrac{3}{5}+\dfrac{4}{5}=\dfrac{7}{5}$

03 피타고라스 정리에 의하여

$\triangle DBC$에서 $\overline{BC}=\sqrt{10^2-6^2}=\sqrt{64}=8$

$\triangle ABC$에서 $\overline{AB}=\sqrt{17^2-8^2}=\sqrt{225}=15$

따라서 $\triangle ABC$에서 $\tan x°=\dfrac{\overline{BC}}{\overline{AB}}=\dfrac{8}{15}$

04 $\cos B=\dfrac{\overline{BC}}{\overline{AB}}=\dfrac{\overline{BC}}{8}=\dfrac{3}{4}$ $\quad\therefore \overline{BC}=6\,cm$

피타고라스 정리에 의하여

$\overline{AC}=\sqrt{8^2-6^2}=\sqrt{28}=2\sqrt{7}\,(cm)$

$\therefore \triangle ABC=\dfrac{1}{2}\times6\times2\sqrt{7}=6\sqrt{7}\,(cm^2)$

05 $\tan A=\dfrac{12}{5}$이므로 오른쪽 그림과 같이

$\angle B=90°$, $\overline{AB}=5$, $\overline{BC}=12$인 직각삼각형 ABC를 생각할 수 있다.

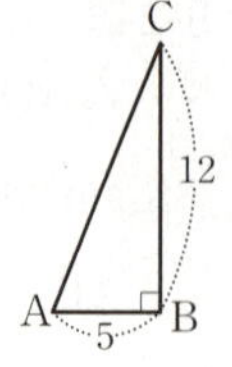

이때 피타고라스 정리에 의하여

$\overline{AC}=\sqrt{5^2+12^2}=\sqrt{169}=13$

$\therefore \sin A=\dfrac{12}{13}$, $\cos A=\dfrac{5}{13}$

$\therefore \sqrt{(\sin A-\cos A)^2}+\sqrt{(\cos A-\sin A)^2}$

$=\sqrt{\left(\dfrac{12}{13}-\dfrac{5}{13}\right)^2}+\sqrt{\left(\dfrac{5}{13}-\dfrac{12}{13}\right)^2}$

$=\dfrac{7}{13}+\dfrac{7}{13}=\dfrac{14}{13}$

06 $\triangle BCD$와 $\triangle BHC$에서

$\angle B$는 공통, $\angle BCD=\angle BHC=90°$이므로

$\triangle BCD\backsim\triangle BHC$ (AA 닮음)

$\therefore \angle CDB=x°$

$\triangle BCD$에서 피타고라스 정리에 의하여

$\overline{BD}=\sqrt{8^2+4^2}=\sqrt{80}=4\sqrt{5}$

$\therefore \cos x°=\dfrac{\overline{CD}}{\overline{BD}}=\dfrac{4}{4\sqrt{5}}=\dfrac{\sqrt{5}}{5}$

07 $\triangle AEG$는 $\angle AEG=90°$인 직각삼각형이고 피타고라스 정리에 의하여

$\overline{EG}=\sqrt{a^2+a^2}=\sqrt{2}a$이므로

$\overline{AG}=\sqrt{(\sqrt{2}a)^2+a^2}=\sqrt{3}a$

따라서 직각삼각형 AEG에서

$\cos x°=\dfrac{\overline{EG}}{\overline{AG}}=\dfrac{\sqrt{2}a}{\sqrt{3}a}=\dfrac{\sqrt{2}}{\sqrt{3}}=\dfrac{\sqrt{6}}{3}$

08 $y=2x+4$에 $y=0$을 대입하면 $x=-2$이므로 $A(-2,\,0)$

$x=0$을 대입하면 $y=4$이므로 $B(0,\,4)$

직각삼각형 AOB에서 $\overline{OA}=2$, $\overline{OB}=4$이므로 피타고라스 정리에 의하여

$\overline{AB}=\sqrt{2^2+4^2}=\sqrt{20}=2\sqrt{5}$

$\therefore \sin a°=\dfrac{\overline{OB}}{\overline{AB}}=\dfrac{4}{2\sqrt{5}}=\dfrac{2\sqrt{5}}{5}$

09 ㄱ. $\sin^2 60°+\sin^2 30°$

$\quad =\sin 45°\times\cos 45°=\dfrac{\sqrt{2}}{2}\times\dfrac{\sqrt{2}}{2}=\dfrac{2}{4}=\dfrac{1}{2}$

ㄴ. $\sin 30°=\dfrac{1}{2}$, $\cos 30°=\dfrac{\sqrt{3}}{2}$, $\tan 30°=\dfrac{\sqrt{3}}{3}$이므로

$\quad \dfrac{1}{2}=\dfrac{\sqrt{3}}{2}\times\dfrac{\sqrt{3}}{3}$

ㄷ. $\sin 30°=\dfrac{1}{2}$, $\cos 60°=\dfrac{1}{2}$, $\tan 45°=1$이므로

$\quad \dfrac{1}{2}+\dfrac{1}{2}=1$

ㄹ. $\tan 30°=\dfrac{\sqrt{3}}{3}$, $\tan 60°=\sqrt{3}$이므로

$\quad \dfrac{1}{\tan 60°}=\dfrac{1}{\sqrt{3}}=\dfrac{\sqrt{3}}{3}$

$\quad \therefore \tan 30°=\dfrac{1}{\tan 60°}$

따라서 옳은 것은 ㄱ, ㄴ, ㄷ, ㄹ이다.

10 $\sin 60°=\dfrac{\sqrt{3}}{2}$이므로

$3x°+15°=60°$ $\quad\therefore x°=15°$

$\therefore \cos 2x°=\cos 30°=\dfrac{\sqrt{3}}{2}$

11 $\triangle BCD$에서 $\tan 45°=\dfrac{\overline{BC}}{\overline{CD}}=\dfrac{\overline{BC}}{2\sqrt{3}}=1$ $\quad\therefore \overline{BC}=2\sqrt{3}$

$\triangle ABC$에서 $\tan 60°=\dfrac{\overline{BC}}{\overline{AB}}=\dfrac{2\sqrt{3}}{\overline{AB}}=\sqrt{3}$ $\quad\therefore \overline{AB}=2$

12 $\sin 37°=\dfrac{\overline{AB}}{\overline{OA}}=\dfrac{\overline{AB}}{1}=\overline{AB}$이므로

$\overline{AB}=\sin 37°=0.6$

$\cos 37°=\dfrac{\overline{OB}}{\overline{OA}}=\dfrac{\overline{OB}}{1}=\overline{OB}$이므로

$\overline{OB}=\cos 37°=0.8$

$\tan 37°=\dfrac{\overline{CD}}{\overline{OD}}=\dfrac{\overline{CD}}{1}=\overline{CD}$이므로

$\overline{CD}=\tan 37°=0.75$

$\therefore \overline{BD}=\overline{OD}-\overline{OB}=1-0.8=0.2$

사각형 ABDC에서 $\angle OBA=\angle ODC=90°$이므로

$\overline{AB}\,/\!/\,\overline{CD}$

즉, 사각형 ABDC는 사다리꼴이므로

$S=\dfrac{1}{2}\times(\overline{AB}+\overline{CD})\times\overline{BD}$

$\quad =\dfrac{1}{2}\times(0.6+0.75)\times0.2=0.135$

$\therefore 1000S=1000\times0.135=135$

13 1단계 $\triangle ADC$에서

$\quad\cos 45°=\dfrac{\overline{CD}}{\overline{AC}}=\dfrac{\overline{CD}}{6}=\dfrac{\sqrt{2}}{2}$

$\quad\therefore \overline{CD}=3\sqrt{2}\,cm$

2단계 $\triangle ADC$에서

$\quad\angle DAC=180°-(90°+45°)=45°$

$\quad$즉, $\triangle ADC$는 직각이등변삼각형이므로

$\quad\overline{AD}=\overline{CD}=3\sqrt{2}\,cm$

$\quad\triangle ABD$에서

$\quad\tan 60°=\dfrac{\overline{AD}}{\overline{BD}}=\dfrac{3\sqrt{2}}{\overline{BD}}=\sqrt{3}$

$\quad\therefore \overline{BD}=\sqrt{6}\,cm$

3단계 $\therefore \triangle ABC=\dfrac{1}{2}\times\overline{BC}\times\overline{AD}$

$\quad\quad =\dfrac{1}{2}\times(\sqrt{6}+3\sqrt{2})\times3\sqrt{2}$

$\quad\quad =9+3\sqrt{3}\,(cm^2)$

14 $0° < x° < 45°$일 때,

$0 < \sin x° < \dfrac{\sqrt{2}}{2}$, $\dfrac{\sqrt{2}}{2} < \cos x° < 1$이므로

$\sin x° < \cos x°$이다. ──────── ❶

$\therefore \sqrt{(\cos x° - \sin x°)^2} - \sqrt{(\sin x° - \cos x°)^2}$

$= (\cos x° - \sin x°) - \{-(\sin x° - \cos x°)\}$ ── ❷

$= \cos x° - \sin x° + \sin x° - \cos x° = 0$ ── ❸

단계	채점 기준	비율
❶	$\sin x°$와 $\cos x°$의 대소 관계 나타내기	40 %
❷	근호 없애기	40 %
❸	주어진 식 간단히 하기	20 %

15 $\triangle ABC$에서 $\cos x° = \dfrac{\overline{BC}}{\overline{AC}} = \dfrac{18}{\overline{AC}} = \dfrac{3\sqrt{13}}{13}$

$\therefore \overline{AC} = 6\sqrt{13}\ \mathrm{cm}$

피타고라스 정리에 의하여

$\overline{AB} = \sqrt{(6\sqrt{13})^2 - 18^2} = \sqrt{144} = 12\,(\mathrm{cm})$ ──── ❶

$\triangle ADC$는 이등변삼각형이므로

$\overline{AD} = \overline{CD} = a\ \mathrm{cm}$라고 하면

$\overline{BD} = (18 - a)\ \mathrm{cm}$이므로

$\triangle ABD$에서 피타고라스 정리에 의하여

$a^2 = (18 - a)^2 + 12^2$, $36a = 468$ $\therefore a = 13$

$\therefore \overline{AD} = 13\ \mathrm{cm}$ ────────── ❷

$\therefore \sin y° = \dfrac{\overline{AB}}{\overline{AD}} = \dfrac{12}{13}$ ────────── ❸

단계	채점 기준	비율
❶	$\overline{AB}$의 길이 구하기	40 %
❷	$\overline{AD}$의 길이 구하기	40 %
❸	$\sin y°$의 값 구하기	20 %

I-2 ┃ 삼각비의 활용

1 삼각비의 활용 (1)

05 직각삼각형의 변의 길이 개념북 24쪽

◆확인 1◆ 답 (1) $b \sin C$ (2) $\dfrac{a}{b}$, $b \cos C$ (3) $\dfrac{c}{a}$, $a \tan C$

◆확인 2◆ 답 (1) 10, $5\sqrt{3}$ (2) 10, 5

개념◆check 개념북 25쪽

01 답 ⑤

$\tan 37° = \dfrac{6}{\overline{BC}}$에서 $\overline{BC} = \dfrac{6}{\tan 37°}$

02 답 (1) 8.8 (2) 4.7

(1) $\cos 28° = \dfrac{\overline{BC}}{10}$이므로

$\overline{BC} = 10 \cos 28° = 10 \times 0.88 = 8.8$

(2) $\sin 28° = \dfrac{\overline{AC}}{10}$이므로

$\overline{AC} = 10 \sin 28° = 10 \times 0.47 = 4.7$

03 답 7.05

$\cos 50° = \dfrac{x}{5}$이므로 $x = 5 \cos 50° = 5 \times 0.64 = 3.20$

$\sin 50° = \dfrac{y}{5}$이므로 $y = 5 \sin 50° = 5 \times 0.77 = 3.85$

$\therefore x + y = 7.05$

04 답 ⑤

(건물의 높이)

$=$ (지면에서 민수의 눈까지의 높이) $+ \overline{BC}$

즉, $\tan 35° = \dfrac{\overline{BC}}{50}$이므로 $\overline{BC} = 50 \tan 35°$

따라서 건물의 높이를 구하는 식은

$(50 \tan 35° + 1.7)\ \mathrm{m}$

06 일반 삼각형의 변의 길이 개념북 26쪽

◆확인 1◆ 답 45, $6\sqrt{2}$, 60, $4\sqrt{6}$

개념◆check 개념북 27쪽

01 답 $2\sqrt{7}$

오른쪽 그림과 같이 꼭짓점 A에서 $\overline{BC}$에 내린 수선의 발을 H라고 하면 $\triangle ABH$에서

$\overline{AH} = 4 \sin 60° = 4 \times \dfrac{\sqrt{3}}{2} = 2\sqrt{3}$

$\overline{BH} = 4 \cos 60° = 4 \times \dfrac{1}{2} = 2$

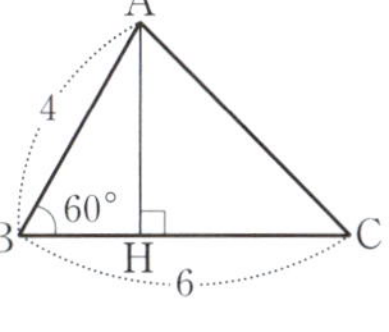

$\therefore \overline{HC}=\overline{BC}-\overline{BH}=6-2=4$

따라서 $\triangle AHC$에서

$\overline{AC}=\sqrt{4^2+(2\sqrt{3})^2}=\sqrt{28}=2\sqrt{7}$

02 답 $4\sqrt{6}$ cm

오른쪽 그림과 같이 꼭짓점 A에서 $\overline{BC}$에 내린 수선의 발을 H라고 하면 $\triangle ABH$에서

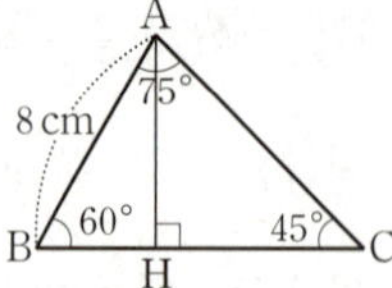

$\overline{AH}=8\sin 60°$

$\qquad =8\times\dfrac{\sqrt{3}}{2}=4\sqrt{3}(\text{cm})$

$\triangle ABC$에서 $\angle C=180°-(75°+60°)=45°$

따라서 $\triangle AHC$에서

$\overline{AC}=\dfrac{\overline{AH}}{\sin 45°}=4\sqrt{3}\div\dfrac{\sqrt{2}}{2}=4\sqrt{6}(\text{cm})$

03 답 $4\sqrt{5}$

오른쪽 그림과 같이 꼭짓점 A에서 $\overline{BC}$에 내린 수선의 발을 H라고 하면 $\triangle AHC$에서

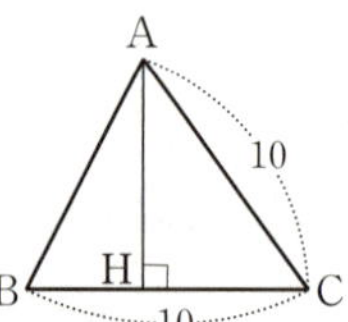

$\overline{CH}=10\cos C=10\times\dfrac{3}{5}=6$

$\overline{AH}=\sqrt{10^2-6^2}=\sqrt{64}=8$

$\therefore \overline{BH}=\overline{BC}-\overline{CH}=10-6=4$

따라서 $\triangle ABH$에서

$\overline{AB}=\sqrt{4^2+8^2}=\sqrt{80}=4\sqrt{5}$

04 답 ③

오른쪽 그림과 같이 점 A에서 $\overline{BC}$에 내린 수선의 발을 H라고 하면 $\triangle ABH$에서

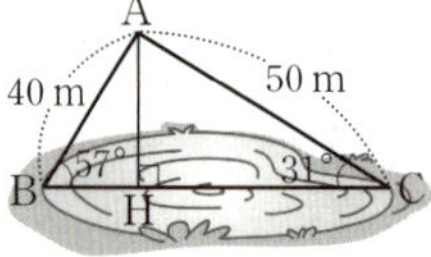

$\overline{BH}=40\cos 57°$ m

$\triangle ACH$에서 $\overline{CH}=50\cos 31°$ m

따라서 두 지점 B, C 사이의 거리는

$\overline{BC}=\overline{BH}+\overline{CH}=40\cos 57°+50\cos 31°(\text{m})$

07 삼각형의 높이
개념북 28쪽

◆확인 1◆ 답 $90°-\alpha$, $90°-\beta$, $90°-\alpha$, $90°-\beta$

◆확인 2◆ 답 $90°-\alpha$, $90°-\beta$, $90°-\alpha$, $90°-\beta$

개념•check
개념북 29쪽

01 답 $\tan 45°$, 1, $\tan 30°$, $\dfrac{\sqrt{3}}{3}$, 1, $\dfrac{\sqrt{3}}{3}$, $6(3-\sqrt{3})$

$\triangle ABH$에서 $\angle BAH=90°-45°=45°$이므로

$\overline{BH}=h\times\tan 45°=1\times h$

$\triangle ACH$에서 $\angle CAH=90°-60°=30°$이므로

$\overline{CH}=h\times\tan 30°=\dfrac{\sqrt{3}}{3}\times h$

이때 $\overline{BC}=\overline{BH}+\overline{CH}=12$이므로

$\left(1+\dfrac{\sqrt{3}}{3}\right)h=12$

$\therefore h=6(3-\sqrt{3})$

02 답 $\tan 45°$, 1, $\tan 30°$, $\dfrac{\sqrt{3}}{3}$, 1, $\dfrac{\sqrt{3}}{3}$, $3+\sqrt{3}$

$\triangle ABH$에서 $\angle BAH=90°-45°=45°$이므로

$\overline{BH}=h\times\tan 45°=1\times h$

$\triangle ACH$에서 $\angle ACH=180°-120°=60°$,

$\angle CAH=90°-60°=30°$이므로

$\overline{CH}=h\times\tan 30°=\dfrac{\sqrt{3}}{3}\times h$

이때 $\overline{BC}=\overline{BH}-\overline{CH}=2$이므로

$\left(1-\dfrac{\sqrt{3}}{3}\right)h=2$

$\therefore h=3+\sqrt{3}$

03 답 $4(3-\sqrt{3})$

$\overline{AH}=h$라고 하면

$\triangle ABH$에서 $\angle BAH=90°-45°=45°$이므로

$\overline{BH}=h\tan 45°=h$

$\triangle ACH$에서 $\angle CAH=75°-45°=30°$이므로

$\overline{CH}=h\tan 30°=\dfrac{\sqrt{3}}{3}h$

$\overline{BC}=\overline{BH}+\overline{CH}=8$이므로

$h+\dfrac{\sqrt{3}}{3}h=\left(1+\dfrac{\sqrt{3}}{3}\right)h=8$

$\therefore h=4(3-\sqrt{3})$

04 답 $2(\sqrt{3}+1)$

$\overline{AH}=h$라고 하면

$\triangle ABH$에서 $\angle BAH=90°-30°=60°$이므로

$\overline{BH}=h\tan 60°=\sqrt{3}h$

$\triangle ACH$에서 $\angle CAH=90°-45°=45°$이므로

$\overline{CH}=h\tan 45°=h$

$\overline{BC}=\overline{BH}-\overline{CH}=4$이므로 $\sqrt{3}h-h=(\sqrt{3}-1)h=4$

$\therefore h=\dfrac{4}{\sqrt{3}-1}=2(\sqrt{3}+1)$

유형•check
개념북 30~31쪽

1 답 ①

$x=\overline{AC}=10\sin 55°=10\times 0.82=8.2$

$y=\overline{BC}=10\cos 55°=10\times 0.57=5.7$

$\therefore x-y=8.2-5.7=2.5$

1-1 답 0.5

$\overline{AB}=10\cos 43°=10\times 0.73=7.3$

$\overline{AC}=10\sin 43°=10\times 0.68=6.8$

따라서 $\overline{AB}$의 길이와 $\overline{AC}$의 길이의 차는 $7.3-6.8=0.5$

1-2 달 $3\sqrt{2}-\sqrt{6}$

△ABD에서

$\overline{BD}=6\cos 45°=6\times\dfrac{\sqrt{2}}{2}=3\sqrt{2}$

∠BAD$=90°-45°=45°$이므로 △ABD는 직각이등변삼
각형이다.

∴ $\overline{AB}=\overline{BD}=3\sqrt{2}$

△ABC에서

$\overline{BC}=3\sqrt{2}\tan 30°=3\sqrt{2}\times\dfrac{\sqrt{3}}{3}=\sqrt{6}$

∴ $\overline{CD}=\overline{BD}-\overline{BC}=3\sqrt{2}-\sqrt{6}$

2 달 $12\sqrt{3}$ m

$\overline{AB}=12\tan 30°=12\times\dfrac{\sqrt{3}}{3}=4\sqrt{3}\,(\text{m})$

$\overline{AC}=\dfrac{12}{\cos 30°}=12\div\dfrac{\sqrt{3}}{2}=8\sqrt{3}\,(\text{m})$

따라서 부러지기 전의 전봇대의 높이는

$\overline{AB}+\overline{AC}=4\sqrt{3}+8\sqrt{3}=12\sqrt{3}\,(\text{m})$

2-1 달 22 m

$\overline{BC}=50\sin 26°=50\times 0.44=22\,(\text{m})$

따라서 처음 위치의 높이에서 22 m 낮아졌다.

2-2 달 ③

△ABC에서

$\overline{AB}=8\sin 30°=8\times\dfrac{1}{2}=4\,(\text{cm})$

$\overline{BC}=8\cos 30°=8\times\dfrac{\sqrt{3}}{2}=4\sqrt{3}\,(\text{cm})$

따라서 직육면체의 부피는

$4\times 4\sqrt{3}\times 6=96\sqrt{3}\,(\text{cm}^3)$

3 달 ④

오른쪽 그림과 같이 꼭짓점 C에서
$\overline{AB}$에 내린 수선의 발을 H라고 하
면 △ACH에서

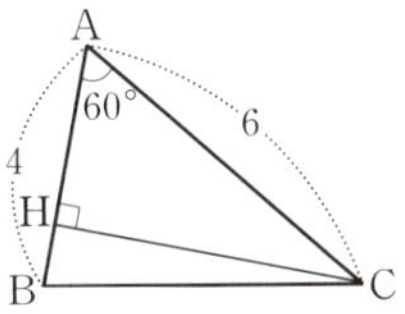

$\overline{CH}=6\sin 60°=6\times\dfrac{\sqrt{3}}{2}=3\sqrt{3}$

$\overline{AH}=6\cos 60°=6\times\dfrac{1}{2}=3$

∴ $\overline{BH}=\overline{AB}-\overline{AH}=4-3=1$

따라서 △BCH에서

$\overline{BC}=\sqrt{(3\sqrt{3})^2+1^2}=\sqrt{28}=2\sqrt{7}$

3-1 달 $6(1+\sqrt{3})$

△BCH에서

$\overline{BH}=12\cos 30°=12\times\dfrac{\sqrt{3}}{2}=6\sqrt{3}$

$\overline{CH}=12\sin 30°=12\times\dfrac{1}{2}=6$

△ABC에서 ∠A$=180°-(30°+105°)=45°$이므로

△AHC에서 $\overline{AH}=\dfrac{\overline{CH}}{\tan 45°}=\dfrac{6}{1}=6$

∴ $\overline{AB}=\overline{AH}+\overline{BH}=6+6\sqrt{3}=6(1+\sqrt{3})$

3-2 달 $\sqrt{61}$ cm

오른쪽 그림과 같이 꼭짓점 A
에서 $\overline{BC}$의 연장선에 내린 수선
의 발을 H라고 하면

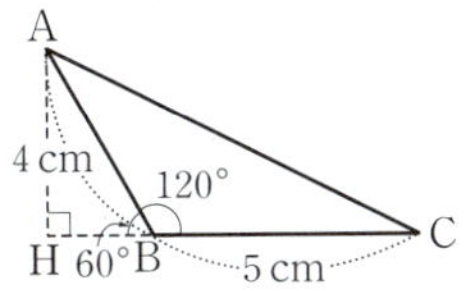

∠ABH$=180°-120°=60°$

△ABH에서

$\overline{AH}=4\sin 60°=4\times\dfrac{\sqrt{3}}{2}=2\sqrt{3}\,(\text{cm})$

$\overline{BH}=4\cos 60°=4\times\dfrac{1}{2}=2\,(\text{cm})$

∴ $\overline{CH}=\overline{BC}+\overline{BH}=5+2=7\,(\text{cm})$

따라서 △ACH에서

$\overline{AC}=\sqrt{(2\sqrt{3})^2+7^2}=\sqrt{61}\,(\text{cm})$

4 달 ②

탑의 높이는 $\overline{AH}$이고 $\overline{AH}=h$ m라고 하면

△AHC에서 ∠CAH$=90°-30°=60°$이므로

$\overline{CH}=h\tan 60°=\sqrt{3}h$

△AHB에서 ∠BAH$=90°-60°=30°$이므로

$\overline{BH}=h\tan 30°=\dfrac{\sqrt{3}}{3}h$

$\overline{BC}=\overline{CH}-\overline{BH}=8$이므로

$\sqrt{3}h-\dfrac{\sqrt{3}}{3}h=\dfrac{2\sqrt{3}}{3}h=8$ ∴ $h=4\sqrt{3}$

4-1 달 $50(3+\sqrt{3})$ m

산의 높이는 $\overline{CD}$이고 $\overline{CD}=h$ m라고 하면

△CAD에서 ∠ACD$=90°-45°=45°$이므로

$\overline{AD}=h\tan 45°=h$

△CBD에서 ∠BCD$=90°-60°=30°$이므로

$\overline{BD}=h\tan 30°=\dfrac{\sqrt{3}}{3}h$

$\overline{AB}=\overline{AD}-\overline{BD}=100$이므로

$h-\dfrac{\sqrt{3}}{3}h=\left(1-\dfrac{\sqrt{3}}{3}\right)h=100$ ∴ $h=50(3+\sqrt{3})$

4-2 달 $\dfrac{250}{13}$ m

△CAH에서 ∠ACH$=90°-40°=50°$이므로

$\overline{AH}=h\tan 50°=1.2h$

△CBH에서 ∠BCH$=90°-35°=55°$이므로

$\overline{BH}=h\tan 55°=1.4h$

$\overline{AB}=\overline{AH}+\overline{BH}$이므로 $1.2h+1.4h=2.6h=50$

∴ $h=\dfrac{50}{2.6}=\dfrac{250}{13}\,(\text{m})$

2 삼각비의 활용 (2)

08 삼각형의 넓이 개념북 32쪽

◆확인 1◆ 달 $6,\ 135,\ 6,\ 45,\ 6,\ \dfrac{\sqrt{2}}{2},\ \dfrac{15\sqrt{2}}{2}$

개념북 33쪽

01 답 (1) $\dfrac{3\sqrt{3}}{2}$　(2) $\dfrac{35\sqrt{2}}{4}$

(1) $\triangle ABC = \dfrac{1}{2} \times 2 \times 3 \times \sin 60°$

$\qquad = \dfrac{1}{2} \times 2 \times 3 \times \dfrac{\sqrt{3}}{2} = \dfrac{3\sqrt{3}}{2}$

(2) $\triangle ABC = \dfrac{1}{2} \times 5 \times 7 \times \sin 45°$

$\qquad = \dfrac{1}{2} \times 5 \times 7 \times \dfrac{\sqrt{2}}{2} = \dfrac{35\sqrt{2}}{4}$

02 답 (1) 6　(2) 4

(1) $\triangle ABC = \dfrac{1}{2} \times 6 \times 4 \times \sin(180° - 150°)$

$\qquad = \dfrac{1}{2} \times 6 \times 4 \times \sin 30°$

$\qquad = \dfrac{1}{2} \times 6 \times 4 \times \dfrac{1}{2} = 6$

(2) $\triangle ABC = \dfrac{1}{2} \times 4 \times 2\sqrt{2} \times \sin(180° - 135°)$

$\qquad = \dfrac{1}{2} \times 4 \times 2\sqrt{2} \times \sin 45°$

$\qquad = \dfrac{1}{2} \times 4 \times 2\sqrt{2} \times \dfrac{\sqrt{2}}{2} = 4$

03 답 $12\sqrt{3}\ \text{cm}^2$

$\angle A = 180° - (35° + 25°) = 120°$이므로

$\triangle ABC = \dfrac{1}{2} \times 6 \times 8 \times \sin(180° - 120°)$

$\qquad = \dfrac{1}{2} \times 6 \times 8 \times \sin 60°$

$\qquad = \dfrac{1}{2} \times 6 \times 8 \times \dfrac{\sqrt{3}}{2} = 12\sqrt{3}\ (\text{cm}^2)$

04 답 6 cm

$\dfrac{1}{2} \times 12 \times \overline{AC} \times \sin(180° - 120°) = 18\sqrt{3}$

$\dfrac{1}{2} \times 12 \times \overline{AC} \times \sin 60° = 18\sqrt{3}$

$\dfrac{1}{2} \times 12 \times \overline{AC} \times \dfrac{\sqrt{3}}{2} = 18\sqrt{3}$

$3\sqrt{3} \times \overline{AC} = 18\sqrt{3} \qquad \therefore \overline{AC} = 6\ \text{cm}$

09　사각형의 넓이

개념북 34쪽

◆확인 1◆ 답 (가) $\dfrac{1}{2}$　(나) $\dfrac{1}{2} ab$

개념북 35쪽

01 답 (1) $6\sqrt{3}$　(2) 20

(1) $\square ABCD = 3 \times 4 \times \sin 60° = 3 \times 4 \times \dfrac{\sqrt{3}}{2} = 6\sqrt{3}$

(2) $\square ABCD = 8 \times 5 \times \sin(180° - 150°)$

$\qquad = 8 \times 5 \times \sin 30°$

$\qquad = 8 \times 5 \times \dfrac{1}{2} = 20$

02 답 (1) $\dfrac{21\sqrt{2}}{2}$　(2) $20\sqrt{3}$

(1) $\square ABCD = \dfrac{1}{2} \times 7 \times 6 \times \sin 45°$

$\qquad = \dfrac{1}{2} \times 7 \times 6 \times \dfrac{\sqrt{2}}{2} = \dfrac{21\sqrt{2}}{2}$

(2) $\square ABCD = \dfrac{1}{2} \times 10 \times 8 \times \sin(180° - 120°)$

$\qquad = \dfrac{1}{2} \times 10 \times 8 \times \sin 60°$

$\qquad = \dfrac{1}{2} \times 10 \times 8 \times \dfrac{\sqrt{3}}{2} = 20\sqrt{3}$

03 답 45

$10 \times 6 \times \sin x° = 30\sqrt{2}$에서

$\sin x° = \dfrac{30\sqrt{2}}{60} = \dfrac{\sqrt{2}}{2}$

이때 $0° < x° < 90°$이므로 $x = 45$

04 답 $16\sqrt{3}$

등변사다리꼴의 두 대각선의 길이는 서로 같으므로

$\square ABCD = \dfrac{1}{2} \times 8 \times 8 \times \sin(180° - 120°)$

$\qquad = \dfrac{1}{2} \times 8 \times 8 \times \sin 60°$

$\qquad = \dfrac{1}{2} \times 8 \times 8 \times \dfrac{\sqrt{3}}{2} = 16\sqrt{3}$

개념북 36~37쪽

1 답 120°

$\dfrac{1}{2} \times 2\sqrt{6} \times 6 \times \sin(180° - B) = 9\sqrt{2}$에서

$\sin(180° - B) = \dfrac{\sqrt{3}}{2}$

이때 $90° < \angle B < 180°$이므로 $180° - \angle B = 60°$

$\therefore \angle B = 120°$

1-1 답 $\dfrac{20\sqrt{3}}{3}\ \text{cm}$

$\dfrac{1}{2} \times 6 \times \overline{AB} \times \sin 60° = 30$이므로

$\dfrac{1}{2} \times 6 \times \overline{AB} \times \dfrac{\sqrt{3}}{2} = 30 \qquad \therefore \overline{AB} = \dfrac{20\sqrt{3}}{3}\ \text{cm}$

1-2 답 135°

$\dfrac{1}{2} \times 6 \times 10 \times \sin(180° - C) = 15\sqrt{2}$이므로

$\sin(180° - C) = \dfrac{\sqrt{2}}{2}$

이때 $\angle C > 90°$이므로 $180° - \angle C = 45°$

$\therefore \angle C = 135°$

2 답 $52\sqrt{3}\,\mathrm{cm}^2$

$\triangle ABC$에서 $\overline{AC}=8\tan 60^\circ=8\times\sqrt{3}=8\sqrt{3}\,(\mathrm{cm})$

$\therefore \square ABCD=\triangle ABC+\triangle ACD$

$\qquad =\dfrac{1}{2}\times 8\times 8\sqrt{3}+\dfrac{1}{2}\times 8\sqrt{3}\times 10\times \sin 30^\circ$

$\qquad =\dfrac{1}{2}\times 8\times 8\sqrt{3}+\dfrac{1}{2}\times 8\sqrt{3}\times 10\times \dfrac{1}{2}$

$\qquad =32\sqrt{3}+20\sqrt{3}=52\sqrt{3}\,(\mathrm{cm}^2)$

2-1 답 18

$\angle ACD=90^\circ-45^\circ=45^\circ$이므로 $\triangle ADC$는 직각이등변삼
각형이다. 즉 $\overline{CD}=\overline{AD}=4$

$\overline{AC}=\dfrac{4}{\cos 45^\circ}=4\div\dfrac{\sqrt{2}}{2}=4\times\dfrac{2}{\sqrt{2}}=4\sqrt{2}$

$\therefore \square ABCD=\triangle ABC+\triangle ACD$

$\qquad =\dfrac{1}{2}\times 5\sqrt{2}\times 4\sqrt{2}\times\sin 30^\circ+\dfrac{1}{2}\times 4\times 4$

$\qquad =\dfrac{1}{2}\times 5\sqrt{2}\times 4\sqrt{2}\times\dfrac{1}{2}+\dfrac{1}{2}\times 4\times 4$

$\qquad =10+8=18$

2-2 답 $9\sqrt{3}\,\mathrm{cm}^2$

$\overline{BD}$를 그으면

$\square ABCD$

$=\triangle ABD+\triangle BCD$

$=\dfrac{1}{2}\times 3\times 3\times\sin(180^\circ-120^\circ)$

$\qquad +\dfrac{1}{2}\times 3\sqrt{3}\times 3\sqrt{3}\times\sin 60^\circ$

$=\dfrac{1}{2}\times 3\times 3\times\sin 60^\circ+\dfrac{1}{2}\times 3\sqrt{3}\times 3\sqrt{3}\times\sin 60^\circ$

$=\dfrac{1}{2}\times 3\times 3\times\dfrac{\sqrt{3}}{2}+\dfrac{1}{2}\times 3\sqrt{3}\times 3\sqrt{3}\times\dfrac{\sqrt{3}}{2}$

$=\dfrac{9\sqrt{3}}{4}+\dfrac{27\sqrt{3}}{4}=9\sqrt{3}\,(\mathrm{cm}^2)$

3 답 ⑤

$\triangle ABD=\dfrac{1}{2}\square ABCD=\dfrac{1}{2}\times 10\times 6\times\sin 60^\circ$

$\qquad =\dfrac{1}{2}\times 10\times 6\times\dfrac{\sqrt{3}}{2}=15\sqrt{3}$

3-1 답 $5\sqrt{3}\,\mathrm{cm}^2$

$\square ABCD=5\times 8\times\sin(180^\circ-120^\circ)=5\times 8\times\sin 60^\circ$

$\qquad =5\times 8\times\dfrac{\sqrt{3}}{2}=20\sqrt{3}\,(\mathrm{cm}^2)$

$\therefore \triangle ABO=\dfrac{1}{4}\square ABCD=\dfrac{1}{4}\times 20\sqrt{3}=5\sqrt{3}\,(\mathrm{cm}^2)$

3-2 답 40 cm

마름모 ABCD의 한 변의 길이를 x cm라고 하면

$\square ABCD=x\times x\times\sin 45^\circ=\dfrac{\sqrt{2}}{2}x^2$

마름모 ABCD의 넓이가 $50\sqrt{2}\,\mathrm{cm}^2$이므로

$\dfrac{\sqrt{2}}{2}x^2=50\sqrt{2},\ x^2=100 \qquad \therefore x=10\ (\because x>0)$

따라서 마름모는 네 변의 길이가 모두 같으므로 마름모
ABCD의 둘레의 길이는 $10\times 4=40\,(\mathrm{cm})$

4 답 ⑤

$\square ABCD$의 넓이가 $39\sqrt{3}\,\mathrm{cm}^2$이므로

$\square ABCD=\dfrac{1}{2}\times 12\times 13\times\sin x^\circ=78\sin x^\circ=39\sqrt{3}$

$\therefore \sin x^\circ=\dfrac{\sqrt{3}}{2}$

이때 $0^\circ<x^\circ<90^\circ$이므로 $x=60$

4-1 답 ⑤

$\overline{BD}=\overline{AC}=x$ cm라고 하면 $\square ABCD$의 넓이가 $15\,\mathrm{cm}^2$
이므로

$\dfrac{1}{2}\times x\times x\times\sin(180^\circ-120^\circ)=15\sqrt{3}$

$\dfrac{1}{2}\times x\times x\times\sin 60^\circ=15\sqrt{3}$

$\dfrac{\sqrt{3}}{4}x^2=15\sqrt{3},\ x^2=60 \qquad \therefore x=2\sqrt{15}\ (\because x>0)$

4-2 답 $25\sqrt{3}$

$\triangle BCP$에서 $\angle BPC=180^\circ-(52^\circ+68^\circ)=60^\circ$이므로

$\square ABCD=\dfrac{1}{2}\times 10\times 10\times\sin 60^\circ$

$\qquad =\dfrac{1}{2}\times 10\times 10\times\dfrac{\sqrt{3}}{2}=25\sqrt{3}$

단원 마무리 개념북 38~40쪽

01 ④	**02** ④	**03** $2-\sqrt{3}$	**04** $2\sqrt{37}$ cm	**05** ⑤
06 ⑤	**07** $12\sqrt{2}+4\sqrt{6}$		**08** ①	
09 ②	**10** $12\pi-9\sqrt{3}$		**11** $16\,\mathrm{cm}^2$	**12** ②
13 ③	**14** ②	**15** 12 cm	**16** $1000\sqrt{3}$ m	
17 $27\sqrt{3}\,\mathrm{cm}^2$				

01 $\cos 35^\circ=\dfrac{\overline{BC}}{\overline{AB}}=\dfrac{8}{x}$이므로 $x=\dfrac{8}{\cos 35^\circ}$

$\tan 35^\circ=\dfrac{\overline{AC}}{\overline{BC}}=\dfrac{y}{8}$이므로 $y=8\tan 35^\circ$

따라서 ㄹ, ㄷ이다.

02 $\triangle ABD$에서 $\overline{AD}=8\sin 60^\circ=8\times\dfrac{\sqrt{3}}{2}=4\sqrt{3}$

따라서 $\triangle ADE$에서

$\overline{AE}=4\sqrt{3}\cos 60^\circ=4\sqrt{3}\times\dfrac{1}{2}=2\sqrt{3}$

03 오른쪽 그림에서

$\angle ACB=90^\circ-60^\circ=30^\circ$

이므로

$\angle ACD=180^\circ-30^\circ=150^\circ$

$\overline{AC}=\overline{CD}$이므로 $\triangle ACD$는 이등변삼각형이다.

$\therefore \angle CAD=\angle CDA=\dfrac{1}{2}\times(180^\circ-150^\circ)=15^\circ$

△ABC에서

$$\overline{AC}=\frac{2}{\cos 60°}=2\div\frac{1}{2}=4$$

$$\overline{BC}=2\tan 60°=2\times\sqrt{3}=2\sqrt{3}$$

$\overline{CD}=\overline{AC}=4$이므로

$$\overline{BD}=\overline{CD}+\overline{BC}=4+2\sqrt{3}$$

따라서 △ABD에서

$$\tan 15°=\frac{\overline{AB}}{\overline{BD}}=\frac{2}{4+2\sqrt{3}}=2-\sqrt{3}$$

04 오른쪽 그림과 같이 꼭짓점 A에서 $\overline{BC}$의 연장선에 내린 수선의 발을 H라고 하면 △ACH에서 ∠ACH=180°−120°=60° 이므로

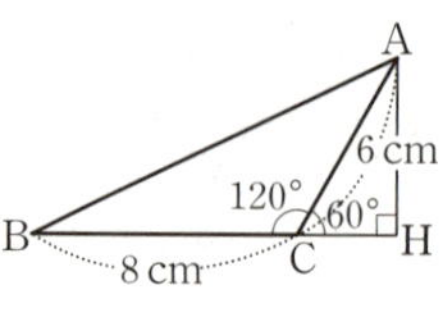

$$\overline{AH}=\overline{AC}\sin 60°=6\times\frac{\sqrt{3}}{2}=3\sqrt{3}(\text{cm})$$

$$\overline{CH}=\overline{AC}\cos 60°=6\times\frac{1}{2}=3(\text{cm})$$

$$\therefore \overline{BH}=\overline{BC}+\overline{CH}=8+3=11(\text{cm})$$

따라서 △ABH에서

$$\overline{AB}=\sqrt{11^2+(3\sqrt{3})^2}=\sqrt{148}=2\sqrt{37}(\text{cm})$$

05 △ABO에서

$$\overline{AO}=8\sin 60°=8\times\frac{\sqrt{3}}{2}=4\sqrt{3}(\text{cm})$$

$$\overline{BO}=8\cos 60°=8\times\frac{1}{2}=4(\text{cm})$$

따라서 원뿔의 부피는

$$\frac{1}{3}\times\pi\times 4^2\times 4\sqrt{3}=\frac{64\sqrt{3}}{3}\pi(\text{cm}^3)$$

06 △ABC에서

$$\overline{BC}=100\cos 30°=100\times\frac{\sqrt{3}}{2}=50\sqrt{3}(\text{m})$$

따라서 △DCB에서 산의 높이는

$$\overline{CD}=50\sqrt{3}\tan 45°=50\sqrt{3}\times 1=50\sqrt{3}(\text{m})$$

07 오른쪽 그림과 같이 꼭짓점 A에서 $\overline{BC}$에 내린 수선의 발을 H라고 하면 △ACH에서

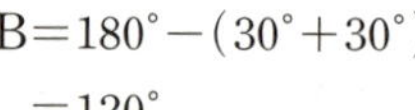

$$\overline{AH}=4\sin 60°=4\times\frac{\sqrt{3}}{2}=2\sqrt{3}$$

$$\overline{CH}=4\cos 60°=4\times\frac{1}{2}=2$$

△ABH에서

$$x=\overline{AB}=\frac{\overline{AH}}{\sin 45°}=2\sqrt{3}\div\frac{\sqrt{2}}{2}=2\sqrt{6}$$

∠BAH=90°−45°=45°이므로 △ABH는 직각이등변삼각형이다.

$$\therefore \overline{BH}=\overline{AH}=2\sqrt{3}$$

따라서 $y=\overline{BH}+\overline{CH}=2\sqrt{3}+2$이므로

$$xy=2\sqrt{6}\times(2\sqrt{3}+2)=12\sqrt{2}+4\sqrt{6}$$

08 $\overline{AB}=h$라고 하면

△ABD에서 $\overline{BD}=\dfrac{h}{\tan 45°}=\dfrac{h}{1}=h$

△ABC에서 $\overline{BC}=\dfrac{h}{\tan 60°}=\dfrac{h}{\sqrt{3}}=\dfrac{\sqrt{3}}{3}h$

$\overline{CD}=\overline{BD}-\overline{BC}=2$이므로

$$h-\frac{\sqrt{3}}{3}h=2,\ \left(1-\frac{\sqrt{3}}{3}\right)h=2 \qquad \therefore h=3+\sqrt{3}$$

$$\therefore \triangle ACD=\frac{1}{2}\times 2\times(3+\sqrt{3})=3+\sqrt{3}$$

09 △ACH에서

$$\overline{CH}=4\sqrt{2}\cos 45°=4\sqrt{2}\times\frac{\sqrt{2}}{2}=4(\text{cm})$$

$$\overline{AH}=4\sqrt{2}\sin 45°=4\sqrt{2}\times\frac{\sqrt{2}}{2}=4(\text{cm})$$

△ABH에서 $\overline{BH}=\sqrt{5^2-4^2}=\sqrt{9}=3(\text{cm})$

따라서 $\overline{BC}=\overline{BH}+\overline{CH}=3+4=7(\text{cm})$이므로

$$\triangle ABC=\frac{1}{2}\times\overline{BC}\times\overline{AH}=\frac{1}{2}\times 7\times 4=14(\text{cm}^2)$$

10 오른쪽 그림과 같이 $\overline{OB}$를 그으면 $\overline{OB}=\overline{OA}=6$ △AOB는 이등변삼각형이므로

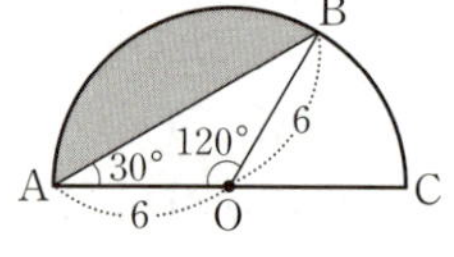

∠AOB=180°−(30°+30°)
   =120°

∴ (색칠한 부분의 넓이)
= (부채꼴 AOB의 넓이) − △AOB

$$=\pi\times 6^2\times\frac{120}{360}-\frac{1}{2}\times 6\times 6\times\sin(180°-120°)$$

$$=\pi\times 6^2\times\frac{120}{360}-\frac{1}{2}\times 6\times 6\times\sin 60°$$

$$=\pi\times 6^2\times\frac{120}{360}-\frac{1}{2}\times 6\times 6\times\frac{\sqrt{3}}{2}=12\pi-9\sqrt{3}$$

11 ∠B=∠C=75°이므로 ∠A=180°−(75°+75°)=30°

$$\therefore \triangle ABC=\frac{1}{2}\times 8\times 8\times\sin 30°$$

$$=\frac{1}{2}\times 8\times 8\times\frac{1}{2}=16(\text{cm}^2)$$

12 오른쪽 그림에서

∠PAC=∠BAC (접은 각),
∠PAC=∠BCA (엇각)

즉, ∠BAC=∠BCA이므로
△ABC는 이등변삼각형이다.

점 B에서 $\overrightarrow{AP}$에 내린 수선의 발을 H라고 하면
∠HAB=∠ABC=30° (엇각)이므로 △ABH에서

$$\overline{AB}=\frac{\overline{HB}}{\sin 30°}=3\div\frac{1}{2}=6(\text{cm})$$

$$\therefore \overline{BC}=\overline{AB}=6\ \text{cm}$$

$$\therefore \triangle ABC=\frac{1}{2}\times 6\times 6\times\sin 30°$$

$$=\frac{1}{2}\times 6\times 6\times\frac{1}{2}=9(\text{cm}^2)$$

13 $\overline{AB}:\overline{BC}=3:5$이므로

$\overline{AB}=3x$ cm, $\overline{BC}=5x$ cm $(x>0)$라고 하면

$\square ABCD=3x\times 5x\times \sin 45°$

$\qquad\quad =3x\times 5x\times \dfrac{\sqrt{2}}{2}$

$\qquad\quad =\dfrac{15\sqrt{2}}{2}x^2=30\sqrt{2}$

즉, $x^2=4$ $\quad \therefore x=2\ (\because x>0)$

따라서 $\overline{AB}=3\times 2=6(cm)$, $\overline{BC}=5\times 2=10(cm)$이므로 평행사변형 ABCD의 둘레의 길이는

$2\times(6+10)=32(cm)$

14 $\dfrac{360°}{8}=45°$이므로 주어진 그림의 정팔

각형은 두 변의 길이가 4 cm이고 그 끼인각의 크기가 45°인 이등변삼각형 8개로 나눌 수 있다.

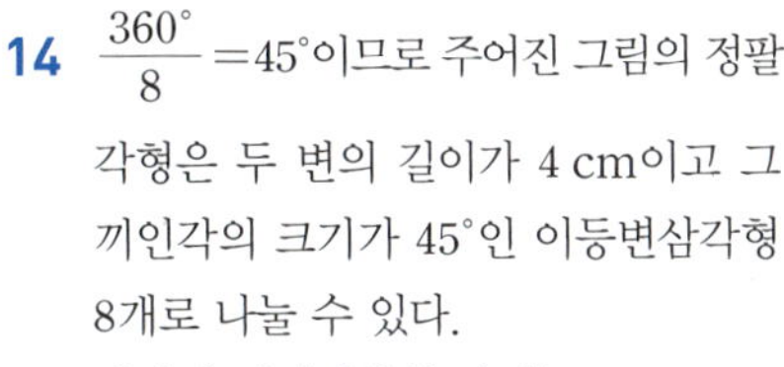

따라서 정팔각형의 넓이는

$\left(\dfrac{1}{2}\times 4\times 4\times \sin 45°\right)\times 8=\left(\dfrac{1}{2}\times 4\times 4\times \dfrac{\sqrt{2}}{2}\right)\times 8$

$\qquad\qquad\qquad\qquad\qquad\quad =32\sqrt{2}(cm^2)$

15 1단계 $\overline{OB}$를 빗변으로 하는 직각

삼각형 OBH를 그리면

$\overline{OH}=20\cos 65°$

$\qquad\quad =20\times 0.4=8(cm)$

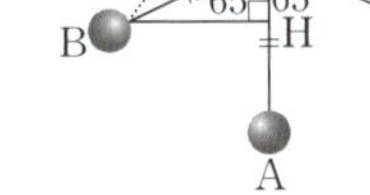

2단계 $\overline{OA}=\overline{OB}=20$ cm

3단계 따라서 두 지점 A, B의 높이의 차는

$20-8=12(cm)$

16 10초 동안 비행기가 움직인 거리는

$\overline{AB}=200\times 10=2000(m)$ ················ ❶

점 A에서 $\overline{CD}$에 내린 수선의 발을 H라 하고

$\overline{AH}=\overline{BD}=h$ m라고 하자.

△ACH에서 ∠CAH=30°

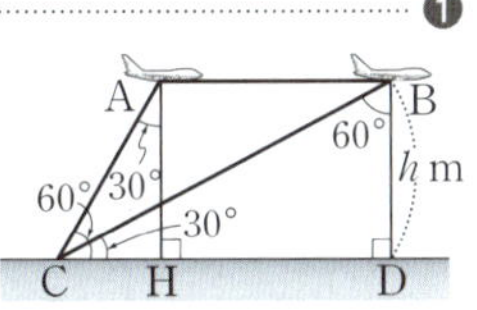

이므로 $\overline{CH}=h\tan 30°=\dfrac{\sqrt{3}}{3}h(m)$

△BCD에서 ∠CBD=60°이므로

$\overline{CD}=h\tan 60°=\sqrt{3}h(m)$ ················ ❷

$\overline{AB}=\overline{HD}=\overline{CD}-\overline{CH}=2000(m)$이므로

$\sqrt{3}h-\dfrac{\sqrt{3}}{3}h=2000$, $\dfrac{2\sqrt{3}}{3}h=2000$

$\therefore h=1000\sqrt{3}$ m

따라서 비행기는 지면으로부터 $1000\sqrt{3}$ m의 높이에서 날고 있다. ················ ❸

단계	채점 기준	비율
❶	$\overline{AB}$의 길이 구하기	20 %
❷	$\overline{CH}$, $\overline{CD}$의 길이를 높이 h에 대한 식으로 나타내기	40 %
❸	비행기의 높이 구하기	40 %

17 오른쪽 그림과 같이 $\overline{AP}$를 그으면

△AB′P와 △ADP에서

∠AB′P=∠ADP=90°,

$\overline{AP}$는 공통, $\overline{AB'}=\overline{AD}$이므로

△AB′P≡△ADP(RHS 합동)

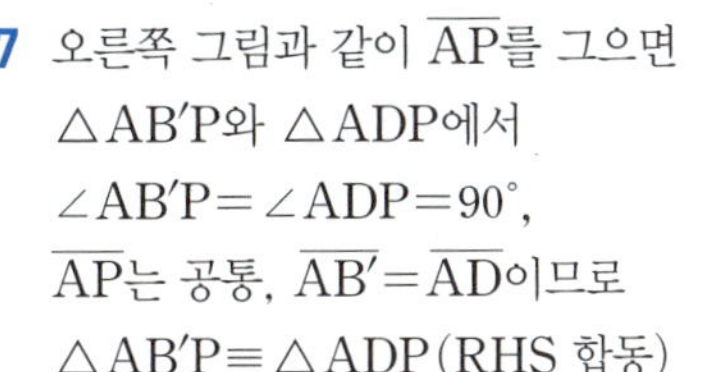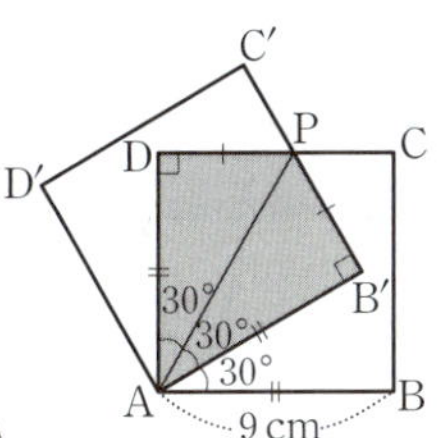

················ ❶

∠DAB′=90°−30°=60°이므로

∠PAB′=∠PAD=30°

△AB′P에서 $\overline{B'P}=\overline{AB'}\tan 30°=9\times \dfrac{\sqrt{3}}{3}=3\sqrt{3}(cm)$ ················ ❷

따라서 두 정사각형이 겹쳐지는 부분의 넓이는

$2\triangle AB'P=2\times\left(\dfrac{1}{2}\times \overline{AB'}\times \overline{B'P}\right)$

$\qquad\qquad =2\times\left(\dfrac{1}{2}\times 9\times 3\sqrt{3}\right)$

$\qquad\qquad =27\sqrt{3}(cm^2)$ ················ ❸

단계	채점 기준	비율
❶	△AB′P와 △ADP가 합동임을 보이기	40 %
❷	$\overline{B'P}$의 길이 구하기	40 %
❸	두 정사각형이 겹쳐지는 부분의 넓이 구하기	20 %

Ⅱ | 원의 성질

Ⅱ-1 | 원과 직선

1 원의 현

10 현의 수직이등분선과 현의 길이　개념북 42쪽

◆확인 1◆　답 $\overline{AB}$, 14, 7, 7

◆확인 2◆　답 $\overline{ON}$, 4

개념•check　　　　　　　　　개념북 43쪽

01 답 (1) 4　(2) 30

(1) $\overline{AB}\perp\overline{OM}$이므로 $\overline{AM}=\overline{BM}$

$\therefore x=\dfrac{1}{2}\overline{AB}=\dfrac{1}{2}\times8=4$

(2) $\triangle$OMB에서 $\overline{BM}=\sqrt{17^2-8^2}=\sqrt{225}=15$

$\therefore x=2\overline{BM}=2\times15=30$

02 답 (1) 10　(2) 9

(1) $\overline{OM}=\overline{ON}$이므로 $\overline{CD}=\overline{AB}$　$\therefore x=10$

(2) $\overline{AB}=\overline{CD}$이므로 $\overline{OM}=\overline{ON}$　$\therefore x=9$

03 답 10

현의 수직이등분선은 원의 중심을 지나므로 $\overline{CM}$의 연장선 위에 있는 원의 중심을 O라 하고 원 O의 반지름의 길이를 r라고 하면

$\overline{OA}=\overline{OC}=r$, $\overline{OM}=r-4$

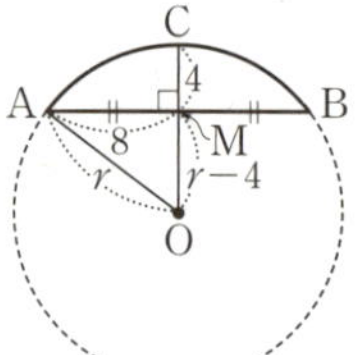

이므로 $\triangle$AOM에서

$r^2=(r-4)^2+8^2$, $r^2=r^2-8r+80$

$8r=80$　$\therefore r=10$

따라서 원의 반지름의 길이는 10이다.

04 답 ④

$\triangle$OAM에서 $\overline{AM}=\sqrt{13^2-5^2}=\sqrt{144}=12$(cm)

이므로 $\overline{AB}=2\overline{AM}=2\times12=24$(cm)

$\therefore \overline{CD}=\overline{AB}=24$ cm

유형•check　　　　　　　　　개념북 44~45쪽

1 답 ③

원 O의 반지름의 길이를 r cm라고 하면

$\overline{OM}=(r-1)$ cm

$\overline{AM}=\dfrac{1}{2}\overline{AB}=\dfrac{1}{2}\times4=2$(cm)

이므로 $\triangle$OAM에서

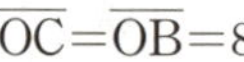

$r^2=(r-1)^2+2^2$, $r^2=r^2-2r+5$

$2r=5$　　$\therefore r=\dfrac{5}{2}$

1-1 답 5

원 O의 반지름의 길이를 r라고 하면

$\overline{OH}=r-8$

$\overline{AH}=\dfrac{1}{2}\overline{AB}=\dfrac{1}{2}\times24=12$이므로

$\triangle$OAH에서

$r^2=(r-8)^2+12^2$

$r^2=r^2-16r+208$, $16r=208$　　$\therefore r=13$

$\therefore \overline{OH}=13-8=5$

1-2 답 36π

$\overline{OA}$를 그으면 $\overline{AH}=\dfrac{1}{2}\overline{AB}=\dfrac{1}{2}\times6\sqrt{3}=3\sqrt{3}$이므로 직각

삼각형 OAH에서

$\overline{OA}=\sqrt{(3\sqrt{3})^2+3^2}=\sqrt{36}=6$

따라서 원 O의 넓이는 $\pi\times6^2=36\pi$

2 답 $8\sqrt{3}$

오른쪽 그림과 같이 원의 중심 O에서 $\overline{AB}$에 내린 수선의 발을 H라고 하면

$\overline{OC}=\overline{OB}=8$

$\therefore \overline{OH}=\overline{CH}=\dfrac{1}{2}\overline{OC}=\dfrac{1}{2}\times8=4$

$\triangle$OBH에서 $\overline{BH}=\sqrt{8^2-4^2}=\sqrt{48}=4\sqrt{3}$이므로

$\overline{AB}=2\overline{BH}=2\times4\sqrt{3}=8\sqrt{3}$

2-1 답 ③

오른쪽 그림과 같이 $\overline{AB}$와 $\overline{OP}$의 교점을 M이라 하고, 원 O의 반지름의 길이를 r cm라고 하면

$\overline{AM}=\dfrac{1}{2}\overline{AB}=\dfrac{1}{2}\times18=9$(cm)

$\overline{OM}=\dfrac{1}{2}\overline{OP}=\dfrac{1}{2}r$(cm)

$\triangle$OAM에서 $r^2=\left(\dfrac{1}{2}r\right)^2+9^2$, $r^2=\dfrac{1}{4}r^2+81$

$\dfrac{3}{4}r^2=81$, $r^2=108$

$\therefore r=6\sqrt{3}$ ($\because r>0$)

2-2 답 25π

현의 수직이등분선은 원의 중심을 지나므로 $\overline{CD}$의 연장선 위에 있는 원의 중심을 O라 하고 원 O의 지름의 길이를 r라고 하면

$\overline{OD}=r-2$

$\triangle$OAD에서

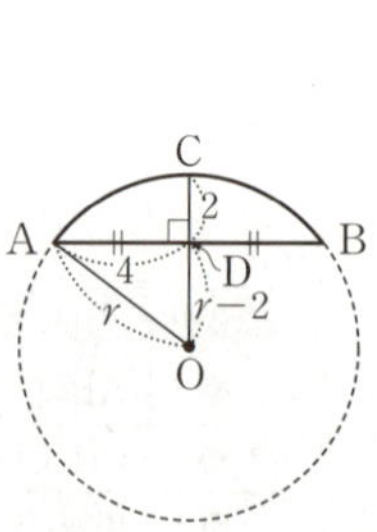

$r^2=(r-2)^2+4^2$

$r^2=r^2-4r+20$

$4r=20$ $\therefore r=5$

따라서 원의 넓이는 $\pi\times5^2=25\pi$

3 답 ②

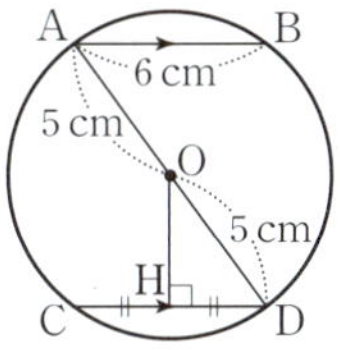

오른쪽 그림과 같이 원의 중심 O에서 $\overline{CD}$에 내린 수선의 발을 H라고 하면

$\overline{DH}=\frac{1}{2}\overline{CD}=\frac{1}{2}\times6=3(cm)$

이므로 △ODH에서

$\overline{OH}=\sqrt{5^2-3^2}=\sqrt{16}=4(cm)$

이때 $\overline{AB}=\overline{CD}$이므로 $\overline{AB}$, $\overline{CD}$는 원의 중심 O로부터 같은 거리에 있다.

따라서 평행한 두 현 AB, CD 사이의 거리는

$2\overline{OH}=2\times4=8(cm)$

3-1 답 $27\sqrt{2}$ cm²

$\overline{CD}=2\overline{ND}=2\times9=18(cm)$

즉, $\overline{AB}=\overline{CD}$이므로

$\overline{OM}=\overline{ON}=3\sqrt{2}$ cm

$\therefore \triangle OAB=\frac{1}{2}\times18\times3\sqrt{2}=27\sqrt{2}(cm^2)$

3-2 답 60 cm²

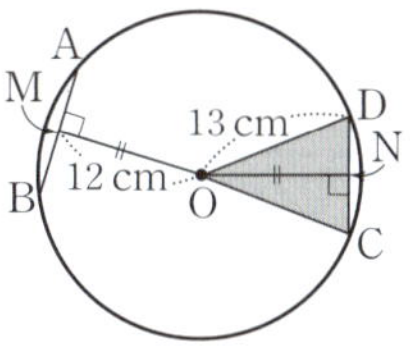

점 O에서 $\overline{CD}$에 내린 수선의 발을 N이라고 하면

$\overline{AB}=\overline{CD}$이므로

$\overline{ON}=\overline{OM}=12$ cm

△OND에서

$\overline{DN}=\sqrt{13^2-12^2}=\sqrt{25}=5(cm)$

따라서 $\overline{CD}=2\overline{DN}=2\times5=10(cm)$이므로

$\triangle OCD=\frac{1}{2}\times10\times12=60(cm^2)$

4 답 ③

$\overline{OM}=\overline{ON}$이므로 $\overline{AB}=\overline{AC}$

따라서 △ABC는 이등변삼각형이므로

$\angle C=\angle B=50°$

$\therefore \angle x=180°-(50°+50°)=80°$

4-1 답 55°

$\overline{OM}=\overline{ON}$이므로 $\overline{AB}=\overline{AC}$

즉, △ABC는 이등변삼각형이므로

$\angle B=\angle C$

한편, □AMON에서

$\angle A=360°-(90°+110°+90°)=70°$

$\therefore \angle B=\frac{1}{2}\times(180°-70°)=55°$

4-2 답 ③

$\overline{OD}=\overline{OF}$이므로 $\overline{AB}=\overline{AC}$

즉, △ABC는 이등변삼각형이므로 $\angle B=\angle C$

□ECFO에서 $\angle C=360°-(90°+90°+105°)=75°$

$\therefore \angle A=180°-(75°+75°)=30°$

2 원의 접선

11 원의 접선의 길이
개념북 46쪽

◆확인 1◆ 답 (가) 90 (나) $\overline{AO}$ (다) 2 (라) $\sqrt{21}$ (마) $\overline{PA}$ (바) $\sqrt{21}$

$\angle PAO=\boxed{90}$°이므로 △PAO에서 피타고라스 정리에 의하여

$\overline{PA}=\sqrt{\overline{PO}^2-\boxed{\overline{AO}}^2}$

$=\sqrt{5^2-\boxed{2}^2}=\boxed{\sqrt{21}}$

$\therefore \overline{PB}=\boxed{\overline{PA}}=\boxed{\sqrt{21}}$

개념·check
개념북 47쪽

01 답 15

$\overline{OP}=8+9=17$이고 $\angle OAP=90°$이므로 △OAP에서

$\overline{PA}=\sqrt{17^2-8^2}=\sqrt{225}=15$

02 답 6 cm

$\overline{PT}=x$ cm라고 하면

$\overline{OP}=(x+9)$ cm

$\angle PAO=90°$이므로 △PAO에서

$(x+9)^2=12^2+9^2$, $x^2+18x-144=0$

$(x-6)(x+24)=0$

$\therefore x=6 (\because x>0)$

03 답 3 cm

$\angle PAO=90°$, $\overline{OP}=1+4=5(cm)$이므로 △PAO에서

$\overline{PA}=\sqrt{5^2-4^2}=\sqrt{9}=3(cm)$

$\therefore \overline{PB}=\overline{PA}=3$ cm

04 답 69°

$\overline{PA}=\overline{PB}$이므로 △PAB는 이등변삼각형이다.

$\therefore \angle PBA=\frac{1}{2}\times(180°-42°)=69°$

12 삼각형의 내접원
개념북 48쪽

◆확인 1◆ 답 (가) $\overline{AD}$ (나) 4 (다) 7 (라) $\overline{AF}$ (마) 4 (바) 6 (사) 13

$\overline{BD}=\overline{AB}-\boxed{\overline{AD}}=11-\boxed{4}=\boxed{7}$

$\therefore \overline{BE}=\overline{BD}=\boxed{7}$

또, $\overline{AF}=\overline{AD}=4$이므로

$\overline{CF}=\overline{AC}-\boxed{\overline{AF}}=10-\boxed{4}=\boxed{6}$

$\therefore \overline{CE}=\overline{CF}=\boxed{6}$

$\therefore \overline{BC}=\overline{BE}+\overline{CE}=\boxed{7}+\boxed{6}=\boxed{13}$

01 답 $x=4,\ y=7,\ z=5$

$\overline{AF}=\overline{AD}$이므로 $x=4$

$\overline{BE}=\overline{BD}$이므로 $y=7$

$\overline{CF}=\overline{CE}$이므로 $z=5$

02 답 5

$\overline{AD}=\overline{AF}=x$라고 하면

$\overline{BD}=\overline{BE}=9-x,\ \overline{CF}=\overline{CE}=14-x$

$\overline{BC}=\overline{BE}+\overline{CE}$이므로

$(9-x)+(14-x)=13,\ 2x=10$　　∴ $x=5$

03 답 2

$\triangle ABC$에서

$\overline{BC}=\sqrt{6^2+8^2}=\sqrt{100}=10$

원 O의 반지름의 길이를 r라고

하면

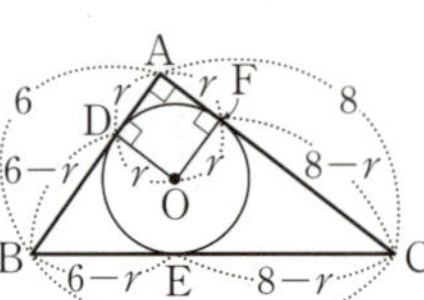

$\overline{AD}=\overline{AF}=r$

$\overline{BD}=\overline{BE}=6-r$

$\overline{CF}=\overline{CE}=8-r$

$\overline{BC}=\overline{BE}+\overline{CE}$이므로

$(6-r)+(8-r)=10,\ 2r=4$　　∴ $r=2$

| 다른 풀이 | $\triangle ABC$에서 $\overline{BC}=\sqrt{6^2+8^2}=10$

$\triangle ABC=\dfrac{1}{2}\times6\times8=24$

따라서 $\dfrac{1}{2}r(\overline{AB}+\overline{BC}+\overline{CA})=24$에서

$\dfrac{1}{2}r(6+10+8)=24$　　∴ $r=2$

04 답 60

$\overline{CF}=\overline{CE}=3,\ \overline{BE}=\overline{BD}=15-3=12$

$\overline{AD}=\overline{AF}=x$라고 하면

$\overline{AC}=x+3,\ \overline{AB}=x+12$

이므로 $\triangle ABC$에서

$(x+12)^2=(x+3)^2+15^2$

$x^2+24x+144=x^2+6x+234$

$18x=90$　　∴ $x=5$

따라서 $\overline{AC}=5+3=8$이므로

$\triangle ABC=\dfrac{1}{2}\times15\times8=60$

13 원에 외접하는 사각형　　　개념북 50쪽

◆확인 1◆　답 $\overline{AD}$, 8

$\overline{AB}+\overline{CD}=\boxed{\overline{AD}}+\overline{BC}$이고

$\overline{AB}=7,\ \overline{AD}=7,\ \overline{BC}=8$이므로

$7+\overline{CD}=7+8$　　∴ $\overline{CD}=\boxed{8}$

◆확인 2◆　답 19

$\overline{AB}+\overline{CD}=\overline{AD}+\overline{BC}$이므로

$15+17=13+x$　　∴ $x=19$

01 답 8 cm

$\overline{AB}+\overline{CD}=\overline{AD}+\overline{BC}$이므로

$8+(2+\overline{CG})=6+12$

∴ $\overline{CG}=8$ cm

02 답 4

$\overline{AB}+\overline{CD}=\overline{AD}+\overline{BC}$이므로

$(2x+1)+(3x-4)=(2x-1)+(x+6)$

$2x=8$

∴ $x=4$

03 답 12

$\overline{AB}+\overline{CD}=\overline{BC}+\overline{AD}$이므로

$(\overline{AE}+3)+(\overline{CG}+5)=8+12$

∴ $\overline{AE}+\overline{CG}=12$

04 답 48 cm²

$\overline{AB}=2\times3=6$(cm)

$\overline{AB}+\overline{CD}=\overline{AD}+\overline{BC}$이므로

$6+10=\overline{AD}+\overline{BC}$

∴ $\overline{AD}+\overline{BC}=16$ cm

∴ $\square ABCD=\dfrac{1}{2}\times(\overline{AD}+\overline{BC})\times\overline{AB}$

$=\dfrac{1}{2}\times16\times6=48$(cm²)

1 답 ②

$\triangle OAP$에서 $\overline{OP}=\overline{OQ}+\overline{PQ}=3+4=7$(cm)이므로

$\overline{AP}=\sqrt{(3+4)^2-3^2}=\sqrt{40}=2\sqrt{10}$(cm)

1-1 답 15 cm

$\overline{OA}=\overline{OC}=\overline{OB}=8$ cm이므로

$\overline{OP}=8+9=17$ (cm)

$\angle OAP=90°$이므로 $\triangle OAP$에서

$\overline{PA}=\sqrt{17^2-8^2}=\sqrt{225}=15$(cm)

1-2 답 9 cm

원 O의 반지름의 길이를 r cm라고 하면

$\overline{OT}=r$ cm, $\overline{OP}=(r+6)$ cm

$\triangle OPT$에서

$(r+6)^2=r^2+12^2,\ r^2+12r+36=r^2+144$

$12r=108$

∴ $r=9$

2 답 64°

$\overline{PA}=\overline{PB}$이므로 $\triangle PAB$는 이등변삼각형이다.

∴ $\angle PAB=\dfrac{1}{2}\times(180°-52°)=64°$

2-1 답 $60°$

$\square$APBO의 내각의 크기의 합은 $360°$이고
$\angle PAO = \angle PBO = 90°$이므로
$\angle APB = 360° - (90° + 120° + 90°) = 60°$

2-2 답 $4\sqrt{3}\ \text{cm}^2$

$\overline{PA} = \overline{PB}$이므로

$\angle PAB = \angle PBA = \dfrac{1}{2} \times (180° - 60°) = 60°$

즉, $\triangle APB$는 정삼각형이므로

$\triangle APB = \dfrac{\sqrt{3}}{4} \times 4^2 = 4\sqrt{3}\ (\text{cm}^2)$

| 다른 풀이 | $\triangle APB = \dfrac{1}{2} \times 4 \times 4 \times \sin 60°$

$= \dfrac{1}{2} \times 4 \times 4 \times \dfrac{\sqrt{3}}{2}$

$= 4\sqrt{3}\ (\text{cm}^2)$

3 답 $12\ \text{cm}$

$\overline{AE} = \overline{AF} = 6\ \text{cm}$
$\overline{BD} = \overline{BE}$, $\overline{CD} = \overline{CF}$이므로
$\overline{BC} = \overline{BD} + \overline{CD} = \overline{BE} + \overline{CF}$
따라서 $\triangle ABC$의 둘레의 길이는
$\overline{AB} + \overline{AC} + \overline{BC} = \overline{AB} + \overline{AC} + \overline{BE} + \overline{CF}$
$= (\overline{AB} + \overline{BE}) + (\overline{AC} + \overline{CF})$
$= \overline{AE} + \overline{AF}$
$= 6 + 6 = 12\ (\text{cm})$

3-1 답 $9\ \text{cm}$

$\overline{BD} = \overline{BE}$, $\overline{CD} = \overline{CF}$이므로
$\overline{BC} = \overline{BD} + \overline{CD} = \overline{BE} + \overline{CF}$
$\triangle ABC$의 둘레의 길이가 $18\ \text{cm}$이므로
$\overline{AB} + \overline{AC} + \overline{BC} = \overline{AB} + \overline{AC} + \overline{BE} + \overline{CF}$
$= (\overline{AB} + \overline{BE}) + (\overline{AC} + \overline{CF})$
$= \overline{AE} + \overline{AF} = 18\ (\text{cm})$
그런데 $\overline{AE} = \overline{AF}$이므로
$\overline{AE} = \dfrac{1}{2} \times 18 = 9\ (\text{cm})$

3-2 답 ③

$\triangle AOE$에서
$\overline{AE} = \sqrt{13^2 - 5^2} = \sqrt{144} = 12$
$\therefore\ \overline{AF} = \overline{AE} = 12$
$\overline{BD} = \overline{BE}$, $\overline{CD} = \overline{CF}$이므로 $\overline{BC} = \overline{BD} + \overline{CD} = \overline{BE} + \overline{CF}$
따라서 $\triangle ABC$의 둘레의 길이는
$\overline{AB} + \overline{AC} + \overline{BC} = \overline{AB} + \overline{AC} + \overline{BD} + \overline{CD}$
$= \overline{AB} + \overline{AC} + \overline{BE} + \overline{CF}$
$= (\overline{AB} + \overline{BE}) + (\overline{AC} + \overline{CF})$
$= \overline{AE} + \overline{AF}$
$= 12 + 12 = 24$

4 답 $2\sqrt{10}\ \text{cm}$

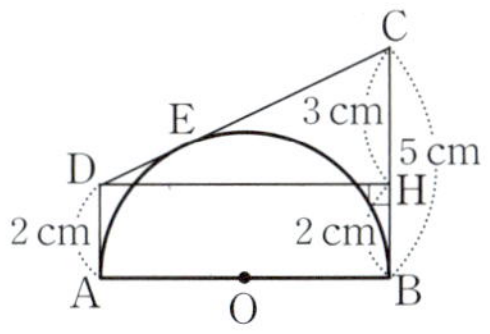

오른쪽 그림과 같이 점 D에서
$\overline{BC}$에 내린 수선의 발을 H라
고 하면
$\overline{CH} = 5 - 2 = 3\ (\text{cm})$
또, $\overline{DE} = \overline{DA}$, $\overline{CE} = \overline{CB}$이므로
$\overline{CD} = \overline{CE} + \overline{DE} = \overline{CB} + \overline{DA}$
$= 5 + 2 = 7\ (\text{cm})$
따라서 $\triangle CDH$에서 $\overline{DH} = \sqrt{7^2 - 3^2} = \sqrt{40} = 2\sqrt{10}\ (\text{cm})$이
므로 $\overline{AB} = \overline{DH} = 2\sqrt{10}\ \text{cm}$

4-1 답 $6\sqrt{3}\ \text{cm}$

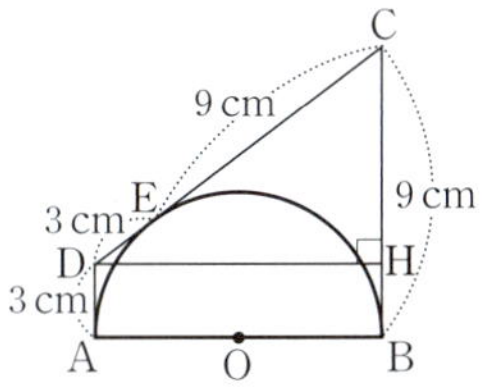

점 D에서 $\overline{BC}$에 내린 수선의
발을 H라고 하면
$\overline{CH} = 9 - 3 = 6\ (\text{cm})$
또, $\overline{DE} = \overline{DA}$, $\overline{CE} = \overline{CB}$이므로
$\overline{CD} = \overline{CE} + \overline{DE}$
$= \overline{CB} + \overline{DA}$
$= 9 + 3 = 12\ (\text{cm})$
따라서 $\triangle CDH$에서
$\overline{DH} = \sqrt{12^2 - 6^2} = \sqrt{108} = 6\sqrt{3}\ (\text{cm})$
$\therefore\ \overline{AB} = \overline{DH} = 6\sqrt{3}\ \text{cm}$

4-2 답 $10\ \text{cm}$

$\overline{DE} = \overline{DA}$, $\overline{CE} = \overline{CB}$이므로
$\overline{CD} = \overline{CE} + \overline{DE} = \overline{CB} + \overline{DA} = 6 + 4 = 10\ (\text{cm})$

5 답 ③

$\overline{BD} = \overline{BE} = 16\ \text{cm}$이므로
$\overline{AD} = 28 - 16 = 12\ (\text{cm})$
$\triangle AOD$는 직각삼각형이고 $\overline{OD} = 9\ \text{cm}$이므로
$\overline{AO} = \sqrt{12^2 + 9^2} = \sqrt{225} = 15\ (\text{cm})$
$\therefore\ \overline{AG} = \overline{AO} - \overline{GO} = 15 - 9 = 6\ (\text{cm})$

5-1 답 ③

$\overline{AD} = \overline{AF} = 3\ \text{cm}$, $\overline{CE} = \overline{CF} = 7 - 3 = 4\ (\text{cm})$이므로
$\overline{BE} = \overline{BD} = x\ \text{cm}$라고 하면
$\overline{AB} = (x + 3)\ \text{cm}$, $\overline{BC} = (x + 4)\ \text{cm}$
$\overline{AB} + \overline{BC} + \overline{CA} = 26\ \text{cm}$에서
$(x + 3) + (x + 4) + 7 = 26$
$2x = 12$
$\therefore\ x = 6$

5-2 답 8

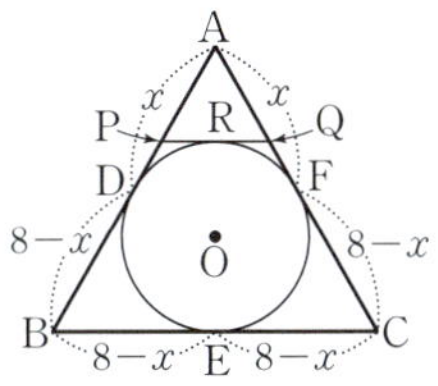

$\overline{AD} = \overline{AF} = x$라고 하면
$\overline{BD} = \overline{BE} = 8 - x$
$\overline{CF} = \overline{CE} = 8 - x$
$\overline{BC} = \overline{BE} + \overline{CE}$이므로
$(8 - x) + (8 - x) = 8$
$2x = 8$
$\therefore\ x = 4$

$\overline{PR}=\overline{PD}$, $\overline{QR}=\overline{QF}$이므로 $\triangle APQ$의 둘레의 길이는

$$\begin{aligned}
\overline{AP}+\overline{AQ}+\overline{PQ}&=\overline{AP}+\overline{AQ}+\overline{PR}+\overline{QR}\\
&=\overline{AP}+\overline{AQ}+\overline{PD}+\overline{QF}\\
&=(\overline{AP}+\overline{PD})+(\overline{AQ}+\overline{QF})\\
&=\overline{AD}+\overline{AF}\\
&=4+4=8
\end{aligned}$$

6 답 1

원 O의 반지름의 길이를 r라고 하면 $\square$ODBE는 정사각형이므로

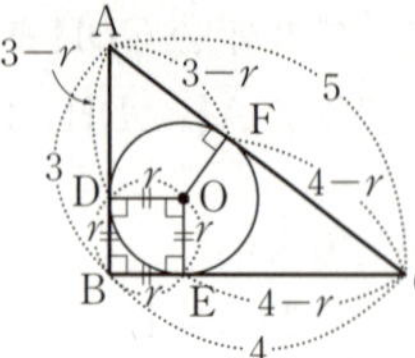

$\overline{BD}=\overline{BE}=r$

$\overline{AD}=\overline{AF}=3-r$

$\overline{CE}=\overline{CF}=4-r$

$\overline{AC}=\overline{AF}+\overline{CF}$이므로 $(3-r)+(4-r)=5$

$2r=2$

$\therefore r=1$

6-1 답 ①

$\overline{BD}=\overline{BE}=x$라고 하면

$\overline{AD}=\overline{AF}=2$, $\overline{CE}=\overline{CF}=3$이므로

$\overline{AB}=2+x$, $\overline{AC}=2+3=5$, $\overline{BC}=3+x$

따라서 $\triangle ABC$에서 $(2+x)^2+(3+x)^2=5^2$이므로

$x^2+5x-6=0$, $(x+6)(x-1)=0$

$\therefore x=1\ (\because x>0)$

6-2 답 30

$\overline{BD}=\overline{BE}=2$

$\overline{AD}=\overline{AF}=x$라고 하면

$\overline{AB}=x+2$

$\overline{CE}=\overline{CF}=13-x$

$\overline{BC}=2+(13-x)=15-x$

이므로 $\triangle ABC$에서

$(x+2)^2+(15-x)^2=13^2$

$x^2-13x+30=0$

$(x-3)(x-10)=0$

$\therefore x=3\ (\because \overline{AB}<\overline{BC})$

따라서 $\overline{AB}=3+2=5$, $\overline{BC}=15-3=12$이므로

$\triangle ABC$의 둘레의 길이는

$5+12+13=30$

7 답 ⑤

$\overline{AB}=2\times5=10$

$\overline{AB}+\overline{CD}=\overline{AD}+\overline{BC}$이므로

$10+14=\overline{AD}+16$

$\therefore \overline{AD}=8$

$\therefore \square ABCD=\dfrac{1}{2}\times(8+16)\times10=120$

| 다른 풀이 | $\overline{AB}=10$이므로 $\overline{AD}+\overline{BC}=\overline{AB}+\overline{CD}=10+14=24$

$\therefore \square ABCD=\dfrac{1}{2}\times24\times10=120$

7-1 답 224 cm²

$\overline{AB}=2\times7=14\text{(cm)}$

$\overline{AB}+\overline{CD}=\overline{AD}+\overline{BC}$이므로

$14+18=\overline{AD}+\overline{BC}$

$\therefore \overline{AD}+\overline{BC}=32\text{ cm}$

$$\begin{aligned}
\therefore \square ABCD&=\dfrac{1}{2}\times(\overline{AD}+\overline{BC})\times\overline{AB}\\
&=\dfrac{1}{2}\times32\times14\\
&=224(\text{cm}^2)
\end{aligned}$$

7-2 답 ④

$\overline{AE}=\overline{AF}=2$, $\overline{BF}=\overline{BG}=3$, $\overline{CG}=\overline{CH}=3$,

$\overline{DH}=\overline{DE}=4$

따라서 $\square ABCD$의 둘레의 길이는

$2\times(2+3+3+4)=24$

8 답 12

직각삼각형 EDC에서

$\overline{DC}=\sqrt{10^2-6^2}=\sqrt{64}=8$이므로 $\overline{AB}=\overline{DC}=8$

$\overline{BC}=x$라고 하면 $\overline{AE}=x-6$

$\square ABCE$가 원 O에 외접하므로

$\overline{AE}+\overline{BC}=\overline{AB}+\overline{EC}$

$(x-6)+x=8+10$

$2x=24$

$\therefore x=12$

8-1 답 5

$\overline{AE}=x$라고 하면 $\square AECD$가 원 O에 외접하므로

$\overline{AE}+\overline{CD}=\overline{AD}+\overline{EC}$

$x+4=6+\overline{EC}$

$\therefore \overline{EC}=x-2$

$\overline{BE}=\overline{BC}-\overline{EC}=6-(x-2)=8-x$이므로

직각삼각형 ABE에서

$(8-x)^2+4^2=x^2$

$16x=80$

$\therefore x=5$

8-2 답 1

$\overline{IE}=\overline{IF}=x$, $\overline{CF}=\overline{CG}=\dfrac{1}{2}\overline{DC}=\dfrac{1}{2}\times4=2$

$\overline{DH}=\overline{DG}=\dfrac{1}{2}\overline{DC}=\dfrac{1}{2}\times4=2$

$\triangle ABI$에서 $\overline{BI}=\sqrt{5^2-4^2}=\sqrt{9}=3$

$\therefore \overline{BC}=3+x+2=5+x$ ······ ㉠

$\overline{AE}=\overline{AH}=(5-x)$이므로

$\overline{AD}=(5-x)+2=7-x$ ······ ㉡

㉠, ㉡에서 $\overline{AD}=\overline{BC}$이므로

$7-x=5+x$, $2x=2$

$\therefore x=1$

단원 마무리 개념북 56~58쪽

01 ①	**02** 7	**03** ②	**04** 28π
05 $25\sqrt{3}\ \text{cm}^2$	**06** 12	**07** 12	**08** ②
09 ②	**10** 4	**11** $33\sqrt{2}\ \text{cm}^2$	**12** ②
13 4π	**14** 5	**15** ①	**16** 24	**17** 4
18 9π	**20** 2 cm		

01 $\overline{AB}=8+2=10$이므로 반원 O의 반지름의 길이는 5이다.
$\triangle OCD$에서 $\overline{OC}=5$, $\overline{OD}=5-2=3$
$\therefore \overline{CD}=\sqrt{5^2-3^2}=\sqrt{16}=4$

02 $\overline{OD}\perp\overline{AB}$이므로 점 D는 $\overline{AB}$의 중점이고, $\overline{OE}\perp\overline{AC}$이므로 점 E는 $\overline{AC}$의 중점이다.
따라서 $\triangle ABC$에서 삼각형의 두 변의 중점을 연결한 선분의 성질에 의하여
$\overline{DE}=\dfrac{1}{2}\overline{BC}=\dfrac{1}{2}\times14=7$

03 오른쪽 그림과 같이 점 A에서 $\overline{BC}$에 내린 수선의 발을 M이라고 하면
$\overline{BM}=\overline{CM}=\dfrac{1}{2}\overline{BC}$
$\qquad=\dfrac{1}{2}\times24=12$

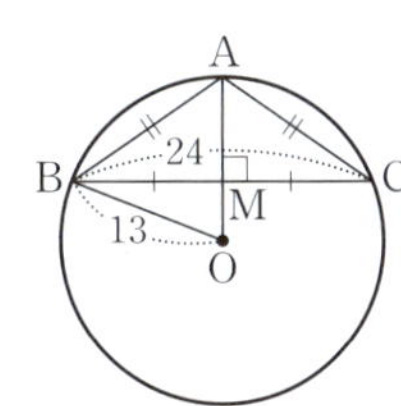

이때 $\overline{AM}$은 $\overline{BC}$의 수직이등분선이므로 $\overline{AM}$의 연장선은 원의 중심 O를 지난다.
$\triangle BOM$에서
$\overline{OM}=\sqrt{13^2-12^2}=\sqrt{25}=5$
$\therefore \overline{AM}=\overline{OA}-\overline{OM}=13-5=8$
따라서 $\triangle ABM$에서
$\overline{AB}=\sqrt{12^2+8^2}=\sqrt{208}=4\sqrt{13}$

04 $\overline{OH}$를 그으면 $\overline{OH}\perp\overline{AB}$이므로
$\overline{AH}=\dfrac{1}{2}\overline{AB}=\dfrac{1}{2}\times12=6$
$\triangle OAH$에서
$\overline{OH}=\sqrt{8^2-6^2}=\sqrt{28}=2\sqrt{7}$
따라서 작은 원의 넓이는
$\pi\times(2\sqrt{7})^2=28\pi$

05 오른쪽 그림과 같이 원의 중심 O에서 $\overline{AB}$에 내린 수선의 발을 M이라고 하면 $\triangle OAM$에서
$\overline{OA}=10\ \text{cm}$, $\overline{OM}=5\ \text{cm}$이므로
$\overline{AM}=\sqrt{10^2-5^2}=\sqrt{75}=5\sqrt{3}\,(\text{cm})$
$\therefore \overline{AB}=2\overline{AM}=2\times5\sqrt{3}=10\sqrt{3}\,(\text{cm})$
$\therefore \triangle OAB=\dfrac{1}{2}\times\overline{AB}\times\overline{OM}$
$\qquad=\dfrac{1}{2}\times10\sqrt{3}\times5=25\sqrt{3}\,(\text{cm}^2)$

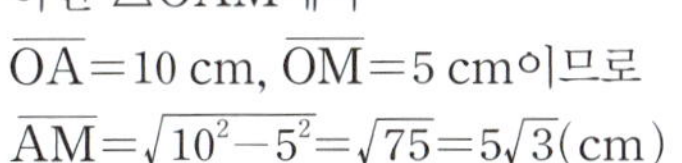

06 $\overline{OD}=\overline{OE}=\overline{OF}$이므로 $\overline{AB}=\overline{BC}=\overline{CA}$
즉, $\triangle ABC$는 한 변의 길이가 $12\sqrt{3}$인 정삼각형이므로 선분 OE의 연장선은 점 A와 만난다.
이때 $\overline{AE}$는 $\triangle ABC$의 높이이므로
$\overline{AE}=\dfrac{\sqrt{3}}{2}\times12\sqrt{3}=18$
또, 정삼각형에서 외심과 무게중심은 일치하므로 점 O는 $\triangle ABC$의 무게중심이다.
$\therefore \overline{AO}=\dfrac{2}{3}\overline{AE}=\dfrac{2}{3}\times18=12$

07 $\overline{OA}=5$이므로 $\triangle OAM$에서
$\overline{AM}=\sqrt{5^2-3^2}=\sqrt{16}=4$
$\therefore \overline{AB}=2\overline{AM}=2\times4=8$
또, $\overline{AB}=\overline{CD}$이므로 점 O에서 $\overline{CD}$에 내린 수선의 발을 N이라고 하면
$\overline{ON}=\overline{OM}=3$
$\therefore \triangle OCD=\dfrac{1}{2}\times8\times3=12$

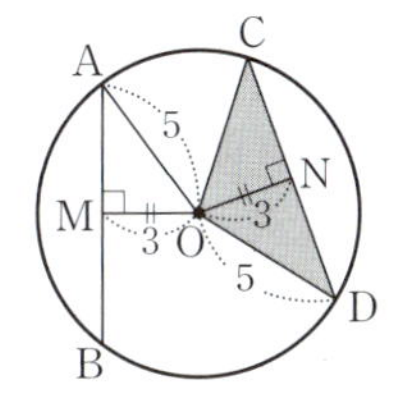

08 ② 원의 반지름과 수직이면서 원의 중심이 아닌 반지름의 끝점을 접점으로 가지는 직선이 원의 접선이다.

09 $\angle OAP=90°$, $\overline{PO}=8+5=13$이므로 $\triangle OAP$에서
$\overline{PA}=\sqrt{13^2-5^2}=\sqrt{144}=12$
$\therefore \overline{PB}=\overline{PA}=12$
따라서 $\square AOBP$의 둘레의 길이는
$5+5+12+12=34$

10 $\overline{AD}=\overline{AE}$, $\overline{CF}=\overline{CE}$이므로
$\overline{BD}+\overline{BF}=(\overline{BA}+\overline{AD})+(\overline{BC}+\overline{CF})$
$\qquad=(\overline{BA}+\overline{AE})+(\overline{BC}+\overline{CE})$
$\qquad=\overline{BA}+\overline{BC}+(\overline{AE}+\overline{CE})$
$\qquad=\overline{BA}+\overline{BC}+\overline{AC}$
$\qquad=11+9+6=26$
이때 $\overline{BD}=\overline{BF}$이므로
$\overline{BF}=\dfrac{1}{2}\times26=13$
$\therefore \overline{CF}=\overline{BF}-\overline{BC}=13-9=4$

11 오른쪽 그림과 같이 점 C에서 $\overline{DA}$에 내린 수선의 발을 F라고 하면
$\overline{DA}=\overline{DE}$, $\overline{CB}=\overline{CE}$
이므로 $\triangle DFC$에서
$\overline{DF}=\overline{DA}-\overline{FA}=\overline{DA}-\overline{CB}$
$\qquad=9-2=7\,(\text{cm})$

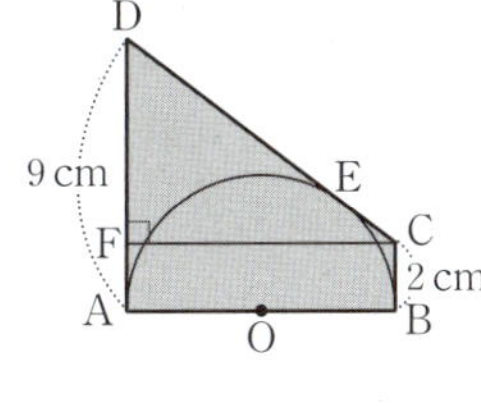

$\overline{DC}=\overline{DE}+\overline{EC}$
$\quad\ =\overline{DA}+\overline{CB}$
$\quad\ =9+2=11(\text{cm})$
$\therefore \overline{CF}=\sqrt{11^2-7^2}=\sqrt{72}=6\sqrt{2}(\text{cm})$
$\therefore \square ABCD=\dfrac{1}{2}\times(9+2)\times6\sqrt{2}=33\sqrt{2}(\text{cm}^2)$

12 $\overline{AD}=\overline{AF}=x$라고 하면 $\overline{BE}=\overline{BD}$, $\overline{CE}=\overline{CF}$이므로
$\overline{BD}+\overline{CF}+\overline{BC}=\overline{BE}+\overline{CE}+\overline{BC}$
$\qquad\qquad\qquad\quad=\overline{BC}+\overline{BC}$
$\qquad\qquad\qquad\quad=7+7=14$
따라서 △ABC의 둘레의 길이는
$\overline{AB}+\overline{BC}+\overline{CA}=\overline{AD}+\overline{AF}+(\overline{BD}+\overline{CF}+\overline{BC})$
$\qquad\qquad\qquad\qquad=2x+14=20$
$2x=6 \qquad \therefore x=3$

13 원 O의 반지름의 길이를 r라고 하면
$\overline{BD}=\overline{BE}=r$,
$\overline{AF}=\overline{AD}=6$,
$\overline{CF}=\overline{CE}=4$이므로
$\overline{AB}=6+r$,
$\overline{BC}=4+r$,
$\overline{AC}=6+4=10$
△ABC에서
$10^2=(6+r)^2+(4+r)^2$, $r^2+10r-24=0$
$(r-2)(r+12)=0 \qquad \therefore r=2\ (\because r>0)$
따라서 원 O의 둘레의 길이는
$2\pi\times2=4\pi$

14 $\square OFCG$는 정사각형이므로 $\overline{CG}=4$
$\overline{AB}+\overline{CD}=\overline{AD}+\overline{BC}$이므로
$9+(4+\overline{DG})=11+7$
$\therefore \overline{DG}=5$

15 $\square ABCD$가 원 O에 외접하므로
$\overline{AB}+\overline{CD}=\overline{AD}+\overline{BC}$
$12+12=8+\overline{BC}$
$\therefore \overline{BC}=16$
오른쪽 그림과 같이 두 점 A, D에서 $\overline{BC}$에 내린 수선의 발을 각각 E, F라고 하면
$\overline{BE}=\overline{CF}=\dfrac{1}{2}\times(16-8)=4$
이므로 △ABE에서
$\overline{AE}=\sqrt{12^2-4^2}=\sqrt{128}=8\sqrt{2}$

따라서 원 O의 반지름의 길이는 $\dfrac{1}{2}\times8\sqrt{2}=4\sqrt{2}$이므로 원 O의 넓이는
$\pi\times(4\sqrt{2})^2=32\pi$

16 $\overline{BF}\perp\overline{EC}$이므로 △BCF에서
$\overline{CF}=\sqrt{10^2-8^2}=\sqrt{36}=6$
$\overline{AE}=\overline{EF}=x$라고 하면
$\overline{DE}=10-x$
$\overline{CE}=6+x$
이므로 △CDE에서
$(6+x)^2=(10-x)^2+8^2$
$32x=128 \qquad \therefore x=4$
따라서 $\overline{CE}=6+4=10$, $\overline{DE}=10-4=6$이므로 △CDE의 둘레의 길이는
$10+6+8=24$

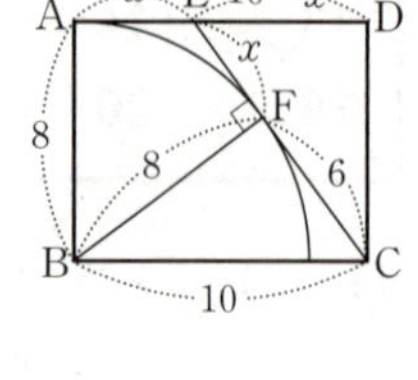

17 **1단계** △ABC의 둘레의 길이는 $\overline{AE}+\overline{AF}$의 값과 같다. 즉,
(△ABC의 둘레의 길이)
$=\overline{AB}+\overline{BC}+\overline{CA}$
$=5+6+7$
$=18$
이므로
$\overline{AE}+\overline{AF}=18$

2단계 원 O의 외부의 점 A에서 원 O에 그은 두 접선의 길이는 같으므로
$\overline{AE}=\overline{AF}$
$\therefore \overline{AE}=\dfrac{1}{2}\times18=9$

3단계 $\overline{BE}=\overline{AE}-\overline{AB}=9-5=4$이므로
$\overline{BD}=\overline{BE}=4$

18 △ABC에서
$\overline{AB}=\sqrt{17^2-15^2}=\sqrt{64}=8$ ┄┄┄┄ **❶**
원 O의 반지름의 길이를 r라고 하면
$\overline{AD}=\overline{AF}=r$
$\overline{CF}=\overline{CE}=15-r$
$\overline{BD}=\overline{BE}=8-r$
$\overline{BC}=\overline{BE}+\overline{CE}$이므로
$(8-r)+(15-r)=17$, $2r=6$
$\therefore r=3$ ┄┄┄┄ **❷**
따라서 원 O의 넓이는 $\pi\times3^2=9\pi$ ┄┄┄┄ **❸**

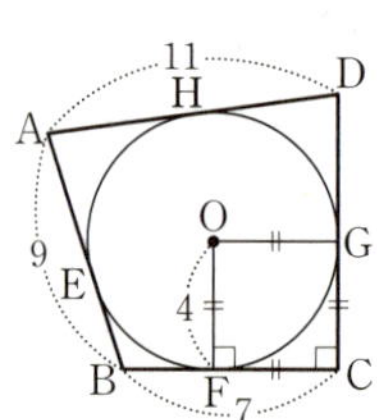

단계	채점 기준	비율
❶	$\overline{AB}$의 길이 구하기	30 %
❷	원 O의 반지름의 길이 구하기	50 %
❸	원 O의 넓이 구하기	20 %

19 $\overline{AH}=\overline{AE}=\dfrac{1}{2}\overline{AB}=\dfrac{1}{2}\times 8=4(cm)$ ················ ❶

$\overline{BF}=\overline{BE}=4$ cm이므로

$\overline{CG}=\overline{CF}=\overline{BC}-\overline{BF}=12-4=8(cm)$ ················ ❷

$\overline{HI}=\overline{GI}=x$ cm라고 하면

$\overline{CI}=(8+x)$ cm, $\overline{DI}=12-4-x=8-x(cm)$

이므로 △CDI에서

$(8+x)^2=(8-x)^2+8^2$

$x^2+16x+64=x^2-16x+128$

$32x=64$ $\quad\therefore x=2$

$\therefore \overline{HI}=2$ cm ················ ❸

단계	채점 기준	비율
❶	$\overline{AH}$의 길이 구하기	30 %
❷	$\overline{CG}$의 길이 구하기	20 %
❸	$\overline{HI}$의 길이 구하기	50 %

Ⅱ-2 | 원주각

1 원주각의 성질

14 원주각과 중심각 개념북 60쪽

✦확인 1✦ 답 (1) 65° (2) 60°

(1) $\angle x=\dfrac{1}{2}\angle AOB=\dfrac{1}{2}\times 130°=65°$

(2) $\angle x=\dfrac{1}{2}\angle AOB=\dfrac{1}{2}\times 120°=60°$

✦확인 2✦ 답 (1) 50° (2) 90°

(1) $\angle x=\angle BAC=50°$

(2) $\overline{AB}$는 원 O의 지름이므로 $\angle x=90°$

개념✦check 개념북 61쪽

01 답 (1) 160° (2) 64° (3) 25°

(1) $\angle x=2\angle APB=2\times 80°=160°$

(2) $\angle x=2\angle APB=2\times 32°=64°$

(3) $\angle x=\dfrac{1}{2}\angle AOB=\dfrac{1}{2}\times 50°=25°$

02 답 (1) 100° (2) 220°

(1) $\angle x=\dfrac{1}{2}\times 200°=100°$

(2) $\angle x=2\times 110°=220°$

03 답 (1) $\angle x=30°$, $\angle y=55°$ (2) $\angle x=60°$, $\angle y=42°$

(1) $\angle x=\angle BDC=30°$, $\angle y=\angle ABD=55°$

(2) $\angle x=\angle ABD=60°$, $\angle y=\angle BDC=42°$

04 답 (1) 35° (2) 62°

(1) $\angle APB=90°$이므로 $\angle x=90°-55°=35°$

(2) $\angle APB=90°$이므로 $\angle x=180°-(90°+28°)=62°$

15 원주각의 크기와 호의 길이 개념북 62쪽

✦확인 1✦ 답 (1) 27 (2) 6

(1) $\overparen{AB}=\overparen{CD}$이므로 $\angle CQD=\angle APB=27°$

$\therefore x=27$

(2) $\angle APB=\angle BPC$이므로 $\overparen{AB}=\overparen{BC}=6$

$\therefore x=6$

✦확인 2✦ 답 (1) ○ (2) ×

(1) $\angle BAC=\angle BCD=90°$이므로 네 점 A, B, C, D는 한 원 위에 있다.

개념 · check ————————————— 개념북 63쪽

01 답 (1) $\angle x=20°$, $\angle y=30°$　　(2) $\angle x=15°$, $\angle y=50°$
(1) $\angle x=\angle APB=20°$, $\angle y=\angle BRC=30°$
(2) $\angle x=\angle APB=15°$,
　　$\angle y=\angle BQC=\angle AQC-\angle AQB=65°-15°=50°$

02 답 (1) 19　　(2) 6
(1) $\overset{\frown}{AB}:\overset{\frown}{CD}=\angle APB:\angle CQD$이므로
　　$4:2=38°:\angle CQD$　　$\therefore \angle CQD=19°$
　　$\therefore x=19$
(2) $\overset{\frown}{AB}:\overset{\frown}{CD}=\angle ADB:\angle CBD$이므로
　　$18:\overset{\frown}{CD}=75°:25°$, $\overset{\frown}{CD}=6$ cm　　$\therefore x=6$

03 답 ㄱ, ㄹ
ㄱ. $\angle BAC=\angle BDC=64°$이므로 네 점 A, B, C, D는
　　한 원 위에 있다.
ㄹ. $\angle DAC=\angle DBC=40°$이므로 네 점 A, B, C, D는
　　한 원 위에 있다.
따라서 네 점 A, B, C, D가 한 원 위에 있는 것은 ㄱ,
ㄹ이다.

04 답 (1) 35°　　(2) 56°
(1) $\angle x=\angle BAC=35°$
(2) $\angle x=\angle ADB=56°$

유형 · check ————————————— 개념북 64~67쪽

1 답 ④
$\angle AOB=2\angle APB=2\times50°=100°$
이때 $\triangle OAB$는 $\overline{OA}=\overline{OB}$인 이등변삼각형이므로
$\angle x=\dfrac{1}{2}\times(180°-100°)=40°$

1-1 답 25°
오른쪽 그림과 같이 $\overline{OB}$를 그으면
$\angle AOB=2\angle APB$
　　　　$=2\times35°=70°$
$\angle BOC=\angle AOC-\angle AOB$
　　　　$=120°-70°=50°$
$\therefore \angle BQC=\dfrac{1}{2}\angle BOC$
　　　　　$=\dfrac{1}{2}\times50°=25°$

1-2 답 65°
오른쪽 그림과 같이 $\overline{OA}$, $\overline{OB}$를
그으면 $\square AOBP$에서
$\angle AOB$
$=360°-(90°+90°+50°)$
$=130°$
$\therefore \angle ACB=\dfrac{1}{2}\angle AOB=\dfrac{1}{2}\times130°=65°$

2 답 ④
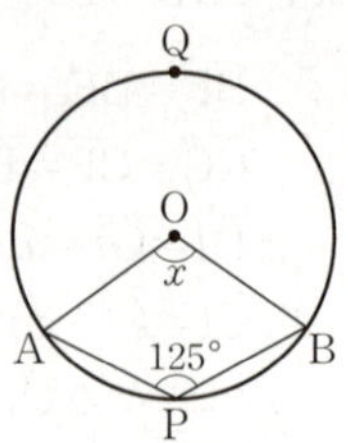
오른쪽 그림과 같이 원 O 위에 점 Q
를 잡으면 $\overset{\frown}{AQB}$의 중심각의 크기는
$2\angle APB=2\times125°=250°$
$\therefore \angle x=360°-250°=110°$

2-1 답 40°
$\angle AOB=360°-220°=140°$이므로
$\angle x=\dfrac{1}{2}\angle AOB=\dfrac{1}{2}\times140°=70°$
$\angle y=\dfrac{1}{2}\times220°=110°$
$\therefore \angle y-\angle x=110°-70°=40°$

2-2 답 60°
$\angle APB=\dfrac{1}{2}\times(360°-130°)=115°$
따라서 $\square OAPB$에서
$\angle x=360°-(130°+55°+115°)=60°$

3 답 60°
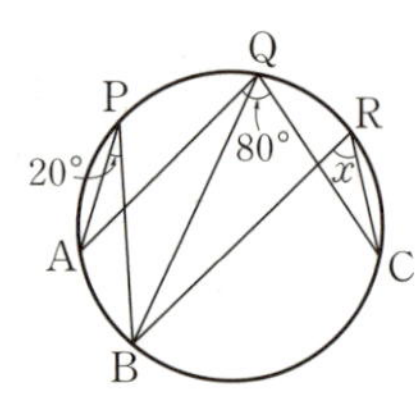
오른쪽 그림과 같이 $\overline{BQ}$를 그으면
$\angle AQB=\angle APB=20°$
$\angle BQC=\angle AQC-\angle AQB$
　　　$=80°-20°$
　　　$=60°$
$\therefore \angle x=\angle BQC=60°$

3-1 답 50°
$\angle PBQ=\angle PAQ=25°$
$\triangle QCB$에서
$75°=\angle x+25°$
$\therefore \angle x=50°$

3-2 답 74°
$\angle BCD=\angle BAD=36°$
따라서 $\triangle BCP$에서
$\angle ABC=36°+38°=74°$

4 답 65°
$\overline{AB}$는 원 O의 지름이므로 $\angle ADB=90°$
$\triangle ADB$에서 $\angle ABD=180°-(25°+90°)=65°$
$\therefore \angle x=\angle ABD=65°$

4-1 답 55°
오른쪽 그림과 같이 $\overline{AQ}$를 그으면
$\overline{AB}$는 원 O의 지름이므로
$\angle AQB=90°$
$\angle AQR=\angle APR=35°$
$\therefore \angle x=\angle AQB-\angle AQR$
　　　$=90°-35°$
　　　$=55°$

4-2 답 ②

오른쪽 그림과 같이 $\overline{AD}$를 그으면
$\overline{AB}$는 원 O의 지름이므로
$\angle ADB=90°$
$\triangle ADP$에서
$\angle PAD=180°-(90°+60°)$
$\qquad\quad=30°$
$\therefore \angle COD=2\angle CAD=2\times30°=60°$

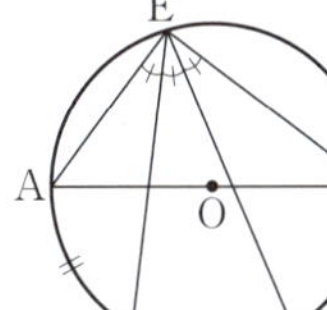

5 답 $74°$

$\overset{\frown}{AD}=\overset{\frown}{BC}$이므로
$\angle CAB=\angle ACD=37°$
따라서 $\triangle ACP$에서
$\angle CPB=37°+37°=74°$

5-1 답 $100°$

$\overset{\frown}{AB}=\overset{\frown}{BC}$이므로
$\angle BAC=\angle ADB=25°$
$\therefore \angle DAB=30°+25°=55°$
따라서 $\triangle ABD$에서
$\angle x=180°-(55°+25°)=100°$

5-2 답 ③

오른쪽 그림과 같이 $\overline{AE}$, $\overline{BE}$를 그
으면 $\overline{AB}$는 원 O의 지름이므로 반
원에 대한 원주각의 크기는 $90°$이
다.
즉, $\angle AEB=90°$
또, $\overset{\frown}{AC}=\overset{\frown}{CD}=\overset{\frown}{DB}$이므로
$\angle AEC=\angle CED=\angle DEB$
$\therefore \angle CED=\dfrac{1}{3}\angle AEB=\dfrac{1}{3}\times90°=30°$

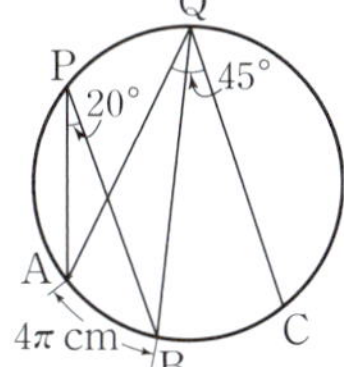

6 답 ④

$\overset{\frown}{AB}:\overset{\frown}{CD}=\angle AQB:\angle CPD$이므로
$x:12=30°:45°$ $\qquad \therefore x=8$

6-1 답 5π cm

오른쪽 그림과 같이 $\overline{BQ}$를 그으면
$\angle AQB=\angle APB=20°$이므로
$\angle BQC=\angle AQC-\angle AQB$
$\qquad\qquad=45°-20°$
$\qquad\qquad=25°$
$\overset{\frown}{AB}:\overset{\frown}{BC}=\angle APB:\angle BQC$이므로
$4\pi:\overset{\frown}{BC}=20°:25°$
$\therefore \overset{\frown}{BC}=5\pi$ cm

6-2 답 10 cm

$\triangle ACP$에서 $\angle ACP=60°-40°=20°$
$\overset{\frown}{AB}:\overset{\frown}{CD}=\angle ACB:\angle CAD$이므로
$\overset{\frown}{AB}:20=20°:40°$
$\therefore \overset{\frown}{AB}=10$ cm

7 답 $45°$

한 원에서 원주각의 크기와 호의 길이는 정비례하므로 $\overset{\frown}{BC}$
에 대한 원주각, 즉 $\angle A$의 크기가 가장 작다.
$\therefore \angle A=180°\times\dfrac{3}{5+3+4}$
$\qquad\quad=180°\times\dfrac{1}{4}=45°$

7-1 답 $60°$

$\angle C:\angle A:\angle B=\overset{\frown}{AB}:\overset{\frown}{BC}:\overset{\frown}{CA}=2:4:3$이므로
$\angle A=180°\times\dfrac{4}{9}=80°$
$\angle B=180°\times\dfrac{3}{9}=60°$
$\angle C=180°\times\dfrac{2}{9}=40°$
$\therefore \angle A-\angle B+\angle C=80°-60°+40°=60°$

7-2 답 $63°$

오른쪽 그림과 같이 $\overline{AD}$를 그으면
$\angle ADC=180°\times\dfrac{1}{10}=18°$
$\angle DAB=180°\times\dfrac{1}{4}=45°$
따라서 $\triangle APD$에서
$\angle APC=18°+45°=63°$

8 답 ④

① $\angle BAC=\angle BDC=40°$이므로 네 점 A, B, C, D는 한
원 위에 있다.
② $\angle ABD=\angle ACD=50°$이므로 네 점 A, B, C, D는
한 원 위에 있다.
③ $\triangle ACD$에서
$\angle DAC=180°-(55°+70°)=55°$
즉, $\angle DAC=\angle DBC$이므로 네 점 A, B, C, D는 한
원 위에 있다.
⑤ $\triangle DEC$에서
$\angle CDE=100°-75°=25°$
즉, $\angle BAC=\angle BDC$이므로 네 점 A, B, C, D는 한
원 위에 있다.

8-1 답 $105°$

네 점 A, B, C, D가 한 원 위에 있으므로
$\angle BAC=\angle BDC=50°$
따라서 $\triangle ABE$에서
$\angle BEC=55°+50°=105°$

8-2 답 $115°$

네 점 A, B, C, D가 한 원 위에 있으므로
$\angle PAC=\angle DBP=30°$
따라서 $\triangle ACP$에서
$\angle ACP=180°-(30°+35°)=115°$

2 원과 사각형

16 원과 사각형　　　　　　　개념북 68쪽

◆확인 1◆　답 (1) $\angle x=115°$, $\angle y=78°$　　(2) $\angle x=90°$, $\angle y=124°$

(1) $\angle A+\angle C=180°$이므로

　$\angle x+65°=180°$　　∴ $\angle x=115°$

　$\angle B+\angle D=180°$이므로

　$102°+\angle y=180°$　　∴ $\angle y=78°$

(2) $\angle x=\angle DCE=90°$

　$\angle y=\angle B=124°$

◆확인 2◆　답 (1) × 　(2) ○

개념 • check　　　　　　　　개념북 69쪽

01 답 (1) $\angle x=50°$, $\angle y=100°$　　(2) $\angle x=110°$, $\angle y=70°$

(1) $\angle ABC+\angle ADC=180°$이므로

　$(55°+30°)+(45°+\angle x)=180°$

　∴ $\angle x=50°$

　따라서 $\triangle BCD$에서

　$\angle y=180°-(30°+50°)=100°$

(2) $\triangle DBC$에서 $\angle y=180°-(50°+60°)=70°$

　$\angle A+\angle C=180°$이므로

　$\angle x+70°=180°$　　∴ $\angle x=110°$

02 답 (1) $\angle x=105°$, $\angle y=100°$　　(2) $\angle x=35°$, $\angle y=95°$

(1) $\angle B+\angle D=180°$이므로

　$\angle x+75°=180°$

　∴ $\angle x=105°$

　$\angle y=\angle DCE=100°$

(2) $\angle B+\angle D=180°$이므로

　$85°+\angle y=180°$

　∴ $\angle y=95°$

　$\triangle ABC$에서

　$\angle BAC=180°-(85°+50°)=45°$

　$\angle BAD=\angle DCE=80°$이므로

　$45°+\angle x=80°$

　∴ $\angle x=35°$

03 답 ㄴ, ㄷ

04 답 $\angle x=76°$, $\angle y=83°$

$\square ABCD$가 원에 내접하려면 $\angle A=\angle C=180°$이므로

　$\angle x+104°=180°$　　∴ $\angle x=76°$

　∴ $\angle y=\angle D=83°$

유형 • check　　　　　　　　개념북 70~71쪽

1 답 ④

$\angle A+\angle C=180°$이므로

$\angle A+105°=180°$

∴ $\angle A=75°$

따라서 $\triangle ABD$에서

$\angle x=180°-(75°+40°)=65°$

1-1 답 ②

$\triangle ACD$는 $\overline{AC}=\overline{AD}$인 이등변삼각형이므로

$\angle D=\dfrac{1}{2}\times(180°-40°)=70°$

$\angle B+\angle D=180°$이므로

$\angle x+70°=180°$

∴ $\angle x=110°$

1-2 답 80°

$\square ABCD$에서 $\angle BAD+\angle BCD=180°$이므로

$82°+(58°+\angle x)=180°$

∴ $\angle x=40°$

$\square ABCE$에서 $\angle BAE+\angle BCE=180°$이므로

$(82°+\angle y)+58°=180°$

∴ $\angle y=40°$

∴ $\angle x+\angle y=40°+40°=80°$

| 다른 풀이 | $\square ABCD$에서 $\angle BAD+\angle BCD=180°$이므로

$82°+(58°+\angle x)=180°$

∴ $\angle x=40°$

$\angle x$, $\angle y$는 $\overparen{ED}$에 대한 원주각이므로

$\angle y=\angle x=40°$

∴ $\angle x+\angle y=40°+40°=80°$

2 답 190°

$\angle D=\angle ABE=95°$

∴ $\angle x=2\angle D=2\times95°=190°$

2-1 답 70°

$\angle DCP=\angle A=80°$

따라서 $\triangle DCP$에서

$\angle x=180°-(80°+30°)=70°$

2-2 답 79°

$\angle BAD+\angle BCD=180°$이므로

$(38°+\angle x)+120°=180°$

∴ $\angle x=22°$

$\angle CBD=\angle CAD=22°$이므로 $\square ABCD$에서

$\angle y=\angle ABC=35°+22°=57°$

∴ $\angle x+\angle y=22°+57°=79°$

3 답 $\angle x=96°$, $\angle y=84°$

$\angle x=\angle BAF=96°$

$\angle FCD+\angle FED=180°$이므로

$96°+\angle y=180°$ $\quad\therefore \angle y=84°$

3-1 답 ④

$\angle CDE=\angle AFC$

$\qquad=180°-\angle ABC$

$\qquad=180°-87°$

$\qquad=93°$

3-2 답 $\angle x=96°$, $\angle y=168°$

$\angle CFE=\angle ABC=84°$

$\angle CFE+\angle CDE=180°$이므로

$84°+\angle x=180°$ $\quad\therefore \angle x=96°$

$\therefore \angle y=2\angle CFE=2\times84°=168°$

4 답 ②, ⑤

① $\angle B+\angle D=77°+103°=180°$이므로 □ABCD는 원에 내접한다.

② $\triangle ACD$에서 $\angle D=180°-(53°+52°)=75°$

$\qquad\therefore \angle B+\angle D=100°+75°=175°$

즉, □ABCD는 원에 내접하지 않는다.

③ $\triangle ABC$에서 $\angle BAC=180°-(70°+30°)=80°$이므로

$\angle BAC=\angle BDC$

즉, □ABCD는 원에 내접한다.

④ $\angle BAD=180°-95°=85°$

즉, $\angle BAD=\angle DCE$이므로 □ABCD는 원에 내접한다.

⑤ $\angle ABC\ne\angle ADE$

즉, □ABCD는 원에 내접하지 않는다.

따라서 원에 내접하지 않는 사각형은 ②, ⑤이다.

4-1 답 ③, ④

등변사다리꼴과 직사각형은 대각의 크기의 합이 $180°$이므로 항상 원에 내접한다.

4-2 답 ㄴ, ㄹ

ㄴ. $\angle BAD=110°$이면

$\angle BAD+\angle BCD=110°+70°=180°$

즉, □ABCD는 원에 내접한다.

ㄹ. $\angle EAD=70°$이면 $\angle BCD=\angle EAD$

즉, □ABCD는 원에 내접한다.

따라서 □ABCD가 원에 내접하기 위한 조건은 ㄴ, ㄹ이다.

---

3 원의 접선과 현이 이루는 각

17 원의 접선과 현이 이루는 각 개념북 72쪽

◆확인 1◆ 답 (1) $50°$ (2) $45°$

◆확인 2◆ 답 $\angle BTQ$, $\angle CTQ$, $\angle CDT$

개념 ◆ check 개념북 73쪽

01 답 (1) $\angle x=52°$, $\angle y=43°$ (2) $\angle x=90°$, $\angle y=55°$

(1) $\angle x=\angle ACB=52°$, $\angle y=\angle CAT=43°$

(2) $\overline{AC}$가 원의 O의 지름이므로

$\angle ABC=90°$

$\therefore \angle x=\angle ABC=90°$, $\angle y=\angle ACB=55°$

02 답 (1) $\angle x=85°$, $\angle y=65°$ (2) $\angle x=55°$, $\angle y=83°$

(1) $\angle x=\angle CAT=85°$

$\triangle ABC$에서 $\angle y=180°-(85°+30°)=65°$

(2) $\angle y=\angle BAT=83°$

$\triangle ABC$에서 $\angle x=180°-(42°+83°)=55°$

03 답 (1) $\angle x=65°$, $\angle y=50°$ (2) $\angle x=70°$, $\angle y=40°$

(1) $\angle x=\angle DTP=\angle BTQ=\angle BAT=65°$

$\angle y=\angle CTQ=\angle ATP=\angle ABT=50°$

(2) $\angle x=\angle ATP=\angle CTQ=\angle CDT=70°$

$\angle y=\angle DTP=\angle BTQ=\angle BAT=40°$

04 답 (1) $\angle x=60°$, $\angle y=60°$ (2) $\angle x=56°$, $\angle y=54°$

(1) $\triangle DCT$에서 $\angle x=\angle CDT=60°$

$\triangle ABT$에서 $\angle y=\angle BTQ=60°$

(2) $\triangle DCT$에서 $\angle x=\angle DTP=56°$

$\triangle ABT$에서 $\angle y=\angle BAT=54°$

유형 ◆ check 개념북 74~75쪽

1 답 ④

$\angle y=\dfrac{1}{2}\angle TOB=\dfrac{1}{2}\times110°=55°$

$\angle x=\angle BAT=55°$

$\therefore \angle x+\angle y=55°+55°=110°$

1-1 답 $65°$

$\angle ABT=\angle ATP=50°$

$\triangle ATB$에서 $\overline{AB}=\overline{BT}$이므로

$\angle x=\dfrac{1}{2}\times(180°-50°)=65°$

1-2 답 $60°$

$\angle x=\angle ACB$이고

$\angle ACB:\angle BAC:\angle ABC=\overset{\frown}{AB}:\overset{\frown}{BC}:\overset{\frown}{CA}$

$\qquad\qquad\qquad\qquad\qquad=3:4:2$

이므로 $\angle x=180°\times\dfrac{3}{3+4+2}=180°\times\dfrac{1}{3}=60°$

2 답 38°

$\angle DAB + \angle BCD = 180°$이므로

$100° + \angle BCD = 180°$ $\therefore \angle BCD = 80°$

$\angle DBC = \angle DCT = 62°$

따라서 $\triangle DBC$에서 $\angle x = 180° - (62° + 80°) = 38°$

2-1 답 120°

$\angle ADB = \angle BAT' = 56°$

$\triangle ABD$에서 $\angle DAB = 180° - (56° + 64°) = 60°$

$\square ABCD$가 원에 내접하므로

$\angle DCB + \angle DAB = 180°$, $\angle DCB + 60° = 180°$

$\therefore \angle DCB = 120°$

2-2 답 42°

$\angle PAB = \angle DCB = 98°$

$\angle ABP = \angle ADB = 40°$

따라서 $\triangle APB$에서 $\angle x = 180° - (98° + 40°) = 42°$

3 답 ③

오른쪽 그림과 같이 $\overline{AC}$를 그으

면 $\overline{BC}$는 원 O의 지름이므로

$\angle CAB = 90°$

또, $\angle CAP = \angle CBA = 32°$이

므로 $\triangle BPA$에서

$\angle x = 180° - \{(32° + 90°) + 32°\} = 26°$

3-1 답 44°

오른쪽 그림과 같이 $\overline{AD}$를 그으면

$\overline{BD}$는 원 O의 지름이므로

$\angle BAD = 90°$

$\therefore \angle DAC = 180° - (90° + 67°)$

$\qquad\qquad = 23°$

또, $\angle ABD = \angle DAC = 23°$이므로 $\triangle ABC$에서

$\angle x = 180° - \{(23° + 90°) + 23°\} = 44°$

3-2 답 25°

$\overline{AB}$는 원 O의 지름이므로 $\angle ATB = 90°$

또, $\angle ABT = \angle ATP = \angle x$이므로 $\triangle BPT$에서

$\angle x + 40° + (\angle x + 90°) = 180°$

$2\angle x = 50°$ $\therefore \angle x = 25°$

4 답 70°

$\angle DCT = \angle DTP = \angle BTQ = \angle BAT = 45°$

따라서 $\triangle CDT$에서

$\angle x = 180° - (65° + 45°) = 70°$

| 다른 풀이 |

$\angle BTQ = \angle BAT = 45°$

$\angle CTQ = \angle CDT = 65°$

$\therefore \angle x = 180° - (45° + 65°) = 70°$

4-1 답 $\angle x = 55°$, $\angle y = 75°$

$\triangle DTC$에서 $\angle x = \angle DTP = 55°$

$\triangle ATB$에서 $\angle ABT = \angle ATP = 55°$

$\therefore \angle y = 180° - (50° + 55°) = 75°$

4-2 답 16°

$\angle x = \angle APT = \angle BPT' = \angle BDP = 57°$

$\angle y = \angle DPT = \angle CPT' = \angle CAP = 73°$

$\therefore \angle y - \angle x = 73° - 57° = 16°$

<table>
<tr><td colspan="5">단원 마무리   개념북 76~78쪽</td></tr>
<tr><td>01 ⑤</td><td>02 20°</td><td>03 ②</td><td>04 30°</td><td>05 ①</td></tr>
<tr><td>06 57°</td><td>07 108°</td><td>08 ③</td><td>09 52.5°</td><td>10 9°</td></tr>
<tr><td>11 ㄱ, ㄴ, ㄹ</td><td colspan="2"></td><td>12 114°</td><td>13 45°</td></tr>
<tr><td></td><td></td><td></td><td></td><td>14 ②</td></tr>
<tr><td>15 ③</td><td>16 62°</td><td>17 26°</td><td colspan="2">18 $\dfrac{\sqrt{30}}{2}$ cm</td></tr>
<tr><td>19 100°</td><td colspan="4"></td></tr>
</table>

01 $\angle x = 2\angle AQB = 2 \times 52° = 104°$

$\angle y = \angle AQB = 52°$

$\therefore \angle x + \angle y = 104° + 52° = 156°$

02 $\angle x = \dfrac{1}{2}\angle AOB = \dfrac{1}{2} \times 160° = 80°$

$\overarc{APB}$의 중심각의 크기는 $360° - 160° = 200°$이므로

$\angle y = \dfrac{1}{2} \times 200° = 100°$

$\therefore \angle y - \angle x = 100° - 80° = 20°$

03 오른쪽 그림과 같이 $\overline{PB}$를 그으면

$\angle BPC = \angle BQC = 30°$이므로

$\angle APB = \angle APC - \angle BPC$

$\qquad\quad = 56° - 30° = 26°$

$\therefore \angle AOB = 2\angle APB$

$\qquad\qquad = 2 \times 26° = 52°$

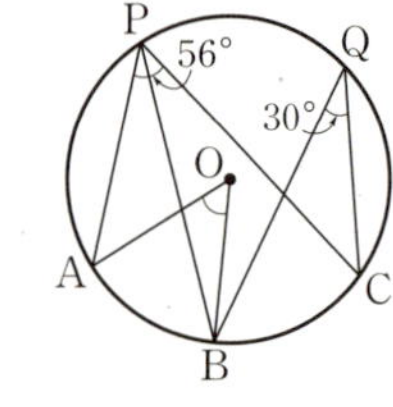

04 오른쪽 그림과 같이 $\overline{CB}$를 그으면

$\overline{AB}$가 원 O의 지름이므로

$\angle ACB = 90°$

$\angle ABC = \angle ADC = 60°$

따라서 $\triangle ABC$에서

$\angle BAC = 180° - (90° + 60°) = 30°$

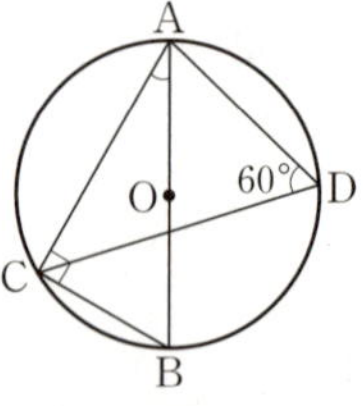

05 $\overline{AB}$가 원 O의 지름이므로
$\angle ACB=90°$
$\widehat{BC}=\widehat{CD}$이므로
$\angle BAC=\angle CBD=\angle x$
$\triangle ABC$에서
$\angle x+(30°+\angle x)+90°=180°$
$2\angle x=60°$ $\therefore \angle x=30°$

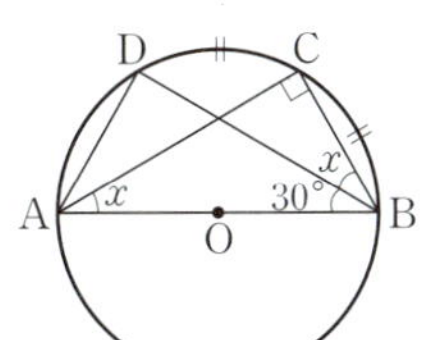

06 $\angle ADB : \angle DBC=\widehat{AB} : \widehat{CD}=3 : 1$이므로
$\angle DBC=\dfrac{1}{3}\angle ADB=\dfrac{1}{3}\angle x$
$\triangle DBP$에서 $\angle x=\dfrac{1}{3}\angle x+38°$, $\dfrac{2}{3}\angle x=38°$
$\therefore \angle x=57°$

07 $\widehat{AB} : \widehat{BC} : \widehat{CD} : \widehat{DA}=2 : 4 : 4 : 5$이므로
$\angle x=(\widehat{ADC}$에 대한 원주각$)$
$\qquad =180°\times\dfrac{4+5}{2+4+4+5}$
$\qquad =180°\times\dfrac{3}{5}=108°$

08 오른쪽 그림과 같이 $\overline{BD}$를 그으면
$\square ABDE$는 원 O에 내접하므로
$\angle BAE+\angle BDE=180°$
$85°+\angle BDE=180°$
$\therefore \angle BDE=95°$
따라서 $\angle BDC=140°-95°=45°$
이므로
$\angle BOC=2\angle BDC=2\times45°=90°$

09 $\square ABCD$가 원 O에 내접하므로
$\angle CDE=\angle ABC=\angle x$
$\triangle FBC$에서 $\angle FCE=25°+\angle x$
$\triangle DCE$에서
$\angle x+(25°+\angle x)+50°=180°$
$2\angle x=105°$ $\therefore \angle x=52.5°$

10 $\square PQCD$에서 $\angle PQB=\angle PDC=\angle x$
$\angle QPA=\angle QCD=\angle y$
$\square ABQP$에서 $\angle PAB+\angle PQB=180°$이므로
$75°+\angle x=180°$ $\therefore \angle x=105°$
$\angle QBA+\angle QPA=180°$이므로
$84°+\angle y=180°$ $\therefore \angle y=96°$
$\therefore \angle x-\angle y=105°-96°=9°$

11 ㄱ. $\angle BAC=90°-60°=30°$
　　$\therefore \angle BAC=\angle BDC=30°$
　　즉, $\square ABCD$는 원에 내접한다.

ㄴ. $\angle B+\angle D=90°+90°=180°$
　　즉, $\square ABCD$는 원에 내접한다.
ㄷ. $\angle DAB=180°-85°=95°$
　　$\therefore \angle DAB\neq\angle DCF$
　　즉, $\square ABCD$는 원에 내접하지 않는다.
ㄹ. $\triangle ACD$에서 $\angle D=180°-(43°+33°)=104°$
　　$\angle B+\angle D=76°+104°=180°$
　　즉, $\square ABCD$는 원에 내접한다.
따라서 원에 내접하는 사각형은 ㄱ, ㄴ, ㄹ이다.

12 $\triangle APT$에서 $\overline{AP}=\overline{AT}$이므로
$\angle ATP=\angle APT=22°$
$\therefore \angle BAT=22°+22°=44°$
$\angle ABT=\angle ATP=22°$이므로 $\triangle BAT$에서
$180°-(44°+22°)=114°$

13 $\square ABCD$가 원 O에 내접하므로
$\angle ABC+\angle ADC=180°$
$\angle ABC+135°=180°$
$\therefore \angle ABC=45°$
$\overline{BC}$가 원 O의 지름이므로 $\angle BAC=90°$
$\triangle ABC$에서
$\angle ACB=180°-(90°+45°)=45°$
$\therefore \angle x=\angle ACB=45°$

14 $\triangle DEF$에서 $\angle DFE=180°-(60°+45°)=75°$
$\overline{BE}$가 원 O의 접선이므로
$\angle DEB=\angle DFE=75°$
$\overline{BD}=\overline{BE}$이므로 $\angle BDE=\angle BED=75°$
따라서 $\triangle DBE$에서
$\angle B=180°-(75°+75°)=30°$

15 $\triangle ABD$는 이등변삼각형이므로
$\angle ABD=\angle x$
오른쪽 그림과 같이 $\overline{AC}$를 그으면
$\angle CAD=\angle ABC=\angle x$
이므로 $\triangle ACD$에서
$\angle ACB=\angle x+\angle x=2\angle x$
$\overline{BC}$는 원 O의 지름이므로 $\angle BAC=90°$
따라서 $\triangle ABC$에서
$90°+\angle x+2\angle x=180°$
$3\angle x=90°$ $\therefore \angle x=30°$

16 원 O′에서 $\angle DTP=\angle DCT$
$\square ABCD$는 원 O에 내접하므로
$\angle BAD=\angle DCT=62°$
$\therefore \angle DTP=\angle BAD=62°$

17 1단계 $\overset{\frown}{TC}=\overset{\frown}{CB}$이므로 $\angle CBT=\angle BTC=34°$

　　　　$\triangle BCT$에서

　　　　$\angle BCT=180°-(34°+34°)=112°$

　　2단계 $\square ATCB$가 원에 내접하므로

　　　　$\angle BAT+\angle BCT=180°$

　　　　$\angle BAT+112°=180°$

　　　　$\therefore \angle BAT=68°$

　　3단계 $\triangle APT$에서 $\angle BAT=\angle APT+\angle ATP$이므로

　　　　$68°=42°+\angle ATP$　　$\therefore \angle ATP=26°$

　　　　$\therefore \angle ABT=\angle ATP=26°$

18 오른쪽 그림과 같이 원의 중심 O를 지나는 $\overline{BD}$와 $\overline{CD}$를 그으면 $\angle BCD=90°$, $\angle A=\angle D$ 즉, $\triangle BCD$는 원 O에 내접하고 $\angle D=\angle A$인 직각삼각형이다. ──────── ❶

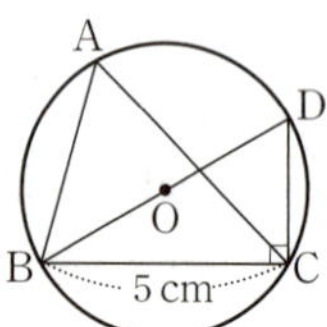

$\tan A=\tan D=\dfrac{\overline{BC}}{\overline{CD}}=\dfrac{5}{\overline{CD}}=\sqrt{5}$이므로

$\overline{CD}=\sqrt{5}\ \mathrm{cm}$ ──────── ❷

$\triangle BCD$에서 $\overline{BD}=\sqrt{5^2+(\sqrt{5})^2}=\sqrt{30}\,(\mathrm{cm})$

따라서 원 O의 반지름의 길이는

$\dfrac{1}{2}\overline{BD}=\dfrac{1}{2}\times\sqrt{30}=\dfrac{\sqrt{30}}{2}\,(\mathrm{cm})$ ──────── ❸

단계	채점 기준	비율
❶	직각삼각형 BCD 만들기	40 %
❷	$\overline{CD}$의 길이 구하기	30 %
❸	원 O의 반지름의 길이 구하기	30 %

19 $\angle ABC=\angle ADE$이므로

$\angle x+35°=60°$　　$\therefore \angle x=25°$ ──────── ❶

$\overline{BC}$는 원 O의 지름이므로

$\angle BDC=90°$

$\triangle BCD$에서 $\angle BCD=180°-(90°+35°)=55°$

$\square ABCD$에서 $\angle BAD+\angle BCD=180°$이므로

$\angle y+55°=180°$　　$\therefore \angle y=125°$ ──────── ❷

$\therefore \angle y-\angle x=125°-25°=100°$ ──────── ❸

단계	채점 기준	비율
❶	$\angle x$의 크기 구하기	40 %
❷	$\angle y$의 크기 구하기	50 %
❸	$\angle y-\angle x$의 값 구하기	10 %

Ⅲ | 통계

Ⅲ-1 | 대푯값과 산포도

1 대푯값과 산포도

18 대푯값
개념북 80쪽

◆확인 1◆ 답 8

$$(평균)=\frac{5+12+8+14+2+7}{6}=\frac{48}{6}=8$$

◆확인 2◆ 답 (1) 7　(2) 14

(1) 중앙값은 3번째 값인 7이다.

(2) 중앙값은 3번째와 4번째 값의 평균인

$$\frac{13+15}{2}=14이다.$$

◆확인 3◆ 답 (1) 4　(2) 13, 15

개념◆check
개념북 81쪽

01 답 (1) 5.8　(2) 13

(1) $(평균)=\dfrac{2+6+5+7+9}{5}=\dfrac{29}{5}=5.8$

(2) $(평균)=\dfrac{10+11+14+16+15+12}{6}=\dfrac{78}{6}=13$

02 답 (1) 15　(2) 24.5

(1) 변량을 작은 값부터 크기순으로 나열하면

　10, 10, 15, 15, 16, 17, 18

　이므로 중앙값은 4번째 값인 15이다.

(2) 변량을 작은 값부터 크기순으로 나열하면

　20, 20, 21, 24, 25, 26, 26, 28

　이므로 중앙값은 4번째와 5번째 값의 평균인

$$\frac{24+25}{2}=\frac{49}{2}=24.5이다.$$

03 답 (1) 5　(2) 10, 12, 21　(3) 없다.

(1) 변량을 작은 값부터 크기순으로 나열하면

　1, 3, 3, 4, 5, 5, 5, 8, 8

　이므로 최빈값은 5이다.

(2) 변량을 작은 값부터 크기순으로 나열하면

　10, 10, 12, 12, 13, 20, 21, 21

　이므로 최빈값은 10, 12, 21이다.

(3) 변량을 작은 값부터 크기순으로 나열하면

　3, 4, 6, 7, 8, 10, 17, 19

　이므로 최빈값은 없다.

04 답 평균: 44 kg, 중앙값: 43 kg, 최빈값: 40 kg

$$(평균)=\frac{40+46+38+52+40+48}{6}=\frac{264}{6}=44(\mathrm{kg})$$

몸무게를 작은 값부터 크기순으로 나열하면

38, 40, 40, 46, 48, 52

이므로 중앙값은 세 번째와 네 번째 값의 평균인

$$\frac{40+46}{2}=43(\mathrm{kg})이다.$$

또한, 최빈값은 가장 많이 나타나는 값이므로 40 kg이다.

19 산포도와 편차
개념북 82쪽

◆확인 1◆ 답 차례대로 1, −1, −3, 2, 3

각 변량의 편차는

13−12=1, 11−12=−1, 9−12=−3,

14−12=2, 15−12=3

◆확인 2◆ 답 0, 0, 0, 4

개념◆check
개념북 83쪽

01 답 (1) 차례대로 8, 7, 6, 10, 9

(2) 차례대로 13, 14, 15, 17, 18, 19

(1) 각 변량은

　0+8=8, −1+8=7, −2+8=6,

　2+8=10, 1+8=9

(2) 각 변량은

　−3+16=13, −2+16=14, −1+16=15,

　1+16=17, 2+16=18, 3+16=19

02 답 (1) 13시간

(2) 차례대로 −2시간, 0시간, 3시간, 1시간, −2시간

(1) $(평균)=\dfrac{11+13+16+14+11}{5}=\dfrac{65}{5}=13(시간)$

(2) 각 변량의 편차는

　11−13=−2(시간), 13−13=0(시간),

　16−13=3(시간), 14−13=1(시간),

　11−13=−2(시간)

03 답 (1) 차례대로 0, −1, 1, −3, 3

(2) 차례대로 −3, 1, −2, 2, −1, 3

(1) $(평균)=\dfrac{6+5+7+3+9}{5}=\dfrac{30}{5}=6$

　각 변량의 편차는

　6−6=0, 5−6=−1, 7−6=1,

　3−6=−3, 9−6=3

(2) $(평균)=\dfrac{12+16+13+17+14+18}{6}=\dfrac{90}{6}=15$

　각 변량의 편차는

　12−15=−3, 16−15=1, 13−15=−2,

　17−15=2, 14−15=−1, 18−15=3

04 답 (1) 1　(2) −3

(1) 편차의 총합은 항상 0이므로

　$3+(−2)+(−4)+x+2=0$

　$x−1=0$　∴ $x=1$

(2) 편차의 총합은 항상 0이므로

　$5+x+(−3)+2+(−4)+3=0$

　$x+3=0$　∴ $x=−3$

20 | 분산과 표준편차　　　개념북 84쪽

◆확인 1◆　🖎 $10, -4, 3, 0, -4, 3, 0, 50, 50, 10, \sqrt{10}$

개념·check　　　　　　　　　　　　개념북 85쪽

01 🖎 (1) 분산: 12, 표준편차: $2\sqrt{3}$　(2) 분산: 2, 표준편차: $\sqrt{2}$

(1) (분산)$=\dfrac{4^2+(-3)^2+(-5)^2+1^2+3^2}{5}=\dfrac{60}{5}=12$

(표준편차)$=\sqrt{12}=2\sqrt{3}$

(2) (분산)$=\dfrac{(-2)^2+0^2+(-1)^2+2^2+1^2}{5}=\dfrac{10}{5}=2$

(표준편차)$=\sqrt{2}$

02 🖎 (1) 분산: 5.2, 표준편차: $\sqrt{5.2}$　(2) 분산: 4, 표준편차: 2

(1) 편차의 총합은 항상 0이므로

$-3+x+2+3+0=0$

$x+2=0$　　$\therefore x=-2$

(분산)$=\dfrac{(-3)^2+(-2)^2+2^2+3^2+0^2}{5}$

$=\dfrac{26}{5}=5.2$

(표준편차)$=\sqrt{5.2}$

(2) 편차의 총합은 항상 0이므로

$2+1+(-2)+x+0+(-1)+(-3)=0$

$x-3=0$　　$\therefore x=3$

(분산)$=\dfrac{2^2+1^2+(-2)^2+3^2+0^2+(-1)^2+(-3)^2}{7}$

$=\dfrac{28}{7}=4$

(표준편차)$=\sqrt{4}=2$

03 🖎 (1) 70점　(2) 표 참조　(3) 8　(4) $2\sqrt{2}$ 점

(1) (평균)$=\dfrac{72+71+73+69+65}{5}=\dfrac{350}{5}=70$(점)

(2)

수학 성적(점)	72	71	73	69	65
편차 (점)	2	1	3	−1	−5
(편차)^2	4	1	9	1	25

(3) (분산)$=\dfrac{4+1+9+1+25}{5}=\dfrac{40}{5}=8$

(4) (표준편차)$=\sqrt{8}=2\sqrt{2}$(점)

04 🖎 $\dfrac{2\sqrt{15}}{3}$ 점

(평균)$=\dfrac{15+11+18+16+19+17}{6}$

$=\dfrac{96}{6}=16$(점)

이므로

(분산)$=\dfrac{(-1)^2+(-5)^2+2^2+0^2+3^2+1^2}{6}$

$=\dfrac{40}{6}=\dfrac{20}{3}$

$\therefore$ (표준편차)$=\sqrt{\dfrac{20}{3}}=\dfrac{2\sqrt{15}}{3}$(점)

21 | 도수분포표에서의 분산과 표준편차　개념북 86쪽

◆확인 1◆　🖎 표에서 왼쪽부터 135, 280, 1, 9, 1380 / 280, 14, 1380, 69, $\sqrt{69}$

개념·check　　　　　　　　　　　　개념북 87쪽

01 🖎 분산: 1.1, 표준편차: $\sqrt{1.1}$개

(평균)$=\dfrac{3\times1+4\times6+5\times7+6\times4+7\times2}{20}$

$=\dfrac{100}{20}=5$(개)

편차는 $-2, -1, 0, 1, 2$이므로

(분산)$=\dfrac{(-2)^2\times1+(-1)^2\times6+0^2\times7+1^2\times4+2^2\times2}{20}$

$=\dfrac{22}{20}=1.1$

(표준편차)$=\sqrt{1.1}$개

02 🖎 (1) 53 kg　(2) 표 참조　(3) 86　(4) $\sqrt{86}$ kg

(1) (평균)$=\dfrac{1060}{20}=53$(kg)

(2)

몸무게(kg)	도수 (명)	계급값 (kg)	(계급값) ×(도수)	편차 (kg)	(편차)^2 ×(도수)
30^{이상} ～ 40^{미만}	2	35	70	−18	648
40 ～ 50	5	45	225	−8	320
50 ～ 60	8	55	440	2	32
60 ～ 70	5	65	325	12	720
합계	20		1060		1720

(3) (분산)$=\dfrac{1720}{20}=86$

(4) (표준편차)$=\sqrt{86}$ kg

03 🖎 분산: 5.6, 표준편차: $\sqrt{5.6}$회

성공 횟수 (회)	도수 (명)	계급값 (회)	(계급값) ×(도수)	편차 (회)	(편차)^2 ×(도수)
2^{이상} ～ 4^{미만}	4	3	12	−4	64
4 ～ 6	6	5	30	−2	24
6 ～ 8	9	7	63	0	0
8 ～ 10	8	9	72	2	32
10 ～ 12	3	11	33	4	48
합계	30		210		168

(평균)$=\dfrac{210}{30}=7$(회)

(분산)$=\dfrac{168}{30}=5.6$

(표준편차)$=\sqrt{5.6}$회

유형·check　　　　　　　　　　　　개념북 88~91쪽

1 🖎 ③

a, b, c의 평균이 6이므로

$\dfrac{a+b+c}{3}=6$　　$\therefore a+b+c=18$

따라서 4, a, b, c, 13의 평균은
$$\frac{4+a+b+c+13}{5}=\frac{4+18+13}{5}=\frac{35}{5}=7$$

1-1 탑 13

x, y, z의 평균이 5이므로
$$\frac{x+y+z}{3}=5 \qquad \therefore x+y+z=15$$
따라서 $3x-2$, $3y-2$, $3z-2$의 평균은
$$\frac{(3x-2)+(3y-2)+(3z-2)}{3}$$
$$=\frac{3(x+y+z)-6}{3}$$
$$=\frac{3\times15-6}{3}=\frac{39}{3}=13$$

1-2 탑 64점

A반의 과학 성적의 총합은 $64\times30=1920$(점)
B반의 과학 성적의 총합은 $64\times25=1600$(점)
따라서 A반과 B반 학생 전체의 과학 성적의 평균은
$$\frac{1920+1600}{30+25}=\frac{3520}{55}=64(점)$$

2 탑 평균: 74회, 중앙값: 76회, 최빈값: 66회, 79회

$$(평균)=\frac{81+79+73+66+66+79}{6}=\frac{444}{6}=74(회)$$
변량을 작은 값부터 크기순으로 나열하면
66, 66, 73, 79, 79, 81
이므로 중앙값은 3번째와 4번째 값의 평균인
$$\frac{73+79}{2}=76(회)이다.$$
또한, 최빈값은 가장 많이 나타나는 값이므로 66회, 79회
이다.

2-1 탑 7

변량은 총 10개이므로
$$(평균)=\frac{7+6+8+3+7+9+8+5+7+10}{10}=\frac{70}{10}=7$$
$$\therefore a=7$$
변량을 작은 값부터 크기순으로 나열하면
3, 5, 6, 7, 7, 7, 8, 8, 9, 10
중앙값은 5번째와 6번째 값의 평균인 $\frac{7+7}{2}=7$이므로
$b=7$
최빈값은 가장 많이 나타나는 값이므로 7이다.
$$\therefore c=7$$
$$\therefore a-b+c=7-7+7=7$$

2-2 탑 중앙값: 27회, 최빈값: 26회

변량의 개수가 20개이므로 중앙값은 $10\left(=\frac{20}{2}\right)$번째와
$11\left(=\frac{20}{2}+1\right)$번째 값의 평균인 $\frac{26+28}{2}=27$(회)이고,
최빈값은 26회이다.

3 탑 7

x를 제외한 7개의 변량을 작은 값부터 크기순으로 나열하면
3, 6, 6, 9, 9, 10, 12
이때 중앙값이 8이므로 x는 6과 9 사이에 위치한다. 즉,
3, 6, 6, x, 9, 9, 10, 12
x를 포함한 전체 변량의 개수가 8개이고, 중앙값은 4번째
와 5번째 값의 평균이므로
$$\frac{x+9}{2}=8,\ x+9=16 \qquad \therefore x=7$$

3-1 탑 ②

8개의 변량의 평균이 4이므로
$$\frac{2+6+3+5+6+3+1+x}{8}=4,\ \frac{x+26}{8}=4$$
$$x+26=32 \qquad \therefore x=6$$
따라서 주어진 변량을 작은 값부터 크기순으로 나열하면
1, 2, 3, 3, 5, 6, 6, 6
이므로 중앙값은 4번째와 5번째 값의 평균인
$$\frac{3+5}{2}=4이다.$$

3-2 탑 45

x를 제외한 변량이 모두 다르므로 최빈값이 존재하려면 x
의 값이 나머지 변량 중 하나와 같아야 하고, 이때 최빈값
은 x가 되어야 한다.
평균과 최빈값이 같으므로
$$\frac{52+x+38+40+50+45}{6}=x,\ \frac{x+225}{6}=x$$
$$x+225=6x,\ 5x=225 \qquad \therefore x=45$$

4 탑 ⑤

$$(평균)=\frac{5+7+9+4+5+6}{6}=\frac{36}{6}=6(회)이므로 각 변량$$
의 편차를 차례대로 구하면 -1회, 1회, 3회, -2회, -1회,
0회이다.
따라서 편차가 될 수 없는 것은 ⑤이다.

4-1 탑 73점

편차의 총합은 항상 0이므로
$$-3+5+x+(-1)+2=0$$
$$x+3=0 \qquad \therefore x=-3$$
이때 (편차)$=$(변량)$-$(평균)에서
$$-3=(사회 성적)-76$$
$$\therefore (사회 성적)=-3+76=73(점)$$

4-2 탑 15권

편차의 총합은 항상 0이므로
$$-2+3+1+(-4)+x=0$$
$$x-2=0 \qquad \therefore x=2$$
따라서 책을 가장 많이 읽은 학생은 $12+3=15$(권)을 읽었
다.

5 탭 분산: 7, 표준편차: $\sqrt{7}$편

$$(\text{평균})=\frac{14+6+8+12+11+9}{6}=\frac{60}{6}=10(\text{편})\text{이므로}$$

$$(\text{분산})=\frac{4^2+(-4)^2+(-2)^2+2^2+1^2+(-1)^2}{6}$$

$$=\frac{42}{6}=7$$

$$(\text{표준편차})=\sqrt{7}\text{편}$$

5-1 탭 14

편차의 총합은 항상 0이므로

$$-5+6+(-1)+x+2=0$$

$$x+2=0 \qquad \therefore x=-2$$

$$\therefore (\text{분산})=\frac{(-5)^2+6^2+(-1)^2+(-2)^2+2^2}{5}$$

$$=\frac{70}{5}=14$$

5-2 탭 분산: $\frac{12}{7}$, 표준편차: $\frac{2\sqrt{21}}{7}$개

평균이 6개이므로

$$\frac{7+8+5+6+x+5+7}{7}=6, \quad \frac{38+x}{7}=6$$

$$38+x=42 \qquad \therefore x=4$$

$$\therefore (\text{분산})=\frac{1^2+2^2+(-1)^2+0^2+(-2)^2+(-1)^2+1^2}{7}$$

$$=\frac{12}{7}$$

$$(\text{표준편차})=\sqrt{\frac{12}{7}}=\frac{2\sqrt{21}}{7}(\text{개})$$

6 탭 ⑤

평균이 11이므로

$$\frac{8+x+12+10+y}{5}=11, \quad \frac{x+y+30}{5}=11$$

$$x+y+30=55 \qquad \therefore x+y=25 \qquad \cdots\cdots \text{㉠}$$

표준편차가 2이므로 분산은

$$\frac{(8-11)^2+(x-11)^2+(12-11)^2+(10-11)^2+(y-11)^2}{5}$$

$$=2^2$$

$$(x-11)^2+(y-11)^2+11=20$$

$$x^2+y^2-22(x+y)+253=20$$

$$x^2+y^2-22(x+y)=-233$$

$$x^2+y^2-22\times25=-233 \ (\because \text{㉠}) \qquad \therefore x^2+y^2=317$$

6-1 탭 60

평균이 4이므로

$$\frac{a+b+c}{3}=4 \qquad \therefore a+b+c=12 \qquad \cdots\cdots \text{㉠}$$

표준편차가 2이므로

$$(\text{분산})=\frac{(a-4)^2+(b-4)^2+(c-4)^2}{3}=2^2$$

$$(a-4)^2+(b-4)^2+(c-4)^2=12$$

$$a^2+b^2+c^2-8(a+b+c)+48=12$$

$$a^2+b^2+c^2-8\times12+48=12 \ (\because \text{㉠})$$

$$\therefore a^2+b^2+c^2=60$$

6-2 탭 ①

편차의 총합은 항상 0이므로

$$x+3+(-5)+y+(-3)=0$$

$$\therefore x+y=5 \qquad \cdots\cdots \text{㉠}$$

분산이 28이므로

$$\frac{x^2+3^2+(-5)^2+y^2+(-3)^2}{5}=28$$

$$x^2+y^2+43=140 \qquad \therefore x^2+y^2=97 \qquad \cdots\cdots \text{㉡}$$

$$(x+y)^2=x^2+y^2+2xy\text{이므로}$$

$$5^2=97+2xy \ (\because \text{㉠}, \text{㉡}) \qquad \therefore xy=-36$$

7 탭 ②

$$(\text{평균})=\frac{6\times3+7\times6+8\times12+9\times6+10\times3}{30}$$

$$=\frac{240}{30}=8(\text{점})$$

$$\therefore (\text{분산})=\frac{(-2)^2\times3+(-1)^2\times6+0^2\times12+1^2\times6+2^2\times3}{30}$$

$$=\frac{36}{30}=1.2$$

7-1 탭 120

개수(개)	도수 (명)	계급값 (개)	(계급값) ×(도수)	편차 (개)	(편차)² ×(도수)
$10^{\text{이상}} \sim 20^{\text{미만}}$	1	15	15	-20	400
$20 \sim 30$	6	25	150	-10	600
$30 \sim 40$	8	35	280	0	0
$40 \sim 50$	2	45	90	10	200
$50 \sim 60$	3	55	165	20	1200
합계	20		700		2400

$$(\text{평균})=\frac{700}{20}=35(\text{개})$$

$$\therefore (\text{분산})=\frac{2400}{20}=120$$

7-2 탭 $\sqrt{3.4}$시간

계급(시간)	도수 (명)	계급값 (시간)	(계급값) ×(도수)	편차 (시간)	(편차)² ×(도수)
$0^{\text{이상}} \sim 2^{\text{미만}}$	2	1	2	-3	18
$2 \sim 4$	2	3	6	-1	2
$4 \sim 6$	5	5	25	1	5
$6 \sim 8$	1	7	7	3	9
합계	10		40		34

$$(\text{평균})=\frac{40}{10}=4(\text{시간})$$

$$(\text{분산})=\frac{34}{10}=3.4$$

$$\therefore (\text{표준편차})=\sqrt{3.4}\text{시간}$$

8 차례로 D반, A반

성적이 가장 좋은 반은 평균이 가장 높은 반이고 성적이 가장 고른 반은 표준편차가 가장 작은 반이다.
평균이 가장 높은 반은 91점인 D반이고,
표준편차가 가장 작은 반은
A반: $2.5=\sqrt{6.25}$, B반: $3\sqrt{2}=\sqrt{18}$,
C반: $2\sqrt{3}=\sqrt{12}$, D반: $4=\sqrt{16}$
이므로 A반이다.

8-1 학생 D

수면 시간이 가장 규칙적인 학생은 수면 시간의 표준편차가 가장 작은 학생이므로 학생 D이다.

단원 마무리 　　　　　　개념북 92~94쪽

01 ④　　**02** ④

03 평균: 29회, 중앙값: 29회, 최빈값: 29회

04 16.5　**05** 평균: 8.1, 중앙값: 7.5　　**06** 7

07 ⑤　**08** ②　**09** ⑤　**10** -4　**11** 8

12 $\sqrt{149}$분　　**13** 5.6　**14** ⑤　**15** ②

16 남학생　　　**17** $c>b>a$　　**18** $\sqrt{14}$

---

01 ④ 편차의 절댓값이 작을수록 변량은 평균에 가깝다.

02 변량 a, b, c, d의 평균이 m이므로
$$\frac{a+b+c+d}{4}=m$$
$$\therefore a+b+c+d=4m$$
따라서 변량 $a-4$, $b+7$, $c+5$, $d+8$의 평균은
$$\frac{(a-4)+(b+7)+(c+5)+(d+8)}{4}$$
$$=\frac{a+b+c+d+16}{4}$$
$$=\frac{4m+16}{4}=m+4$$

03 (평균)
$$=\frac{12+40+22+35+16+43+26+29+38+29}{10}$$
$$=\frac{290}{10}=29(회)$$
변량을 작은 값부터 크기순으로 나열하면
12, 16, 22, 26, 29, 29, 35, 38, 40, 43이므로
중앙값은 5번째와 6번째 값의 평균인 $\frac{29+29}{2}=29$(회)이고, 최빈값은 가장 많이 나타난 29회이다.

04

횟수 (회)	6	7	⑧	⑨	10	11	12
학생 수 (명)	2	3	6	5	3	2	1

11번째 학생의 횟수　12번째 학생의 횟수

학생 22명의 턱걸이 횟수의 중앙값은 $11\left(=\dfrac{22}{2}\right)$번째와 $12\left(=\dfrac{22}{2}+1\right)$번째 학생의 턱걸이 횟수의 평균이므로
$$a=\frac{8+9}{2}=8.5$$
최빈값은 도수가 가장 클 때의 횟수이므로
$$b=8$$
$$\therefore a+b=8.5+8=16.5$$

05 최빈값이 7이므로 $x=7$
$$\therefore (평균)=\frac{7+6+11+8+7+8+7+9+13+5}{10}$$
$$=\frac{81}{10}=8.1$$
변량을 작은 값부터 크기순으로 나열하면
5, 6, 7, 7, 7, 8, 8, 9, 11, 13
따라서 중앙값은 5번째와 6번째 값의 평균이므로
$\frac{7+8}{2}=7.5$이다.

06 $(평균)=\dfrac{3+7+x+12+13+15}{6}=\dfrac{x+50}{6}$
$$(중앙값)=\frac{x+12}{2}$$
평균과 중앙값이 같으므로
$$\frac{x+50}{6}=\frac{x+12}{2},\ x+50=3(x+12)$$
$$x+50=3x+36,\ 2x=14$$
$$\therefore x=7$$

07 (편차)=(변량)−(평균)이므로 B상자에서
$-0.2=7.6-(평균)$ 　 $\therefore (평균)=7.8\ \text{kg}$
4개의 사과 상자의 평균이 $7.8\ \text{kg}$이므로
C상자에서 $z=8.1-7.8=0.3$
또, 편차의 총합은 항상 0이므로
$$y+(-0.2)+0.3+(-1.0)=0$$
$y-0.9=0$ 　 $\therefore y=0.9$
A상자에서 $0.9=x-7.8$ 　 $\therefore x=8.7$
$$\therefore x-y-z=8.7-0.9-0.3=7.5$$

08 ① 변량을 작은 값부터 크기순으로 나열하면
1, 2, 3, 4, 4, 5, 5, 7, 9, 10이므로 중앙값은
$$\frac{4+5}{2}=4.5$$
② 최빈값은 가장 많이 나타나는 값이므로 4, 5이다.

③ (평균)$=\dfrac{9+7+4+5+10+5+4+1+2+3}{10}$

$\qquad\quad=\dfrac{50}{10}=5$

④, ⑤

(분산)$=\dfrac{1}{10}\{4^2+2^2+(-1)^2+0^2+5^2+0^2+(-1)^2$

$\qquad\qquad\qquad\qquad\qquad+(-4)^2+(-3)^2+(-2)^2\}$

$\qquad\quad=\dfrac{76}{10}=7.6$

$\therefore$ (표준편차)$=\sqrt{7.6}$

09 (평균)$=\dfrac{(a-4)+(a+2)+(a+1)+(a-2)+(a+4)+(a-1)}{6}$

$\qquad\quad=\dfrac{6a}{6}=a$

$\therefore$ (분산)$=\dfrac{(-4)^2+2^2+1^2+(-2)^2+4^2+(-1)^2}{6}$

$\qquad\qquad\quad=\dfrac{42}{6}=7$

10 편차의 총합은 항상 0이므로

$x+2+(-4)+y+1=0$

$x+y-1=0 \quad \therefore x+y=1 \qquad\cdots\cdots\ \bigcirc$

(분산)$=\dfrac{x^2+2^2+(-4)^2+y^2+1^2}{5}=(\sqrt{6})^2$

$x^2+y^2+21=30 \quad \therefore x^2+y^2=9 \qquad\cdots\cdots\ \bigcirc$

$(x+y)^2=x^2+y^2+2xy$이므로

$1^2=9+2xy\ (\because\ \bigcirc,\ \bigcirc) \qquad \therefore xy=-4$

11 $a,\ b,\ c,\ d,\ e$의 평균이 5이므로

$\dfrac{a+b+c+d+e}{5}=5$

$\therefore a+b+c+d+e=25 \qquad\qquad\cdots\cdots\ \bigcirc$

$2a+1,\ 2b+1,\ 2c+1,\ 2d+1,\ 2e+1$의 평균은

$\dfrac{(2a+1)+(2b+1)+(2c+1)+(2d+1)+(2e+1)}{5}$

$=\dfrac{2(a+b+c+d+e)+5}{5}\ (\because\ \bigcirc)$

$=\dfrac{2\times25+5}{5}=\dfrac{55}{5}=11$

$a,\ b,\ c,\ d,\ e$의 분산이 2이므로

$\dfrac{(a-5)^2+(b-5)^2+(c-5)^2+(d-5)^2+(e-5)^2}{5}=2$

$\qquad\qquad\qquad\qquad\qquad\qquad\cdots\cdots\ \bigcirc$

따라서 $2a+1,\ 2b+1,\ 2c+1,\ 2d+1,\ 2e+1$의 분산은

$\dfrac{(2a-10)^2+(2b-10)^2+(2c-10)^2+(2d-10)^2+(2e-10)^2}{5}$

$=\dfrac{4\{(a-5)^2+(b-5)^2+(c-5)^2+(d-5)^2+(e-5)^2\}}{5}$

$=4\times2\ (\because\ \bigcirc)$

$=8$

12 도수의 총합이 10명이므로

$2+x+4+2+1=10 \quad \therefore x=1$

운동 시간 (분)	도수 (명)	계급값 (분)	(계급값) ×(도수)	편차 (분)	(편차)^2 ×(도수)
10^{이상} ~ 20^{미만}	2	15	30	-19	722
20 ~ 30	1	25	25	-9	81
30 ~ 40	4	35	140	1	4
40 ~ 50	2	45	90	11	242
50 ~ 60	1	55	55	21	441
합계	10		340		1490

(평균)$=\dfrac{340}{10}=34$(분)

(분산)$=\dfrac{1490}{10}=149$

$\therefore$ (표준편차)$=\sqrt{149}$분

13 도수의 총합이 20명이므로

$2+5+a+3+b=20$

$\therefore a+b=10 \qquad\cdots\cdots\ \bigcirc$

평균이 6권이므로

$\dfrac{2\times2+4\times5+6\times a+8\times3+10\times b}{20}=6$

$6a+10b+48=120,\ 6a+10b=72$

$\therefore 3a+5b=36 \qquad\cdots\cdots\ \bigcirc$

$\bigcirc,\ \bigcirc$을 연립하여 풀면

$a=7,\ b=3$

책의 수 (권)	도수 (명)	계급값 (권)	편차 (권)	(편차)^2 ×(도수)
1^{이상} ~ 3^{미만}	2	2	-4	32
3 ~ 5	5	4	-2	20
5 ~ 7	7	6	0	0
7 ~ 9	3	8	2	12
9 ~ 11	3	10	4	48
합계	20			112

$\therefore$ (분산)$=\dfrac{112}{20}=5.6$

14

봉사 활동 시간 (시간)	도수 (명)	계급값 (시간)	(계급값) ×(도수)	편차 (시간)	(편차)^2 ×(도수)
0^{이상} ~ 10^{미만}	3	5	15	-17	867
10 ~ 20	6	15	90	-7	294
20 ~ 30	6	25	150	3	54
30 ~ 40	4	35	140	13	676
40 ~ 50	1	45	45	23	529
합계	20		440		2420

(평균)$=\dfrac{440}{20}=22$(시간)

(분산)$=\dfrac{2420}{20}=121$

$\therefore$ (표준편차)$=\sqrt{121}=11$(시간)

15 각 자료의 평균을 구하면

① $\dfrac{3+5+3+4+5+4}{6}=\dfrac{24}{6}=4$

② $\dfrac{2+2+4+4+6+6}{6}=\dfrac{24}{6}=4$

③ $\dfrac{4+4+4+4+4+4}{6}=\dfrac{24}{6}=4$

④ $\dfrac{3+5+3+5+3+5}{6}=\dfrac{24}{6}=4$

⑤ $\dfrac{2+2+2+4+4+4}{6}=\dfrac{18}{6}=3$

따라서 표준편차가 가장 큰 것, 즉 변량들이 평균으로부터 흩어진 정도가 가장 심한 것은 ②이다.

16 **1단계** 남학생 점수의 평균은

$$\dfrac{3\times3+5\times6+7\times9+9\times2}{20}=\dfrac{120}{20}=6(점)$$

남학생 점수의 분산은

$$\dfrac{(-3)^2\times3+(-1)^2\times6+1^2\times9+3^2\times2}{20}$$

$$=\dfrac{60}{20}=3$$

2단계 여학생 점수의 평균은

$$\dfrac{3\times5+5\times6+7\times3+9\times6}{20}=\dfrac{120}{20}=6(점)$$

여학생 점수의 분산은

$$\dfrac{(-3)^2\times5+(-1)^2\times6+1^2\times3+3^2\times6}{20}$$

$$=\dfrac{108}{20}=5.4$$

3단계 분산이 작을수록 분포가 더 고르므로 남학생의 점수 분포가 더 고르다.

17 $(평균)=\dfrac{14+12+16+15+15+13+15+14+11+15}{10}$

$$=\dfrac{140}{10}=14(개)$$

$\therefore a=14$ ····· ❶

변량을 작은 값부터 크기순으로 나열하면

11, 12, 13, 14, 14, 15, 15, 15, 15, 16

중앙값은 5번째와 6번째 값의 평균이므로

$$\dfrac{14+15}{2}=14.5(개)$$

$\therefore b=14.5$ ····· ❷

최빈값은 가장 많이 나타나는 값이므로 15개이다.

$\therefore c=15$ ····· ❸

$\therefore c>b>a$ ····· ❹

단계	채점 기준	비율
❶	a의 값 구하기	30 %
❷	b의 값 구하기	30 %
❸	c의 값 구하기	30 %
❹	a, b, c의 대소 비교하기	10 %

18 a, 3, b, 6, c, 6의 평균이 4이므로

$$\dfrac{a+3+b+6+c+6}{6}=4$$

$a+b+c+15=24$ $\quad\therefore a+b+c=9$ ······ ㉠ ····· ❶

a, 3, b, 6, c, 6의 표준편차가 3이므로 분산은

$$\dfrac{(a-4)^2+(3-4)^2+(b-4)^2+(6-4)^2+(c-4)^2+(6-4)^2}{6}$$

$$=3^2$$

$(a-4)^2+(b-4)^2+(c-4)^2+9=54$

$a^2+b^2+c^2-8(a+b+c)+57=54$

위의 식에 ㉠을 대입하면

$a^2+b^2+c^2-8\times9+57=54$

$\therefore a^2+b^2+c^2=69$ ····· ❷

a, b, c의 평균은

$$\dfrac{a+b+c}{3}=\dfrac{9}{3}=3$$

이므로 a, b, c의 분산은

$$\dfrac{(a-3)^2+(b-3)^2+(c-3)^2}{3}$$

$$=\dfrac{a^2+b^2+c^2-6(a+b+c)+27}{3}$$

$$=\dfrac{69-6\times9+27}{3}\ (\because ㉠)$$

$$=14$$

$\therefore (표준편차)=\sqrt{14}$ ····· ❸

단계	채점 기준	비율
❶	$a+b+c$의 값 구하기	20 %
❷	$a^2+b^2+c^2$의 값 구하기	30 %
❸	a, b, c의 표준편차 구하기	50 %

Ⅲ-2 │ 상관관계

1 상관관계

22 산점도
개념북 96쪽

+확인 1+ 답 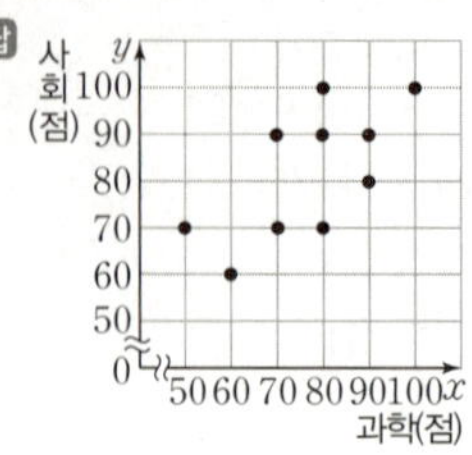

개념북 97쪽

01 답 (1) 턱걸이 횟수, 몸무게 (2) 5, 64 (3) 감소

02 답 (1) 1차: 9점, 2차: 8점 (2) B, E (3) A
(2) 대각선 위에 있는 학생이므로 B, E이다.
(3) 2차의 점수가 1차의 점수보다 높은 학생은 대각선의 위쪽에 있는 학생이므로 A이다.

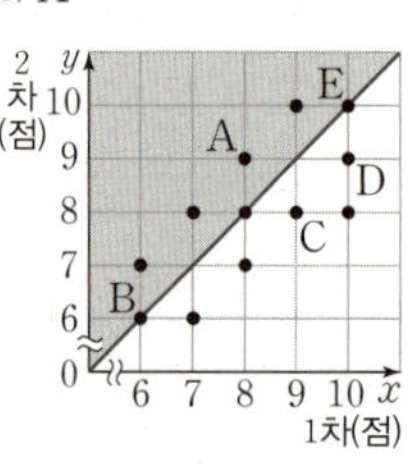

03 답 (1) 4명 (2) 4명 (3) 7명 (4) 5명
(1) 대각선 위에 있는 점의 개수와 같으므로 4명이다.
(2) 대각선의 아래쪽에 있는 점의 개수와 같으므로 4명이다.
(3) 수학 성적이 70점인 직선의 왼쪽에 있는 점의 개수와 같으므로 7명이다.
(4) 국어 성적이 90점인 직선과 그 위쪽에 있는 점의 개수와 같으므로 5명이다.

23 상관관계
개념북 98쪽

+확인 1+ 답 (1) 양의 상관관계, (3) 음의 상관관계

+확인 2+ 답 (1) ㄱ (2) ㄷ (3) ㄴ

개념북 99쪽

01 답 (1) ㄴ (2) ㄱ (3) ㄷ
(1) 교통량이 증가할수록 대기 오염도도 대체로 증가하므로 양의 상관관계가 있다.
(2) 손의 크기와 지능 지수 사이에는 상관관계가 없다.
(3) 물건의 공급량이 증가할수록 가격은 대체로 감소하므로 음의 상관관계가 있다.

02 답 ④
일조량이 증가할수록 과일의 당도는 대체로 증가하므로 양의 상관관계가 있다.

03 답 (1) B (2) D (3) 양의 상관관계

개념북 100~101쪽

1 답 10명
과학 성적과 수학 성적이 다른 학생 수는 대각선의 위에 있는 점이 아닌 점의 개수와 같으므로 10명이다.

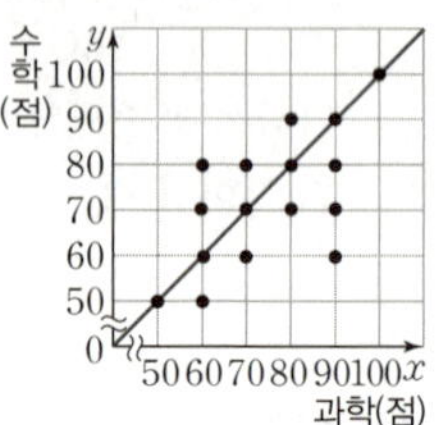

1-1 답 35 %
학습 시간보다 TV 시청 시간이 더 긴 학생은 대각선의 아래쪽에 있는 학생이므로 7명이다.
$$\therefore \frac{7}{20} \times 100 = 35(\%)$$

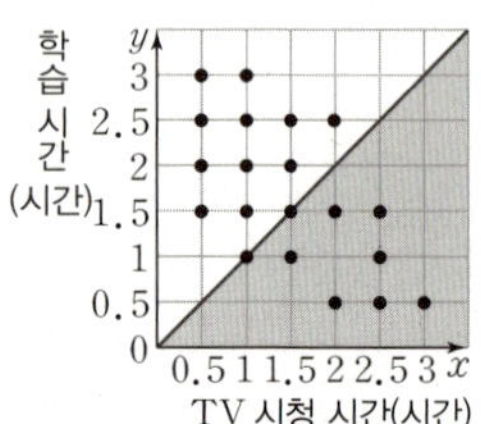

2 답 3명
1차와 2차의 점수가 모두 9점인 두 직선으로 나누어지는 네 영역 중 경계를 포함하고 색칠한 부분에 있는 점의 개수와 같으므로 3명이다.

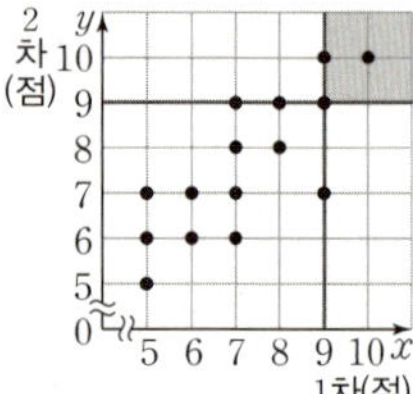

2-1 답 85점
기말고사 국어 성적이 80점인 직선의 경계를 포함하고 그 위쪽에 있는 학생들이다. 즉, 기말고사 국어 성적이 80점 이상인 학생의 중간고사 국어 성적을 표로 나타내면 다음과 같다.

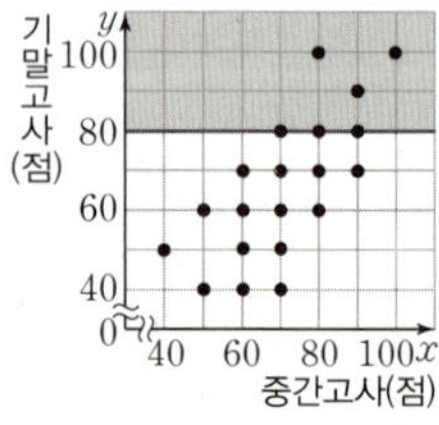

중간고사(점)	70	80	90	100	합계
학생 수(명)	1	2	2	1	6

$$\therefore \text{(평균)} = \frac{70 \times 1 + 80 \times 2 + 90 \times 2 + 100 \times 1}{6}$$
$$= \frac{510}{6} = 85(\text{점})$$

2-2 답 4명
음악 성적과 미술 성적의 평균이 55점 이하인 학생은 음악 성적과 미술 성적의 합이 110점 이하인 학생이다. 따라서 오른쪽 아래로 향하는 직선($x+y=110$)과 색칠한 부분에 속하는 점의 개수와 같으므로 4명이다.

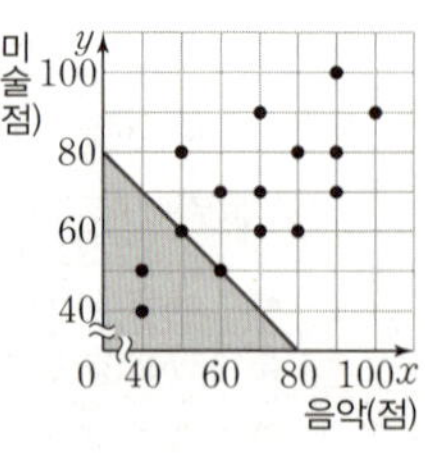

3 답 ①

대각선에서 멀리 떨어져 있을수록 두 과목 성적의 차가 크
므로 두 과목의 성적의 차가 가장 큰 학생은 A이다.

| 참고 | 오른쪽 위를 향하는 대각선을
기준선이라고 하면

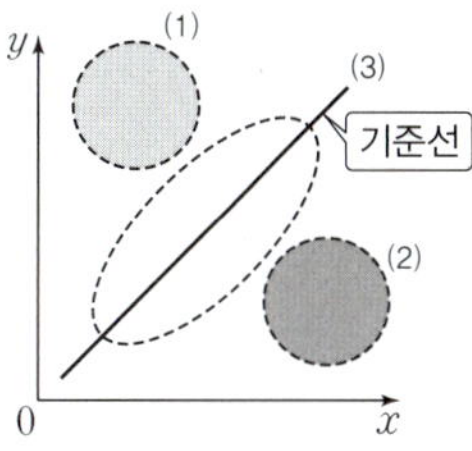

(1) 기준선 위쪽: x축 변량의 값에 비해
  y축의 변량의 값이 더 크다.
(2) 기준선 아래쪽: y축 변량의 값에 비
  해 x축의 변량이 값이 더 크다.
(3) 기준선 또는 기준선 근처: 두 변량의
  값이 같거나 비슷하다. (단, 변량의
  범위가 같은 경우)

3-1 답 ㄴ, ㄷ

ㄱ. A는 중간고사와 기말고사 성적이 높은 편이다.
따라서 옳은 것은 ㄴ, ㄷ이다.

4 답 ②

② 낮의 길이가 길어질수록 밤의 길이는 짧아지므로 음의
  상관관계가 있다.

4-1 답 ③

③ 여름철 기온이 올라 갈수록 빙과류 판매량은 대체로 증
  가하므로 양의 상관관계가 있다.

4-2 답 ②

주어진 그림은 음의 상관관계를 나타낸 산점도이다.
①, ④, ⑤ 양의 상관관계   ③ 상관관계가 없다.

단원 마무리 개념북 102~103쪽

01 30 % **02** 7명 **03** 7명 **04** C **05** ③

06 ③ **07** 74 **08** 7.25시간

09 (1) 풀이 참조 (2) 양의 상관 관계 (3) 3명

---

01 1학기와 2학기 도서관 이용 횟수
가 같은 학생은 대각선 위에 있는
학생이므로 6명이다.

$$\therefore \frac{6}{20} \times 100 = 30(\%)$$

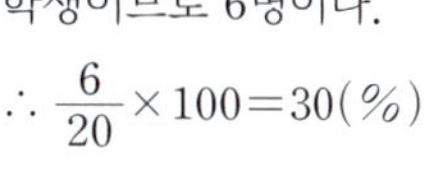

02 대각선의 위, 아래로 1칸 떨어진
곳에 있는 점의 개수와 같으므로
7명이다.

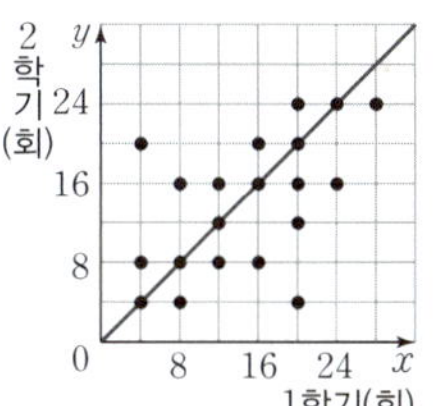

03 오른쪽 아래로 향하는 직선
$(x+y=80)$과 색칠한 부분에 속
하는 점의 개수와 같으므로 7명이
다.

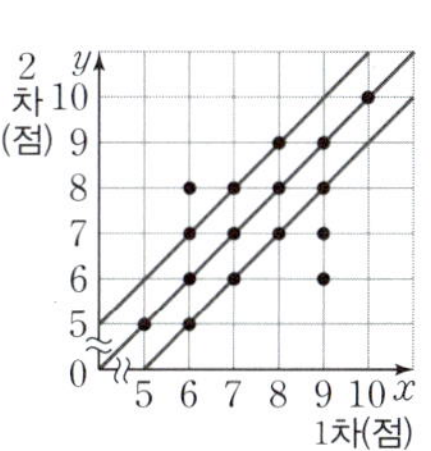

04 대각선을 기준으로 위쪽에서 멀리 떨어질수록 월급에 비해
서 저축을 상대적으로 많이 하므로 C이다.

05 ①, ②, ④ 양의 상관관계
⑤ 음의 상관관계
따라서 두 변량 사이에 상관관계가 없는 것은 ③이다.

06 ① A는 영어 성적은 낮은 편이나 수학 성적은 높은 편이
  다.
② B는 영어 성적보다 수학 성적이 더 높은 편이다.
④ D는 E보다 영어와 수학 성적 모두 낮은 편이다.
⑤ 수학 성적과 영어 성적 사이에는 양의 상관관계가 있다.

07 1단계 6등인 학생은 두 과
목의 성적의 합이
높은 순서대로 6번
째인 학생이다.
오른쪽 그림에서 6
등인 학생의 과학
성적은 80점, 사회
성적은 60점이므로 두 과목의 평균은

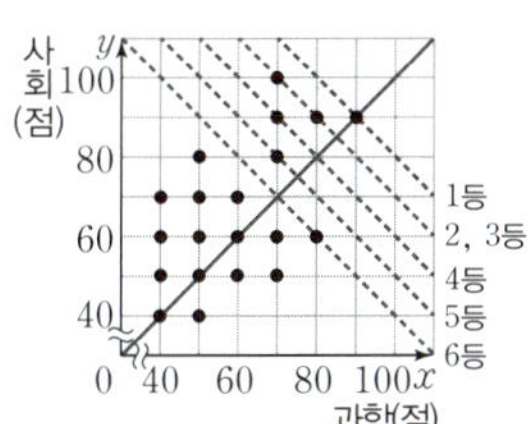

$$\frac{80+60}{2} = 70(점)$$

$$\therefore a = 70$$

2단계 과학 성적과 사회 성적이 같은 학생 수는 대각선
위에 있는 점의 개수와 같으므로 4명이다.

$$\therefore b = 4$$

3단계 $\therefore a + b = 70 + 4 = 74$

08 1학기와 2학기 봉사 활동 시간의
차가 2시간 이상인 학생들은 대
각선의 위, 아래로 2칸 이상 떨
어진 곳에 있는 학생들이다. ··· ❶
1학기와 2학기 봉사 활동 시간의
차가 2시간 이상인 학생들의 2학
기 봉사 활동 시간을 표로 나타내면 다음과 같다.

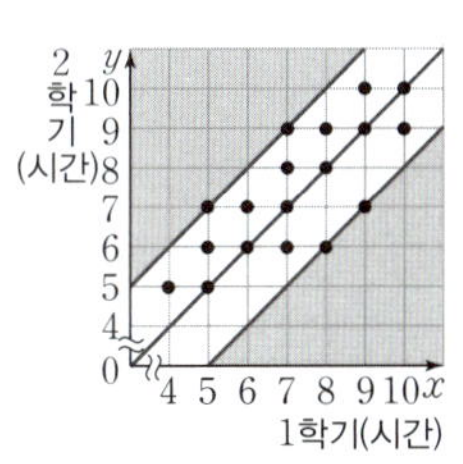

2학기(시간)	6	7	8	9	10	합계
학생 수(명)	1	2	0	1	0	4

$$\therefore (평균) = \frac{6 \times 1 + 7 \times 2 + 9 \times 1}{4}$$

$$= \frac{29}{4} = 7.25(시간) \quad \cdots ❷$$

단계	채점 기준	비율
❶	1학기와 2학기 봉사 활동 시간의 차가 2시간 이상인 학생들 찾기	50 %
❷	1학기와 2학기 봉사 활동 시간의 차가 2시간 이상인 학생들의 2학기 봉사 활동 시간의 평균 구하기	50 %

09 (1)

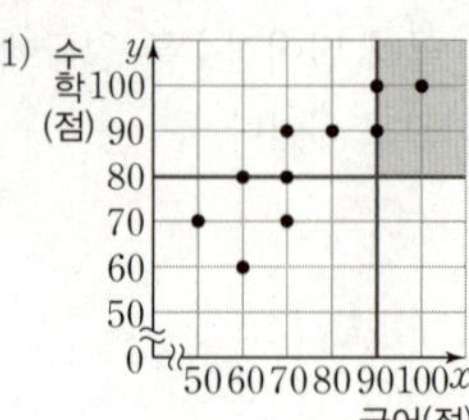

······················· ❶

(2) 국어 성적이 높을수록 수학 성적도 대체로 높아지므로
양의 상관관계에 있다. ······························ ❷

(3) 국어 성적이 90점인 직선과 수학 성적이 80점인 직선으
로 나누어지는 네 영역 중 경계를 포함하고 색칠한 부분
에 있는 점의 개수와 같으므로 3명이다. ··············· ❸

단계	채점 기준	비율
❶	산점도 그리기	40 %
❷	상관관계 파악하기	30 %
❸	국어 성적은 90점 이상이고 수학 성적은 80점 이상인 학생 수 구하기	30 %

풍산자 개념완성

정답과 해설

—— 워크북 ——

중학수학 3-2

I | 삼각비

I-1 | 삼각비

1 삼각비의 뜻과 값

01 삼각비의 뜻
워크북 2~4쪽

01 답 ⑤

$\overline{BC}=\sqrt{3^2-1^2}=\sqrt{8}=2\sqrt{2}$

① $\sin A=\dfrac{2\sqrt{2}}{3}$ ② $\sin B=\dfrac{1}{3}$

③ $\cos A=\dfrac{1}{3}$ ④ $\cos B=\dfrac{2\sqrt{2}}{3}$

02 답 ②

$\cos A=\dfrac{b}{c}$

① $\sin A=\dfrac{a}{c}$ ② $\sin B=\dfrac{b}{c}$

③ $\cos B=\dfrac{a}{c}$ ④ $\tan A=\dfrac{a}{b}$

⑤ $\tan B=\dfrac{b}{a}$

따라서 $\cos A$와 같은 값을 갖는 삼각비는 ② $\sin B$이다.

03 답 $\dfrac{\sqrt{5}}{3}$

$\overline{AC}=\sqrt{(\sqrt{5})^2+2^2}=\sqrt{9}=3$이므로

$\sin A=\dfrac{2}{3}$, $\tan C=\dfrac{\sqrt{5}}{2}$

$\therefore \sin A \times \tan C=\dfrac{2}{3}\times\dfrac{\sqrt{5}}{2}=\dfrac{\sqrt{5}}{3}$

04 답 $2\sqrt{7}$ cm

$\sin B=\dfrac{\overline{AC}}{\overline{BC}}=\dfrac{6}{\overline{BC}}=\dfrac{3}{4}$ $\therefore \overline{BC}=8$ cm

$\therefore \overline{AB}=\sqrt{8^2-6^2}=\sqrt{28}=2\sqrt{7}$(cm)

05 답 8

$\cos C=\dfrac{\overline{BC}}{\overline{AC}}=\dfrac{y}{4}=\dfrac{1}{2}$ $\therefore y=2$

$\therefore x=\overline{AB}=\sqrt{4^2-2^2}=\sqrt{12}=2\sqrt{3}$

$\therefore \sqrt{3}x+y=\sqrt{3}\times2\sqrt{3}+2=6+2=8$

06 답 ④

$\tan B=\dfrac{\overline{AC}}{\overline{AB}}=1$이므로 $\overline{AB}=\overline{AC}$

이때 $\overline{BC}=12$이므로

$\overline{BC}=\sqrt{\overline{AB}^2+\overline{AC}^2}=\sqrt{2\overline{AB}^2}=\sqrt{2}\times\overline{AB}=12$

$\therefore \overline{AB}=\dfrac{12}{\sqrt{2}}=6\sqrt{2}$

$\therefore \overline{AB}+\overline{AC}=6\sqrt{2}+6\sqrt{2}=12\sqrt{2}$

07 답 $4\sqrt{5}$

$\cos A=\dfrac{\overline{AC}}{\overline{AB}}=\dfrac{\overline{AC}}{6}=\dfrac{2}{3}$이므로 $\overline{AC}=4$

$\therefore \overline{BC}=\sqrt{6^2-4^2}=\sqrt{20}=2\sqrt{5}$

$\therefore \triangle ABC=\dfrac{1}{2}\times\overline{BC}\times\overline{AC}=\dfrac{1}{2}\times2\sqrt{5}\times4=4\sqrt{5}$

08 답 ②

$\sin B=\dfrac{2\sqrt{6}}{7}$이므로 오른쪽 그림과 같이 $\angle A=90°$, $\overline{AC}=2\sqrt{6}$, $\overline{BC}=7$인 직각삼각형 ABC에서

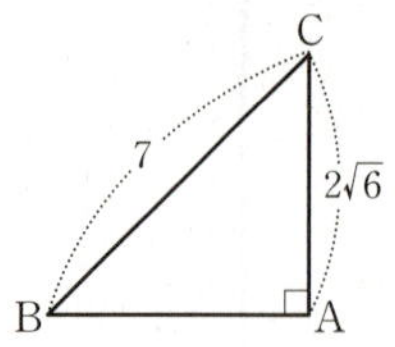

$\overline{AB}=\sqrt{7^2-(2\sqrt{6})^2}=\sqrt{25}=5$

$\therefore \cos B=\dfrac{5}{7}$

09 답 $\dfrac{10\sqrt{2}}{3}$

$\cos A=\dfrac{1}{3}$이므로 오른쪽 그림과 같이 $\angle B=90°$, $\overline{AB}=1$, $\overline{AC}=3$인 직각삼각형 ABC에서

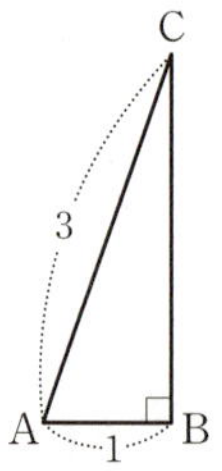

$\overline{BC}=\sqrt{3^2-1^2}=\sqrt{8}=2\sqrt{2}$

따라서

$\sin A=\dfrac{2\sqrt{2}}{3}$, $\cos C=\dfrac{2\sqrt{2}}{3}$, $\tan A=2\sqrt{2}$

이므로

$\sin A+\cos C+\tan A=\dfrac{2\sqrt{2}}{3}+\dfrac{2\sqrt{2}}{3}+2\sqrt{2}$

$=\dfrac{10\sqrt{2}}{3}$

10 답 ⑤

$\tan B=\dfrac{8}{15}$이므로 오른쪽 그림과 같이 $\angle C=90°$, $\overline{AC}=8$, $\overline{BC}=15$인 직각삼각형 ABC에서

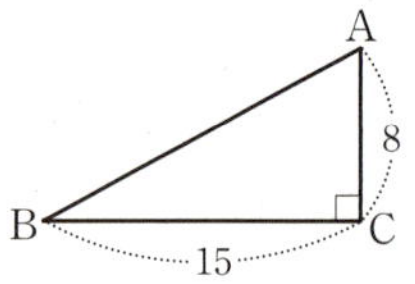

$\overline{AB}=\sqrt{15^2+8^2}=\sqrt{289}=17$

① $\sin B=\dfrac{8}{17}$ ② $\cos B=\dfrac{15}{17}$

③ $\sin A=\dfrac{15}{17}$ ④ $\cos A=\dfrac{8}{17}$

11 답 $\dfrac{5\sqrt{13}}{13}$

$\angle A+\angle B=90°$이므로

$\angle C=180°-(\angle A+\angle B)=180°-90°=90°$

$\tan A=\dfrac{2}{3}$이므로 오른쪽 그림과 같이 $\overline{AC}=3$, $\overline{BC}=2$인 직각삼각형 ABC에서

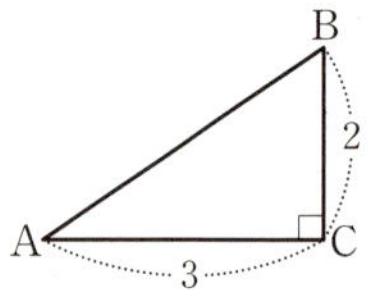

$\overline{AB}=\sqrt{3^2+2^2}=\sqrt{13}$

따라서

$\sin A=\dfrac{2}{\sqrt{13}}=\dfrac{2\sqrt{13}}{13}$, $\sin B=\dfrac{3}{\sqrt{13}}=\dfrac{3\sqrt{13}}{13}$

이므로

$\sin A+\sin B=\dfrac{2\sqrt{13}}{13}+\dfrac{3\sqrt{13}}{13}=\dfrac{5\sqrt{13}}{13}$

12 답 $\dfrac{\sqrt{10}}{10}$

$\triangle ABC$와 $\triangle ADE$에서
$\angle ACB = \angle AED = 90°$, $\angle A$는 공통이므로
$\triangle ABC \backsim \triangle ADE$ (AA 닮음)
$\therefore \angle B = x°$
이때 $\tan B = \dfrac{\overline{AC}}{\overline{BC}} = \dfrac{\overline{AC}}{2} = 3$이므로 $\overline{AC} = 6$
$\therefore \overline{AB} = \sqrt{6^2 + 2^2} = \sqrt{40} = 2\sqrt{10}$
$\therefore \cos x° = \cos B = \dfrac{\overline{BC}}{\overline{AB}} = \dfrac{2}{2\sqrt{10}} = \dfrac{\sqrt{10}}{10}$

13 답 ①
직각삼각형 ABC에서
$\overline{BC} = \sqrt{6^2 + 8^2} = \sqrt{100} = 10$
$\triangle ABC$와 $\triangle EBD$에서
$\angle BAC = \angle BED = 90°$, $\angle B$는 공통이므로
$\triangle ABC \backsim \triangle EBD$ (AA 닮음)
$\therefore \angle C = x°$
따라서 $\sin x° = \sin C = \dfrac{\overline{AB}}{\overline{BC}} = \dfrac{8}{10} = \dfrac{4}{5}$이고
$\cos x° = \cos C = \dfrac{\overline{AC}}{\overline{BC}} = \dfrac{6}{10} = \dfrac{3}{5}$이므로
$\sin x° - \cos x° = \dfrac{4}{5} - \dfrac{3}{5} = \dfrac{1}{5}$

14 답 ①
직각삼각형 ABC에서
$\overline{BC} = \sqrt{6^2 + 4^2} = \sqrt{52} = 2\sqrt{13}$
$\triangle ABC$와 $\triangle HBA$에서
$\angle BAC = \angle BHA = 90°$, $\angle B$는 공통이므로
$\triangle ABC \backsim \triangle HBA$ (AA 닮음)
$\therefore \angle C = x°$
같은 방법으로 $\triangle ABC \backsim \triangle HAC$ (AA 닮음)이므로
$\angle B = y°$
따라서 $\sin x° = \sin C = \dfrac{\overline{AB}}{\overline{BC}} = \dfrac{4}{2\sqrt{13}} = \dfrac{2\sqrt{13}}{13}$,
$\cos y° = \cos B = \dfrac{\overline{AB}}{\overline{BC}} = \dfrac{4}{2\sqrt{13}} = \dfrac{2\sqrt{13}}{13}$이므로
$\sin x° + \cos y° = \dfrac{2\sqrt{13}}{13} + \dfrac{2\sqrt{13}}{13} = \dfrac{4\sqrt{13}}{13}$

15 답 ①
직각삼각형 ABC에서 $\overline{AB} = 4$, $\overline{BC} = \overline{AD} = 8$이므로
$\overline{AC} = \sqrt{4^2 + 8^2} = \sqrt{80} = 4\sqrt{5}$
$\triangle ABC$와 $\triangle DEA$에서
$\angle ABC = \angle DEA = 90°$, $\angle ACB = \angle DAE$ (엇각)이므로
$\triangle ABC \backsim \triangle DEA$ (AA 닮음)
$\therefore \angle CAB = x°$
따라서 $\sin x° = \dfrac{\overline{BC}}{\overline{AC}} = \dfrac{8}{4\sqrt{5}} = \dfrac{2\sqrt{5}}{5}$,
$\cos x° = \dfrac{\overline{AB}}{\overline{AC}} = \dfrac{4}{4\sqrt{5}} = \dfrac{\sqrt{5}}{5}$이므로
$\sin x° - \cos x° = \dfrac{2\sqrt{5}}{5} - \dfrac{\sqrt{5}}{5} = \dfrac{\sqrt{5}}{5}$

16 답 $-4, 2, 4, 2, \dfrac{1}{2}$
직선 $x - 2y + 4 = 0$이 x축, y축과 만나는 점을 각각 A, B라고 하면
$x = 0$일 때, $-2y + 4 = 0$
$\therefore y = 2$
$y = 0$일 때, $x + 4 = 0$
$\therefore x = -4$
$\therefore$ A($\boxed{-4}$, 0), B(0, $\boxed{2}$)
따라서 직각삼각형 AOB에서 $\overline{OA} = \boxed{4}$, $\overline{OB} = \boxed{2}$이므로
$\tan a° = \dfrac{\overline{OB}}{\overline{OA}} = \dfrac{2}{4} = \boxed{\dfrac{1}{2}}$

17 답 $\dfrac{3}{4}$
오른쪽 그림과 같이 직선
$3x - 4y + 8 = 0$이 x축, y축과 만나는
점을 각각 A, B라고 하면
$x = 0$일 때,
$-4y + 8 = 0$ $\quad \therefore y = 2$
$y = 0$일 때,
$3x + 8 = 0$ $\quad \therefore x = -\dfrac{8}{3}$
$\therefore$ A$\left(-\dfrac{8}{3}, 0\right)$, B(0, 2)
따라서 직각삼각형 AOB에서
$\overline{OA} = \dfrac{8}{3}$, $\overline{OB} = 2$이므로
$\tan a = \dfrac{\overline{OB}}{\overline{OA}} = \dfrac{2}{\dfrac{8}{3}} = \dfrac{3}{4}$

18 답 ④
오른쪽 그림과 같이 직선
$2x - 3y - 6 = 0$이 x축, y축과 만나는 점을 각각 A, B라고 하면
$x = 0$일 때,
$-3y - 6 = 0$ $\quad \therefore y = -2$
$y = 0$일 때,
$2x - 6 = 0$ $\quad \therefore x = 3$
$\therefore$ A(3, 0), B(0, -2)
따라서 직각삼각형 AOB에서 $\overline{OA} = 3$, $\overline{OB} = 2$이므로
$\overline{AB} = \sqrt{3^2 + 2^2} = \sqrt{13}$
이때 $\angle OAB = a°$ (맞꼭지각)이므로
$\sin a° + \cos a° = \dfrac{2}{\sqrt{13}} + \dfrac{3}{\sqrt{13}} = \dfrac{5\sqrt{13}}{13}$

19 답 $\dfrac{\sqrt{2}}{2}$
$\triangle DFH$는 $\angle DHF = 90°$인 직각삼각형이고
$\overline{FH} = \sqrt{6^2 + 8^2} = \sqrt{100} = 10$이므로
$\overline{DF} = \sqrt{10^2 + 10^2} = 10\sqrt{2}$
따라서 직각삼각형 DFH에서
$\cos x° = \dfrac{\overline{FH}}{\overline{DF}} = \dfrac{10}{10\sqrt{2}} = \dfrac{\sqrt{2}}{2}$

20 답 $\dfrac{2\sqrt{2}+\sqrt{17}}{5}$

$\triangle AEG$는 $\angle AEG=90°$인 직각삼각형이고
$\overline{AE}=\overline{DH}=4\ cm$,
$\overline{EG}=\sqrt{3^2+5^2}=\sqrt{34}\,(cm)$이므로
$\overline{AG}=\sqrt{4^2+(\sqrt{34})^2}=\sqrt{50}=5\sqrt{2}\,(cm)$
따라서 직각삼각형 AEG에서
$\sin x°=\dfrac{\overline{AE}}{\overline{AG}}=\dfrac{4}{5\sqrt{2}}=\dfrac{2\sqrt{2}}{5}$,
$\cos x°=\dfrac{\overline{EG}}{\overline{AG}}=\dfrac{\sqrt{34}}{5\sqrt{2}}=\dfrac{\sqrt{17}}{5}$이므로
$\sin x°+\cos x°=\dfrac{2\sqrt{2}}{5}+\dfrac{\sqrt{17}}{5}=\dfrac{2\sqrt{2}+\sqrt{17}}{5}$

21 답 $\dfrac{1}{3}$

$\triangle CEG$는 $\angle EGC=90°$인 직각
삼각형이므로
$\overline{EG}=\sqrt{4^2+4^2}=\sqrt{32}=4\sqrt{2}$
$\overline{CE}=\sqrt{(4\sqrt{2})^2+4^2}=\sqrt{48}=4\sqrt{3}$
$\therefore \sin x°=\dfrac{\overline{CG}}{\overline{CE}}=\dfrac{4}{4\sqrt{3}}=\dfrac{\sqrt{3}}{3}$,
$\quad \cos x°=\dfrac{\overline{EG}}{\overline{CE}}=\dfrac{4\sqrt{2}}{4\sqrt{3}}=\dfrac{\sqrt{6}}{3}$,
$\quad \tan x°=\dfrac{\overline{CG}}{\overline{EG}}=\dfrac{4}{4\sqrt{2}}=\dfrac{\sqrt{2}}{2}$
$\therefore \sin x°\times\cos x°\times\tan x°=\dfrac{\sqrt{3}}{3}\times\dfrac{\sqrt{6}}{3}\times\dfrac{\sqrt{2}}{2}=\dfrac{1}{3}$

22 답 $\sqrt{6}$

$\triangle DFH$는 $\angle DHF=90°$인 직각삼각형이므로
$\overline{DH}=6,\ \overline{FH}=\sqrt{6^2+6^2}=\sqrt{72}=6\sqrt{2}$,
$\overline{DF}=\sqrt{(6\sqrt{2})^2+6^2}=\sqrt{108}=6\sqrt{3}$
즉, 직각삼각형 DFH에서
$\sin x°=\dfrac{\overline{DH}}{\overline{DF}}=\dfrac{6}{6\sqrt{3}}=\dfrac{\sqrt{3}}{3}$
또, $\triangle BFG$는 $\angle BFG=90°$인 직각삼각형이므로
$\overline{BF}=\overline{FG}=6,\ \overline{BG}=\sqrt{6^2+6^2}=\sqrt{72}=6\sqrt{2}$
즉, 직각삼각형 BFG에서
$\sin y°=\dfrac{\overline{BF}}{\overline{BG}}=\dfrac{6}{6\sqrt{2}}=\dfrac{\sqrt{2}}{2}$
따라서 $\sin x°+\sin y°=\dfrac{\sqrt{3}}{3}\times\dfrac{\sqrt{2}}{2}=\dfrac{\sqrt{6}}{6}$
이므로
$6(\sin x°+\sin y°)=6\times\dfrac{\sqrt{6}}{6}=\sqrt{6}$

02 특수한 각의 삼각비의 값 워크북 5~6쪽

01 답 ④

ㄱ. $\sin 45°+\cos 45°=\dfrac{\sqrt{2}}{2}+\dfrac{\sqrt{2}}{2}=\sqrt{2}$

ㄴ. $\sin 30°-\tan 45°=\dfrac{1}{2}-1=-\dfrac{1}{2}$

ㄷ. $\sin 60°\times\cos 30°=\dfrac{\sqrt{3}}{2}\times\dfrac{\sqrt{3}}{2}=\dfrac{3}{4}$

ㄹ. $\cos 60°\div\tan 60°=\dfrac{1}{2}\div\sqrt{3}=\dfrac{1}{2}\times\dfrac{1}{\sqrt{3}}=\dfrac{1}{2\sqrt{3}}=\dfrac{\sqrt{3}}{6}$

따라서 옳은 것은 ㄱ, ㄴ, ㄷ이다.

02 답 ③

$2\sin 60°-\sqrt{2}\cos 45°+\tan 30°$
$=2\times\dfrac{\sqrt{3}}{2}-\sqrt{2}\times\dfrac{\sqrt{2}}{2}+\dfrac{\sqrt{3}}{3}$
$=\dfrac{4\sqrt{3}}{3}-1$

03 답 $\sqrt{3}-2$

$(분자)=\tan 45°\times\sin 30°-\cos 30°$
$\qquad =1\times\dfrac{1}{2}-\dfrac{\sqrt{3}}{2}=\dfrac{1-\sqrt{3}}{2}$
$(분모)=\cos 60°+\tan 60°\times\cos 60°$
$\qquad =\dfrac{1}{2}+\sqrt{3}\times\dfrac{1}{2}=\dfrac{1+\sqrt{3}}{2}$
$\therefore \dfrac{\tan 45°\times\sin 30°-\cos 30°}{\cos 60°+\tan 60°\times\cos 60°}$
$=\dfrac{1-\sqrt{3}}{2}\div\dfrac{1+\sqrt{3}}{2}=\dfrac{1-\sqrt{3}}{2}\times\dfrac{2}{1+\sqrt{3}}$
$=\dfrac{1-\sqrt{3}}{1+\sqrt{3}}=\dfrac{(1-\sqrt{3})^2}{(1+\sqrt{3})(1-\sqrt{3})}$
$=\dfrac{4-2\sqrt{3}}{-2}=\sqrt{3}-2$

04 답 ③

$\sin 45°=\cos 45°=\dfrac{\sqrt{2}}{2}$이므로 $x°=45°$
$\therefore \tan x°=\tan 45°=1$

05 답 $\dfrac{\sqrt{2}}{2}$

$\sin(2x°-30°)=\dfrac{\sqrt{3}}{2}$이고 $\sin 60°=\dfrac{\sqrt{3}}{2}$이므로
$2x°-30°=60°$
$\therefore x°=45°$
$\therefore \cos x°=\cos 45°=\dfrac{\sqrt{2}}{2}$

06 답 ②

이차방정식 $2x^2-3x+1=0$에서
$(2x-1)(x-1)=0 \qquad \therefore x=\dfrac{1}{2}$ 또는 $x=1$
그런데 이 이차방정식의 두 근이 $\sin A,\ \tan B$이므로
$\sin A=\dfrac{1}{2},\ \tan B=1\ (\because \sin A<\tan B)$
$0°<A<90°,\ 0°<B<90°$에서
$\sin 30°=\dfrac{1}{2},\ \tan 45°=1$이므로
$\angle A=30°,\ \angle B=45°$
$\therefore \angle B-\angle A=15°$

07 답 ①

$\triangle ABD$에서

$\sin 45° = \dfrac{\overline{AD}}{\overline{AB}} = \dfrac{\overline{AD}}{8} = \dfrac{\sqrt{2}}{2}$

$\therefore \overline{AD} = 4\sqrt{2}$

$\triangle ACD$에서 $\sin 30° = \dfrac{\overline{AD}}{\overline{AC}} = \dfrac{4\sqrt{2}}{\overline{AC}} = \dfrac{1}{2}$

$\therefore \overline{AC} = 8\sqrt{2}$

08 답 $3\sqrt{3}$

$\triangle ABC$에서 $\tan 30° = \dfrac{\overline{AB}}{\overline{BC}} = \dfrac{3}{\overline{BC}} = \dfrac{\sqrt{3}}{3}$

$\therefore \overline{BC} = 3\sqrt{3}$

$\triangle BCD$에서 $\tan 45° = \dfrac{\overline{BC}}{\overline{CD}} = \dfrac{3\sqrt{3}}{\overline{CD}} = 1$

$\therefore \overline{CD} = 3\sqrt{3}$

09 답 ⑤

$\triangle BCD$에서 $\sin 60° = \dfrac{\overline{BD}}{\overline{BC}} = \dfrac{\overline{BD}}{4} = \dfrac{\sqrt{3}}{2}$

$\therefore \overline{BD} = 2\sqrt{3}$

$\triangle ABD$에서 $\sin 45° = \dfrac{\overline{AD}}{\overline{BD}} = \dfrac{\overline{AD}}{2\sqrt{3}} = \dfrac{\sqrt{2}}{2}$

$\therefore \overline{AD} = \sqrt{6}$

10 답 ③

$\triangle ABC$에서

$\sin 30° = \dfrac{\overline{BC}}{\overline{AC}} = \dfrac{\overline{BC}}{12} = \dfrac{1}{2}$ $\quad \therefore \overline{BC} = 6$

$\cos 30° = \dfrac{\overline{AB}}{\overline{AC}} = \dfrac{\overline{AB}}{12} = \dfrac{\sqrt{3}}{2}$ $\quad \therefore \overline{AB} = 6\sqrt{3}$

이때 점 D가 변 AB의 중점이므로

$\overline{BD} = \dfrac{1}{2}\overline{AB} = \dfrac{1}{2} \times 6\sqrt{3} = 3\sqrt{3}$

따라서 $\triangle BCD$에서

$\overline{CD} = \sqrt{6^2 + (3\sqrt{3})^2} = \sqrt{63} = 3\sqrt{7}$

11 답 $\dfrac{8\sqrt{3}}{3}$

$\triangle ABC$에서 $\sin 30° = \dfrac{\overline{AC}}{\overline{AB}} = \dfrac{\overline{AC}}{8} = \dfrac{1}{2}$

$\therefore \overline{AC} = 4$ cm

$\angle BAC = 180° - (\angle B + \angle C) = 180° - (30° + 90°) = 60°$

이고

$\angle CAD = \dfrac{1}{2}\angle BAC = \dfrac{1}{2} \times 60° = 30°$이므로 $\triangle ADC$에서

$\cos 30° = \dfrac{\overline{AC}}{\overline{AD}} = \dfrac{4}{\overline{AD}} = \dfrac{\sqrt{3}}{2}$ $\quad \therefore \overline{AD} = \dfrac{8\sqrt{3}}{3}$ cm

$\angle BAD = \angle B = 30°$이므로 $\triangle ABD$는 이등변삼각형이다.

$\therefore \overline{BD} = \overline{AD} = \dfrac{8\sqrt{3}}{3}$ cm

12 답 $4\sqrt{3} + 4$

$\triangle ADC$에서 $\sin 60° = \dfrac{\overline{AC}}{\overline{AD}} = \dfrac{2\sqrt{3}}{\overline{AD}} = \dfrac{\sqrt{3}}{2}$

$\therefore \overline{AD} = 4$

$\triangle ABC$에서 $\sin 30° = \dfrac{\overline{AC}}{\overline{AB}} = \dfrac{2\sqrt{3}}{\overline{AB}} = \dfrac{1}{2}$

$\therefore \overline{AB} = 4\sqrt{3}$

$\therefore \overline{AB} + \overline{AD} = 4\sqrt{3} + 4$

13 답 ②

$(직선의 기울기) = \tan 45° = 1$

즉, $y = x + b$로 놓으면 이 직선은 점 $(0, 2)$를 지나므로

$y = x + b$에 $x = 0$, $y = 2$를 대입하면

$2 = 0 + b$ $\quad \therefore b = 2$

따라서 구하는 직선의 방정식은 $y = x + 2$

14 답 $y = \sqrt{3}x + 3$

$(직선의 기울기) = \tan 60° = \sqrt{3}$

따라서 y절편이 3이고 기울기가 $\sqrt{3}$인 직선의 방정식은

$y = \sqrt{3}x + 3$

15 답 ①

주어진 직선의 기울기는 $\tan 30° = \dfrac{\sqrt{3}}{3}$이므로 직선의 방

정식을 $y = \dfrac{\sqrt{3}}{3}x + b$로 놓고 $x = \sqrt{3}$, $y = 2$를 대입하면

$2 = \dfrac{\sqrt{3}}{3} \times \sqrt{3} + b$ $\quad \therefore b = 1$

따라서 구하는 직선의 방정식은

$y = \dfrac{\sqrt{3}}{3}x + 1$ $\quad \therefore x - \sqrt{3}y + \sqrt{3} = 0$

03 | 예각의 삼각비의 값 워크북 7쪽

01 답 ②, ④

$\overline{OA} = \overline{OD} = 1$, $\angle OAB = b°$이므로

① $\sin a° = \dfrac{\overline{AB}}{\overline{OA}} = \overline{AB}$ ② $\sin b° = \dfrac{\overline{OB}}{\overline{OA}} = \overline{OB}$

③ $\cos a° = \dfrac{\overline{OB}}{\overline{OA}} = \overline{OB}$ ④ $\cos b° = \dfrac{\overline{AB}}{\overline{OA}} = \overline{AB}$

⑤ $\tan a° = \dfrac{\overline{CD}}{\overline{OD}} = \overline{CD}$

02 답 2.6786

$\angle OAB = 180° - (90° + 61°) = 29°$이므로

$\cos 29° = \dfrac{\overline{AB}}{\overline{OA}} = \overline{AB} = 0.8746$

$\tan 61° = \dfrac{\overline{CD}}{\overline{OD}} = \overline{CD} = 1.8040$

$\therefore \cos 29° + \tan 61° = 0.8746 + 1.8040 = 2.6786$

03 답 ②

사각형 ABDC에서 $\angle OBA = \angle ODC = 90°$이므로

$\overline{AB} /\!/ \overline{CD}$

즉, 사각형 ABDC는 사다리꼴이고 $\overline{OA}=\overline{OD}=1$이므로

$\sin 58°=\dfrac{\overline{AB}}{\overline{OA}}=\overline{AB}=0.8$

$\cos 58°=\dfrac{\overline{OB}}{\overline{OA}}=\overline{OB}=0.5$

$\tan 58°=\dfrac{\overline{CD}}{\overline{OD}}=\overline{CD}=1.6$

$\therefore \overline{BD}=\overline{OD}-\overline{OB}=1-0.5=0.5$

$\therefore \square ABDC=\dfrac{1}{2}\times(\overline{AB}+\overline{CD})\times\overline{BD}$

$\qquad\qquad=\dfrac{1}{2}\times(0.8+1.6)\times0.5=0.6$

04 답 ⑤

$\cos 0°+\sin 90°-\cos 60°\times\sin 0°+2\tan 0°$

$=1+1-\dfrac{1}{2}\times0+2\times0=2$

05 답 60

$\sin 90°\times\tan x°-\cos 0°\times\tan 30°=\dfrac{2\sqrt{3}}{3}$에서

$1\times\tan x°-1\times\dfrac{\sqrt{3}}{3}=\dfrac{2\sqrt{3}}{3}$ $\quad\therefore \tan x°=\sqrt{3}$

$\tan 60°=\sqrt{3}$이므로

$x=60$

06 답 ⑤

① $\tan 0°=0$ ② $\cos 15°<\cos 0°=1$

③ $\sin 33°<\sin 90°=1$ ④ $\sin 78°<\sin 90°=1$

⑤ $\tan 50°>\tan 45°=1$

따라서 가장 큰 것은 ⑤ $\tan 50°$이다.

07 답 $\tan x°-\cos x°$

$45°<x°<90°$에서 $\dfrac{\sqrt{2}}{2}<\sin x°<1,\ \tan x°>1$이므로

$\sin x°<\tan x°$

또, $\dfrac{\sqrt{2}}{2}<\sin x°<1,\ 0<\cos x°<\dfrac{\sqrt{2}}{2}$이므로

$\cos x°<\sin x°$

$\therefore \sqrt{(\sin x°-\tan x°)^2}+\sqrt{(\cos x°-\sin x°)^2}$

$=-(\sin x°-\tan x°)+\{-(\cos x°-\sin x°)\}$

$=-\sin x°+\tan x°-\cos x°+\sin x°$

$=\tan x°-\cos x°$

08 답 ⑤

⑤ $0°\leq x°\leq90°$인 범위에서 x의 값이 커지면 $\tan x°$의 값 은 0에서 무한히 증가한다.

따라서 $\tan x°$의 값은 최솟값은 0이고 최댓값은 없다.

04 삼각비의 표
워크북 8쪽

01 답 1.9153

$\sin 29°+\cos 26°+\tan 28°$

$=0.4848+0.8988+0.5317=1.9153$

02 답 0.1466

$x°=15°$이므로

$\sin(x°-2°)\times\cos 4x°+\tan 3x°-\cos x°$

$=\sin 13°\times\cos 60°+\tan 45°-\cos 15°$

$=0.2250\times\dfrac{1}{2}+1-0.9659=0.1466$

03 답 ②

② $\sin 17°+\cos 65°=0.2924+0.4226=0.7150$

⑤ $\cos 43°=0.7314,\ \tan 17°=0.3057$이므로

$\quad x°=43°,\ y°=17°$

$\quad\therefore x°-y°=43°-17°=26°$

04 답 85°

$\sin 43°=0.6820$이므로 $x°=43°$

$\cos 42°=0.7431$이므로 $y°=42°$

$\therefore x°+y°=43°+42°=85°$

05 답 8.603

$\sin 85°=0.9962$에서 $x°=85°$이므로

$\cos x°=\cos 85°=0.0872$

$\tan 87°=19.0811$에서 $y°=87°$이므로

$\sin y°=\sin 87°=0.9986$

$\cos 84°=0.1045$에서 $z°=84°$이므로

$\tan z°=\tan 84°=9.5144$

$\therefore \cos x°-\sin y°+\tan z°=0.0872-0.9986+9.5144$

$\qquad\qquad\qquad=8.603$

06 답 134.5

직각삼각형 ABC에서 $\angle C=180°-(90°+27°)=63°$이므로

$\sin 63°=\dfrac{\overline{AB}}{\overline{AC}}=\dfrac{\overline{AB}}{100}=0.8910$ $\quad\therefore \overline{AB}=89.1$

$\cos 63°=\dfrac{\overline{BC}}{\overline{AC}}=\dfrac{\overline{BC}}{100}=0.4540$ $\quad\therefore \overline{BC}=45.4$

$\therefore \overline{AB}+\overline{BC}=89.1+45.4=134.5$

<table>
<tr><td colspan="5">단원 마무리   워크북 9~10쪽</td></tr>
<tr><td>01 ⑤</td><td>02 ④</td><td>03 ④</td><td>04 ④</td><td>05 ②</td></tr>
<tr><td>06 ①, ⑤</td><td></td><td>07 9</td><td>08 ③</td><td>09 ④</td></tr>
<tr><td>10 ⑤</td><td>11 ③</td><td>12 $\dfrac{24}{7}$</td><td>13 27</td><td></td></tr>
</table>

01 $\overline{AB}:\overline{AC}=2:1$이므로 $\overline{AB}=2a,\ \overline{AC}=a\ (a>0)$라고 하면 $\overline{BC}=\sqrt{(2a)^2+a^2}=\sqrt{5a^2}=\sqrt{5}a$

①, ④ $\sin B=\cos C=\dfrac{\overline{AC}}{\overline{BC}}=\dfrac{a}{\sqrt{5}a}=\dfrac{1}{\sqrt{5}}=\dfrac{\sqrt{5}}{5}$

②, ③ $\sin C=\cos B=\dfrac{\overline{AB}}{\overline{BC}}=\dfrac{2a}{\sqrt{5}a}=\dfrac{2}{\sqrt{5}}=\dfrac{2\sqrt{5}}{5}$

⑤ $\tan C=\dfrac{\overline{AB}}{\overline{AC}}=\dfrac{2a}{a}=2$

02 $\triangle \text{ABC} \backsim \triangle \text{CBD} \backsim \triangle \text{CDE}$
$\backsim \triangle \text{DBE}$ (AA 닮음)

이므로 오른쪽 그림에서
$\angle \text{BAC} = \angle \text{BCD} = \angle \text{DCE}$
$= \angle \text{BDE} = x^\circ$

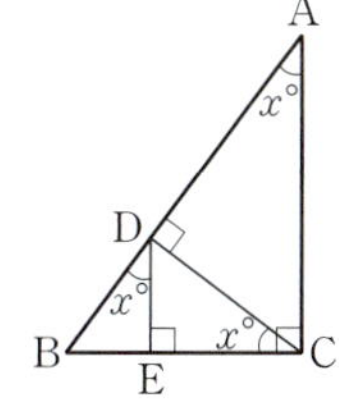

ㄱ. $\triangle \text{ABC}$에서 $\dfrac{\overline{\text{BC}}}{\overline{\text{AB}}} = \sin x^\circ$

ㄴ. $\triangle \text{DBE}$에서 $\dfrac{\overline{\text{BE}}}{\overline{\text{BD}}} = \sin x^\circ$

ㄷ. $\triangle \text{CBD}$에서 $\dfrac{\overline{\text{CD}}}{\overline{\text{BC}}} = \cos x^\circ$

ㄹ. $\triangle \text{CDE}$에서 $\dfrac{\overline{\text{DE}}}{\overline{\text{CD}}} = \sin x^\circ$

따라서 $\sin x^\circ$를 나타내는 것은 ㄱ, ㄴ, ㄹ이다.

03 오른쪽 그림과 같이 직선
$4x - 3y + 12 = 0$이 x축, y축과 만
나는 점을 각각 A, B라고 하면
$x = 0$일 때, $-3y + 12 = 0$, $y = 4$
$y = 0$일 때, $4x + 12 = 0$, $x = -3$
$\therefore \text{A}(-3, 0), \text{B}(0, 4)$

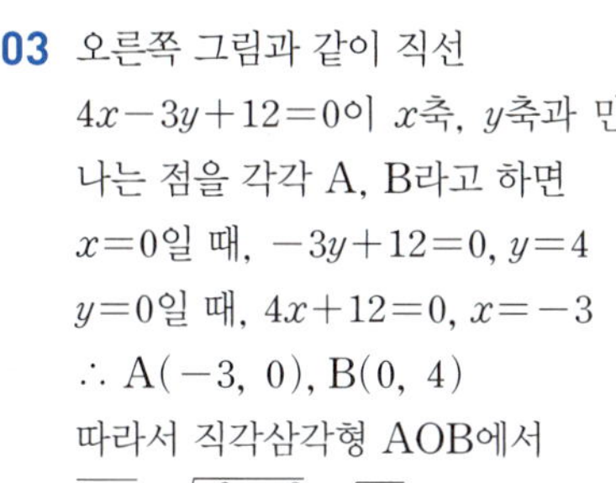

따라서 직각삼각형 AOB에서
$\overline{\text{AB}} = \sqrt{3^2 + 4^2} = \sqrt{25} = 5$

① $\sin a^\circ = \dfrac{4}{5}$ ② $\cos a^\circ = \dfrac{3}{5}$

③ $\sin b^\circ = \dfrac{3}{5}$ ④ $\cos b^\circ = \dfrac{4}{5}$

⑤ $\tan a^\circ = \dfrac{4}{3}$, $\tan b^\circ = \dfrac{3}{4}$이므로 $\tan a^\circ \neq \tan b^\circ$

04 $\triangle \text{CEG}$는 $\angle \text{CGE} = 90^\circ$인 직각삼각형이므로
$\overline{\text{CG}} = \overline{\text{DH}} = 4$, $\overline{\text{EG}} = \sqrt{6^2 + 4^2} = \sqrt{52} = 2\sqrt{13}$
$\overline{\text{CE}} = \sqrt{(2\sqrt{13})^2 + 4^2} = 2\sqrt{17}$

따라서 직각삼각형 CEG에서
$\sin x^\circ = \dfrac{\overline{\text{CG}}}{\overline{\text{CE}}} = \dfrac{4}{2\sqrt{17}} = \dfrac{2\sqrt{17}}{17}$,

$\cos y^\circ = \dfrac{\overline{\text{CG}}}{\overline{\text{CE}}} = \dfrac{4}{2\sqrt{17}} = \dfrac{2\sqrt{17}}{17}$이므로

$\sin x^\circ + \cos y^\circ = \dfrac{2\sqrt{17}}{17} + \dfrac{2\sqrt{17}}{17} = \dfrac{4\sqrt{17}}{17}$

05 $2 \sin 60^\circ + \sqrt{3} \cos 45^\circ \times \tan 0^\circ + \sin 90^\circ + \tan 60^\circ$
$= 2 \times \dfrac{\sqrt{3}}{2} + \sqrt{3} \times \dfrac{\sqrt{2}}{2} \times 0 + 1 + \sqrt{3} = 2\sqrt{3} + 1$

06 ① $\dfrac{\cos 30^\circ}{\sin 30^\circ} = \dfrac{\sqrt{3}}{2} \div \dfrac{1}{2} = \dfrac{\sqrt{3}}{2} \times 2 = \sqrt{3}$

② $\sin 30^\circ + \cos 60^\circ + \tan 45^\circ = \dfrac{1}{2} + \dfrac{1}{2} + 1 = 2$

③ $\tan 60^\circ \times \sin 30^\circ - \cos 30^\circ = \sqrt{3} \times \dfrac{1}{2} - \dfrac{\sqrt{3}}{2} = 0$

④ $\sin 90^\circ + \cos 0^\circ + \tan 45^\circ = 1 + 1 + 1 = 3$

⑤ $\cos 45^\circ \times \sin 45^\circ - \cos 60^\circ \times \sin 90^\circ$
$= \dfrac{\sqrt{2}}{2} \times \dfrac{\sqrt{2}}{2} - \dfrac{1}{2} \times 1 = \dfrac{1}{2} - \dfrac{1}{2} = 0$

07 $\triangle \text{ACD}$에서 $\cos 30^\circ = \dfrac{\overline{\text{AC}}}{\overline{\text{AD}}} = \dfrac{\overline{\text{AC}}}{12} = \dfrac{\sqrt{3}}{2}$

$\therefore \overline{\text{AC}} = 6\sqrt{3}$

$\triangle \text{ABC}$에서 $\cos 30^\circ = \dfrac{\overline{\text{AB}}}{\overline{\text{AC}}} = \dfrac{\overline{\text{AB}}}{6\sqrt{3}} = \dfrac{\sqrt{3}}{2}$

$\therefore \overline{\text{AB}} = 9$

08 $\triangle \text{ABD}$에서 $\tan 60^\circ = \dfrac{\overline{\text{AB}}}{\overline{\text{BD}}} = \dfrac{\overline{\text{AB}}}{2} = \sqrt{3}$

$\therefore \overline{\text{AB}} = 2\sqrt{3}$

이때 $\angle \text{ACB} = \angle \text{CAB} = 45^\circ$이므로 $\overline{\text{BC}} = \overline{\text{AB}} = 2\sqrt{3}$

$\therefore \overline{\text{CD}} = \overline{\text{BC}} - \overline{\text{BD}} = 2\sqrt{3} - 2$

따라서 삼각형 ADC에서 $\overline{\text{CD}}$를 밑변으로 생각하면 높이
는 $\overline{\text{AB}}$이므로

$\triangle \text{ADC} = \dfrac{1}{2} \times \overline{\text{CD}} \times \overline{\text{AB}}$

$= \dfrac{1}{2} \times (2\sqrt{3} - 2) \times 2\sqrt{3} = 6 - 2\sqrt{3}$

09 ①, ⑤ $\overline{\text{OA}} = \overline{\text{OE}} =$ (사분원의 반지름의 길이) $= 1$이므로
A$(0, 1)$, E$(1, 0)$

②, ③ $\overline{\text{BC}} = \sin 37^\circ$, $\overline{\text{OC}} = \cos 37^\circ$이므로
B$(\cos 37^\circ, \sin 37^\circ)$, C$(\cos 37^\circ, 0)$

④ $\overline{\text{DE}} = \tan 37^\circ$이므로 D$(1, \tan 37^\circ)$

10 $0^\circ < x^\circ < 45^\circ$일 때, $0 < \sin x^\circ < \dfrac{\sqrt{2}}{2}$, $\dfrac{\sqrt{2}}{2} < \cos x^\circ < 1$
따라서 $\sin x^\circ < \cos x^\circ$이므로
$|\sin x^\circ - \cos x^\circ| + \sqrt{(\cos x^\circ - \sin x^\circ)^2}$
$= -(\sin x^\circ - \cos x^\circ) + (\cos x^\circ - \sin x^\circ)$
$= -\sin x^\circ + \cos x^\circ + \cos x^\circ - \sin x^\circ$
$= 2(\cos x^\circ - \sin x^\circ)$

11 $\cos B = \dfrac{\overline{\text{BC}}}{\overline{\text{AB}}} = \dfrac{30.9}{100} = 0.3090$이므로
$\angle \text{B} = 72^\circ$

12 $\sin A = \dfrac{12}{13}$이므로 오른쪽 그림과 같이
$\angle \text{B} = 90^\circ$, $\overline{\text{AC}} = 13$, $\overline{\text{BC}} = 12$인 직각삼각
형 ABC에서 $\cdots\cdots$ ❶

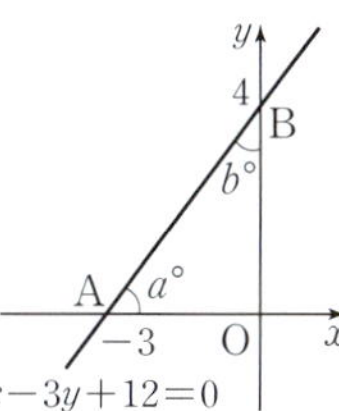

$\overline{\text{AB}} = \sqrt{13^2 - 12^2} = \sqrt{25} = 5$

$\therefore \cos A = \dfrac{5}{13}$, $\tan A = \dfrac{12}{5}$ $\cdots\cdots$ ❷

$\therefore \dfrac{\cos A \times \tan A + \sin A}{\sin A - \cos A} = \dfrac{\dfrac{5}{13} \times \dfrac{12}{5} + \dfrac{12}{13}}{\dfrac{12}{13} - \dfrac{5}{13}}$

$= \dfrac{\dfrac{24}{13}}{\dfrac{7}{13}} = \dfrac{24}{13} \div \dfrac{7}{13}$

$= \dfrac{24}{13} \times \dfrac{13}{7} = \dfrac{24}{7}$ $\cdots\cdots$ ❸

단계	채점 기준	비율
❶	조건을 만족시키는 직각삼각형 만들기	30 %
❷	$\cos A$, $\tan A$의 값 구하기	40 %
❸	주어진 식의 값 구하기	30 %

13 △BCD에서

$$\tan 60° = \frac{\overline{BC}}{\overline{CD}} = \frac{\overline{BC}}{6} = \sqrt{3} \qquad \therefore \overline{BC} = 6\sqrt{3} \quad \text{········· ❶}$$

△ABC에서

$$\sin 45° = \frac{\overline{AB}}{\overline{BC}} = \frac{\overline{AB}}{6\sqrt{3}} = \frac{\sqrt{2}}{2} \qquad \therefore \overline{AB} = 3\sqrt{6}$$

$$\cos 45° = \frac{\overline{AC}}{\overline{BC}} = \frac{\overline{AC}}{6\sqrt{3}} = \frac{\sqrt{2}}{2} \qquad \therefore \overline{AC} = 3\sqrt{6} \quad \text{········· ❷}$$

$$\therefore \triangle ABC = \frac{1}{2} \times \overline{AB} \times \overline{AC} = \frac{1}{2} \times 3\sqrt{6} \times 3\sqrt{6} = 27 \quad \text{····· ❸}$$

단계	채점 기준	비율
❶	$\overline{BC}$의 길이 구하기	30 %
❷	$\overline{AB}$, $\overline{AC}$의 길이 구하기	40 %
❸	삼각형 ABC의 넓이 구하기	30 %

Ⅰ-2 | 삼각비의 활용

1 삼각비의 활용 (1)

05 직각삼각형의 변의 길이 워크북 11~12쪽

01 답 ③

③ $\sin C = \dfrac{c}{b}$ 이므로 $b \sin C = c = \overline{AB}$

02 답 ①, ④

$\angle A = 90° - 35° = 55°$ 이므로

$\overline{AB} = 4 \sin 35° = 4 \cos 55°$

$\overline{BC} = 4 \cos 35° = 4 \sin 55°$

03 답 40

$$x = \frac{9}{\tan 65°} = \frac{9}{2.1} = \frac{30}{7}$$

$$y = \frac{9}{\sin 65°} = \frac{9}{0.9} = 10$$

$$\therefore 7x + y = 7 \times \frac{30}{7} + 10 = 40$$

04 답 6

$$\overline{BC} = \sqrt{6} \tan 60° = \sqrt{6} \times \sqrt{3} = 3\sqrt{2}$$

$$\therefore \overline{BD} = \frac{\overline{BC}}{\sin 45°} = 3\sqrt{2} \div \frac{\sqrt{2}}{2} = 6$$

05 답 ③

직각삼각형 BCD에서

$\overline{BC} = 4 \cos 40° = 4 \times 0.8 = 3.2$

$\overline{CD} = 4 \sin 40° = 4 \times 0.6 = 2.4$

따라서 직육면체의 부피는

$\overline{BC} \times \overline{CD} \times \overline{BF} = 3.2 \times 2.4 \times 5 = 38.4$

06 답 ④

$\overline{AC} = 10 \tan 42° = 10 \times 0.90 = 9\,(\text{m})$

07 답 ③

$\overline{AB} = 20 \tan 33° = 20 \times 0.6 = 12\,(\text{m})$

$\overline{AC} = \dfrac{20}{\cos 33°} = \dfrac{20}{0.8} = 25\,(\text{m})$

따라서 나무의 높이는

$\overline{AB} + \overline{AC} = 12 + 25 = 37\,(\text{m})$

08 답 ②

$\overline{BC} = \overline{DE} = 10 \text{ m}$ 이므로 △ABC에서

$\overline{AC} = \overline{BC} \tan 47° = 10 \times 1.07 = 10.7\,(\text{m})$

이때 $\overline{CE} = \overline{BD} = 1.6 \text{ m}$ 이므로 이 건물의 높이는

$\overline{AC} + \overline{CE} = 10.7 + 1.6 = 12.3\,(\text{m})$

09 답 ③

오른쪽 그림과 같이 점 B에서 $\overline{OA}$
에 내린 수선의 발을 H라고 하면
구하는 높이는 $\overline{AH}$의 길이이다.
이때 $\overline{OB} = \overline{OA} = 50 \text{ cm}$ 이므로

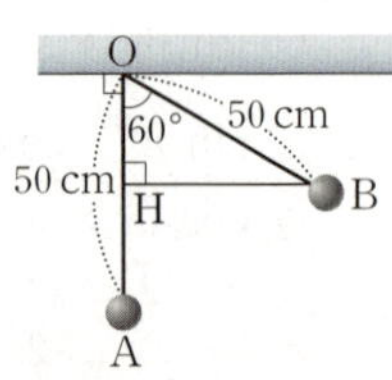

△OBH에서
$$\overline{\mathrm{OH}}=\overline{\mathrm{OB}}\cos 60°=50\times\frac{1}{2}=25(\mathrm{cm})$$
$$\therefore \overline{\mathrm{AH}}=\overline{\mathrm{OA}}-\overline{\mathrm{OH}}=50-25=25(\mathrm{cm})$$

10 답 $100(3+\sqrt{3})$ m

$\overline{\mathrm{PH}}=300$ m이므로 △PHQ에서
$$\overline{\mathrm{QH}}=\overline{\mathrm{PH}}\tan 30°=300\times\frac{\sqrt{3}}{3}=100\sqrt{3}(\mathrm{m})$$

또, △PRH에서
$$\overline{\mathrm{RH}}=\overline{\mathrm{PH}}\tan 45°=300\times 1=300(\mathrm{m})$$
따라서 건물 B의 높이는
$$\overline{\mathrm{QH}}+\overline{\mathrm{RH}}=100\sqrt{3}+300=100(3+\sqrt{3})(\mathrm{m})$$

06 일반 삼각형의 변의 길이 워크북 12쪽

01 답 ③

오른쪽 그림과 같이 꼭짓점 A에서 $\overline{\mathrm{BC}}$에 내린 수선의 발을 H라고 하면 △ACH에서 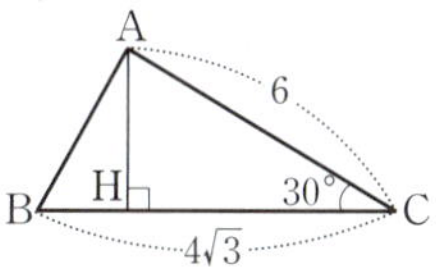
$$\overline{\mathrm{AH}}=\overline{\mathrm{AC}}\sin 30°$$
$$=6\times\frac{1}{2}=3$$
$$\overline{\mathrm{CH}}=\overline{\mathrm{AC}}\cos 30°=6\times\frac{\sqrt{3}}{2}=3\sqrt{3}$$
$$\therefore \overline{\mathrm{BH}}=\overline{\mathrm{BC}}-\overline{\mathrm{CH}}=4\sqrt{3}-3\sqrt{3}=\sqrt{3}$$
따라서 △ABH에서
$$\overline{\mathrm{AB}}=\sqrt{3^2+(\sqrt{3})^2}=\sqrt{12}=2\sqrt{3}$$

02 답 ②

오른쪽 그림과 같이 꼭짓점 A에서 $\overline{\mathrm{BC}}$에 내린 수선의 발을 H라고 하면 △ABH에서 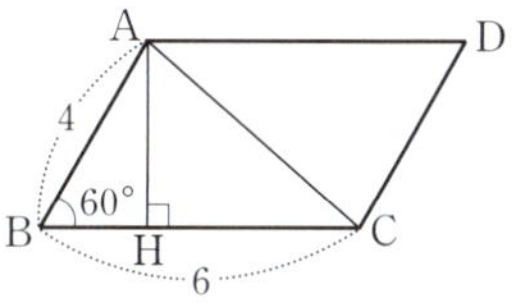
$$\overline{\mathrm{AH}}=\overline{\mathrm{AB}}\sin 60°$$
$$=4\times\frac{\sqrt{3}}{2}=2\sqrt{3}$$
$$\overline{\mathrm{BH}}=\overline{\mathrm{AB}}\cos 60°=4\times\frac{1}{2}=2$$
$$\therefore \overline{\mathrm{CH}}=\overline{\mathrm{BC}}-\overline{\mathrm{BH}}=6-2=4$$
따라서 △ACH에서
$$\overline{\mathrm{AC}}=\sqrt{(2\sqrt{3})^2+4^2}=\sqrt{28}=2\sqrt{7}$$

03 답 ④

오른쪽 그림과 같이 꼭짓점 C에서 $\overline{\mathrm{AB}}$에 내린 수선의 발을 H라고 하면 △BCH에서 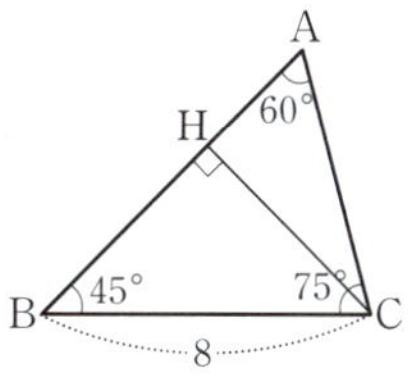
$$\overline{\mathrm{CH}}=\overline{\mathrm{BC}}\sin 45°$$
$$=8\times\frac{\sqrt{2}}{2}=4\sqrt{2}$$
△ABC에서 $\angle\mathrm{CAH}=180°-(45°+75°)=60°$
따라서 △ACH에서
$$\overline{\mathrm{AC}}=\frac{\overline{\mathrm{CH}}}{\sin 60°}=4\sqrt{2}\div\frac{\sqrt{3}}{2}=\frac{8\sqrt{6}}{3}$$

04 답 $2\sqrt{34}$

오른쪽 그림과 같이 꼭짓점 A에서 $\overline{\mathrm{BC}}$의 연장선에 내린 수선의 발을 H라고 하면 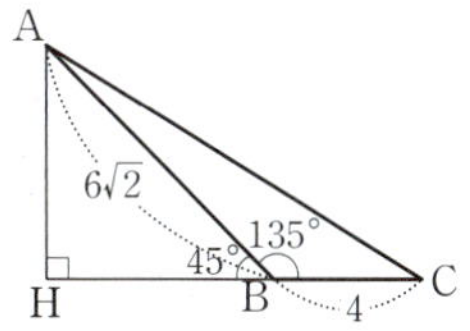
$\angle\mathrm{ABH}=180°-135°=45°$이므로 △ABH에서
$$\overline{\mathrm{AH}}=\overline{\mathrm{AB}}\sin 45°=6\sqrt{2}\times\frac{\sqrt{2}}{2}=6$$
$$\overline{\mathrm{BH}}=\overline{\mathrm{AB}}\cos 45°=6\sqrt{2}\times\frac{\sqrt{2}}{2}=6$$
$$\therefore \overline{\mathrm{CH}}=\overline{\mathrm{BC}}+\overline{\mathrm{BH}}=4+6=10$$
따라서 △ACH에서
$$\overline{\mathrm{AC}}=\sqrt{6^2+10^2}=\sqrt{136}=2\sqrt{34}$$

07 삼각형의 높이 워크북 13쪽

01 답 ②

△ABH에서 $\overline{\mathrm{BH}}=\overline{\mathrm{AH}}\tan x°$
△ACH에서 $\overline{\mathrm{CH}}=\overline{\mathrm{AH}}\tan y°$
이때 $\overline{\mathrm{BC}}=\overline{\mathrm{BH}}+\overline{\mathrm{CH}}$이므로
$$a=\overline{\mathrm{AH}}\tan x°+\overline{\mathrm{AH}}\tan y°$$
$$=\overline{\mathrm{AH}}(\tan x°+\tan y°)$$
$$\therefore \overline{\mathrm{AH}}=\frac{a}{\tan x°+\tan y°}$$
따라서 옳은 것은 ②이다.

02 답 $3(3-\sqrt{3})$

△ABH에서 $\angle\mathrm{BAH}=45°$이므로
$$\overline{\mathrm{BH}}=\overline{\mathrm{AH}}\tan 45°=\overline{\mathrm{AH}}$$
△ACH에서 $\angle\mathrm{CAH}=30°$이므로
$$\overline{\mathrm{CH}}=\overline{\mathrm{AH}}\tan 30°=\overline{\mathrm{AH}}\times\frac{\sqrt{3}}{3}$$
이때 $\overline{\mathrm{BC}}=\overline{\mathrm{BH}}+\overline{\mathrm{CH}}$이므로
$$6=\overline{\mathrm{AH}}+\overline{\mathrm{AH}}\times\frac{\sqrt{3}}{3},\ \frac{3+\sqrt{3}}{3}\times\overline{\mathrm{AH}}=6$$
$$\therefore \overline{\mathrm{AH}}=\frac{18}{3+\sqrt{3}}=3(3-\sqrt{3})$$

03 답 $4(\sqrt{3}+1)$

$\angle\mathrm{ACH}=180°-135°=45°$
$\overline{\mathrm{AH}}=h$라고 하면 △ACH에서 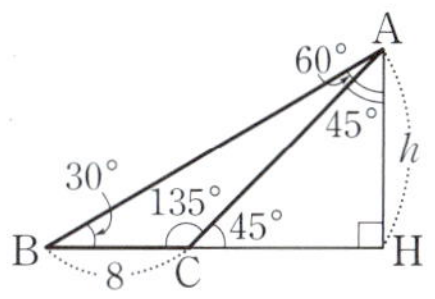
$\angle\mathrm{CAH}=90°-45°=45°$이므로
$$\overline{\mathrm{CH}}=\overline{\mathrm{AH}}\tan 45°=h$$
△ABH에서 $\angle\mathrm{BAH}=90°-30°=60°$이므로
$$\overline{\mathrm{BH}}=\overline{\mathrm{AH}}\tan 60°=\sqrt{3}h$$
이때 $\overline{\mathrm{BC}}=\overline{\mathrm{BH}}-\overline{\mathrm{CH}}$이므로
$$8=\sqrt{3}h-h,\ (\sqrt{3}-1)h=8$$
$$\therefore h=\frac{8}{\sqrt{3}-1}=4(\sqrt{3}+1)$$

04 답 $4(3+\sqrt{3})$

오른쪽 그림과 같이 꼭짓점 A에서 $\overline{BC}$의 연장선에 내린 수선의 발을 H라고 하면

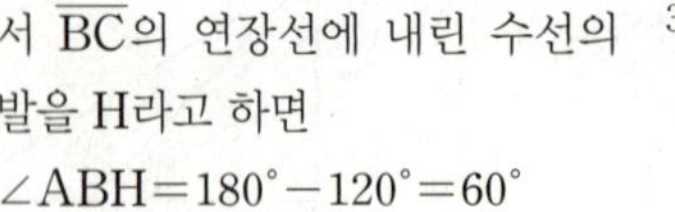

$\angle ABH = 180° - 120° = 60°$

$\overline{AH} = h$라고 하면

△ACH에서

$\angle CAH = 90° - 45° = 45°$이므로

$\overline{CH} = \overline{AH} \tan 45° = h$

△ABH에서

$\angle BAH = 90° - 60° = 30°$이므로

$\overline{BH} = \overline{AH} \tan 30° = \frac{\sqrt{3}}{3}h$

이때 $\overline{BC} = \overline{CH} - \overline{BH}$이므로

$4 = h - \frac{\sqrt{3}}{3}h, \ \frac{3-\sqrt{3}}{3}h = 4$

$\therefore \ h = \frac{12}{3-\sqrt{3}} = 2(3+\sqrt{3})$

따라서 △ABC의 넓이는

$\frac{1}{2} \times \overline{BC} \times \overline{AH} = \frac{1}{2} \times 4 \times 2(3+\sqrt{3})$

$= 4(3+\sqrt{3})$

05 답 ⑤

오른쪽 그림과 같이 꼭짓점 A에서 $\overline{BC}$에 내린 수선의 발을 H라고 하면 구하는 동상의 높이는 $\overline{AH}$의 길이와 같다.

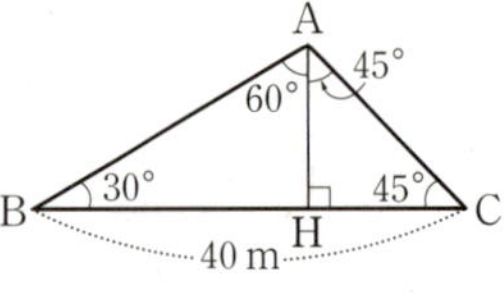

△ABH에서

$\angle BAH = 90° - 30° = 60°$이므로

$\overline{BH} = \overline{AH} \tan 60° = \overline{AH} \times \sqrt{3}$

△ACH에서

$\angle CAH = 90° - 45° = 45°$이므로

$\overline{CH} = \overline{AH} \tan 45° = \overline{AH}$

이때 $\overline{BC} = \overline{BH} + \overline{CH}$이므로

$40 = \overline{AH} \times \sqrt{3} + \overline{AH}, \ (\sqrt{3}+1)\overline{AH} = 40$

$\therefore \ \overline{AH} = \frac{40}{\sqrt{3}+1} = 20(\sqrt{3}-1)(m)$

06 답 $10\sqrt{3}\,m$

빌딩의 높이를 $\overline{AB} = h\,m$라고 하자.

△APB에서 $\angle PAB = 90° - 30° = 60°$이므로

$\overline{PB} = \overline{AB} \tan 60° = \sqrt{3}h(m)$

△AQB에서 $\angle QAB = 90° - 60° = 30°$이므로

$\overline{QB} = \overline{AB} \tan 30° = \frac{\sqrt{3}}{3}h(m)$

이때 $\overline{PQ} = \overline{PB} - \overline{QB}$이므로

$20 = \sqrt{3}h - \frac{\sqrt{3}}{3}h, \ \frac{2\sqrt{3}}{3}h = 20$

$\therefore \ h = 10\sqrt{3}\,m$

---

2 삼각비의 활용 (2)

08 삼각형의 넓이
워크북 14~16쪽

01 답 ②

$\triangle ABC = \frac{1}{2} \times 4 \times 7 \times \sin 60°$

$= \frac{1}{2} \times 4 \times 7 \times \frac{\sqrt{3}}{2}$

$= 7\sqrt{3}\,(cm^2)$

02 답 $12\sqrt{3}\,cm^2$

△ABH에서 $\overline{BH} = 6 \cos 60° = 6 \times \frac{1}{2} = 3\,(cm)$

$\therefore \ \triangle ABC = \frac{1}{2} \times \overline{AB} \times \overline{BC} \times \sin 60°$

$= \frac{1}{2} \times 6 \times (3+5) \times \frac{\sqrt{3}}{2}$

$= 12\sqrt{3}\,(cm^2)$

03 답 ④

$\triangle ABC = \frac{1}{2} \times 8 \times 9 \times \sin(180° - 120°)$

$= \frac{1}{2} \times 8 \times 9 \times \sin 60°$

$= \frac{1}{2} \times 8 \times 9 \times \frac{\sqrt{3}}{2}$

$= 18\sqrt{3}\,(cm^2)$

04 답 $\frac{15\sqrt{3}}{2}\,cm^2$

$\triangle ABC = \frac{1}{2} \times 9 \times 10 \times \sin 60°$

$= \frac{1}{2} \times 9 \times 10 \times \frac{\sqrt{3}}{2}$

$= \frac{45\sqrt{3}}{2}\,(cm^2)$

이때 점 G는 △ABC의 무게중심이므로

$\triangle GAB = \frac{1}{3}\triangle ABC = \frac{1}{3} \times \frac{45\sqrt{3}}{2} = \frac{15\sqrt{3}}{2}\,(cm^2)$

05 답 $\frac{55}{16}\,cm$

$\triangle ABC = \frac{1}{2} \times 5 \times 11 \times \sin(180° - 120°)$

$= \frac{1}{2} \times 5 \times 11 \times \sin 60°$

$= \frac{1}{2} \times 5 \times 11 \times \frac{\sqrt{3}}{2} = \frac{55\sqrt{3}}{4}\,(cm^2)$

그런데 $\overline{AD}$가 $\angle BAC$의 이등분선이므로

$\angle BAD = \angle CAD = 60°$

$\triangle ABD = \frac{1}{2} \times 5 \times \overline{AD} \times \sin 60°$

$= \frac{1}{2} \times 5 \times \overline{AD} \times \frac{\sqrt{3}}{2}$

$= \frac{5\sqrt{3}}{4}\overline{AD}\,(cm^2)$

$$\triangle ACD = \frac{1}{2} \times 11 \times \overline{AD} \times \sin 60°$$
$$= \frac{1}{2} \times 11 \times \overline{AD} \times \frac{\sqrt{3}}{2}$$
$$= \frac{11\sqrt{3}}{4}\overline{AD}$$

이때 $\triangle ABC = \triangle ABD + \triangle ACD$이므로

$$\frac{55\sqrt{3}}{4} = \frac{5\sqrt{3}}{4}\overline{AD} + \frac{11\sqrt{3}}{4}\overline{AD}, \ \frac{55\sqrt{3}}{4} = 4\sqrt{3} \times \overline{AD}$$

$$\therefore \overline{AD} = \frac{55}{16} \text{ cm}$$

06 탭 8 cm

$$\triangle ABC = \frac{1}{2} \times \overline{AB} \times 6 \times \sin 45°$$
$$= \frac{1}{2} \times \overline{AB} \times 6 \times \frac{\sqrt{2}}{2}$$
$$= \frac{3\sqrt{2}}{2}\overline{AB} = 12\sqrt{2}$$

$$\therefore \overline{AB} = 8 \text{ cm}$$

07 탭 60°

$$\triangle ABC = \frac{1}{2} \times 9 \times 6 \times \sin B$$
$$= 27 \sin B = \frac{27\sqrt{3}}{2}$$

에서 $\sin B = \frac{\sqrt{3}}{2}$

이때 $\triangle ABC$가 예각삼각형이므로 $\angle B = 60°$

08 탭 135°

$$\triangle ABC = \frac{1}{2} \times 10 \times 7 \times \sin(180° - C)$$
$$= 35 \sin(180° - C) = \frac{35\sqrt{2}}{2}$$

에서 $\sin(180° - C) = \frac{\sqrt{2}}{2}$

이때 $0° < 180° - \angle C < 90°$이므로

$180° - \angle C = 45°$ $\therefore \angle C = 135°$

09 탭 6 cm

$\angle B = 180° - (40° + 20°) = 120°$

$$\triangle ABC = \frac{1}{2} \times \overline{AB} \times 12 \times \sin 60°$$
$$= 3\sqrt{3} \times \overline{AB} = 18\sqrt{3}$$

$$\therefore \overline{AB} = 6 \text{ cm}$$

10 탭 ①

$\overline{OA} = \overline{OB} = 8$ cm에서 $\triangle AOB$는 이등변삼각형이므로

$\angle AOB = 180° - (30° + 30°) = 120°$

따라서 구하는 넓이는

(반원의 넓이) $- \triangle AOB$

$$= \frac{1}{2} \times \pi \times 8^2 - \frac{1}{2} \times 8 \times 8 \times \sin(180° - 120°)$$
$$= \frac{1}{2} \times \pi \times 8^2 - \frac{1}{2} \times 8 \times 8 \times \sin 60°$$
$$= \frac{1}{2} \times \pi \times 8^2 - \frac{1}{2} \times 8 \times 8 \times \frac{\sqrt{3}}{2}$$
$$= 32\pi - 16\sqrt{3}(\text{cm}^2)$$

11 탭 39

$\triangle BCD$에서 $\overline{BD} = \sqrt{8^2 + 6^2} = \sqrt{100} = 10$이므로

$$\triangle ABD = \frac{1}{2} \times 6 \times 10 \times \sin 30°$$
$$= \frac{1}{2} \times 6 \times 10 \times \frac{1}{2} = 15$$

$$\triangle BCD = \frac{1}{2} \times 8 \times 6 = 24$$

$$\therefore \square ABCD = \triangle ABD + \triangle BCD = 15 + 24 = 39$$

12 탭 $54\sqrt{3}$ cm²

오른쪽 그림과 같이 정육각형의 가장 긴 세 대각선에 의해 정육각형은 한 변의 길이가 6 cm인 정삼각형 6개로 나누어진다.

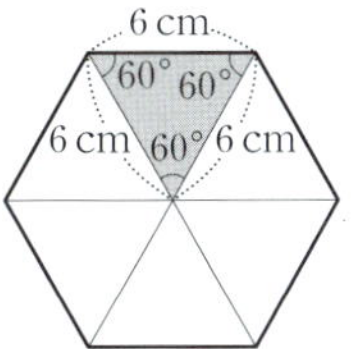

(정삼각형 한 개의 넓이)

$$= \frac{1}{2} \times 6 \times 6 \times \frac{\sqrt{3}}{2} = 9\sqrt{3}(\text{cm}^2)$$

따라서 정육각형의 넓이는

$6 \times$(정삼각형 한 개의 넓이)$= 6 \times 9\sqrt{3} = 54\sqrt{3}(\text{cm}^2)$

| 다른 풀이 | 한 변의 길이가 6 cm인 정삼각형의 넓이는

$$\frac{\sqrt{3}}{4} \times 6^2 = 9\sqrt{3}(\text{cm}^2)$$

따라서 정육각형의 넓이는

$6 \times$(정삼각형 한 개의 넓이)$= 6 \times 9\sqrt{3} = 54\sqrt{3}(\text{cm}^2)$

09 사각형의 넓이　　워크북 15~16쪽

01 탭 $10\sqrt{3}$ cm²

$\angle B = 180° - 120° = 60°$이므로

$$\square ABCD = 4 \times 5 \times \sin 60°$$
$$= 4 \times 5 \times \frac{\sqrt{3}}{2} = 10\sqrt{3}(\text{cm}^2)$$

02 탭 ⑤

$$\square ABCD = 6 \times \overline{AD} \times \sin 45°$$
$$= 6 \times \overline{AD} \times \frac{\sqrt{2}}{2} = 3\sqrt{2} \times \overline{AD} = 24\sqrt{2}$$

$$\therefore \overline{AD} = 8 \text{ cm}$$
$$\therefore \overline{BC} = \overline{AD} = 8 \text{ cm}$$

03 탭 ④

$$\triangle AMC = \frac{1}{2}\triangle ABC = \frac{1}{2} \times \frac{1}{2}\square ABCD$$
$$= \frac{1}{4}\square ABCD = \frac{1}{4} \times 8 \times 9 \times \sin 60°$$
$$= \frac{1}{4} \times 8 \times 9 \times \frac{\sqrt{3}}{2} = 9\sqrt{3}(\text{cm}^2)$$

04 탭 $8\sqrt{2}$ cm²

$$\square ABCD = 4 \times 4 \times \sin 45°$$
$$= 4 \times 4 \times \frac{\sqrt{2}}{2} = 8\sqrt{2}(\text{cm}^2)$$

05 탭 $8\sqrt{6}$ cm

마름모 ABCD의 한 변의 길이를 x cm라고 하면

$$\square ABCD = x \times x \times \sin(180° - 150°)$$
$$= x \times x \times \sin 30°$$
$$= x \times x \times \frac{1}{2} = \frac{1}{2}x^2 = 12$$

즉 $x^2 = 24$에서 $x = \sqrt{24} = 2\sqrt{6}$(cm) ($\because x > 0$)
따라서 마름모 ABCD의 둘레의 길이는
$4x = 4 \times 2\sqrt{6} = 8\sqrt{6}$(cm)

06 답 ③

$$\square ABCD = \frac{1}{2} \times \overline{AC} \times 12 \times \sin 45°$$
$$= \frac{1}{2} \times \overline{AC} \times 12 \times \frac{\sqrt{2}}{2}$$
$$= 3\sqrt{2} \times \overline{AC} = 30\sqrt{2}$$
$$\therefore \overline{AC} = 10 \text{ cm}$$

07 답 ④

등변사다리꼴의 두 대각선의 길이는 서로 같으므로
$$\square ABCD = \frac{1}{2} \times \overline{AC} \times \overline{AC} \times \sin 90°$$
$$= \frac{1}{2}\overline{AC}^2 = 32$$
에서 $\overline{AC}^2 = 64$
$$\therefore \overline{AC} = 8 \text{ cm } (\because \overline{AC} > 0)$$

08 답 60°

두 대각선이 이루는 예각의 크기를 $a°$라고 하면
$$\square ABCD = \frac{1}{2} \times 8 \times 6 \times \sin a° = 24 \sin a° = 12\sqrt{3}$$
$$\therefore \sin a° = \frac{\sqrt{3}}{2}$$
이때 $0° < a° < 90°$이므로 두 대각선이 이루는 예각의 크기는 60°이다.

09 답 $99\sqrt{3}$

$$\triangle AOD = \frac{1}{2} \times \overline{AO} \times 6 \times \sin 60°$$
$$= \frac{1}{2} \times \overline{AO} \times 6 \times \frac{\sqrt{3}}{2} = \frac{3\sqrt{3}}{2} \times \overline{AO} = 18\sqrt{3}$$
$$\therefore \overline{AO} = 12$$
따라서 $\overline{AC} = 12 + 6 = 18$, $\overline{BD} = 40 - 18 = 22$이므로
$$\square ABCD = \frac{1}{2} \times 18 \times 22 \times \sin 60°$$
$$= \frac{1}{2} \times 18 \times 22 \times \frac{\sqrt{3}}{2} = 99\sqrt{3}$$

10 답 ④

점 D에서 $\overrightarrow{AB}$, $\overrightarrow{BC}$에 내린 수선의 발을 각각 H, H'이라고 하면 $\overrightarrow{AD} /\!/ \overrightarrow{BC}$이므로
$$\angle HAD = \angle ABC$$
$$= 45°(\text{동위각})$$
$\overrightarrow{AB} /\!/ \overrightarrow{DC}$이므로
$$\angle DCH' = \angle ABC = 45°(\text{동위각})$$
$\triangle ADH$에서
$$\overline{AD} = \frac{6}{\sin 45°} = 6 \div \frac{\sqrt{2}}{2} = 6\sqrt{2}\text{(cm)}$$

$\triangle DCH'$에서
$$\overline{CD} = \frac{8}{\sin 45°} = 8 \div \frac{\sqrt{2}}{2} = 8\sqrt{2}\text{(cm)}$$
따라서 겹쳐진 부분인 $\square ABCD$는 평행사변형이므로
$$\square ABCD = \overline{AD} \times \overline{CD} \times \sin 45°$$
$$= 6\sqrt{2} \times 8\sqrt{2} \times \frac{\sqrt{2}}{2} = 48\sqrt{2}\text{(cm}^2)$$

11 답 ②

$$\triangle ACM = \frac{1}{2}\triangle ACD = \frac{1}{4}\square ABCD$$
$$= \frac{1}{4} \times 12 \times 9 \times \sin(180° - 135°)$$
$$= \frac{1}{4} \times 12 \times 9 \times \sin 45°$$
$$= \frac{1}{4} \times 12 \times 9 \times \frac{\sqrt{2}}{2} = \frac{27\sqrt{2}}{2}$$

단원 마무리 워크북 17~18쪽

01 ④	**02** ⑤	**03** $20\sqrt{6}$ m	**04** ⑤
05 $30(\sqrt{3}-1)$ m	**06** ④	**07** ③	**08** ②
09 ①	**10** $18\sqrt{3}$ cm²	**11** $100(3\sqrt{2}-\sqrt{6})$ m	
12 $(48\pi - 36\sqrt{3})$ cm²			

01 $\overline{AC} = \overline{BC} \cos 28° = 10 \times 0.88 = 8.8$(cm)

02 $\overline{AB} = \overline{DE} = 100$ m이므로 $\triangle ABC$에서
$\overline{BC} = \overline{AB} \tan 64° = 100 \times 2.05 = 205$(m)
이때 $\overline{BE} = 1.8$ m이므로 이 건물의 높이는
$\overline{BC} + \overline{BE} = 205 + 1.8 = 206.8$(m)

03 $\triangle BCD$에서
$$\overline{BC} = \overline{CD} \sin 45° = 120 \times \frac{\sqrt{2}}{2} = 60\sqrt{2}\text{(m)}$$
따라서 $\triangle ACB$에서 산의 높이는
$$\overline{AB} = \overline{BC} \tan 30° = 60\sqrt{2} \times \frac{\sqrt{3}}{3} = 20\sqrt{6}\text{(m)}$$

04 $\triangle ADC$에서 $\overline{DC} = \dfrac{\overline{AC}}{\tan 45°} = 2$
$$\overline{AD} = \frac{\overline{AC}}{\sin 45°} = 2 \div \frac{\sqrt{2}}{2} = 2\sqrt{2}$$
$\triangle ABD$에서 $\angle BAD = 45° - 22.5° = 22.5°$이므로
$\overline{BD} = \overline{AD} = 2\sqrt{2}$
따라서 $\triangle ABC$에서
$$\tan 22.5° = \frac{\overline{AC}}{\overline{BC}} = \frac{2}{2\sqrt{2}+2} = \frac{1}{\sqrt{2}+1} = \sqrt{2} - 1$$

05 $\triangle ACB$에서 $\angle CAB = 90° - 30° = 60°$이므로
$\overline{BC} = \overline{AB} \tan 60° = \sqrt{3} \times \overline{AB}$
$\triangle ADB$에서 $\angle DAB = 90° - 45° = 45°$이므로
$\overline{BD} = \overline{AB} \tan 45° = \overline{AB}$
이때 $\overline{CD} = \overline{BC} + \overline{BD}$이므로

$$60=\sqrt{3}\times\overline{AB}+\overline{AB}$$
$$(\sqrt{3}+1)\overline{AB}=60$$
$$\therefore \overline{AB}=\frac{60}{\sqrt{3}+1}=30(\sqrt{3}-1)(m)$$

06 지면으로부터 기구까지의 높이는 $\overline{CD}$의 길이와 같다.

$\triangle ACD$에서 $\angle ADC=90°-32°=58°$이므로
$$\overline{AC}=\overline{CD}\tan 58°$$
$\triangle BCD$에서 $\angle BDC=90°-57°=33°$이므로
$$\overline{BC}=\overline{CD}\tan 33°$$
이때 $\overline{AB}=\overline{AC}-\overline{BC}$이므로
$$100=\overline{CD}\tan 58°-\overline{CD}\tan 33°$$
$$=\overline{CD}(\tan 58°-\tan 33°)$$
$$\therefore \overline{CD}=\frac{100}{\tan 58°-\tan 33°}\ m$$

07 $\angle BAD=\angle CAD=x°$라고 하면
$$\triangle ABD=\frac{1}{2}\times 6\times\overline{AD}\times\sin x°=3\overline{AD}\sin x°=18$$
$$\therefore \overline{AD}\sin x°=6$$
$$\triangle ACD=\frac{1}{2}\times 9\times\overline{AD}\times\sin x°=\frac{9}{2}\times\overline{AD}\sin x°$$
$$=\frac{9}{2}\times 6=27(cm^2)$$
$$\therefore \triangle ABC=\triangle ABD+\triangle ACD$$
$$=18+27=45(cm^2)$$

| 다른 풀이 | $\overline{AD}$가 $\angle A$의 이등분선이므로
$$\overline{BD}:\overline{CD}=\overline{AB}:\overline{AC}=6:9=2:3$$
이때 $\triangle ABD$의 밑변을 $\overline{BD}$, $\triangle ACD$의 밑변을 $\overline{CD}$라고 하면 두 삼각형의 높이가 같으므로 $\triangle ABD:\triangle ACD=\overline{BD}:\overline{CD}=2:3$
$$\therefore \triangle ACD=18\times\frac{3}{2}=27(cm^2)$$
$$\therefore \triangle ABC=\triangle ABD+\triangle ACD=18+27=45(cm^2)$$

08 $\triangle ABC$에서
$$\overline{AB}=\overline{BC}\cos 60°=12\times\frac{1}{2}=6$$
$$\overline{AC}=\overline{BC}\sin 60°=12\times\frac{\sqrt{3}}{2}=6\sqrt{3}$$
$$\therefore \square ABCD$$
$$=\triangle ABC+\triangle ACD$$
$$=\frac{1}{2}\times\overline{AB}\times\overline{AC}+\frac{1}{2}\times\overline{AC}\times\overline{CD}\times\sin 30°$$
$$=\frac{1}{2}\times 6\times 6\sqrt{3}+\frac{1}{2}\times 6\sqrt{3}\times 8\times\frac{1}{2}$$
$$=18\sqrt{3}+12\sqrt{3}=30\sqrt{3}$$

09 $\angle OBC=30°$이므로 $\angle ABC=60°$
이때 $\overline{OE}:\overline{ED}=1:2$이므로
$$\triangle AED=\frac{2}{3}\triangle AOD=\frac{2}{3}\times\frac{1}{4}\square ABCD$$
$$=\frac{1}{6}\square ABCD=\frac{1}{6}\times 8\times 8\times\sin 60°$$
$$=\frac{1}{6}\times 8\times 8\times\frac{\sqrt{3}}{2}=\frac{16\sqrt{3}}{3}(cm^2)$$

10 $\angle AOB:\angle BOC=1:2$이므로
$$\angle AOB=180°\times\frac{1}{1+2}=60°$$
$$\therefore \square ABCD=\frac{1}{2}\times 9\times 8\times\sin 60°$$
$$=\frac{1}{2}\times 9\times 8\times\frac{\sqrt{3}}{2}=18\sqrt{3}(cm^2)$$

11 오른쪽 그림과 같이 점 C에서 $\overline{AB}$에 내린 수선의 발을 H, $\overline{AC}$의 길이를 x m라고 하자.

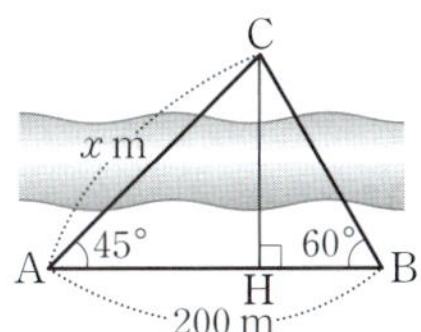

$\triangle CAH$에서
$$\overline{AH}=x\cos 45°=\frac{\sqrt{2}}{2}x(m)\quad\text{❶}$$
$$\overline{CH}=x\sin 45°=\frac{\sqrt{2}}{2}x(m)$$
$\triangle CBH$에서
$$\overline{BH}=\frac{\overline{CH}}{\tan 60°}=\frac{\sqrt{2}}{2}x\div\sqrt{3}=\frac{\sqrt{6}}{6}x(m)\quad\text{❷}$$
이때 $\overline{AB}=\overline{AH}+\overline{BH}$이므로
$$200=\frac{\sqrt{2}}{2}x+\frac{\sqrt{6}}{6}x,\ \frac{3\sqrt{2}+\sqrt{6}}{6}x=200$$
$$\therefore x=\frac{1200}{3\sqrt{2}+\sqrt{6}}=100(3\sqrt{2}-\sqrt{6})$$
따라서 두 지점 A, C 사이의 거리는 $100(3\sqrt{2}-\sqrt{6})$ m이다. ❸

단계	채점 기준	비율
❶	$\overline{AH}$의 길이를 $\overline{AC}$의 길이로 나타내기	40 %
❷	$\overline{BH}$의 길이를 $\overline{AC}$의 길이로 나타내기	40 %
❸	두 지점 A, C 사이의 거리 구하기	20 %

12 $\triangle OAB$에서 $\overline{OA}=\overline{OB}$이므로
$$\angle OBA=\angle OAB=30°$$
$$\therefore \angle AOB=180°-(30°+30°)=120°\quad\text{❶}$$
원의 반지름의 길이가 12 cm이므로 부채꼴 OAB의 넓이는
$$\pi\times 12^2\times\frac{120}{360}=48\pi(cm^2)\quad\text{❷}$$
또, $\triangle OAB$의 넓이는
$$\frac{1}{2}\times 12\times 12\times\sin(180°-120°)$$
$$=\frac{1}{2}\times 12\times 12\times\sin 60°$$
$$=\frac{1}{2}\times 12\times 12\times\frac{\sqrt{3}}{2}=36\sqrt{3}(cm^2)\quad\text{❸}$$
따라서 색칠한 활꼴의 넓이는
$$(\text{부채꼴 OAB의 넓이})-\triangle OAB$$
$$=48\pi-36\sqrt{3}(cm^2)\quad\text{❹}$$

단계	채점 기준	비율
❶	$\angle AOB$의 크기 구하기	10 %
❷	부채꼴 OAB의 넓이 구하기	30 %
❸	$\triangle OAB$의 넓이 구하기	40 %
❹	색칠한 활꼴의 넓이 구하기	20 %

Ⅱ | 원의 성질

Ⅱ-1 | 원과 직선

1 원의 현

10 현의 수직이등분선과 현의 길이 워크북 19~20쪽

01 답 ③

점 O에서 $\overline{AB}$에 내린 수선의 발을 M이라고 하면
$\triangle OMB$는 직각삼각형이므로
$\overline{MB}=\sqrt{5^2-3^2}=\sqrt{16}=4\,(\text{cm})$
원의 중심에서 현에 내린 수선은 그 현을 이등분하므로
$x=2\times4=8$

02 답 $8\sqrt{2}$ cm

오른쪽 그림의 $\triangle OMB$에서
$\overline{BM}=\sqrt{6^2-2^2}=\sqrt{32}$
$\qquad=4\sqrt{2}\,(\text{cm})$
$\therefore \overline{AB}=2\overline{BM}=2\times4\sqrt{2}$
$\qquad\quad=8\sqrt{2}\,(\text{cm})$

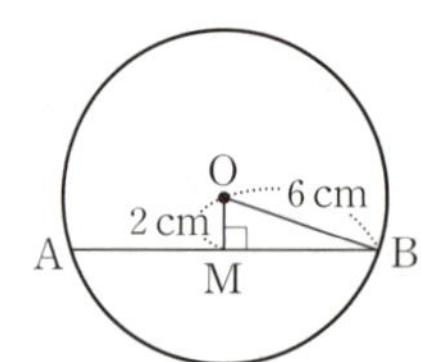

03 답 24 cm

오른쪽 그림의 $\triangle OAM$에서
$\overline{OA}=15$ cm, $\overline{OM}=9$ cm
이므로
$\overline{AM}=\sqrt{15^2-9^2}$
$\qquad=\sqrt{144}=12\,(\text{cm})$
$\therefore \overline{AB}=2\overline{AM}=2\times12=24\,(\text{cm})$

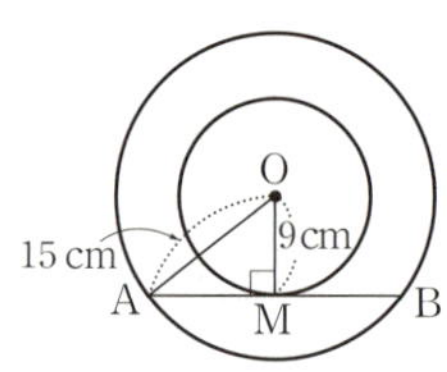

04 답 ④

$\overline{OM}=\overline{CM}=6$ cm
$\overline{OA}$를 그으면 $\triangle OAM$에서
$\overline{AM}=\sqrt{12^2-6^2}=\sqrt{108}=6\sqrt{3}\,(\text{cm})$
$\therefore \overline{AB}=2\overline{AM}=2\times6\sqrt{3}=12\sqrt{3}\,(\text{cm})$

05 답 12 cm

$\overline{MN}=\overline{MC}+\overline{CN}=\dfrac{1}{2}\overline{AC}+\dfrac{1}{2}\overline{CB}$
$\qquad=\dfrac{1}{2}(\overline{AC}+\overline{CB})=\dfrac{1}{2}\overline{AB}$
$\qquad=\dfrac{1}{2}\times24=12\,(\text{cm})$

06 답 $\dfrac{25}{6}$ cm

원 O의 반지름의 길이를 r cm라고 하면
$\overline{BD}=\overline{AD}=4$ cm이고, $\overline{OB}=\overline{OC}=r$ cm이므로
$\triangle ODB$에서
$r^2=(r-3)^2+4^2,\ r^2=r^2-6r+25$
$6r=25 \qquad \therefore r=\dfrac{25}{6}$

07 답 $\sqrt{30}$ cm

$\overline{AD}=\overline{CD}=\sqrt{5^2-2^2}=\sqrt{21}\,(\text{cm})$
$\overline{BD}=\overline{OB}-\overline{OD}=5-2=3\,(\text{cm})$
따라서 $\triangle ABD$에서
$\overline{AB}=\sqrt{(\sqrt{21})^2+3^2}=\sqrt{30}\,(\text{cm})$

08 답 $\dfrac{17}{3}$ cm

오른쪽 그림에서 $\overline{CM}$은 $\overline{AB}$의 수
직이등분선이므로 $\overline{CM}$의 연장선
은 원의 중심 O를 지난다.
$\therefore \overline{AM}=\dfrac{1}{2}\overline{AB}=\dfrac{1}{2}\times10$
$\qquad\quad=5\,(\text{cm})$
원의 반지름의 길이를 r cm라고 하면
$\overline{OM}=(r-3)$ cm이므로
$\triangle AOM$에서
$r^2=(r-3)^2+5^2,\ r^2=r^2-6r+9+25$
$6r=34 \qquad \therefore r=\dfrac{17}{3}$

09 답 10 cm

오른쪽 그림에서 $\overline{CM}$은 $\overline{AB}$의 수직
이등분선이므로 $\overline{CM}$의 연장선은 접
시의 중심 O를 지난다.
$\therefore \overline{AM}=\dfrac{1}{2}\overline{AB}=\dfrac{1}{2}\times12$
$\qquad\quad=6\,(\text{cm})$
접시의 반지름의 길이를 r cm라고 하면
$\overline{OM}=(r-2)$ cm이므로
$\triangle AOM$에서
$(r-2)^2+6^2=r^2,\ r^2-4r+4+36=r^2$
$4r=40 \qquad \therefore r=10$

10 답 9 cm

오른쪽 그림에서 $\overline{CM}$은 $\overline{AB}$의 수
직이등분선이므로 $\overline{CM}$의 연장선
은 원의 중심 O를 지난다.
$\therefore \overline{AM}=\dfrac{1}{2}\overline{AB}=\dfrac{1}{2}\times30$
$\qquad\quad=15\,(\text{cm})$
$\triangle AOM$에서
$\overline{OM}=\sqrt{17^2-15^2}=\sqrt{64}=8\,(\text{cm})$
$\therefore \overline{CM}=\overline{OC}-\overline{OM}=17-8=9\,(\text{cm})$

11 답 $8\sqrt{3}$ cm

오른쪽 그림과 같이 원의 중심 O에
서 $\overline{AB}$에 내린 수선의 발을 M이라
고 하면 $\overline{OM}=\overline{MN}=4$ cm이므로
$\triangle OAM$에서
$\overline{AM}=\sqrt{8^2-4^2}=\sqrt{48}=4\sqrt{3}\,(\text{cm})$
$\therefore \overline{AB}=2\overline{AM}$
$\qquad\quad=2\times4\sqrt{3}=8\sqrt{3}\,(\text{cm})$

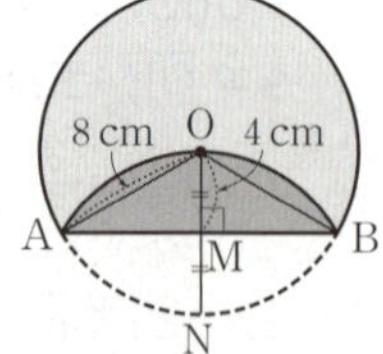

12 답 $4\sqrt{3}$ cm

오른쪽 그림과 같이 원의 중심 O에
서 $\overline{AB}$에 내린 수선의 발을 M이라
고 하면

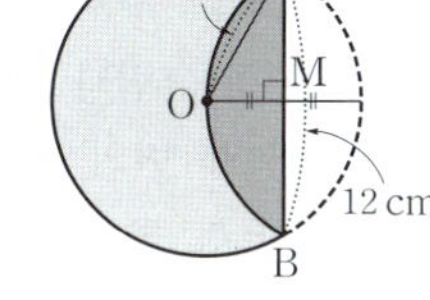

$$\overline{BM}=\frac{1}{2}\overline{AB}=\frac{1}{2}\times 12$$
$$=6\,(\text{cm})$$

원의 반지름의 길이를 r cm라고 하면

$\overline{OM}=\dfrac{r}{2}$ cm이므로 $\triangle OAM$에서

$$r^2=\left(\frac{r}{2}\right)^2+6^2,\quad \frac{3}{4}r^2=36$$
$$r^2=48 \qquad \therefore r=4\sqrt{3}\ (\because r>0)$$

13 답 $4\sqrt{3}$ cm^2

오른쪽 그림과 같이 원의 중심 O에
서 $\overline{AB}$에 내린 수선의 발을 M이라
고 하면 $\triangle OAM$에서
$\overline{OA}=4$ cm, $\overline{OM}=2$ cm이므로

$$\overline{AM}=\sqrt{4^2-2^2}=\sqrt{12}=2\sqrt{3}\,(\text{cm})$$
$$\therefore \overline{AB}=2\overline{AM}=2\times 2\sqrt{3}=4\sqrt{3}\,(\text{cm})$$
$$\therefore \triangle OAB=\frac{1}{2}\times 4\sqrt{3}\times 2=4\sqrt{3}\,(\text{cm}^2)$$

14 답 ④

$\overline{OM}=\overline{ON}$이므로 $\overline{AB}=\overline{AC}$
따라서 $\triangle ABC$는 이등변삼각형이므로

$$\angle x=\frac{1}{2}\times(180°-40°)=70°$$

15 답 $70°$

$\square BHOM$에서

$$\angle B=360°-(90°+125°+90°)=55°$$

$\overline{OM}=\overline{ON}$이므로 $\overline{AB}=\overline{AC}$
따라서 $\triangle ABC$에서 $\angle C=\angle B=55°$이므로

$$\angle A=180°-(55°+55°)=70°$$

16 답 $36\sqrt{3}$ cm^2

$\overline{OL}=\overline{OM}=\overline{ON}$이므로 $\overline{AB}=\overline{BC}=\overline{CA}$
즉, $\triangle ABC$는 정삼각형이다.
이때 $\overline{CA}=2\overline{CN}=2\times 6=12\,(\text{cm})$
따라서 $\triangle ABC$는 한 변의 길이가 12 cm인 정삼각형이므
로

$$\triangle ABC=\frac{\sqrt{3}}{4}\times 12^2=36\sqrt{3}\,(\text{cm}^2)$$

2 원의 접선

11 원의 접선의 길이

워크북 21쪽

01 답 6 cm

$\angle OAP=90°$이므로 $\triangle OPA$에서

$$\angle POA=180°-(90°+45°)=45°$$

따라서 $\triangle OPA$는 직각이등변삼각형이므로
$\overline{OA}=\overline{PA}=6$ cm

02 답 ②

$\overline{PT}$가 원 O의 접선이므로 $\angle PTO=90°$이다.
$\triangle OPT$에서 $\overline{PT}=\sqrt{6^2-3^2}=\sqrt{27}=3\sqrt{3}\,(\text{cm})$

$$\therefore \triangle OPT=\frac{1}{2}\times 3\sqrt{3}\times 3=\frac{9\sqrt{3}}{2}\,(\text{cm}^2)$$

03 답 7 cm

$\overline{PA}=\overline{PB}$이므로 $\triangle APB$에서

$$\angle PAB=\angle PBA=\frac{1}{2}\times(180°-60°)=60°$$

따라서 $\triangle PAB$는 정삼각형이므로 $\overline{AB}=\overline{PA}=7$ cm

04 답 $3\sqrt{21}$

$$\overline{PB}=\overline{PA}=\sqrt{\overline{PO}^2-\overline{OA}^2}$$
$$=\sqrt{(6+9)^2-6^2}=\sqrt{189}=3\sqrt{21}$$

05 답 24 cm

$\overline{AD}$, $\overline{AF}$, $\overline{BC}$가 원 O의 접선이므로
$\overline{BD}=\overline{BE}=3$ cm
$\overline{AD}=\overline{AF}=9+3=12\,(\text{cm})$
$\overline{CE}=\overline{CF}$

$$\therefore (\triangle ABC\text{의 둘레의 길이})=\overline{AB}+\overline{BC}+\overline{AC}$$
$$=\overline{AB}+\overline{BE}+\overline{CE}+\overline{AC}$$
$$=\overline{AB}+\overline{BD}+\overline{CF}+\overline{AC}$$
$$=\overline{AD}+\overline{AF}$$
$$=2\overline{AD}$$
$$=2\times 12=24\,(\text{cm})$$

06 답 5 cm

$\overline{AF}=\overline{AD}=8$ cm이므로
$\overline{CF}=\overline{CE}=8-6=2\,(\text{cm})$
$\overline{BD}=\overline{BE}=8-5=3\,(\text{cm})$

$$\therefore \overline{BC}=\overline{BE}+\overline{CE}=3+2=5\,(\text{cm})$$

07 답 ④

오른쪽 그림과 같이 점 C에서
$\overline{DA}$에 내린 수선의 발을 F라
고 하면
$\overline{DE}=\overline{DA}$, $\overline{CE}=\overline{CB}$
이므로 $\triangle DFC$에서
$$\overline{DC}=\overline{DE}+\overline{EC}$$
$$=\overline{DA}+\overline{CB}$$
$$=5+4=9\,(\text{cm})$$
$$\overline{DF}=\overline{DA}-\overline{FA}=\overline{DA}-\overline{CB}$$
$$=5-4=1\,(\text{cm})$$
$$\therefore \overline{CF}=\sqrt{9^2-1^2}=\sqrt{80}=4\sqrt{5}\,(\text{cm})$$
$$\therefore \overline{AB}=\overline{CF}=4\sqrt{5}$$

08 답 $40\ \text{cm}^2$

오른쪽 그림과 같이 점 C에서
$\overline{\text{DA}}$에 내린 수선의 발을 F라
고 하면
$\overline{\text{DE}}=\overline{\text{DA}},\ \overline{\text{CE}}=\overline{\text{CB}}$이므로
△DFC에서

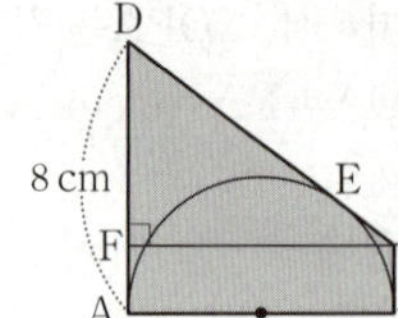

$$\overline{\text{DC}}=\overline{\text{DE}}+\overline{\text{EC}}$$
$$=\overline{\text{DA}}+\overline{\text{CB}}$$
$$=8+2=10(\text{cm})$$
$$\overline{\text{DF}}=\overline{\text{DA}}-\overline{\text{FA}}=\overline{\text{DA}}-\overline{\text{CB}}$$
$$=8-2=6(\text{cm})$$
$$\therefore\ \overline{\text{CF}}=\sqrt{10^2-6^2}=\sqrt{64}=8(\text{cm})$$
$$\therefore\ \square\text{ABCD}=\frac{1}{2}\times(8+2)\times8=40(\text{cm}^2)$$

12 | 삼각형의 내접원

워크북 22쪽

01 답 $13\ \text{cm}$

$\overline{\text{CE}}=\overline{\text{CD}}=14-8=6(\text{cm})$
$\overline{\text{BF}}=\overline{\text{BD}}=8\ \text{cm}$이므로
$\overline{\text{AE}}=\overline{\text{AF}}=15-8=7(\text{cm})$
$\therefore\ \overline{\text{AC}}=\overline{\text{AE}}+\overline{\text{CE}}=7+6=13(\text{cm})$

02 답 ③

$\overline{\text{AD}}=\overline{\text{AF}}=2\ \text{cm},$
$\overline{\text{CF}}=\overline{\text{CE}}=6-2=4(\text{cm})$이므로
$\overline{\text{BE}}=\overline{\text{BD}}=x\ \text{cm}$라고 하면
$\overline{\text{AB}}=(x+2)\ \text{cm},$
$\overline{\text{BC}}=(x+4)\ \text{cm}$
$\overline{\text{AB}}+\overline{\text{BC}}+\overline{\text{CA}}=24\ \text{cm}$이므로
$(x+2)+(x+4)+6=24$
$2x=12\quad\therefore\ x=6$

03 답 $\dfrac{5}{2}\ \text{cm}$

$\overline{\text{AD}}=\overline{\text{AF}}=x\ \text{cm}$라고 하면
$\overline{\text{BD}}=\overline{\text{BE}}=(6-x)\ \text{cm},$
$\overline{\text{CF}}=\overline{\text{CE}}=(8-x)\ \text{cm}$
$\overline{\text{BC}}=\overline{\text{BE}}+\overline{\text{CE}}$이므로
$(6-x)+(8-x)=9$
$2x=5\quad\therefore\ x=\dfrac{5}{2}$

04 답 $16\ \text{cm}$

$\overline{\text{AD}}=\overline{\text{AF}}=6\ \text{cm}$이므로
$\overline{\text{BE}}=\overline{\text{BD}}=13-6=7(\text{cm}),$
$\overline{\text{CE}}=15-7=8(\text{cm})$
따라서 △QPC의 둘레의 길이는
$2\overline{\text{CE}}=2\times8=16(\text{cm})$

05 답 $(6-\pi)\ \text{cm}^2$

△ABC에서
$\overline{\text{AB}}=\sqrt{4^2+3^2}=\sqrt{25}=5(\text{cm})$
오른쪽 그림과 같이 내접
원과 세 변의 접점을 D,
E, F라 하고, 내접원의
반지름의 길이를 $r\ \text{cm}$라
고 하면 □OECF는 정사

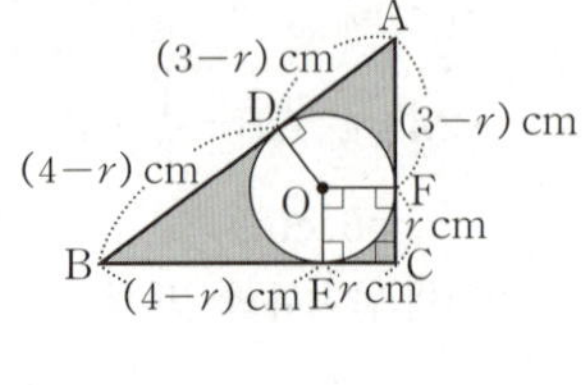

각형이므로
$\overline{\text{CE}}=\overline{\text{CF}}=r\ \text{cm}$
$\overline{\text{AD}}=\overline{\text{AF}}=(3-r)\ \text{cm}$
$\overline{\text{BD}}=\overline{\text{BE}}=(4-r)\ \text{cm}$
$\overline{\text{AD}}+\overline{\text{BD}}=\overline{\text{AB}}$이므로
$(3-r)+(4-r)=5$
$2r=2\quad\therefore\ r=1$
따라서 색칠한 부분의 넓이는
$\triangle\text{ABC}-(\text{원 O의 넓이})$
$\dfrac{1}{2}\times4\times3-\pi\times1^2=6-\pi(\text{cm}^2)$

06 답 $9\pi\ \text{cm}^2$

원 O의 반지름의 길이를
$r\ \text{cm}$라고 하면
$\overline{\text{AD}}=\overline{\text{AF}}=r\ \text{cm}$이므로
$\overline{\text{AB}}=(r+5)\ \text{cm}$
$\overline{\text{AC}}=(r+12)\ \text{cm}$
△ABC에서
$(r+5)^2+(r+12)^2=17^2$
$2r^2+34r-120=0,\ r^2+17r-60=0$
$(r+20)(r-3)=0\quad\therefore\ r=3\ (\because\ r>0)$
$\therefore\ (\text{원 O의 넓이})=\pi\times3^2=9\pi(\text{cm}^2)$

07 답 ④

$\overline{\text{BD}}=\overline{\text{BF}}=x\ \text{cm}$라고 하면
$\overline{\text{AB}}=(x+6)\ \text{cm},\ \overline{\text{BC}}=(x+3)\ \text{cm}$
△ABC에서 $(x+3)^2+9^2=(x+6)^2,\ 6x=54$
$\therefore\ x=9$
따라서 $\overline{\text{BC}}=9+3=12(\text{cm})$이므로
$\triangle\text{ABC}=\dfrac{1}{2}\times12\times9=54(\text{cm}^2)$

08 답 $24\ \text{cm}^2$

$\overline{\text{BD}}=\overline{\text{BE}}=x\ \text{cm}$라고 하면
$\overline{\text{CE}}=\overline{\text{CF}}=2\ \text{cm},$
$\overline{\text{AF}}=\overline{\text{AD}}=(10-x)\ \text{cm}$
$\overline{\text{AC}}=(10-x)+2$
$\quad\ =12-x(\text{cm})$
△ABC에서
$(x+2)^2+(12-x)^2=10^2$
$x^2-10x+24=0$
$(x-4)(x-6)=0$
$\therefore\ x=4\ \text{또는}\ x=6$

즉, $\overline{AC}=8\ \text{cm},\ \overline{BC}=6\ \text{cm}$ 또는
$\overline{AC}=6\ \text{cm},\ \overline{BC}=8\ \text{cm}$이므로
$$\triangle ABC=\frac{1}{2}\times 8\times 6=24(\text{cm}^2)$$

13 원에 외접하는 사각형

워크북 23쪽

01 답 5 cm

원 O가 □ABCD의 내접원이므로
$\overline{AB}+\overline{CD}=\overline{AD}+\overline{BC}$
$8+\overline{CD}=5+9$
$\overline{CD}=6\ \text{cm}$
$\therefore \overline{CE}=6-1=5(\text{cm})$

02 답 ⑤

□ABCD가 원 O에 외접하므로
$\overline{AB}+\overline{CD}=\overline{AD}+\overline{BC}$
$(x+4)+(x+3)=x+(3x-1)$ $\therefore x=4$
따라서 □ABCD의 둘레의 길이는
$2(\overline{AB}+\overline{CD})=2\times(8+7)=30$

03 답 ②

△DBC가 직각삼각형이므로
$\overline{BC}=\sqrt{10^2-6^2}=\sqrt{64}=8(\text{cm})$
원 O가 □ABCD의 내접원이므로
$\overline{AB}+\overline{CD}=\overline{AD}+\overline{BC},\ \overline{AB}+6=5+8$
$\therefore \overline{AB}=7\ \text{cm}$

04 답 76 cm²

원 O가 □ABCD의 내접원이므로
$\overline{AD}+\overline{BC}=\overline{AB}+\overline{CD}=11+8=19(\text{cm})$
$\therefore \square ABCD=\frac{1}{2}\times 19\times 8=76(\text{cm}^2)$

05 답 72 cm²

$\overline{CD}=2\times 4=8(\text{cm})$
원 O가 □ABCD의 내접원이므로
$\overline{AD}+\overline{BC}=\overline{AB}+\overline{CD}=10+8=18(\text{cm})$
$\therefore \square ABCD=\frac{1}{2}\times 18\times 8=72(\text{cm}^2)$

06 답 4 cm

△DIC에서 $\overline{DI}=\sqrt{5^2+12^2}=\sqrt{169}=13(\text{cm})$
$\overline{FI}=\overline{EI}=x\ \text{cm}$라고 하면
$\overline{DH}=\overline{DE}=(13-x)\ \text{cm}$
$\overline{AH}=\overline{AG}=\overline{BG}=\overline{BF}=6\ \text{cm}$이므로
$\overline{AD}=6+(13-x)=19-x(\text{cm})$
$\overline{BC}=6+x+5=11+x(\text{cm})$
따라서 $\overline{AD}=\overline{BC}$이므로
$19-x=11+x,\ 2x=8$ $\therefore x=4$

07 답 $\frac{9}{2}$ cm

$\overline{AH}=\overline{AE}=\overline{BE}=\overline{BF}=3\ \text{cm}$이므로
$\overline{DH}=\overline{CF}=9-3=6(\text{cm})$
$\overline{PG}=\overline{PH}=x\ \text{cm}$라고 하면
$\overline{CG}=\overline{CF}=6\ \text{cm}$이므로
$\overline{PC}=(6+x)\ \text{cm},\ \overline{PD}=(6-x)\ \text{cm}$
△PCD에서 $6^2+(6-x)^2=(6+x)^2$
$24x=36$ $\therefore x=\frac{3}{2}$
$\therefore \overline{PD}=6-\frac{3}{2}=\frac{9}{2}(\text{cm})$

08 답 4

오른쪽 그림과 같이 점 O에서 $\overline{BC}$에 내린 수선의 발을 E, 점 O′에서 선분 OE에 내린 수선의 발을 H라고 하자.

원 O의 반지름의 길이는
$$\frac{1}{2}\times 18=9$$
이므로 원 O′의 반지름의 길이를 r라고 하면
△OO′H에서
$\overline{OO'}=9+r,\ \overline{OH}=9-r,$
$\overline{O'H}=25-9-r=16-r$
이므로 $(9+r)^2=(9-r)^2+(16-r)^2$
$r^2-68r+256=0,\ (r-4)(r-64)=0$
$\therefore r=4\ (\because 0<r<9)$

단원 마무리

워크북 24~25쪽

01 ①	02 $\dfrac{169}{16}\pi$	03 128°	04 5 cm	05 ③
06 $\dfrac{5}{2}$ cm		07 ④	08 24π cm²	09 ⑤
10 10 cm		11 12 cm	12 ④	13 9 cm
14 $\dfrac{9}{5}$ cm		15 4 cm		

01 $\overline{AM}=\overline{BM}$이므로 $\overline{AB}\perp\overline{OC}$
$\overline{OA}$를 긋고 $\overline{OA}=x\ \text{cm}$라고 하면 $\overline{OM}=(x-3)\ \text{cm}$
이므로 △OAM에서
$x^2=4^2+(x-3)^2$
$6x=25$ $\therefore x=\frac{25}{6}$

02 오른쪽 그림에서 $\overline{CH}$는 $\overline{AB}$의 수직이등분선이므로 $\overline{CH}$의 연장선이 원의 중심 O를 지난다. 원 O의 반지름의 길이를 r라고 하면
$\overline{OH}=r-2,\ \overline{BH}=3,\ \overline{OB}=r$
이므로 △OBH에서

$(r-2)^2+3^2=r^2$

$4r=13$ $\therefore r=\dfrac{13}{4}$

따라서 구하는 원의 넓이는

$\pi\times\left(\dfrac{13}{4}\right)^2=\dfrac{169}{16}\pi$

03 $\overline{OM}=\overline{ON}$이므로 $\overline{AB}=\overline{AC}$

즉, $\triangle ABC$는 $\overline{AB}=\overline{AC}$인 이등변삼각형이므로

$\angle B=\angle C=\dfrac{1}{2}\times(180°-76°)=52°$

따라서 □OMBH에서

$\angle MOH=360°-(52°+90°+90°)=128°$

04 $\overline{OM}=\overline{ON}$이므로 $\overline{CD}=\overline{AB}=8$ cm

$\overline{CN}=\dfrac{1}{2}\overline{CD}=\dfrac{1}{2}\times8=4(cm)$

따라서 $\triangle OCN$에서

$\overline{OC}=\sqrt{3^2+4^2}=\sqrt{25}=5(cm)$

05 큰 원의 반지름의 길이를 R cm, 작은
원의 반지름의 길이를 r cm라고 하면
색칠한 부분의 넓이는
$(\pi R^2-\pi r^2)$ cm²
원의 중심 O에서 $\overline{AB}$에 내린 수선의
발을 M이라고 하면

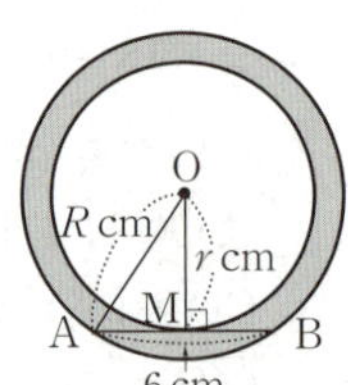

$\overline{AM}=\dfrac{1}{2}\overline{AB}=\dfrac{1}{2}\times6=3(cm)$

따라서 $\triangle OAM$에서 $R^2-r^2=3^2=9$이므로 구하는 넓이는

$\pi R^2-\pi r^2=\pi(R^2-r^2)=\pi\times9$
$\qquad\qquad\qquad\qquad=9\pi(cm^2)$

06 원 O의 반지름의 길이를 x cm라고 하면

$\overline{OP}=(x+4)$ cm

$\angle OTP=90°$이므로 $\triangle OPT$에서

$(x+4)^2=6^2+x^2$, $8x=20$ $\therefore x=\dfrac{5}{2}$

07 $\triangle ABC$에서

$\angle C=180°-(40°+50°)=90°$

또, $\overline{CF}=\overline{CE}$이므로 $\triangle CFE$는 직각이등변삼각형이다.

$\therefore \angle FEC=\dfrac{1}{2}\times(180°-90°)=45°$

08 □APBO에서 $\angle AOB=360°-(90°+60°+90°)=120°$

이므로 색칠한 부채꼴의 중심각의 크기는

$360°-120°=240°$

따라서 색칠한 부분의 넓이는

$\pi\times6^2\times\dfrac{240}{360}=24\pi(cm^2)$

09 ① $\overline{AE}=\overline{AB}=4$ cm
② $\overline{DE}=\overline{DC}$이므로
$\overline{AD}=\overline{AE}+\overline{ED}=\overline{AB}+\overline{DC}$
$\qquad\qquad=4+9=13(cm)$

③ 점 A에서 $\overline{CD}$에 내린 수
선의 발을 H라고 하면
$\triangle DAH$에서
$\overline{DH}=9-4=5(cm)$이
므로
$\overline{AH}=\sqrt{13^2-5^2}=\sqrt{144}=12(cm)$
$\therefore \overline{BC}=\overline{AH}=12$ cm

④ $\triangle ABO$와 $\triangle AEO$에서
$\angle B=\angle AEO=90°$, $\overline{AO}$는 공통, $\overline{BO}=\overline{EO}$이므로
$\triangle ABO\equiv\triangle AEO$ (RHS 합동)
$\therefore \angle AOB=\angle AOE$
마찬가지로 $\triangle DOC\equiv\triangle DOE$이므로
$\angle DOC=\angle DOE$
$\therefore \angle AOD=\angle AOE+\angle DOE$
$\qquad\qquad=\dfrac{1}{2}\angle BOE+\dfrac{1}{2}\angle COE$
$\qquad\qquad=\dfrac{1}{2}(\angle BOE+\angle COE)$
$\qquad\qquad=\dfrac{1}{2}\times180°=90°$

⑤ $\overline{OC}=6$ cm, $\overline{CD}=9$ cm이므로
$\overline{OC}:\overline{CD}\neq1:\sqrt{3}$ $\therefore \angle DOC\neq60°$
따라서 옳지 않은 것은 ⑤이다.

10 $\overline{AD}=3x$ cm, $\overline{BD}=2x$ cm $(x>0)$라고 하면
$\overline{AF}=\overline{AD}=3x$ cm,
$\overline{BE}=\overline{BD}=2x$ cm이므로
$\overline{CF}=(14-3x)$ cm, $\overline{CE}=(12-2x)$ cm
$\overline{CF}=\overline{CE}$이므로
$14-3x=12-2x$ $\therefore x=2$
따라서 $\overline{AD}=6$ cm, $\overline{BD}=4$ cm이므로
$\overline{AB}=\overline{AD}+\overline{BD}=6+4=10(cm)$

11 $\overline{CE}=\overline{CF}=x$ cm라고 하면
$\overline{AF}=\overline{AD}=2$ cm, $\overline{BE}=\overline{BD}=3$ cm이므로
$\overline{AC}=(2+x)$ cm, $\overline{BC}=(3+x)$ cm
$\triangle ABC$에서
$5^2+(2+x)^2=(3+x)^2$
$2x=20$ $\therefore x=10$
$\therefore \overline{AC}=\overline{AF}+\overline{CF}=2+10=12(cm)$

12 점 C와 접점 E를 이으면 $\overline{CE}=4$이므로 $\triangle BCE$에서
$\overline{BE}=\sqrt{5^2-4^2}=\sqrt{9}=3$
또, $\overline{EF}=\overline{DF}=5-x$이므로
$\overline{BF}=\overline{BE}+\overline{EF}=3+(5-x)=8-x$
$\triangle ABF$에서 $x^2+4^2=(8-x)^2$
$16x=48$ $\therefore x=3$

13 $\overline{AB}=3a$ cm, $\overline{CD}=5a$ cm $(a>0)$라고 하면
$\overline{AB}+\overline{CD}=\overline{AD}+\overline{BC}$이므로
$3a+5a=14+10$
$8a=24$ $\therefore a=3$

$$\therefore \ \overline{AB}=3\times3=9\,(cm)$$

| 다른 풀이 | $\overline{AB}+\overline{CD}=\overline{AD}+\overline{BC}=14+10=24\,(cm)$

$$\therefore \ \overline{AB}=24\times\dfrac{3}{3+5}=9\,(cm)$$

14 $\overline{AE}=\overline{BE}=\dfrac{1}{2}\times6=3\,(cm)$

$\overline{AH}=\overline{AE}$, $\overline{BF}=\overline{BE}$이므로

$\overline{DH}=\overline{CF}=8-3=5\,(cm)$ ·············· ❶

$\overline{HI}=x$ cm라고 하면

$\overline{ID}=(5-x)$ cm

$\overline{CG}=\overline{CF}=5$ cm이므로

$\overline{IC}=(x+5)$ cm ·············· ❷

$\triangle ICD$에서

$6^2+(5-x)^2=(5+x)^2$

$36+25-10x+x^2=25+10x+x^2$, $20x=36$

$$\therefore \ x=\dfrac{9}{5} \qquad\qquad\qquad\text{············ ❸}$$

단계	채점 기준	비율
❶	$\overline{DH}$의 길이 구하기	30 %
❷	$\overline{ID}$, $\overline{IC}$의 길이를 $\overline{HI}$의 길이에 대한 식으로 나타내기	40 %
❸	$\overline{HI}$의 길이 구하기	30 %

15 $\triangle APB$에서

$\overline{AB}=\sqrt{10^2-8^2}=\sqrt{36}=6\,(cm)$ ·············· ❶

$\triangle APB$의 둘레의 길이는

$10+8+6=24\,(cm)$

이때 $\triangle APB$의 둘레의 길이는 $\overline{PD}+\overline{PF}$의 값과 같으므로

$\overline{PD}=\dfrac{1}{2}\times24=12\,(cm)$ ·············· ❷

$$\therefore \ \overline{BD}=\overline{PD}-\overline{PB}=12-8=4\,(cm) \quad\text{···· ❸}$$

단계	채점 기준	비율
❶	$\overline{AB}$의 길이 구하기	30 %
❷	$\overline{PD}$의 길이 구하기	50 %
❸	$\overline{BD}$의 길이 구하기	20 %

Ⅱ-2 | 원주각

1 원주각의 성질

14 원주각과 중심각
워크북 26~27쪽

01 답 ②

$\angle AOB=2\angle APB=2\times70^\circ=140^\circ$

$\triangle OAB$에서 $\overline{OA}=\overline{OB}$이므로

$\angle OAB=\dfrac{1}{2}\times(180^\circ-140^\circ)=20^\circ$

02 답 ⑤

오른쪽 그림과 같이 $\overline{OB}$를 그으면

$\angle AOB=2\angle AEB$

$\qquad\quad =2\times32^\circ=64^\circ$

이므로

$\angle BOC=\angle AOC-\angle AOB$

$\qquad\quad =150^\circ-64^\circ=86^\circ$

$$\therefore \ \angle BDC=\dfrac{1}{2}\angle BOC=\dfrac{1}{2}\times86^\circ=43^\circ$$

03 답 36°

오른쪽 그림과 같이 $\overline{OA}$, $\overline{OB}$를 그으면 $\angle OAP=\angle OBP=90^\circ$

$\angle AOB=2\angle ACB$

$\qquad\quad =2\times72^\circ=144^\circ$

따라서 $\square APBO$에서

$\angle x=360^\circ-(90^\circ+144^\circ+90^\circ)=36^\circ$

04 답 105°

$\angle x=\dfrac{1}{2}\times(360^\circ-150^\circ)=105^\circ$

05 답 ②

$\angle BAC=\dfrac{1}{2}\times260^\circ=130^\circ$

따라서 $\triangle ABC$에서 $\overline{AB}=\overline{AC}$이므로

$\angle x=\dfrac{1}{2}\times(180^\circ-130^\circ)=25^\circ$

06 답 $6\pi-9\sqrt{3}$

오른쪽 그림과 같이 $\overline{OC}$를 그으면

$\angle BOC=2\angle BAC=2\times30^\circ=60^\circ$

따라서 색칠한 부분의 넓이는

(부채꼴 OBC의 넓이)$-\triangle OBC$

$=\pi\times6^2\times\dfrac{60}{360}-\dfrac{1}{2}\times6\times6\times\sin60^\circ$

$=\pi\times6^2\times\dfrac{60}{360}-\dfrac{1}{2}\times6\times6\times\dfrac{\sqrt{3}}{2}$

$=6\pi-9\sqrt{3}$

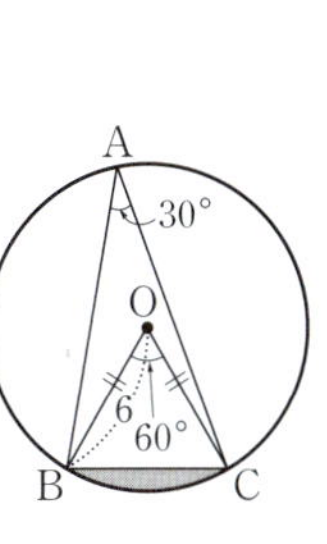

07 답 ④

오른쪽 그림과 같이 $\overline{OC}$를 그으면

$\angle BOC = 2\angle BAC = 2 \times 60° = 120°$

$\triangle OBC$에서 $\overline{OB} = \overline{OC} = 12$이므로

$\angle OBC = \angle OCB$

$\qquad = \dfrac{1}{2} \times (180° - 120°)$

$\qquad = 30°$

원의 중심 O에서 $\overline{BC}$에 내린 수선의 발을 M이라고 하면

$\overline{OB} : \overline{BM} = 2 : \sqrt{3}$이므로

$12 : \overline{BM} = 2 : \sqrt{3}$, $2\overline{BM} = 12\sqrt{3}$

$\therefore \overline{BM} = 6\sqrt{3}$

$\therefore \overline{BC} = 2\overline{BM} = 2 \times 6\sqrt{3} = 12\sqrt{3}$

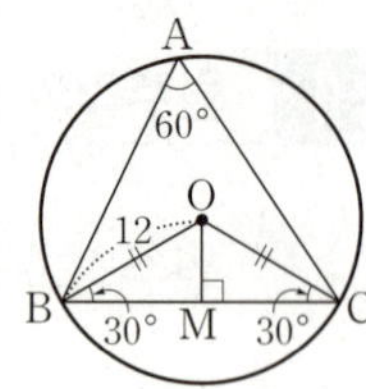

08 답 84°

오른쪽 그림과 같이 $\overline{QB}$를 그으면

$\angle AQB = \angle APB = 54°$

$\angle CQB = \angle CRB = 30°$

$\therefore \angle x = \angle AQB + \angle CQB$

$\qquad = 54° + 30° = 84°$

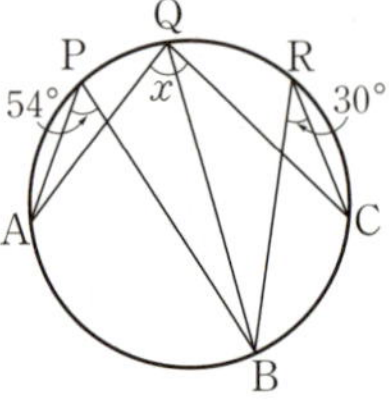

09 답 ③

$\angle BAC = \angle BDC = \angle x$이므로

$\triangle PAB$에서

$\angle x + 45° = 85°$ $\therefore \angle x = 40°$

10 답 70°

$\triangle DFB$에서 $\angle ADB = 60° - 50° = 10°$

$\angle ACB = \angle ADB = 10°$

따라서 $\triangle EBC$에서

$\angle DEC = 60° + 10° = 70°$

11 답 48°

$\angle ABD = \angle ACD = 42°$

$\overline{AB}$는 원 O의 지름이므로

$\angle ADB = 90°$

따라서 $\triangle ADB$에서

$\angle BAD = 180° - (42° + 90°) = 48°$

12 답 ⑤

오른쪽 그림과 같이 $\overline{EB}$를 그으면

$\angle CEB = \angle CDB = 40°$

$\overline{AB}$는 원 O의 지름이므로

$\angle AEB = 90°$

$\therefore \angle AEC = 90° - 40° = 50°$

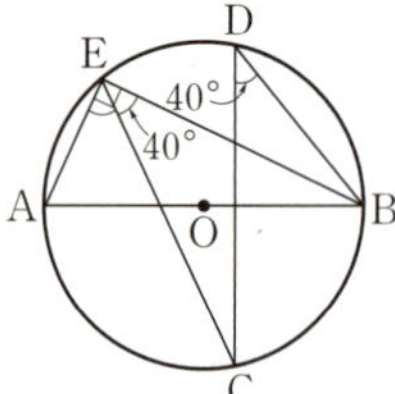

13 답 ②

오른쪽 그림과 같이 $\overline{AC}$를 그으면

$\overline{AB}$는 반원 O의 지름이므로

$\angle ACB = 90°$

$\angle ACD = \angle ABD = 15°$이므로

$\angle x = \angle ACB + \angle ACD$

$\qquad = 90° + 15° = 105°$

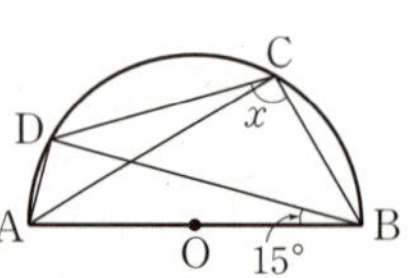

14 답 ③

오른쪽 그림과 같이 $\overline{AD}$를 그으면

$\angle ADB = 90°$

$\angle CAD = \dfrac{1}{2} \angle COD$

$\qquad = \dfrac{1}{2} \times 46° = 23°$

따라서 $\triangle PAD$에서

$\angle x = 180° - (90° + 23°) = 67°$

15 답 5π cm

오른쪽 그림과 같이 $\overline{CD}$를 그으면

$\overline{AC}$가 원 O의 지름이므로

$\angle ADC = 90°$

$\angle BDC = \angle ADC - \angle ADB$

$\qquad = 90° - 15° = 75°$

$\overline{OB}$를 그으면

$\angle BOC = 2\angle BDC = 2 \times 75° = 150°$이므로

$\overparen{BC} = 2\pi \times 6 \times \dfrac{150}{360} = 5\pi \, (\text{cm})$

16 답 12π

오른쪽 그림과 같이 원의 중심 O를 지나는 $\overline{BD}$와 $\overline{CD}$를 그으면

$\angle BDC = \angle BAC = 60°$

$\overline{BD}$는 원 O의 지름이므로

$\angle BCD = 90°$

원 O의 반지름의 길이를 r라고 하면

$\overline{BD} = 2r$

$\triangle BCD$에서

$\overline{BD} : \overline{BC} = 2 : \sqrt{3}$이므로 $2r : 6 = 2 : \sqrt{3}$

$2\sqrt{3}r = 12$ $\therefore r = 2\sqrt{3}$

따라서 원 O의 넓이는

$\pi \times (2\sqrt{3})^2 = 12\pi$

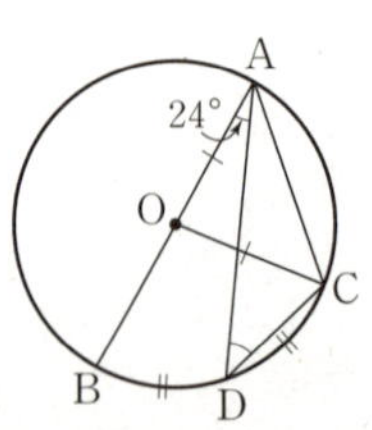

---

15 원주각의 크기와 호의 길이
워크북 28~29쪽

01 답 30°

$\angle AQP = \angle PAB = 30°$

02 답 25°

$\angle BAC = \angle BDC = 40°$

$\overparen{AB} = \overparen{BC}$이므로 $\angle BCA = \angle BAC = 40°$

$\triangle ABC$에서 $40° + (\angle x + 75°) + 40° = 180°$

$\therefore \angle x = 25°$

03 답 42°

오른쪽 그림과 같이 $\overline{AC}$를 그으면

$\overparen{BD} = \overparen{DC}$이므로

$\angle CAD = \angle BAD = 24°$

$\angle OAC = 24° + 24° = 48°$이고

$\triangle OCA$에서 $\overline{OC} = \overline{OA}$이므로

$$\angle \text{AOC} = 180° - 2 \times 48° = 84°$$
$$\therefore \angle \text{ADC} = \frac{1}{2}\angle \text{AOC} = \frac{1}{2} \times 84° = 42°$$

04 답 ③
$\overparen{\text{AB}} : \overparen{\text{CD}} = \angle \text{APB} : \angle \text{CQD}$이므로
$3 : \overparen{\text{CD}} = 15° : 60°$ $\therefore \overparen{\text{CD}} = 12$ cm

05 답 16 cm
$\triangle \text{ACP}$에서 $\angle \text{CAP} = 65° - 20° = 45°$
$45° : 180° = 4 :$ (원의 둘레의 길이)
$\therefore$ (원의 둘레의 길이) $= 16$ cm

06 답 30°
$\angle \text{ADB} : \angle \text{CAD} = \overparen{\text{AB}} : \overparen{\text{CD}} = 3 : 1$이고
$\angle \text{ADB} + \angle \text{CAD} = \angle \text{AEB} = 60°$이므로
$\angle \text{ADB} = 60° \times \frac{3}{4} = 45°$
$\angle \text{CAD} = 60° \times \frac{1}{4} = 15°$
$\angle \text{CBD} = \angle \text{CAD} = 15°$이므로 $\triangle \text{DBF}$에서
$\angle \text{F} = \angle \text{ADB} - \angle \text{CBD}$
$\qquad = 45° - 15° = 30°$

07 답 76°
$\angle \text{ABC} : \angle \text{BCD} = \overparen{\text{AC}} : \overparen{\text{BD}} = 2 : 1$이므로
$\angle \text{BCD} = \angle x$라고 하면 $\angle \text{ABC} = 2\angle x$
$\triangle \text{PCB}$에서 $114° = \angle x + 2\angle x$
$3\angle x = 114°$ $\therefore \angle x = 38°$
$\therefore \angle \text{ABC} = 2\angle x = 2 \times 38° = 76°$

08 답 ①
오른쪽 그림과 같이 $\overline{\text{AC}}$를 그으면
$\angle \text{ACB} = 180° \times \frac{1}{5} = 36°$
$\angle \text{CAD} = 180° \times \frac{1}{9} = 20°$
따라서 $\triangle \text{APC}$에서
$\angle \text{APB} = 36° + 20° = 56°$

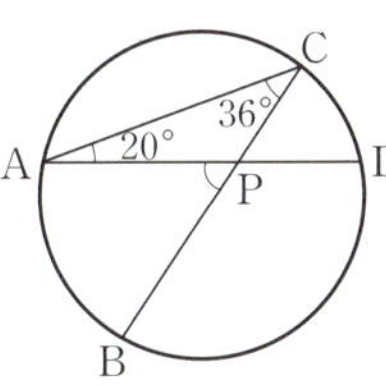

09 답 ④
$\angle \text{C} : \angle \text{A} : \angle \text{B} = \overparen{\text{AB}} : \overparen{\text{BC}} : \overparen{\text{CA}} = 2 : 5 : 3$이므로
$\angle \text{A} = 180° \times \frac{5}{10} = 90°$
$\angle \text{B} = 180° \times \frac{3}{10} = 54°$
$\therefore \angle \text{A} + \angle \text{B} = 90° + 54° = 144°$

10 답 90°
$\angle x = (\overparen{\text{BAD}}$에 대한 원주각)
$\qquad = 180° \times \frac{2+4}{2+3+3+4}$
$\qquad = 180° \times \frac{1}{2} = 90°$

11 답 45°
$\angle \text{B}$는 $\overparen{\text{DE}}$에 대한 원주각이므로

$\angle \text{B} = 180° \times \dfrac{1}{3+2+3+1+3}$
$\qquad = 180° \times \frac{1}{12} = 15°$
$\angle \text{E}$는 $\overparen{\text{BC}}$에 대한 원주각이고, $\overparen{\text{BC}} = 2\overparen{\text{DE}}$이므로
$\angle \text{E} = 2\angle \text{B} = 2 \times 15° = 30°$
$\therefore \angle \text{B} + \angle \text{E} = 15° + 30° = 45°$

12 답 30°
$\triangle \text{ABP}$에서 $\angle \text{ABP} = 180° - (60° + 90°) = 30°$
$\therefore \angle \text{ACD} = \angle \text{ABP} = 30°$

13 답 ⑤
$\angle x = \angle \text{DBC} = 30°$
$\triangle \text{APD}$에서 $\angle y = 95° - 30° = 65°$
$\therefore \angle y - \angle x = 65° - 30° = 35°$

14 답 ⑤
① $\angle \text{BAC} \neq \angle \text{BDC}$이므로 네 점 A, B, C, D는 한 원 위에 있지 않다.
② $\angle \text{ADB} \neq \angle \text{ACB}$이므로 네 점 A, B, C, D는 한 원 위에 있지 않다.
③ $\angle \text{CAD} \neq \angle \text{CBD}$이므로 네 점 A, B, C, D는 한 원 위에 있지 않다.
④ $\triangle \text{ABC}$에서
$\angle \text{BAC} = 180° - \{(40° + 60°) + 35°\} = 45°$
즉, $\angle \text{BAC} \neq \angle \text{BDC}$이므로 네 점 A, B, C, D는 한 원 위에 있지 않다.
⑤ $\triangle \text{ACD}$에서 $\angle \text{CAD} = 180° - (40° + 75°) = 65°$
즉, $\angle \text{CAD} = \angle \text{CBD}$이므로 네 점 A, B, C, D는 한 원 위에 있다.
따라서 네 점 A, B, C, D가 한 원 위에 있는 것은 ⑤이다.

15 답 35°
$\angle \text{BAC} = \angle \text{BDC} = 50°$이므로 네 점 A, B, C, D는 한 원 위에 있다.
$\therefore \angle \text{ADB} = \angle \text{ACB} = 35°$

2 원과 사각형

16 원과 사각형 워크북 30~31쪽

01 답 $\angle x = 105°$, $\angle y = 65°$
$\angle \text{B} + \angle \text{D} = 180°$이므로
$75° + \angle x = 180°$ $\therefore \angle x = 105°$
$\angle \text{BAD} = 180° - 115° = 65°$이므로
$\angle y = \angle \text{BAD} = 65°$

02 답 100°

$\angle A + \angle C = 180°$이므로

$\angle A = 180° \times \dfrac{5}{5+4} = 180° \times \dfrac{5}{9} = 100°$

03 답 110°

$\overline{AB}$가 원 O의 지름이므로

$\angle ACB = 90°$

$\triangle ABC$에서 $\angle ABC = 180° - (90° + 20°) = 70°$

$\square ABCD$가 원 O에 내접하므로

$\angle D + \angle B = 180°$에서 $\angle x + 70° = 180°$

$\therefore \angle x = 110°$

04 답 ③

$\angle A + \angle D = 180°$이므로

$\angle A + 120° = 180°$ $\therefore \angle A = 60°$

$\widehat{AB} = \widehat{AC}$이므로 $\overline{AB} = \overline{AC}$

$\triangle ABC$에서

$\angle ABC = \angle ACB = \dfrac{1}{2} \times (180° - 60°) = 60°$

따라서 $\triangle ABC$는 정삼각형이므로

$\triangle ABC = \dfrac{\sqrt{3}}{4} \times 12^2 = 36\sqrt{3}$

05 답 ④

오른쪽 그림과 같이 $\overline{AD}$를 그으면

$\square ABCD$에서

$\angle BAD + \angle C = 180°$이므로

$\angle BAD + 125° = 180°$

$\therefore \angle BAD = 55°$

$\angle DAF = 110° - 55° = 55°$

$\square ADEF$에서 $\angle DAF + \angle E = 180°$이므로

$55° + \angle E = 180°$ $\therefore \angle E = 125°$

06 답 100°

오른쪽 그림과 같이 $\overline{BD}$를 그으면

$\square ABDE$에서

$\angle A + \angle BDE = 180°$이므로

$110° + \angle BDE = 180°$

$\therefore \angle BDE = 70°$

$\angle BDC = 120° - 70° = 50°$이므로

$\angle BOC = 2\angle BDC = 2 \times 50° = 100°$

07 답 80°

$\triangle APB$에서 $\angle ABP = 115° - 35° = 80°$

$\therefore \angle ADC = \angle ABP = 80°$

08 답 ②

$\angle ABC = \angle ADE = 105°$이므로

$\angle ABD = \angle ABC - \angle CBD = 105° - 50° = 55°$

$\therefore \angle ACD = \angle ABD = 55°$

09 답 95°

$\angle APQ = \angle QCD = 85°$

$\angle ABQ + \angle APQ = 180°$이므로

$\angle x + 85° = 180°$ $\therefore \angle x = 95°$

10 답 86°

$\angle EGH = \angle EFD = \angle ACD = 180° - \angle ABD$
$\qquad\qquad = 180° - 94° = 86°$

11 답 ③

오른쪽 그림과 같이 $\overline{PQ}$를 그으면

$\angle BQP = \dfrac{1}{2} \times 210° = 105°$

$\therefore \angle PDC = \angle BQP = 105°$

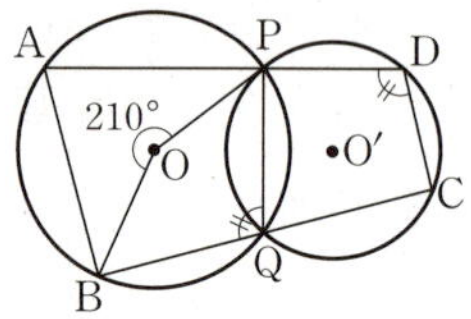

12 답 10°

$\angle x = \angle D = 102°$

$\angle A + \angle C = 180°$이므로

$88° + \angle y = 180°$ $\therefore \angle y = 92°$

$\therefore \angle x - \angle y = 102° - 92° = 10°$

13 답 ③, ④

① $\angle A + \angle C = 130° + 40° = 170°$

즉, $\square ABCD$는 원에 내접하지 않는다.

② $\angle B + \angle D = 82° + 82° = 164°$

즉, $\square ABCD$는 원에 내접하지 않는다.

③ $\triangle ABC$에서 $\angle B = 180° - (46° + 24°) = 110°$이므로

$\angle B + \angle D = 110° + 70° = 180°$

즉, $\square ABCD$는 원에 내접한다.

④ $\angle BAD = 180° - 95° = 85°$,

$\angle BCD = 180° - 85° = 95°$이므로

$\angle BAD + \angle BCD = 85° + 95° = 180°$

즉, $\square ABCD$는 원에 내접한다.

⑤ $\angle ABC = 180° - 80° = 100°$,

$\angle ADC = 180° - 120° = 60°$이므로

$\angle ABC + \angle ADC = 100° + 60° = 160°$

즉, $\square ABCD$는 원에 내접하지 않는다.

따라서 $\square ABCD$가 원에 내접하는 것은 ③, ④이다.

14 답 $\angle x = 35°$, $\angle y = 50°$

$\angle BAC = \angle BDC$이므로 $\square ABCD$는 원에 내접한다.

$\therefore \angle x = \angle ACB = 35°$

또한, $\angle BAD + \angle BCD = 180°$이고

$\angle ACD = \angle ABD = 30°$이므로

$(65° + \angle y) + (35° + 30°) = 180°$

$\therefore \angle y = 50°$

15 답 ②

$\angle ADF + \angle AEF = 90° + 90° = 180°$이므로 $\square ADFE$는
원에 내접한다.

$\angle BDC = \angle BEC = 90°$이므로 $\square DBCE$는 원에 내접한다.

따라서 원에 내접하는 사각형은 $\square ADFE$, $\square DBCE$의 2개이다.

17 원의 접선과 현이 이루는 각 워크북 32~33쪽

01 답 80°

$\angle BAT = \angle BCA = 60°$이므로

$\angle x = 180° - (60° + 40°) = 80°$

02 답 ③

$\angle ABC = \angle CAT = 70°$

$\triangle ABC$에서 $\overline{BC}$는 원 O의 지름이므로

$\angle CAB = 90°$

$\therefore \angle BCA = 180° - (90° + 70°) = 20°$

03 답 148°

오른쪽 그림과 같이 원 O 위에 점 C를
정하면

$\angle ACB = \angle BAT = 74°$

$\therefore \angle AOB = 2\angle ACB$

$= 2 \times 74°$

$= 148°$

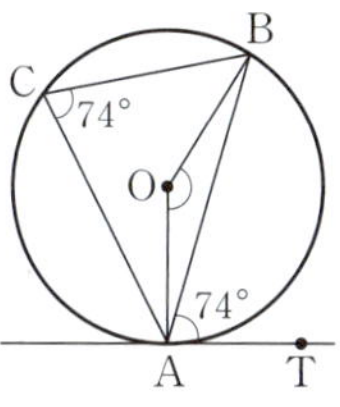

04 답 15°

$\angle x = \angle CBE = 80°$

$\triangle APB$에서 $\overline{PA} = \overline{PB}$이므로

$\angle PAB = \dfrac{1}{2} \times (180° - 50°) = 65°$

$\therefore \angle y = \angle PAB = 65°$

$\therefore \angle x - \angle y = 80° - 65° = 15°$

05 답 20°

$\angle BAP = \angle BPT' = 65°$

$\angle ABP = \angle APT = 45°$

오른쪽 그림과 같이 $\overline{OP}$를 그으면

$\angle OPT' = 90°$이므로

$\angle OPB = 90° - 65° = 25°$

$\triangle OPB$에서 $\overline{OP} = \overline{OB}$이므로

$\angle OBP = \angle OPB = 25°$

$\therefore \angle ABO = \angle ABP - \angle OBP = 45° - 25° = 20°$

06 답 50°

$\square ABCD$가 원에 내접하므로

$\angle DAB + \angle DCB = 180°$, $\angle DAB + 120° = 180°$

$\therefore \angle DAB = 60°$

$\angle DBA = \angle DAT = 70°$이므로 $\triangle ABD$에서

$\angle ADB = 180° - (60° + 70°) = 50°$

07 답 ①

$\square ABCD$가 원 O에 내접하므로

$\angle BAD + \angle BCD = 180°$, $\angle BAD + 127° = 180°$

$\therefore \angle BAD = 53°$

$\overline{AD}$가 원 O의 지름이므로 $\angle ABD = 90°$

$\triangle ABD$에서 $\angle ADB = 180° - (53° + 90°) = 37°$

$\therefore \angle x = \angle ADB = 37°$

08 답 ④

오른쪽 그림과 같이 $\overline{BA}$를 그으면

$\angle ABC = \angle CAT = 75°$

$\overline{BC}$가 원 O의 지름이므로

$\angle BAC = 90°$

$\triangle ABC$에서

$\angle y = 180° - (75° + 90°) = 15°$

$\angle BAP = \angle BCA = 15°$이므로

$\triangle ABP$에서 $\angle x = 75° - 15° = 60°$

$\therefore \angle x - \angle y = 60° - 15° = 45°$

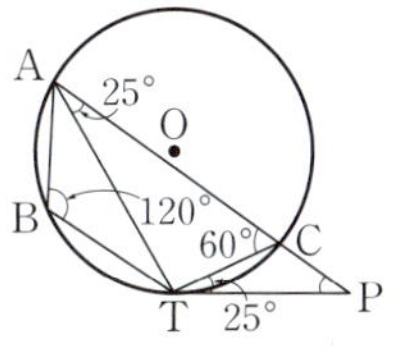

09 답 35°

오른쪽 그림과 같이 $\overline{TC}$를 그으면

$\angle CTP = \angle CAT = 25°$

$\square ABTC$는 원 O에 내접하므로

$\angle ABT + \angle ACT = 180°$

$120° + \angle ACT = 180°$

$\therefore \angle ACT = 60°$

따라서 $\triangle CTP$에서 $\angle CPT = 60° - 25° = 35°$

10 답 $4\sqrt{3}$ cm

$\overline{AB}$는 원 O의 지름이므로

$\angle ACB = 90°$

$\triangle ABC$에서

$\angle ABC = 180° - (30° + 90°)$

$= 60°$

$\angle BCP = \angle BAC = 30°$이므로

$\triangle BPC$에서 $\angle BPC = 60° - 30° = 30°$

점 B에서 $\overline{PC}$에 내린 수선의 발을 Q라고 하면

$\overline{PQ} = \overline{QC} = \dfrac{1}{2}\overline{PC} = \dfrac{1}{2} \times 6 = 3\,(\text{cm})$

$\triangle BQC$에서 $\overline{BC} : \overline{QC} = 2 : \sqrt{3}$이므로

$\overline{BC} : 3 = 2 : \sqrt{3}$ $\qquad \therefore \overline{BC} = 2\sqrt{3}$ cm

$\triangle ABC$에서 $\overline{AB} : \overline{BC} = 2 : 1$이므로

$\overline{AB} : 2\sqrt{3} = 2 : 1$ $\qquad \therefore \overline{AB} = 4\sqrt{3}$ cm

11 답 ①

오른쪽 그림과 같이 $\overline{PO}$의 연장선이
원 O와 만나는 점을 B′이라고 하면

$\overline{B'P}$는 원 O의 지름이므로

$\angle PAB' = 90°$

$\angle PB'A = \angle PBA$

$= \angle APT = 30°$

$\triangle AB'P$에서 $\overline{PB'} : \overline{PA} = 2 : 1$이므로

$\overline{P'B} : 4 = 2 : 1$ $\qquad \therefore \overline{PB'} = 8$

따라서 원 O의 반지름의 길이는 4이므로 원 O의 둘레의 길
이는

$2\pi \times 4 = 8\pi$

12 답 70°

$\angle DCP = \angle DPT = \angle BPT' = \angle BAP = 50°$

따라서 △DPC에서
∠CPD＝180°－(50°＋60°)＝70°
| 다른 풀이 | ∠BPT′＝∠BAP＝50°
∠CPT′＝∠CDP＝60°
∴ ∠CPD＝180°－(50°＋60°)＝70°

13 답 ∠x＝85°, ∠y＝50°
∠x＝∠BAP＝85°
∠APT＝∠ABP＝50°이므로
∠y＝∠APT＝50°

14 답 ③
□ABCD가 원 O′에 내접하므로
∠ABP＝∠ADC＝72°
직선 PT가 원 O의 접선이므로
∠APT＝∠ABP＝72°

15 답 ③
$\overline{AC}$와 $\overline{AD}$가 각각 두 원 O, O′
의 접선이므로
∠CAB＝∠ADB＝a,
∠DAB＝∠ACB＝b
로 놓으면 □ADBC에서
$(a+b)+a+150°+b＝360°$
$2(a+b)＝210°$ ∴ $a+b＝105°$
∴ ∠DAC＝$a+b$＝105°

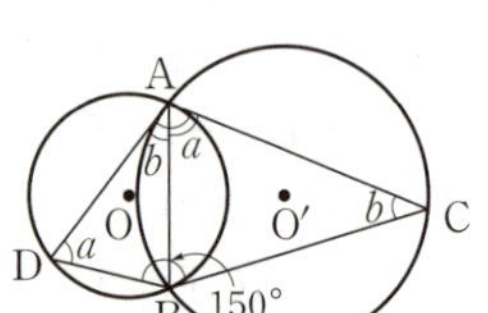

단원 마무리
워크북 34~35쪽

01 ④　　**02** ②　　**03** 84°　　**04** 20°　　**05** ④

06 35°　　**07** 69°　　**08** 61°　　**09** 125°　　**10** ⑤

11 60°　　**12** ④　　**13** 65°　　**14** 80°　　**15** 75°

16 13π

01 ∠AOB＝2∠APB＝2×60°＝120°
따라서 색칠한 부분의 넓이는
(부채꼴 OAB의 넓이)＝$\pi×6^2×\dfrac{120}{360}＝12\pi$

02 오른쪽 그림과 같이 $\overline{AD}$를 그으면
$\overline{AB}$는 원 O의 지름이므로
∠ADB＝90°
∠ADC＝90°－66°＝24°
∴ ∠ABC＝∠ADC＝24°

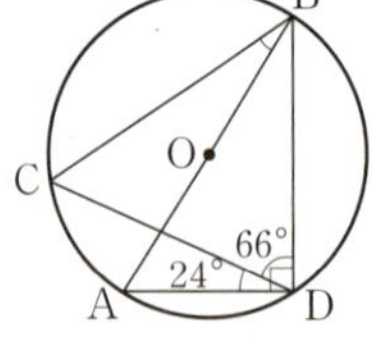

03 오른쪽 그림과 같이 $\overline{BD}$를 그으면
$\overline{BC}$는 반원 O의 지름이므로
∠BDC＝90°
△EBD에서
∠EBD＝90°－48°＝42°
∴ ∠AOD＝2∠ABD
＝2×42°＝84°

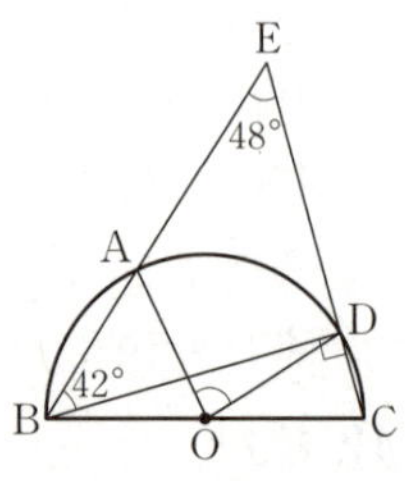

04 오른쪽 그림과 같이 $\overline{BC}$를 그으면
$\overparen{AC}＝\overparen{CD}$이므로
∠ABC＝∠CAD＝35°
$\overline{AB}$는 원 O의 지름이므로
∠ACB＝90°
따라서 △ABC에서
∠DAB＝180°－(90°＋35°＋35°)＝20°

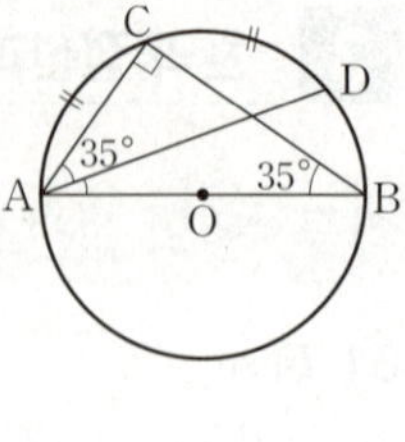

05 ∠ACB＝180°×$\dfrac{1}{4}$＝45°
∠DBC＝180°×$\dfrac{1}{6}$＝30°
따라서 △PBC에서
∠APB＝45°＋30°＝75°

06 $\overparen{BAE}$에 대한 원주각이므로
∠BCE＝∠BDE＝60°
△BCF에서 ∠x＝25°＋60°＝85°
□ABDE가 원 O에 내접하므로
∠BAE＋∠BDE＝180°
∠y＋60°＝180° ∴ ∠y＝120°
∴ ∠y－∠x＝120°－85°＝35°

07 □ABCD가 원에 내접하므로
∠FAB＝∠C＝∠x
△EBC에서
∠EBF＝∠BEC＋∠BCE＝20°＋∠x
따라서 △AFB에서
$22°＋∠x＋(20°＋∠x)＝180°$
$2∠x＝138°$ ∴ ∠x＝69°

08 오른쪽 그림과 같이 $\overline{OD}$를 그으면
△AOD에서 $\overline{OA}＝\overline{OD}$이므로
∠ODA＝∠OAD＝29°
△COD에서 $\overline{OC}＝\overline{OD}$이므로
∠ODC＝∠OCD＝32°
∠ADC＝∠ODA＋∠ODC
＝29°＋32°＝61°
□ABCD가 원 O에 내접하므로
∠CBE＝∠ADC＝61°

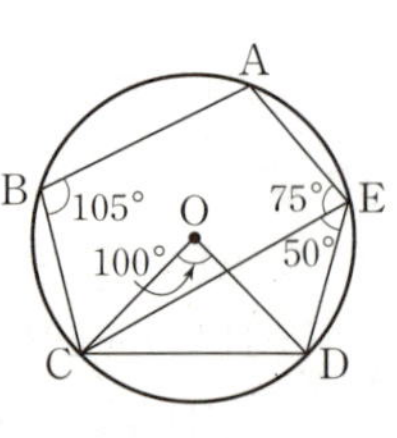

09 오른쪽 그림과 같이 $\overline{CE}$를 그으면
□ABCE가 원 O에 내접하므로
∠B＋∠AEC＝180°
105°＋∠AEC＝180°
∴ ∠AEC＝75°
∠CED＝$\dfrac{1}{2}$∠COD＝$\dfrac{1}{2}$×100°＝50°
∴ ∠E＝∠AEC＋∠CED＝75°＋50°＝125°

10 오른쪽 그림과 같이 $\overline{BE}$를 그으면
□BCDE와 □ABEF는 원에 각각
내접하므로

$\angle CBE + \angle D = 180°$

$\angle ABE + \angle F = 180°$

$\angle B = \angle CBE + \angle ABE$이므로

$\angle B + \angle D + \angle F$

$= (\angle CBE + \angle ABE) + \angle D + \angle F$

$= (\angle CBE + \angle D) + (\angle ABE + \angle F)$

$= 180° + 180° = 360°$

11 □ABCF가 원 O에 내접하므로

$\angle FCD = \angle BAF = 100°$

□FCDE가 원 O'에 내접하므로

$\angle FED + \angle FCD = 180°$,

$\angle FED + 100° = 180°$

$\therefore \angle FED = 80°$

$\angle FEC = \angle FDC = 20°$이므로

$\angle CED = \angle FED - \angle FEC = 80° - 20° = 60°$

12 $\angle APB + \angle ACB = 180°$이므로

$\angle APB + 116° = 180°$

$\therefore \angle APB = 64°$

△APB에서 $\angle BAP = 180° - (58° + 64°) = 58°$이므로

$\angle BPT = \angle BAP = 58°$

13 $\overline{BD} = \overline{BE}$이므로 △BED에서

$\angle BDE = \angle BED = \dfrac{1}{2} \times (180° - 30°) = 75°$

$\therefore \angle DFE = \angle BDE = 75°$

따라서 △DEF에서

$\angle DEF = 180° - (40° + 75°) = 65°$

14 오른쪽 그림과 같이 $\overline{AB}$를 그으면

$\angle ABC = \angle CAT = 50°$

$\overset{\frown}{AC} = \overset{\frown}{BC}$이므로

$\angle BAC = \angle ABC = 50°$

따라서 △ABC에서

$\angle ACB = 180° - 2 \times 50° = 80°$

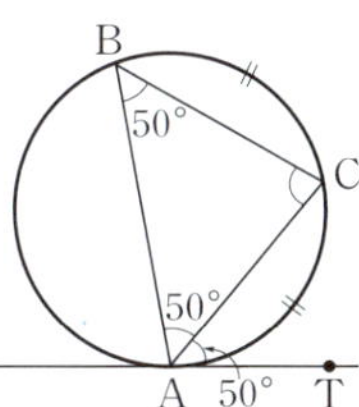

15 $\angle y = \angle ADC$ ⋯⋯⋯⋯⋯⋯⋯⋯⋯ ❶

△PAD에서

$\angle x + \angle ADC = \angle BAD$ ⋯⋯⋯⋯⋯⋯ ❷

$\therefore \angle x + \angle y = \angle x + \angle ADC$

$\qquad\qquad\quad = \angle BAD$

$\qquad\qquad\quad = \angle BAQ + \angle QAD$

$\qquad\qquad\quad = \angle BAQ + \angle QCD$

$\qquad\qquad\quad = 30° + 45°$

$\qquad\qquad\quad = 75°$ ⋯⋯⋯⋯⋯⋯⋯⋯ ❸

단계	채점 기준	비율
❶	$\angle y = \angle ADC$임을 알기	20 %
❷	$\angle x + \angle ADC = \angle BAD$임을 알기	20 %
❸	$\angle x + \angle y$의 값 구하기	60 %

16 오른쪽 그림과 같이 $\overline{BO}$의 연장선이
원 O와 만나는 점을 D라고 하면

$\angle ADB = \angle ACB = \angle x$ ⋯⋯⋯⋯⋯ ❶

$\overline{BD}$가 원 O의 지름이므로

$\angle BAD = 90°$

△ABD에서

$\tan x = \dfrac{\overline{AB}}{\overline{AD}} = \dfrac{6}{\overline{AD}} = \dfrac{3}{2}$ $\quad \therefore \overline{AD} = 4$ ⋯⋯ ❷

$\therefore \overline{BD} = \sqrt{4^2 + 6^2} = 2\sqrt{13}$ ⋯⋯⋯⋯⋯ ❸

따라서 원 O의 반지름의 길이는 $\sqrt{13}$이므로 넓이는

$\pi \times (\sqrt{13})^2 = 13\pi$ ⋯⋯⋯⋯⋯⋯⋯⋯ ❹

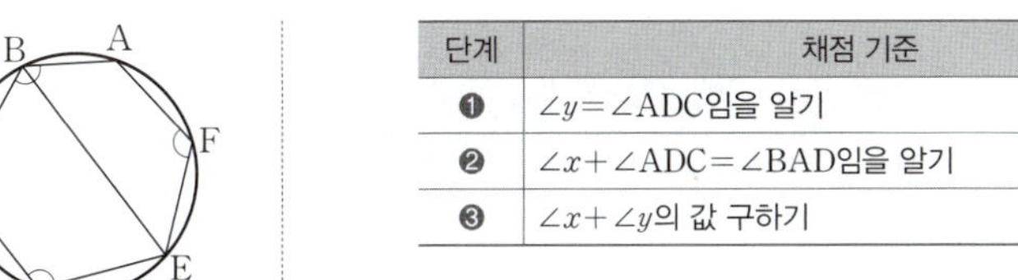

단계	채점 기준	비율
❶	$\angle ADB = \angle x$임을 알기	40 %
❷	$\overline{AD}$의 길이 구하기	40 %
❸	$\overline{BD}$의 길이 구하기	10 %
❹	원 O의 넓이 구하기	10 %

Ⅲ 통계

Ⅲ-1 | 대푯값과 산포도

1 대푯값과 산포도

18 대푯값
워크북 36~37쪽

01 답 ③

$$(평균)=\frac{1+8+5+6+9+14+3+2+5+7}{10}$$
$$=\frac{60}{10}=6(시간)$$

02 답 11.6

변량 $x,\ y,\ z$의 평균이 14이므로
$$\frac{x+y+z}{3}=14 \qquad \therefore x+y+z=42$$
따라서 변량 $7,\ x,\ y,\ z,\ 9$의 평균은
$$\frac{7+x+y+z+9}{5}=\frac{7+42+9}{5}=\frac{58}{5}=11.6$$

03 답 ④

은주네 반 영어 성적의 총합은 $26\times77=2002$(점)
윤희네 반 영어 성적의 총합은 $24\times72=1728$(점)
따라서 은주네 반과 윤희네 반 학생 전체의 영어 성적의 평균은
$$\frac{2002+1728}{26+24}=\frac{3730}{50}=74.6(점)$$

04 답 90

10개의 변량 $a,\ b,\ c,\ d,\ e,\ f,\ g,\ h,\ i,\ j$의 평균이 92이므로
$$\frac{a+b+c+d+e+f+g+h+i+j}{10}=92$$
$$\therefore a+b+c+d+e+f+g+h+i+j=920 \qquad \cdots\cdots ㉠$$
4개의 변량 $a,\ e,\ i,\ j$의 평균이 95이므로
$$\frac{a+e+i+j}{4}=95$$
$$\therefore a+e+i+j=380 \qquad \cdots\cdots ㉡$$
㉡을 ㉠에 대입하면
$$380+b+c+d+f+g+h=920$$
$$\therefore b+c+d+f+g+h=540$$
따라서 6개의 변량 $b,\ c,\ d,\ f,\ g,\ h$의 평균은
$$\frac{b+c+d+f+g+h}{6}=\frac{540}{6}=90$$

05 답 ③

ㄷ. 최빈값은 자료의 개수가 많은 경우에 구하기 쉽기 때문에 선호도 조사에 주로 이용된다.
ㄹ. 자료의 개수가 많을수록 최빈값을 이용하여 자료 전체의 특징을 잘 반영할 수 있다.
따라서 옳은 것은 ㄱ, ㄴ이다.

06 답 26.9

$$(평균)=\frac{10+9+9+10+8+9+9+10+8+7}{10}$$
$$=\frac{89}{10}=8.9(회)$$
$$\therefore a=8.9$$
변량을 작은 값부터 크기순으로 나열하면
7, 8, 8, 9, 9, 9, 9, 10, 10, 10
중앙값은 5번째와 6번째 값의 평균인 $\dfrac{9+9}{2}=9$(회)이므로
$$b=9$$
또, 최빈값은 가장 많이 나타나는 값이므로 9회이다.
$$\therefore c=9$$
$$\therefore a+b+c=8.9+9+9=26.9$$

07 답 A형

학생 수가 가장 많은 혈액형은 A형이므로 최빈값은 A형이다.

08 답 15

점수(점)	6	7	⑧	9	10
학생 수(명)	1	5	2	3	2

←—— 6명 ——→ 7번째 학생의 점수

학생 13명의 쪽지 시험 점수의 중앙값은 $7\left(=\dfrac{13+1}{2}\right)$번째 학생의 쪽지 시험 점수이므로 8점이다.
$$\therefore a=8$$
최빈값은 도수가 가장 클 때의 점수이므로 7점이다.
$$\therefore b=7$$
$$\therefore a+b=8+7=15$$

09 답 $c<b<a$

주어진 막대그래프의 자료를 표로 정리하면

점수(점)	1	2	③	④	5	6	합계
학생 수(명)	1	3	6	4	4	2	20

←—— 10명 ——→ 11번째 학생의 점수
10번째 학생의 점수

$$(평균)=\frac{1\times1+2\times3+3\times6+4\times4+5\times4+6\times2}{20}$$
$$=\frac{73}{20}=3.65(점)$$
$$\therefore a=3.65$$
학생 20명의 음악 수행평가 점수의 중앙값은 $10\left(=\dfrac{20}{2}\right)$번째와 $11\left(=\dfrac{20}{2}+1\right)$번째 학생의 점수의 평균이므로
$$\frac{3+4}{2}=3.5(점) \qquad \therefore b=3.5$$
최빈값은 도수가 가장 클 때의 점수이므로 3점이다.
$$\therefore c=3$$
$$\therefore c<b<a$$

10 답 ③

총 4회의 수학 시험 성적의 평균이 86점이므로 네 번째 수학 시험 성적을 a점이라고 하면

$$\frac{82+90+79+a}{4}=86$$

$$251+a=344 \qquad \therefore a=93$$

따라서 네 번째 수학 시험 성적은 93점이다.

11 답 62.4 kg

학생 32명의 몸무게의 총합은

$$32\times55.8=1785.6(\text{kg})$$

한 학생이 전학을 오면서 학생들의 몸무게의 평균이

$0.2\,\text{kg}$ 늘어났으므로 33명의 몸무게의 평균은

$$55.8+0.2=56(\text{kg})$$

즉, 학생 33명의 몸무게의 총합은

$$33\times56=1848(\text{kg})$$

따라서 전학 온 학생의 몸무게는

$$1848-1785.6=62.4(\text{kg})$$

12 답 13

$$(\text{평균})=\frac{4+6+8+9+a}{5}=\frac{a+27}{5}$$

중앙값은 8이고, 평균과 중앙값이 같으므로

$$\frac{a+27}{5}=8,\ a+27=40 \qquad \therefore a=13$$

13 답 ④

x를 제외한 5개의 변량을 작은 값부터 크기순으로 나열하면

$$14,\ 30,\ 35,\ 47,\ 56$$

이때 x를 포함한 6개의 변량의 중앙값이 38이므로 x는 35와 47 사이에 위치한다.

즉, 6개의 변량을 작은 값부터 크기순으로 나열하면

$$14,\ 30,\ 35,\ x,\ 47,\ 56$$

중앙값은 3번째와 4번째 값의 평균이므로

$$\frac{35+x}{2}=38,\ 35+x=76 \qquad \therefore x=41$$

14 답 ⑤

평균이 1이므로

$$\frac{1+(-4)+x+3+y+7+(-7)}{7}=1$$

$$\therefore x+y=7$$

최빈값이 1이므로 $x,\ y$ 중 하나는 반드시 1이어야 하고,

$x<y,\ x+y=7$이므로

$$x=1,\ y=6$$

$$\therefore y-x=6-1=5$$

15 답 8

최빈값이 8이므로 $x,\ y$ 중 하나는 반드시 8이어야 한다.

이때 $x+y=19$이므로

$$x=8,\ y=11 \ \text{또는}\ x=11,\ y=8$$

즉, 주어진 변량을 작은 값부터 크기순으로 나열하면

$$5,\ 6,\ 8,\ 8,\ 9,\ 11$$

따라서 중앙값은 3번째와 4번째 값의 평균이므로

$$\frac{8+8}{2}=8\text{이다.}$$

19 산포도와 편차
워크북 38쪽

01 답 ③

ㄴ. (편차)=(변량)$-$(평균)

ㄹ. 편차의 제곱의 평균은 분산이다.

따라서 옳은 것은 ㄱ, ㄷ, ㅁ이다.

02 답 5시간

재민이의 편차를 x시간이라고 하면 편차의 총합은 0이므로

$$-4+x+(-3)+5+4=0$$

$$x+2=0 \qquad \therefore x=-2$$

(편차)=(변량)$-$(평균)이므로

$$-2=(\text{재민이의 봉사 활동 시간})-7$$

$$\therefore (\text{재민이의 봉사 활동 시간})=5\text{시간}$$

03 답 ④

① 편차의 총합은 항상 0이므로

$$-2+x+4+2+1+0=0$$

$$x+5=0 \qquad \therefore x=-5$$

② 평균과 같은 몸무게를 가진 학생은 편차가 0 kg인 F이다.

③ 학생 D의 몸무게는 주어진 자료만으로 알 수 없다.

④ 평균보다 몸무게가 가벼운 학생은 편차가 음수인 학생 A, B로 2명이다.

⑤ 학생 A와 학생 E의 편차는 각각 -2 kg, 1 kg이므로 학생 A와 학생 E의 몸무게의 차는

$$1-(-2)=3(\text{kg})$$

20 분산과 표준편차
워크북 38~39쪽

01 답 6.8

학생 E의 편차를 x개라고 하면 편차의 총합은 항상 0이므로

$$-3+2+(-1)+(-2)+x=0$$

$$x-4=0 \qquad \therefore x=4$$

$$\therefore (\text{분산})=\frac{(-3)^2+2^2+(-1)^2+(-2)^2+4^2}{5}$$

$$=\frac{34}{5}=6.8$$

02 답 $\dfrac{6\sqrt{35}}{7}$개

$$(\text{평균})=\frac{16+23+17+20+21+22+7}{7}$$

$$=\frac{126}{7}=18(\text{개})$$

$$(\text{분산})=\frac{(-2)^2+5^2+(-1)^2+2^2+3^2+4^2+(-11)^2}{7}$$

$$=\frac{180}{7}$$

$$\therefore (\text{표준편차})=\sqrt{\frac{180}{7}}=\frac{6\sqrt{35}}{7}(\text{개})$$

03 답 1

$$(\text{평균})=\frac{(10-a)+10+(10+a)}{3}=\frac{30}{3}=10$$

표준편차가 $\dfrac{\sqrt{6}}{3}$이므로 분산은

$$\frac{(-a)^2+0^2+a^2}{3}=\left(\frac{\sqrt{6}}{3}\right)^2,\ \frac{2}{3}a^2=\frac{2}{3}$$

$$a^2=1 \quad \therefore a=1\ (\because a>0)$$

04 답 ③

변량 32, x, 29, 21, 25의 평균이 25이므로

$$\frac{32+x+29+21+25}{5}=25$$

$$x+107=125 \quad \therefore x=18$$

$$\therefore (\text{분산})=\frac{7^2+(-7)^2+4^2+(-4)^2+0^2}{5}=\frac{130}{5}=26$$

05 답 ⑤

평균이 7이므로

$$\frac{4+a+b+9}{4}=7$$

$$a+b+13=28 \quad \therefore a+b=15 \quad \cdots\cdots ㉠$$

분산이 14이므로

$$\frac{(4-7)^2+(a-7)^2+(b-7)^2+(9-7)^2}{4}=14$$

$$(a-7)^2+(b-7)^2+13=56$$

$$a^2+b^2-14(a+b)+111=56$$

$$a^2+b^2-14\times15+111=56\ (\because ㉠)$$

$$\therefore a^2+b^2=155$$

06 답 ④

x, y, z의 평균이 5이므로

$$\frac{x+y+z}{3}=5$$

$$\therefore x+y+z=15 \quad \cdots\cdots ㉠$$

x, y, z의 표준편차가 2이므로 분산은

$$\frac{(x-5)^2+(y-5)^2+(z-5)^2}{3}=2^2$$

$$x^2+y^2+z^2-10(x+y+z)+75=12$$

$$x^2+y^2+z^2-10\times15+75=12\ (\because ㉠)$$

$$\therefore x^2+y^2+z^2=87 \quad \cdots\cdots ㉡$$

따라서 $3x^2+1$, $3y^2+1$, $3z^2+1$의 평균은

$$\frac{(3x^2+1)+(3y^2+1)+(3z^2+1)}{3}$$

$$=\frac{3(x^2+y^2+z^2)+3}{3}$$

$$=\frac{3\times87+3}{3}\ (\because ㉡)$$

$$=\frac{264}{3}=88$$

07 답 36

a, b, c, d의 평균이 4이므로

$$\frac{a+b+c+d}{4}=4$$

$$\therefore a+b+c+d=16 \quad \cdots\cdots ㉠$$

a, b, c, d의 분산이 9이므로

$$\frac{(a-4)^2+(b-4)^2+(c-4)^2+(d-4)^2}{4}=9 \quad \cdots\cdots ㉡$$

변량 $2a-5$, $2b-5$, $2c-5$, $2d-5$에 대하여

$$(\text{평균})=\frac{(2a-5)+(2b-5)+(2c-5)+(2d-5)}{4}$$

$$=\frac{2(a+b+c+d)-20}{4}$$

$$=\frac{2\times16-20}{4}\ (\because ㉠)$$

$$=\frac{12}{4}=3$$

$$\therefore (\text{분산})=\frac{(2a-8)^2+(2b-8)^2+(2c-8)^2+(2d-8)^2}{4}$$

$$=\frac{4\{(a-4)^2+(b-4)^2+(c-4)^2+(d-4)^2\}}{4}$$

$$=4\times9\ (\because ㉡)$$

$$=36$$

08 답 94

은정이네 반 전체 학생 수를 x명이라고 하면 2학기 성적의 평균은

$$\frac{81x+5x}{x}=\frac{86x}{x}=86(\text{점}) \quad \therefore m=86$$

이때 편차는 변화가 없으므로 표준편차는 1학기와 같은 8점이다.

$$\therefore s=8$$

$$\therefore m+s=86+8=94$$

---

21 도수분포표에서의 분산과 표준편차 워크북 39~40쪽

01 답 1권

$$(\text{평균})=\frac{0\times1+1\times5+2\times9+3\times3+4\times2}{20}$$

$$=\frac{40}{20}=2(\text{권})$$

$$(\text{분산})=\frac{(-2)^2\times1+(-1)^2\times5+0^2\times9+1^2\times3+2^2\times2}{20}$$

$$=\frac{20}{20}=1$$

$$\therefore (\text{표준편차})=\sqrt{1}=1(\text{권})$$

02 답 분산: 104, 표준편차: $2\sqrt{26}$점

사회 성적(점)	도수 (명)	계급값 (점)	(계급값) ×(도수)	편차 (점)	(편차)^2 ×(도수)
$50^{이상} \sim\ 60^{미만}$	1	55	55	-24	576
60 $\sim$ 70	3	65	195	-14	588
70 $\sim$ 80	5	75	375	-4	80
80 $\sim$ 90	9	85	765	6	324
90 $\sim$ 100	2	95	190	16	512
합계	20		1580		2080

$$(평균)=\frac{1580}{20}=79(점)$$

$$\therefore (분산)=\frac{2080}{20}=104$$

$$(표준편차)=\sqrt{104}=2\sqrt{26}(점)$$

03 답 2

도수의 총합이 10명이므로
$$1+1+x+y+1=10$$
$$\therefore x+y=7 \qquad \cdots\cdots \text{㉠}$$
$$(평균)=\frac{30\times1+40\times1+50\times x+60\times y+70\times1}{10}=52$$
$$50x+60y+140=520$$
$$50x+60y=380$$
$$\therefore 5x+6y=38 \qquad \cdots\cdots \text{㉡}$$
㉠, ㉡을 연립하여 풀면
$$x=4, y=3$$
(분산)
$$=\frac{(-22)^2\times1+(-12)^2\times1+(-2)^2\times4+8^2\times3+18^2\times1}{10}$$
$$=\frac{1160}{10}=116$$
$$(표준편차)=\sqrt{116}=2\sqrt{29}(점)$$
$$\therefore a=2$$

04 답 $2\sqrt{2}\ ℃$

도수의 총합은 30일이므로
$$a+4+3+7+11+3=30 \qquad \therefore a=2$$

최고 기온(℃)	도수(일)	계급값(℃)	편차(℃)	(편차)^2×(도수)
$20^{이상}\sim\ 22^{미만}$	2	21	-6	72
22 $\sim$ 24	4	23	-4	64
24 $\sim$ 26	3	25	-2	12
26 $\sim$ 28	7	27	0	0
28 $\sim$ 30	11	29	2	44
30 $\sim$ 32	3	31	4	48
합계	30			240

$$(분산)=\frac{240}{30}=8$$
$$\therefore (표준편차)=\sqrt{8}=2\sqrt{2}(℃)$$

05 답 67

몸무게(kg)	도수 (명)	계급값 (kg)	(계급값) ×(도수)	편차 (℃)	(편차)^2 ×(도수)
$40^{이상}\sim\ 50^{미만}$	2	45	90	-13	338
50 $\sim$ 60	4	55	220	-3	36
60 $\sim$ 70	3	65	195	7	147
70 $\sim$ 80	1	75	75	17	289
합계	10		580		810

$$(평균)=\frac{580}{10}=58(kg)$$
이므로 $m=58$
$$(분산)=\frac{810}{10}=81$$
$$(표준편차)=\sqrt{81}=9(kg)$$
이므로 $s=9$
$$\therefore m+s=58+9=67$$

06 답 ③

국어 성적이 60점 이상 70점 미만인 학생 수를 x명이라고 하면 재호네 반 학생이 모두 40명이므로
$$2+4+10+x+7+3+1=40 \qquad \therefore x=13$$

국어 성적(점)	도수(명)	계급값 (점)	(계급값) ×(도수)	편차(점)	(편차)^2 ×(도수)
$30^{이상}\sim\ 40^{미만}$	2	35	70	-28	1568
40 $\sim$ 50	4	45	180	-18	1296
50 $\sim$ 60	10	55	550	-8	640
60 $\sim$ 70	13	65	845	2	52
70 $\sim$ 80	7	75	525	12	1008
80 $\sim$ 90	3	85	255	22	1452
90 $\sim$ 100	1	95	95	32	1024
합계	40		2520		7040

$$(평균)=\frac{2520}{40}=63(점)$$
$$\therefore (분산)=\frac{7040}{40}=176$$

07 답 선수 C, 선수 D

점수가 가장 높은 선수는 평균이 가장 높은 선수이므로 선수 C이다.

또, 점수가 가장 고른 선수는 표준편차가 가장 작은 선수이므로 선수 D이다.

08 답 학생 C

$$(A의\ 평균)=\frac{4+6+10+6+4}{5}=\frac{30}{5}=6(점)$$
$$(B의\ 평균)=\frac{6+6+6+6+6}{5}=\frac{30}{5}=6(점)$$
$$(C의\ 평균)=\frac{4+4+4+8+10}{5}=\frac{30}{5}=6(점)$$

따라서 A, B, C 세 학생의 평균은 모두 6점이므로 표준편차가 가장 큰 학생은 평균 6점을 중심으로 점수의 흩어진 정도가 가장 큰 학생 C이다.

09 ㄱ, ㄴ

ㄱ. 두 반 전체의 평균은

$$\frac{74\times10+79\times15}{10+15}=\frac{1925}{25}=77(점)$$

ㄴ. B반의 평균이 A반의 평균보다 높으므로 B반의 성적이 A반의 성적보다 우수하다.

ㄷ. 편차의 합은 항상 0이므로 두 반의 편차의 합은 같다.

ㄹ. A반의 표준편차가 B반의 표준편차보다 작으므로 A반의 성적이 더 고르다.

따라서 옳은 것은 ㄱ, ㄴ이다.

단원 마무리   워크북 41~42쪽

01 ③	**02** 32명	**03** 16	**04** 8	**05** 53
06 ⑤	**07** ②	**08** ②	**09** ③	**10** ①

11 민규   **12** 10.5   **13** (1) $A=-9$, $B=11$, $C=1083$, $D=7$, $E=882$ (2) $\sqrt{139}$시간

01 ① (평균)$=\dfrac{51+49+47+48+49}{5}=\dfrac{244}{5}=48.8(\text{g})$

② 변량을 작은 값부터 크기순으로 나열하면 47, 48, 49, 49, 51이므로 중앙값은 49 g이다.

③ 최빈값은 가장 많이 나타나는 값이므로 49 g이다.

④ 평균은 48.8 g, 중앙값과 최빈값은 49 g이므로 평균이 가장 작다.

⑤ 평균, 중앙값, 최빈값의 평균은

$$\frac{48.8+49+49}{3}=\frac{146.8}{3}=48.9333\cdots(\text{g})$$

02 동호회의 여자 회원의 수를 x명이라고 하면 동호회 회원 전체의 평균 나이가 38세이므로

$$\frac{34\times40+43\times x}{40+x}=38, \quad \frac{1360+43x}{40+x}=38$$

$1360+43x=1520+38x$, $5x=160$ $\therefore x=32$

따라서 이 동호회의 여자 회원의 수는 32명이다.

03 평균이 5이므로

$$\frac{1+2+4+a+6+8+3+b+7}{9}=5$$

$\dfrac{a+b+31}{9}=5$, $a+b+31=45$

$\therefore a+b=14$ …… ㉠

$b-a=6$ …… ㉡

㉠, ㉡을 연립하여 풀면 $a=4$, $b=10$

변량을 작은 값부터 크기순으로 나열하면

1, 2, 3, 4, 4, 6, 7, 8, 10

따라서 중앙값은 4, 최빈값도 4이므로 그 곱은

$4\times4=16$

04 주어진 자료에서 7, 8의 도수가 2로 같으므로 두 값 중에서 하나가 최빈값이다.

(i) $x=7$일 때, 최빈값은 7이고, 변량을 작은 값부터 크기순으로 나열하면 5, 7, 7, 7, 8, 8, 9, 10이므로 중앙값은 $\dfrac{7+8}{2}=7.5$이다.

(ii) $x=8$일 때, 최빈값은 8이고, 변량을 작은 값부터 크기순으로 나열하면 5, 7, 7, 8, 8, 8, 9, 10이므로 중앙값은 $\dfrac{8+8}{2}=8$이다.

따라서 중앙값과 최빈값이 같을 때의 x의 값은 8이다.

05 변량 D의 편차를 x라고 하면 편차의 총합은 항상 0이므로

$(-1)+3+2+x+(-3)+(-2)=0$

$x-1=0$ $\therefore x=1$

(편차)=(변량)−(평균)이므로

$1=D-52$ $\therefore D=53$

06 ㄱ. A와 B의 점수 차는 $2-(-1)=3$(점)

ㄴ. 점수가 가장 낮은 학생은 편차가 가장 작은 C이다.

ㄷ. D의 편차가 0점이므로 D의 점수는 평균과 같다.

ㄹ. (분산)$=\dfrac{2^2+(-1)^2+(-2)^2+0^2+1^2}{5}=\dfrac{10}{5}=2$

이므로 (표준편차)$=\sqrt{2}$점

따라서 옳은 것은 ㄴ, ㄷ, ㄹ이다.

07 (평균)$=\dfrac{7+8+6+10+x}{5}=9$

$31+x=45$ $\therefore x=14$

(분산)$=\dfrac{(-2)^2+(-1)^2+(-3)^2+1^2+5^2}{5}=\dfrac{40}{5}=8$

$\therefore$ (표준편차)$=\sqrt{8}=2\sqrt{2}$

08 평균이 11이므로

$$\frac{12+x+8+y+13}{5}=11$$

$x+y+33=55$

$\therefore x+y=22$ …… ㉠

분산이 9이므로

$$\frac{(12-11)^2+(x-11)^2+(8-11)^2+(y-11)^2+(13-11)^2}{5}=9$$

$(x-11)^2+(y-11)^2+14=45$

$x^2+y^2-22(x+y)+256=45$

$x^2+y^2-22\times22+256=45\ (\because ㉠)$

$\therefore x^2+y^2=273$ …… ㉡

$(x+y)^2=x^2+y^2+2xy$이므로

$22^2=273+2xy\ (\because ㉠, ㉡)$

$2xy=211$

$\therefore xy=105.5$

09

장마 일수(일)	도수 (년)	계급값 (일)	(계급값) ×(도수)	편차 (일)	(편차)^2 ×(도수)
$0^{\text{이상}}\sim 10^{\text{미만}}$	2	5	10	-16	512
10 ～ 20	8	15	120	-6	288
20 ～ 30	7	25	175	4	112
30 ～ 40	2	35	70	14	392
40 ～ 50	1	45	45	24	576
합계	20		420		1880

$$(\text{평균})=\frac{420}{20}=21(\text{일})$$

$$\therefore (\text{분산})=\frac{1880}{20}=94$$

10

독서 시간 (시간)	도수 (명)	계급값 (시간)	(계급값) ×(도수)	편차 (시간)	(편차)^2 ×(도수)
$1^{\text{이상}}\sim 3^{\text{미만}}$	2	2	4	-3.5	24.5
3 ～ 5	5	4	20	-1.5	11.25
5 ～ 7	9	6	54	0.5	2.25
7 ～ 9	4	8	32	2.5	25
합계	20		110		63

$$(\text{평균})=\frac{110}{20}=5.5(\text{시간}), \ (\text{분산})=\frac{63}{20}=3.15$$

$$\therefore (\text{표준편차})=\sqrt{3.15}\,\text{시간}$$

11 수면 시간이 가장 불규칙적인 학생은 표준편차가 가장 큰 학생이므로 민규이다.

12 자료 ㈏에서 a를 제외하고 작은 값부터 크기순으로 나열하면

8, 9, 12, 15

이때 자료 ㈏의 중앙값이 11이므로 9와 12 사이에 a가 위치하고, $a=11$이어야 한다. ──────────── ❶

두 자료 ㈎, ㈏ 전체를 작은 값부터 크기순으로 나열하면

7, 8, 9, 9, 10, 11, 11, 12, 15, 16

따라서 두 자료 ㈎, ㈏ 전체의 중앙값은 5번째와 6번째 값의 평균이므로

$$\frac{10+11}{2}=10.5$$ ──────────── ❷

단계	채점 기준	비율
❶	a의 값 구하기	50 %
❷	두 자료 ㈎, ㈏ 전체의 중앙값 구하기	50 %

13

봉사 시간 (시간)	도수 (명)	계급값 (시간)	(계급값) ×(도수)	편차 (시간)	(편차)^2 ×(도수)
$0^{\text{이상}}\sim 10^{\text{미만}}$	3	5	15	-19	1083
10 ～ 20	4	15	60	-9	324
20 ～ 30	7	25	175	1	7
30 ～ 40	4	35	140	11	484
40 ～ 50	2	45	90	21	882
합계	20		480		2780

⑴ $(\text{평균})=\dfrac{480}{20}=24(\text{시간})$ ──────────── ❶

$$A=15-24=-9$$
$$B=35-24=11$$
$$C=(-19)^2\times 3=1083$$
$$D=1^2\times 7=7$$
$$E=21^2\times 2=882$$ ──────────── ❷

⑵ $(\text{분산})=\dfrac{2780}{20}=139$이므로

$(\text{표준편차})=\sqrt{139}\,\text{시간}$ ──────────── ❸

단계	채점 기준	비율
❶	평균 구하기	20 %
❷	A, B, C, D, E의 값 구하기	50 %
❸	표준편차 구하기	30 %

Ⅲ-2 | 상관관계

1 상관관계

22 산점도
워크북 43~45쪽

01 답 ①

대각선의 아래쪽에 있는 점의 개수와 같으므로 2명이다.

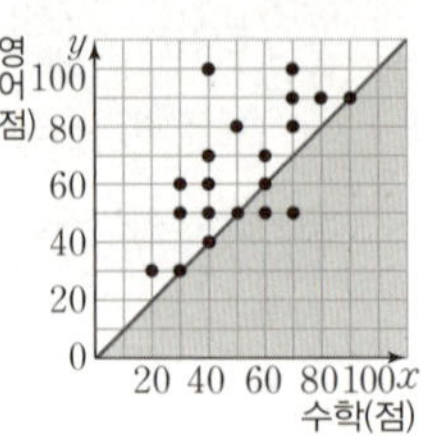

02 답 ④

두 과목의 성적의 차가 가장 큰 학생은 대각선에서 가장 멀리 떨어진 학생이다.

따라서 점의 좌표가 $(40, 100)$인 학생이므로 두 과목의 성적의 차는

$100-40=60(점)$

03 답 ④

수학 성적이 50점인 직선과 영어 성적이 70점인 직선으로 나누어지는 네 영역 중 경계를 포함하고 색칠한 부분에 있는 학생이므로 5명이다.

$\therefore \dfrac{5}{20} \times 100 = 25(\%)$

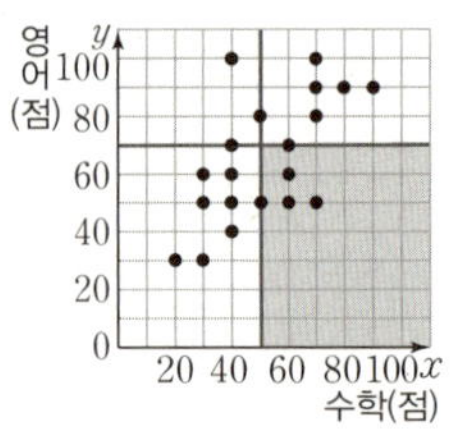

04 답 ⑤

대각선 위의 점의 개수와 같으므로 5명이다.

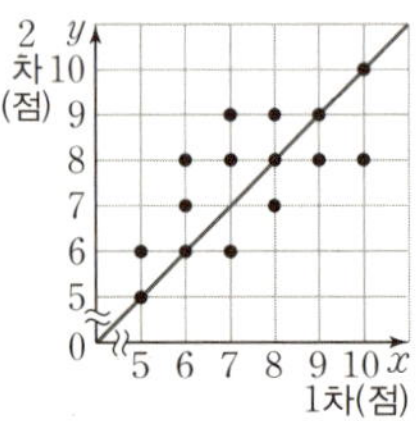

05 답 ①

대각선의 위쪽으로 2칸 이상 떨어진 곳에 있는 점의 개수와 같으므로 2명이다.

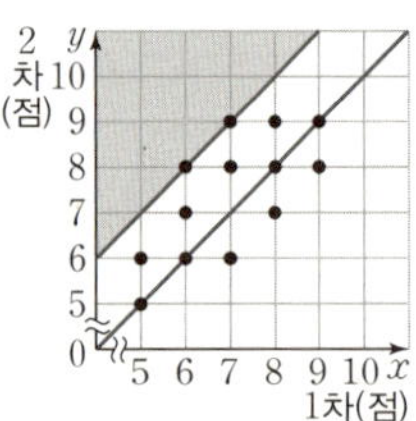

06 답 ③

1차와 2차의 점수의 평균이 7점 이하인 학생은 1차와 2차의 점수의 합이 14점 이하인 학생이다. 따라서 오른쪽 아래로 향하는 직선$(x+y=14)$과 색칠한 부분에 속하는 학생이므로 6명이다.

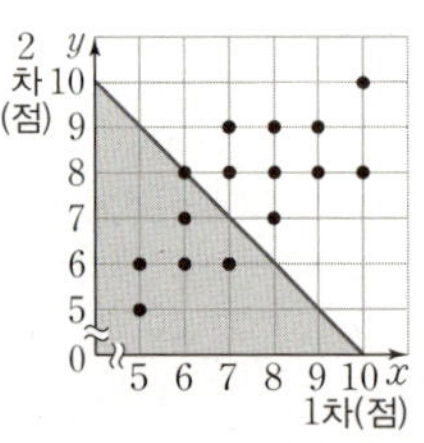

$\therefore \dfrac{6}{15} \times 100 = 40(\%)$

07 답 13명

대각선의 위, 아래로 2칸 이상 떨어진 곳에 있는 점의 개수와 같으므로 13명이다.

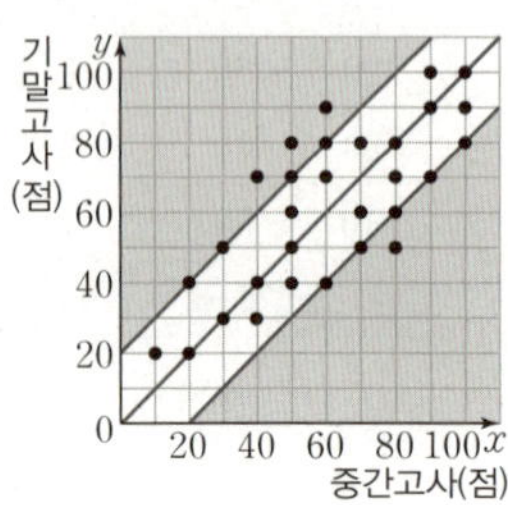

08 답 86점

10등 이내에 속하는 학생들은 중간고사와 기말고사의 과학 성적의 합이 높은 순서대로 10번째 이내에 드는 학생들이다. 중간고사와 기말고사의 과학 성적의 평균이 10등 이내에 속하는 학생들의 중간고사 과학 성적을 표로 나타내면 다음과 같다.

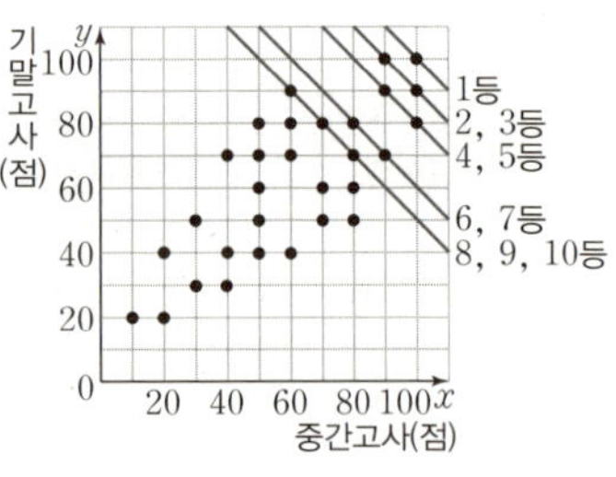

중간고사(점)	60	70	80	90	100	합계
학생 수(명)	1	1	2	3	3	10

$\therefore$ (평균) $= \dfrac{60\times1+70\times1+80\times2+90\times3+100\times3}{10}$

$\qquad = \dfrac{860}{10} = 86(점)$

09 답 ㄷ, ㄹ

ㄱ. 조사 대상자의 수는 점의 개수와 같으므로 12명이다.

ㄴ. 대각선 위의 점의 개수와 같으므로 1차와 2차에서 같은 점수를 얻은 사람은 4명이다.

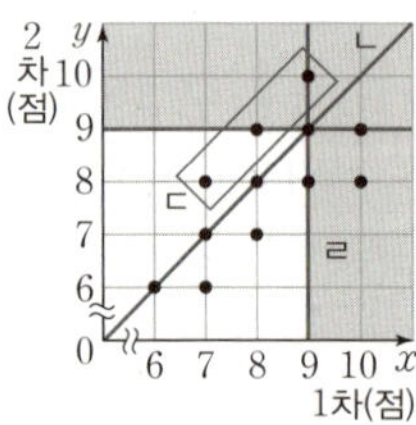

ㄷ. 대각선의 위쪽 있는 점의 개수와 같으므로 1차보다 2차에서 높은 점수를 얻은 사람은 3명이다.

ㄹ. 1차와 2차 모두 9점인 직선과 색칠한 부분에 속하는 점의 개수와 같으므로 1차와 2차 점수 중 적어도 하나는 9점 이상인 사람은 6명이다.

따라서 옳은 것은 ㄷ, ㄹ이다.

10 답 ④

① 대각선 위의 점의 개수와 같으므로 게임 시간과 학습 시간이 같은 학생은 3명이다.

② 학습 시간이 게임 시간보다 많은 학생은 대각선의 위쪽에 있는 학생이므로 8명이다.

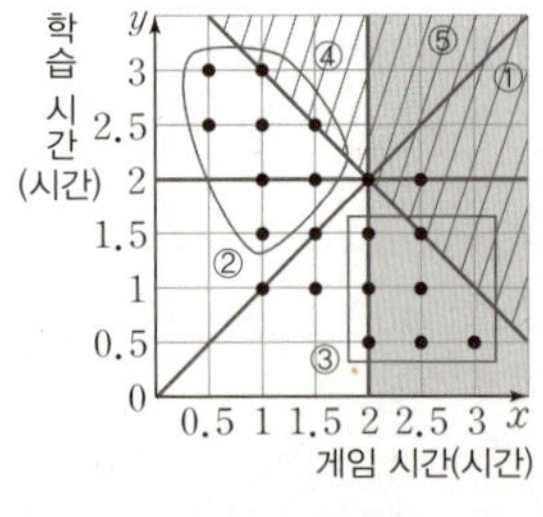

$$\therefore \frac{8}{20} \times 100 = 40(\%)$$

③ 학습 시간이 2시간 미만인 학생 중에서 게임 시간이 2시간 이상인 학생은 학습 시간이 2시간인 직선의 아래쪽에 있으면서 게임 시간이 2시간인 직선과 그 오른쪽에 있는 학생이므로 7명이다.

④ 게임 시간과 학습 시간을 합하여 4시간 이상인 학생은 오른쪽 아래로 향하는 직선$(x+y=4)$과 빗금친 부분에 속하는 학생이므로 5명이다.

⑤ 하루 2시간 이상 게임을 한 학생은 게임 시간이 2시간인 직선과 그 오른쪽에 있는 학생이므로 9명이다.

11 답 ③

$A(60, 80)$, $B(80, 60)$

② 수학 성적과 과학 성적의 평균은

$$\frac{60+80}{20} = \frac{140}{2} = 70(점)$$

③ B 학생보다 수학 성적이 더 낮다.

12 답 ①

대각선의 아래쪽에 있는 점의 개수와 같으므로 6명이다.

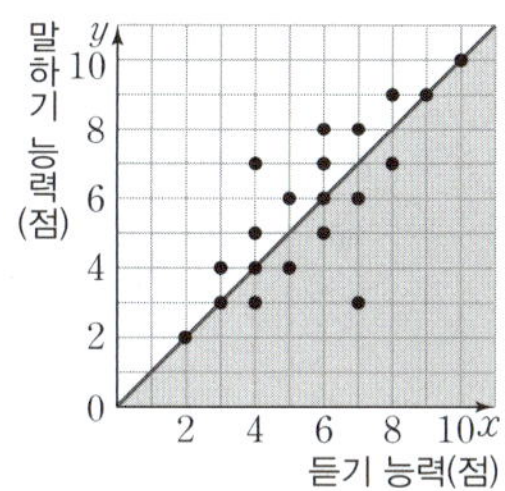

13 답 ②

듣기 능력과 말하기 능력 중 적어도 하나가 5점 미만인 학생은 듣기 능력 점수가 5점인 직선의 왼쪽과 말하기 능력 점수가 5점인 직선의 아래쪽에 있는 학생이므로 9명이다.

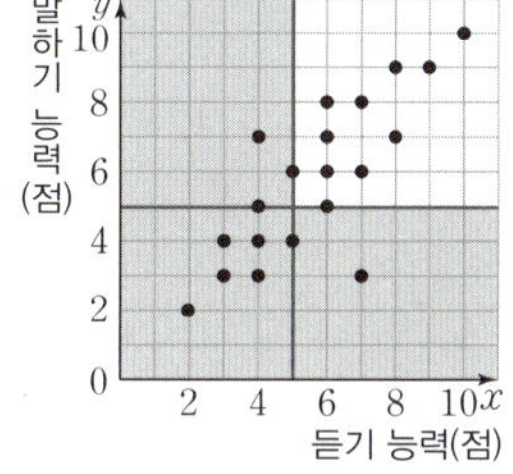

$$\therefore \frac{9}{20} \times 100 = 45(\%)$$

14 답 ⑤

듣기 능력과 말하기 능력의 점수의 합이 하위 20 %인 학생의 수는

$$20 \times \frac{20}{100} = 4(명)$$

따라서 오른쪽 아래로 향하는 직선$(x+y=8)$의 아래쪽에 있는 점의 개수가 4개이므로

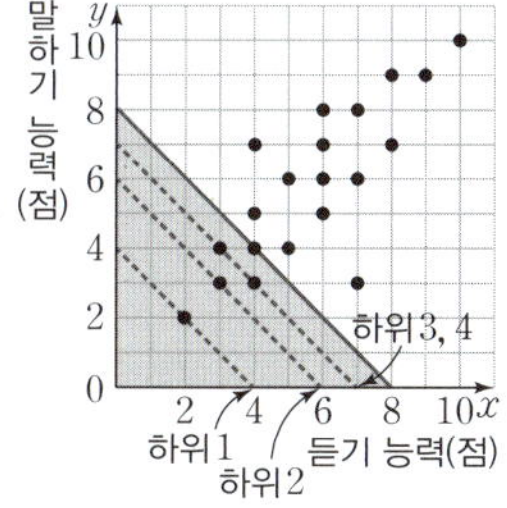

특별보충을 받지 않으려면 듣기 능력과 말하기 능력의 점수의 합이 8점 이상 되어야 한다.

15 답 ㄴ, ㄷ, ㅁ

ㄱ. 발의 크기가 가장 큰 학생은 D이다.

ㄹ. 키가 가장 작은 학생은 A이다.

따라서 옳은 것은 ㄴ, ㄷ, ㅁ이다.

16 답 ③

대각선의 위쪽에 있는 학생이므로 A와 D이다.

17 답 B

대각선의 아래쪽에 있는 학생이므로 B이다.

23 상관관계
워크북 46쪽

01 답 ⑤

몸무게와 수학 성적은 상관관계가 없으므로 알맞은 산점도는 ⑤이다.

02 답 ③

양의 상관관계가 있는 것은 ㄴ, ㄷ, ㄹ의 3개이다.

03 답 ④, ⑤

④ 음의 상관관계　　⑤ 양의 상관관계

04 답 ⑤

주어진 그림은 양의 상관관계를 나타내는 산점도이다.

①, ③, ④ 상관관계가 없다.

② 음의 상관관계

05 답 ②

①, ③, ④, ⑤ 양의 상관관계

② 상관관계가 없다.

06 답 ④

고속도로 차량 수와 자동차 속도 사이의 상관관계는 음의 상관관계이고 음의 상관관계를 나타내는 산점도는 ④이다.

단원 마무리
워크북 47~48쪽

01 ③　　**02** ③　　**03** ④　　**04** ①, ③　**05** ④

06 ⑤　　**07** ⑤　　**08** ③　　**09** ㄱ, ㄴ, ㄹ

10 20 %　**11** 과학 성적이 80점인 학생들의 수학 성적의 평균

---

01 두 과목의 평균이 70점 미만인 학생은 두 과목의 성적의 합이 140점 미만인 학생이다.

따라서 오른쪽 아래로 향하는 직선$(x+y=140)$의 아래쪽에 속하는 점의 개수와 같으므로 8명이다.

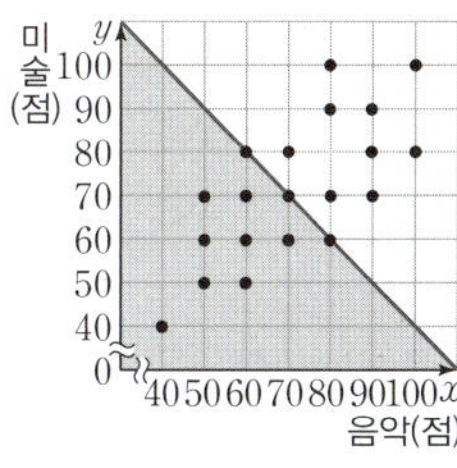

02 음악 성적이 90점 이상인 학생은 음악 성적이 90점인 직선과 그 오른쪽에 있는 학생이다. 음악 성적이 90점 이상인 학생들의 미술 성적을 표로 나타내면 다음과 같다.

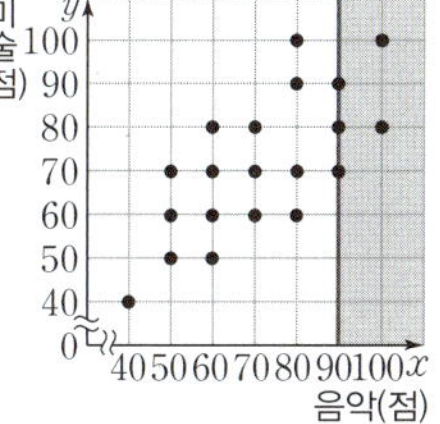

미술(점)	70	80	90	100	합계
학생 수(명)	1	2	1	1	5

$$\therefore (평균) = \frac{70 \times 1 + 80 \times 2 + 90 \times 1 + 100 \times 1}{5}$$

$$= \frac{420}{5} = 84(점)$$

03 비만일 확률이 높은 학생은 키에 비해 몸무게가 많이 나가는 학생이므로 비만일 확률이 가장 높은 학생은 D이다.

04 ②, ⑤ 상관관계가 없다.
④ 음의 상관관계

05 주어진 그림은 음의 상관관계를 나타낸 산점도이다.
①, ③, ⑤ 양의 상관관계
② 상관관계가 없다.

06 대각선보다 위쪽에 있고, 멀리 떨어져 있는 것은 E이다.

07 ⑤ E는 키에 비하여 앉은키가 큰 편이다.

08 ① 국어 성적과 영어 성적 모두 80점인 두 직선으로 나누어지는 네 영역 중 경계를 포함하고 색칠한 부분에 있는 점의 개수와 같으므로 5명이다.

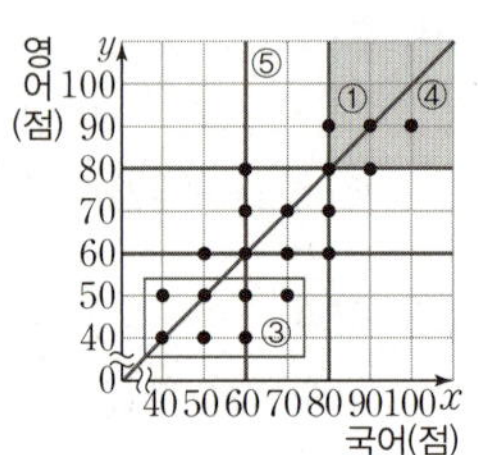

③ 영어 성적이 60점 미만인 학생은 영어 성적이 60점인 직선의 아래쪽에 있는 학생이므로 7명이다.

$$\therefore \frac{7}{20} \times 100 = 35(\%)$$

④ 국어 성적과 영어 성적이 같은 학생은 대각선 위에 있는 학생이므로 6명이다.

⑤ 국어 성적이 60점인 학생들의 영어 성적은 40점, 50점, 60점, 70점, 80점이므로

$$(평균) = \frac{40 + 50 + 60 + 70 + 80}{5} = \frac{300}{5} = 60(점)$$

09 ㄷ. 두 변량 사이의 상관관계를 알 수 있다.
따라서 옳은 것은 ㄱ, ㄴ, ㄹ이다.

10 전체 학생은 점의 개수와 같으므로 15명이다. ┄┄┄ ❶
1등급을 받는 학생은 100 m 달리기 기록이 15초인 직선과 매달리기 기록이 25초인 직선으로 나누어지는 네 영역 중 경계를 포함하고 색칠한 부분에 있는 점의 개수와 같으므로 3명이다. ┄┄┄ ❷

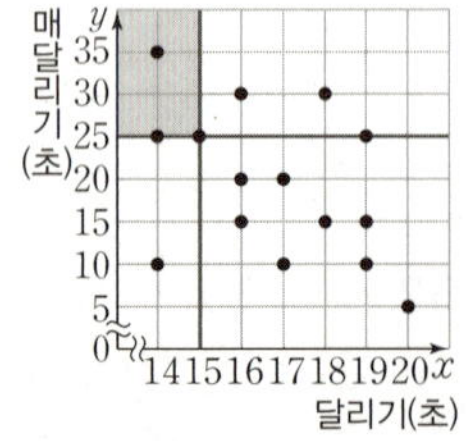

$$\therefore \frac{3}{15} \times 100 = 20(\%) \ ┄┄┄ ❸$$

단계	채점 기준	비율
❶	전체 학생 수 구하기	20 %
❷	1등급을 받는 학생 수 구하기	40 %
❸	1등급을 받는 학생은 전체의 몇 %인지 구하기	40 %

11 수학 성적이 80점인 학생들의 과학 성적은 60점, 70점, 80점, 90점이므로

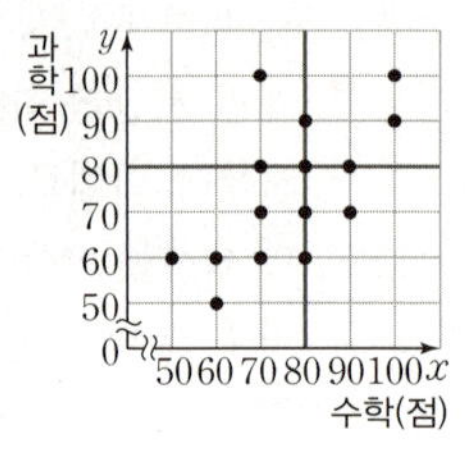

$$(평균) = \frac{60 + 70 + 80 + 90}{4}$$

$$= \frac{300}{4} = 75(점) \ ┄┄┄ ❶$$

과학 성적이 80점인 학생들의 수학 성적은 70점, 80점, 90점이므로

$$(평균) = \frac{70 + 80 + 90}{3} = \frac{240}{3} = 80(점) \ ┄┄┄ ❷$$

따라서 과학 성적이 80점인 학생들의 수학 성적의 평균이 수학 성적이 80점인 학생들의 과학 성적의 평균보다 크다. ┄┄┄ ❸

단계	채점 기준	비율
❶	수학 성적이 80점인 학생들의 과학 성적의 평균 구하기	40 %
❷	과학 성적이 80점인 학생들의 수학 성적의 평균 구하기	40 %
❸	두 평균 비교하기	20 %